이용사

필기

시대에듀

합격에 윙크[Win-Q]하다

Win-Q

[이용사] 필기

Always with you

사람이 길에서 우연하게 만나거나 함께 살아가는 것만이 인연은 아니라고 생각합니다.
책을 펴내는 출판사와 그 책을 읽는 독자의 만남도 소중한 인연입니다.
시대에듀는 항상 독자의 마음을 헤아리기 위해 노력하고 있습니다.
늘 독자와 함께하겠습니다.

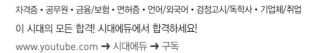

이용 분야의 전문가를 향한 첫 발걸음!
변화를 원하는 나를 위한 노력, 자신만이 할 수 있습니다.

'시간을 덜 들이면서도 시험을 좀 더 효과적으로 대비하는 방법은 없을까?'
'짧은 시간 안에 시험을 준비할 수 있는 방법은 없을까?'

자격증 시험을 앞둔 수험생들이라면 누구나 한번쯤 들었을 법한 생각이다. 실제로도 많은 자격증 관련 카페에서 빈번하게 올라오는 질문이기도 하다. 이런 질문들에 대해 대체적으로 기출문제 분석 → 출제경향 파악 → 핵심이론 요약 → 관련 문제 반복 숙지의 과정을 거쳐 시험을 대비하라는 답변이 꾸준히 올라오고 있다.

윙크(Win-Q) 시리즈는 위와 같은 질문과 답변을 바탕으로 기획되어 발간된 도서이다.

윙크(Win-Q) 이용사는 PART 01 핵심이론, PART 02 과년도+최근 기출복원문제로 구성되었다. PART 01에서는 출제기준에 따라 각 단원별로 중요하고 반드시 알아두어야 하는 핵심이론을 제시하고, 빈출문제를 통해 핵심내용을 다시 한번 확인할 수 있도록 하였다. PART 02에서는 과년도와 최근 기출복원문제를 통해 출제경향을 파악하여 시험에 대비할 수 있도록 하였다.

기존의 부담스러웠던 수험서에서 필요 없는 부분을 제거하여 꼭 필요한 내용만 공부할 수 있도록 구성된 윙크(Win-Q) 시리즈가 수험 준비생들에게 "합격비법노트"로서 함께하는 수험서로 자리 잡길 바란다. 수험생 여러분들의 건승을 기원한다.

편저자 올림

시험안내

개요

이용에 관한 숙련기능을 가지고 현장업무를 수행할 수 있는 능력을 가진 전문기능인력을 양성하고자 자격제도를 제정하였다.

진로 및 전망

개인 이용업소나 호텔, 공공건물, 예식장의 이용실, TV 방송국, 스포츠센터, 개인 전속 이용사 등으로 활동하고 있다. 고객이 만족하는 개성미 창조와 고객에 대한 책임감, 공중위생의 안전관리 및 직업의식에 대한 자부심, 이용기술의 계승발전 및 새로운 기술을 창조하여 국민 보건 문화의 일부분에 기여한다는 자부심을 가질 수 있으며 직업적 안정을 가질 수 있는 직종이다.

시험일정

구 분	필기원서접수 (인터넷)	필기시험	필기합격 (예정자)발표	실기원서접수	실기시험	최종 합격자 발표일
제1회	1월 초순	1월 하순	1월 하순	2월 초순	3월 중순	4월 초순
제2회	3월 중순	3월 하순	4월 중순	4월 하순	6월 초순	6월 하순
제3회	5월 하순	6월 중순	6월 하순	7월 중순	8월 중순	9월 중순
제4회	8월 중순	9월 초순	9월 하순	9월 하순	11월 초순	12월 초순

※ 상기 시험일정은 시행처의 사정에 따라 변경될 수 있으니, www.q-net.or.kr에서 확인하시기 바랍니다.

시험요강

❶ 시행처 : 한국산업인력공단
❷ 시험과목
  ㉠ 필기 : 이용 및 모발관리
  ㉡ 실기 : 이용 실무
❸ 검정방법
  ㉠ 필기 : 객관식 4지 택일형, 60문항(60분)
  ㉡ 실기 : 작업형(2시간 10분 정도)
❹ 합격기준(필기ㆍ실기) : 100점 만점에 60점 이상

출제기준

필기과목명	주요항목	세부항목
이용 및 모발관리	이용 위생 · 안전관리	• 이용사 위생관리 • 영업장 위생관리 • 영업장 안전사고 예방 및 대처 • 피부의 이해 • 화장품 분류
	이용 고객서비스	• 고객 응대 • 고객 상담 • 고객 관리
	모발관리	• 모발 진단 • 모발의 물리적 손상 처치 • 모발의 화학적 손상 처치
	기초 이발	• 이용 역사 • 기본 도구 사용 • 기본 이발 작업
	이발 디자인의 종류	• 장발형 이발 • 중발형 이발 • 단발형 이발 • 짧은 단발형 이발
	기본 면도	• 기본 면도 기초 지식 파악 • 기본 면도 작업 • 기본 면도 마무리
	기본 염 · 탈색	• 염 · 탈색 준비 • 염 · 탈색 작업 • 염 · 탈색 마무리
	샴푸 · 트리트먼트	• 샴푸 · 트리트먼트 준비 • 샴푸 · 트리트먼트 작업 • 샴푸 · 트리트먼트 마무리
	스캘프 케어	• 스캘프 케어 준비 • 진단 · 분류 • 스캘프 케어 • 사후 관리
	기본 아이론 펌	• 기본 아이론 펌 준비 • 기본 아이론 펌 작업 • 기본 아이론 펌 마무리
	기본 정발	• 기초 지식 파악 • 기본 정발 작업 • 마무리 작업 및 정리 정돈
	패션 가발	• 패션 가발 상담 • 패션 가발 작업 • 패션 가발 관리
	공중위생관리	• 공중보건 • 소 독 • 공중위생관리법규(법, 시행령, 시행규칙)

CBT 응시 요령

기능사 종목 전면 CBT 시행에 따른

CBT 완전 정복!

"CBT 가상 체험 서비스 제공"

한국산업인력공단
(http://www.q-net.or.kr) 참고

01 수험자 정보 확인

시험장 감독위원이 컴퓨터에 나온 수험자 정보와 신분증이 일치하는지를 확인하는 단계입니다. 수험번호, 성명, 생년월일, 응시종목, 좌석번호를 확인합니다.

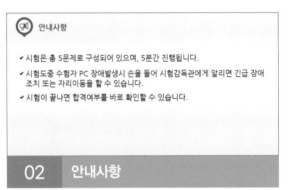

02 안내사항

시험에 관한 안내사항을 확인합니다.

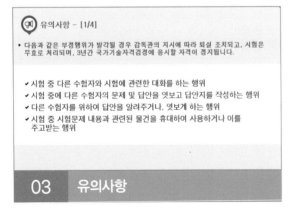

03 유의사항

부정행위에 관한 유의사항이므로 꼼꼼히 확인합니다.

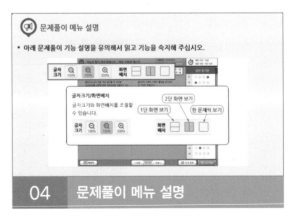

04 문제풀이 메뉴 설명

문제풀이 메뉴의 기능에 관한 설명을 유의해서 읽고 기능을 숙지해 주세요.

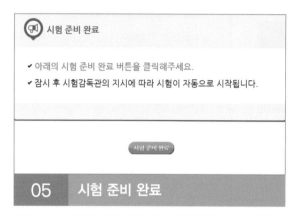

05 시험 준비 완료

시험 안내사항 및 문제풀이 연습까지 모두 마친 수험자는 시험 준비 완료 버튼을 클릭한 후 잠시 대기합니다.

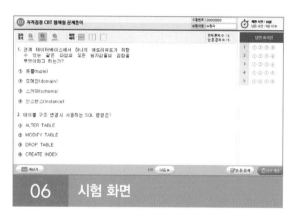

06 시험 화면

시험 화면이 뜨면 수험번호와 수험자명을 확인하고, 글자크기 및 화면배치를 조절한 후 시험을 시작합니다.

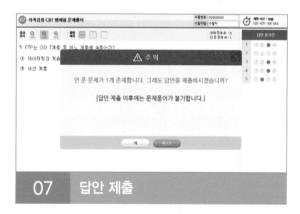

07 답안 제출

[답안 제출] 버튼을 클릭하면 답안 제출 승인 알림창이 나옵니다. 시험을 마치려면 [예] 버튼을 클릭하고 시험을 계속 진행하려면 [아니오] 버튼을 클릭하면 됩니다. 답안 제출은 실수 방지를 위해 두 번의 확인 과정을 거칩니다. [예] 버튼을 누르면 답안 제출이 완료되며 득점 및 합격여부 등을 확인할 수 있습니다.

CBT 완전 정복 Tip

내 시험에만 집중할 것
CBT 시험은 같은 고사장이라도 각기 다른 시험이 진행되고 있으니 자신의 시험에만 집중하면 됩니다.

이상이 있을 경우 조용히 손을 들 것
컴퓨터로 진행되는 시험이기 때문에 프로그램상의 문제가 있을 수 있습니다. 이때 조용히 손을 들어 감독관에게 문제점을 알리며, 큰 소리를 내는 등 다른 사람에게 피해를 주는 일이 없도록 합니다.

연습 용지를 요청할 것
응시자의 요청에 한해 연습 용지를 제공하고 있습니다. 필요시 연습 용지를 요청하며 미리 시험에 관련된 내용을 적어놓지 않도록 합니다. 연습 용지는 시험이 종료되면 회수되므로 들고 나가지 않도록 유의합니다.

답안 제출은 신중하게 할 것
답안은 제한 시간 내에 언제든 제출할 수 있지만 한 번 제출하게 되면 더 이상의 문제풀이가 불가합니다. 안 푼 문제가 있는지 또는 맞게 표기하였는지 다시 한 번 확인합니다.

구성 및 특징

CHAPTER 01 이용이론

KEYWORD 이용의 전반적인 흐름과 개념 파악을 위한 이용의 역사에서부터 정의, 이용인의 자세에 관하여 살펴보고 이용기술을 습득하기 위한 기본 지식으로 이발, 아이론, 면도, 머리피부 손질, 머리카락 염색, 머리감기 등의 영역을 숙지한다.

제1절 이용의 개념

핵심이론 01 이용의 정의 및 개요

(1) 정의 및 업무 범위
① 정의 : 이용(이발)이란 복식 이외의 용모에 여러 가지 물리적·화학적 기교를 행하여 미적 아름다움을 추구하는 수단이다.
② 이용업이란 손님의 머리카락 또는 수염을 깎거나 다듬는 등의 방법으로 손님의 용모를 단정하게 하는 영업을 말한다(공중위생관리법 제2조제4호).
③ 이용이론 : 이용에서 요구되는 기술을 이치에 맞게 설명 또는 정리한 것을 말한다.

(2) 이용사 및 미용사의 업무 범위
① 이용사 : 이발(조발), 아이론, 면도, 머리피부 손질, 머리카락 염색, 머리감기(공중위생관리법 시행규칙 제14조제1항)
  ※ 귓청소, 전신마사지 피부미용은 해당되지 않는다.
② 미용사(일반) : 파마, 머리카락 자르기, 머리카락 모양내기, 머리피부 손질, 머리카락 염색, 머리감기, 의료기기나 의약품을 사용하지 아니하는 눈썹 손질(공중위생관리법 시행규칙 제14조제2항)
  ※ 2016년 6월 1일 이후 미용사(일반) 자격을 취득한 자로서 미용사 면허를 받은 자에 해당한다.

10년간 자주 출제된 문제

1-1. 다음 중 이용의 의의에 대한 설명으로 가장 적합한 것은?
① 이용은 기술 이전에 서비스이다.
② 이용은 문화의 변천에 전혀 영향을 받지 않는다.
③ 이용은 고객의 안면만을 단정하게 하는 것이다.
④ 복식 이외의 용모에 여러 가지 물리적 기교를 행하는 방법이다.

1-2. 이용사의 직무에 해당하지 않는 것은?
① 헤어 커트
② 면 체
③ 피부미용
④ 두피관리

|해설|
1-1
이용이란 복식 이…
행하여 미적 아름…
1-2
이용사의 업무범위…
락 염색 및 머리…
※ 면체술은 면도…

2 ■ PART 01 핵심이론

핵심이론 02 클리퍼(바리캉) 및 빗

(1) 클리퍼(바리캉)
① 1871년 프랑스의 기구제작소인 바리캉 마르(Bariquand et Marre)사에서 이용기구인 바리캉(Clipper)을 최초로 제작, 판매하였다.
② 클리퍼는 밑날의 두께에 따라서 보통 7종으로 분류된다.
③ 가위보다 단번에 많은 모발을 자를 수 있도록 고안되었다.
④ 주로 짧은 머리에 사용하나, E.C Bob Cut(단발머리) 시 긴 모발에도 사용한다.
⑤ 이발 시 일반적으로 클리퍼를 가장 먼저 사용하는 부위는 후두부이다.

(2) 레이저(면도용, 커트용) 빗
① 빗의 조건
  ㉠ 빗살끝이 가늘고 전체적으로 균일한 것이어야 한다.
  ㉡ 빗의 두께는 일정해야 한다.
  ㉢ 빗살이 머리카락에 미끄러지듯 들어가야 하며, 걸림 없이 빗어져야 한다.
  ㉣ 빗허리는 너무 매끄럽거나 반질거려서는 안 된다.
  ㉤ 빗몸은 끝이 약간 둥근 것이 좋다.
② 빗의 관리
  ㉠ 사용 후 브러시로 털거나 비눗물로 씻은 후 소독한다.
  ㉡ 크레졸수, 석탄산수, 역성비누액 등으로 소독 후 물기를 제거하여 보관한다.
  ㉢ 뼈, 뿔, 나일론 등으로 만들어진 제품은 자비 소독을 하지 않는다.
  ㉣ 금속성 빗은 승홍수에 소독하지 않는다.

10년간 자주 출제된 문제

2-1. 현재 사용하고 있는 바리캉의 어원에 대한 설명으로 맞는 것은?
① 개선한 사람의 이름에서 유래되었다.
② 발명된 곳의 지명에서 유래되었다.
③ 제작회사의 상호에서 유래되었다.
④ 정확한 어원은 알려지지 않고 있다.

2-2. 이발기인 바리캉의 어원은 어느 나라에서 유래되었는가?
① 독 일
② 미 국
③ 일 본
④ 프랑스

|해설|
2-1, 2-2
1871년 프랑스의 바리캉 마르(Bariquand et Marre)사에서 이용기구인 바리캉(Clipper)을 최초로 제작, 판매하였다.

정답 2-1 ③ 2-2 ④

18 ■ PART 01 핵심이론

핵심이론

필수적으로 학습해야 하는 중요한 이론들을 각 과목별로 분류하여 수록하였습니다.
시험과 관계없는 두꺼운 기본서의 복잡한 이론은 이제 그만! 시험에 꼭 나오는 이론을 중심으로 효과적으로 공부하십시오.

10년간 자주 출제된 문제

출제기준을 중심으로 출제 빈도가 높은 기출문제와 필수적으로 풀어보아야 할 문제를 핵심이론당 1~2문제씩 선정했습니다. 각 문제마다 핵심을 찌르는 명쾌한 해설이 수록되어 있습니다.

과년도 기출문제

지금까지 출제된 과년도 기출문제를 수록하였습니다. 각 문제에는 자세한 해설이 추가되어 핵심이론만으로는 아쉬운 내용을 보충 학습하고 출제경향의 변화를 확인할 수 있습니다.

2013년 제1회 과년도 기출문제

01 다음 중 수축력이 강하고 잔주름 완화에 효과가 있는 것은?

① 오일팩
② 우유팩
③ 와스 마스크팩
④ 에그팩

해설
① 오일팩 : 과도한 건조성 피부에 유분과 수분을 보충해 준다.
② 우유팩 : 지방보급, 보습, 표백작용을 한다.
④ 에그팩 : 흰자세정작용 및 잔주름 예방), 노른자(영양보급, 건성피부의 영양투입)

02 우리나라 이용의 역사에 관한 내용 중 틀린 것은?

① 구한말 상투머리를 하던 남성들이 두발을 자른 계기가 된 것은 단발령이다.
② 고종황제의 어명을 받은 우리나라 최초의 이용사는 안종호이다.
③ 최초의 이용원은 1901년 서울 종로에 개설되었다.
④ 단발령은 죄인을 처벌하기 위한 목적이었으며 삭발하여 기르는 동안 죄를 뉘우치도록 하였다.

해설
'신체의 모든 부분은 부모로부터 받았으니 다치지 않는 것이 효도'라는 유교의 가르침 때문에 머리카락을 소중히 여겼던 우리 조상들은 대한제국 당시 고종의 '단발령'이 내려진 뒤에야 비로소 머리를 자르게 됐다.

03 아이론의 관리 방법으로 적합하지 않은 것은?

① 샌드페이퍼로 잘 다듬는다.
② 마무리 단계에서 기름으로 닦는다.
③ 보관 중에 녹슬지 않도록 한다.
④ 습도가 높은 곳에 보관한다.

04 블로 드라이 스타일링으로 정발 시술을 할 때 도구의 사용에 대한 설명 중 적합하지 않은 것은?

① 블로 드라이어와 빗이 항상 같이 움직여야 한다.
② 블로 드...
③ 블로 드... 부위에...
④ 블로 드... 도 널리...

05 탈모 증세... 적합한 것...

① 동전처...
② 상처 또...
③ 나이가...
  중세...
④ 두피 피...
  이 빠지...

해설
①은 원형 탈... 말한다.

2024년 제1회 최근 기출복원문제

01 두피 내 탈모를 방지하기 위한 세발방법으로 가장 적합한 것은?

① 두발의 먼지와 지방을 제거할 정도로 손바닥으로 강하게 마사지하여 샴푸한다.
② 모근을 튼튼하게 해주기 위해 손톱으로 적당히 자극을 주면서 샴푸한다.
③ 손끝을 사용하여 두피를 부드럽게 문지르며 행군다.
④ 모근에 자극을 주어 혈액순환에 도움이 되도록 브러시로 샴푸한다.

해설
샴푸 매니플레이션 기법을 순서화하여 두상 전체를 마사지한다. 샴푸 매니플레이션을 통해 두개피의 혈액순환을 촉진하고 노폐물도 제거할 수 있다. 또한 산소와 영양 공급을 빠르게 하고, 두개피의 분비샘의 기능을 왕성하게 하여 건강한 상태가 된다.

02 두발의 주성분인 케라틴은 다음 중 어느 것에 속하는가?

① 단백질　　　　② 석회질
③ 지방질　　　　④ 당 질

해설
모(毛)는 동물성 단백질인 케라틴으로 구성되어 있다.

03 스캘프 트리트먼트의 목적이 아닌 것은?

① 원형 탈모증 치료
② 두피 및 모발을 건강하고 아름답게 유지
③ 혈액순환 촉진
④ 비듬 방지

해설
스캘프 트리트먼트의 목적은 두피의 청결 및 두피의 생육을 건강하게 유지하는 것이며, 탈모증을 치료하는 것은 아니다.

04 올바른 미용인으로서의 인간관계와 전문가적인 태도에 관한 내용으로 가장 거리가 먼 것은?

① 예의 바르고 친절한 서비스를 모든 고객에게 제공한다.
② 고객의 기분에 주의를 기울여야 한다.
③ 효과적인 의사소통 방법을 익혀 두어야 한다.
④ 대화의 주제는 종교나 정치 같은 논쟁의 대상이 되거나 개인적인 문제에 관련된 것이 좋다.

해설
종교나 정치 등의 주제는 논쟁의 대상이 될 수 있으므로 피해야 한다.

최근 기출복원문제

최근에 출제된 기출문제를 복원하여 가장 최신의 출제경향을 파악하고 새롭게 출제된 문제의 유형을 익혀 처음 보는 문제들도 모두 맞힐 수 있도록 하였습니다.

최신 기출문제 출제경향

- 이용사의 위생관리기준
- 염모제의 보관 장소
- 매뉴얼테크닉 기법
- 샴푸의 종류 및 기능
- 자비소독의 방법
- 자외선 차단제에 대한 설명
- 노화피부의 특징
- 아이론 퍼머넌트 웨이브
- 지성피부의 특징

- 얼굴형에 따른 가르마
- 아이론을 시술하는 목적
- 가발 사용 시 주의사항
- 화장품의 4대 요건
- 모피질에 대한 설명
- 매뉴얼테크닉 기법
- 공중위생관리법에 따른 위생교육

2017년
4회

2018년
1회

2019년
1회

2020년
1회

- 두피 매뉴얼테크닉(마사지) 기법
- 이용사의 위생관리기준
- 드라이 샴푸에 관한 설명
- 탈모의 종류
- 쥐가 매개하는 감염병
- 레이저의 사용방법
- 팩의 종류

- 이용이론의 의미
- 화장품의 피부흡수
- 이용용 빗 구매 시 고려사항
- 피부 피지막의 pH
- 다이 케이프(Dye Cape)의 정의
- 스티머의 역할
- 염모제의 피부테스트
- 블루밍 효과에 대한 설명

- 화장수 제조 공정
- 이용업소의 안전관리
- 모난 얼굴형 정발 시 가르마
- 주요 경구감염병의 잠복기
- 이용가위의 특징
- 피부 유형에 따른 화장품 선택
- 인모 가발 세척방법
- 작업환경 관리의 목적

- 아이론의 관리방법
- 두발이 손상되는 원인
- 이용도구 사용법
- 헤어 스티머 사용 시간
- 소독제의 구비조건
- 에멀션에 관한 설명
- 공중위생관리법에 따른 행정처분기준

2021년
1회

2022년
1회

2023년
1회

2024년
1회

- 커트의 기본 자세
- 여성 면도의 목적
- 신체 골격 구조와 어울리는 헤어스타일
- 고대 서양의 이용 발달사
- 염색모 관리방법
- 계면활성제의 종류
- 화장품의 효과
- 위생관리등급 공표

- 탈모를 방지하기 위한 세발방법
- 남성형 탈모의 원인
- 건강한 모발의 pH 범위
- 스캘프 트리트먼트의 목적 및 분류
- 자비소독의 특징
- 소독약의 구비조건
- 가발 손질법
- 공중위생관리법에 따른 행정처분기준

이 책의 목차

빨리보는 간단한 키워드 ————

빨간키

#합격비법 핵심 요약집   #최다 빈출키워드   #시험장 필수 아이템

CHAPTER 01 이용이론

▌ **이용의 의의**

복식 이외의 용모에 여러 가지 물리적·화학적 기교를 행하여 미적 아름다움을 추구하는 수단

▌ **이용사의 업무 범위**

이발, 아이론, 면도, 머리피부 손질, 머리카락 염색 및 머리감기

▌ **우리나라 이용의 역사**

• 1895년(고종 32년) 단발령 : 구한말 상투머리를 하던 남성들이 두발을 자른 계기
• 안종호 : 조선 말 18세기에 등과하여 정삼품의 벼슬로 대강원에 봉직하다 고종황제의 어명으로 우리나라에서 최초로 이용시술을 한 사람
• 최초의 이용원 : 1901년 서울 종로에 안종호가 개설
• 우리나라 최초의 이용시험 제도 : 1923년 국가 시행의 이용사 자격시험 실시

▌ **프랑스의 장 바버(Jean Barber)**

외과와 이용을 완전 분리시켜 세계 최초로 이용원을 창설한 사람

▌ **청색·적색·백색 사인보드의 의미**

이발소 입구마다 설치되어 있는 청·적·백색의 둥근 기둥은 이발소를 표시하는 세계 공통의 기호로, 청색은 '정맥', 적색은 '동맥', 백색은 '흰 붕대'를 의미

▌ **두부(Head) 내 각부 명칭**

• 전두부 : 프런트(Front)
• 후두부 : 네이프(Nape)
• 두정부 : 크라운(Crown)
• 측두부 : 사이드(Side)

▌두부라인 명칭

- 측중선 : 귀 포인트에서 두정부까지 수직으로 그은 선
- 측두선 : 눈 끝을 수직으로 세운 머리 앞에서 측중선까지 그은 선
- 정중선 : 코의 중심을 따라 머리 전체를 수직으로 나눈 선
- 수평선 : 귀 포인트의 높이를 평행으로 연결한 선

▌재질에 따른 가위 분류

- 착강가위 : 날 부분은 특수강철, 협신부는 연철로 구성
- 전강가위 : 가위 전체가 특수강

▌사용 용도에 따른 가위 분류

- 커팅가위 : 일반적으로 머리카락을 커트하거나 원렝스(One Length) 헤어스타일 시술 시에 사용
- 시닝가위(틴닝가위) : 머리숱이 많은 두발을 이발(조발)할 때 전체 머리숱을 고르는 가위

▌클리퍼(바리캉)

프랑스의 기구제작소인 바리캉 마르(Bariquand et Marre)사에서 최초로 제작 판매한 이용기구로, 제조사의 이름을 따서 바리캉(Clipper)이라 함

▌헤어토닉

알코올을 주성분으로 한 양모제로 두피에 영양을 제공하고 모근을 튼튼하게 강화시킴

▌샴푸의 목적

- 먼지와 때 제거
- 노폐물 제거
- 피지와 비듬 제거
- 혈액순환 촉진과 모근강화 및 상쾌감 제공

▌드라이 샴푸

물을 사용하지 않는 샴푸로 거동이 불편한 환자나 임산부에 가장 적당하고, 종류에는 리퀴드 드라이 샴푸, 파우더 드라이 샴푸, 에그 파우더 드라이 샴푸 등이 있음

▌ 린스의 목적

윤기의 보충, 촉감의 증진, 마무리감의 향상, 보습성과 유연효과, 자연적인 광택 부여, 손질의 용이성, 손상모의 회복, 대전방지 효과 등

▌ 산성 린스의 종류

레몬, 비니거(식초), 구연산 린스 등

▌ 린스와 트리트먼트의 차이

구 분	린 스	트리트먼트
주성분	양이온성 계면활성제(실리콘), 유분	단백질
성 능	모발 표면에 얇게 코팅막을 형성하여 보호하는 기능(영양성분 없음)	모발 안으로 침투하여 손실된 단백질을 보충
장단점	트리트먼트에 비해 가격이 저렴하고 매일 사용 가능하나, 효과가 적음	가격대가 비싼 편이지만 사용방법을 준수하면 효과가 좋음
주의사항	• 주성분이 유분이기 때문에 두개피에 사용 시 뾰루지, 여드름을 유발시킴 • 가려움증을 동반한 각질, 비듬 등을 발생시킬 수 있음	• 모발의 손상 정도와 원인(펌, 염색)에 따라 사용빈도와 제품을 선택 • 주로 모발에만 사용하나 두개피 혼용 제품도 있음

▌ 모발 제품의 종류

• 컨디셔닝 스타일링 제품 : 토닉, 에센스, 크림, 앰플 등
• 고정형 스타일링 제품 : 스프레이, 무스, 왁스, 젤, 포마드 등

▌ 이·미용실의 쾌적 온도와 습도

온도 16~20℃, 습도 40~70%

▌ 이발기법

• 고정 깎기 : 빗을 고정시킨 상태에서 모발을 정돈하기 위해 자르는 기법
• 떠내 깎기 : 가위 몸체로 머리를 받치고 빗으로 정리한 뒤 빗살 위의 두발을 잘라가는 기법
• 끌어 깎기 : 가윗날 끝을 왼손가락에 고정하여 당기면서 커팅하는 기법
• 밀어 깎기 : 빗살 끝을 두피 면에 대고 깎아 나가는 기법
• 수정 깎기 : 모든 커트의 마지막 마무리 기법
• 트리밍 : 커트 시 이미 형태가 이루어진 상태에서 다듬고 정돈하는 방법
• 테이퍼링 : 모발의 끝을 붓끝처럼 점점 가늘어지게 하는 커트 방법
• 클리핑 : 바리캉이나 시저스를 이용하여 삐져나온 두발을 자르는 커트 방법

▌ 웨트 커트(Wet Cut)를 하는 이유

두피에 당김을 덜 주며 정확한 길이로 자를 수 있음

▌ 스컬프처 커트 스타일(Sculpture Cut Style)
- 가위와 스컬프처 전용 레이저로 커팅하고 브러시로 세팅
- 두발을 각각 세분하여 커트
- 남성 클래식 커트에 해당

▌ 브로스 커트(Brosse Cut)의 형태
스포츠형 스타일로 스퀘어형, 원형 등이 있으며 머리카락 기장이 가장 짧은 스타일

▌ 이발 디자인의 종류
- 장발형 : 솔리드형, 레이어드형, 그래주에이션형
- 중발형 : 상중발형, 중중발형, 하중발형
- 단발형 : 상상고형, 중상고형, 하상고형
- 짧은 단발형 : 둥근형, 삼각형, 사각형

▌ 장발형 이발의 종류
- 솔리드형 : 잘린 두발의 길이가 목선을 기준으로 하였을 때 커트라인에 따라 수평(호리존탈), 전대각(스파니엘), 후대각(이사도라) 등의 스타일로 나뉨
- 레이어드형 : 모발의 단차를 내는 위치와 각도에 따라 길이가 같은 유니폼 레이어드, 네이프로 갈수록 길어지는 인크리스 레이어드 등이 있음
- 그래주에이션형 : 시술각에 따라 무게선(경사선)의 위치가 달라지는데, 낮은 시술각(1~30°), 중간 시술각(31~60°), 높은 시술각(61~89°)으로 구분

▌ 중발형 이발의 특징
- 상중발형 : 귀를 닿는 지점부터 1/3 덮는 기장의 남성 헤어스타일
- 중중발형 : 귀를 1/3 덮는 지점부터 1/2 덮는 지점까지의 기장
- 하중발형 : 이어 라인의 길이가 귀를 1/2 덮는 지점부터 2/3 덮는 지점까지의 기장

▌ 단발형 이발의 특징
- 상상고형 : 하이 그러데이션 커트로서 무게선의 위치가 가장 높은 상단부에 위치
- 중상고형 : 미디엄 그러데이션 커트로서 무게선의 위치가 중단부에 위치
- 하상고형 : 로 그러데이션 커트로서 무게선의 위치가 하단부에 위치

▌ 면도 시 스팀타월(안면습포, 물수건)의 사용 목적

- 피부 및 털을 유연하게 하여 면도날에 의한 자극을 감소
- 피부의 노폐물, 먼지 등의 제거효과
- 피부 온열효과 증대, 피부의 상처 예방

▌ 면도 시 마스크의 사용 목적

호흡기 질병 및 감염병 예방을 위하여

▌ 면도기를 잡는 방법

- 프리 핸드 : 가장 기본적인 면도 자루를 쥐는 방법
- 백 핸드 : 면도기를 프리 핸드로 잡은 자세에서 날을 반대로 운행하는 기법
- 스틱 핸드 : 칼 몸체와 핸들이 일직선이 되게 똑바로 펴서 마치 막대기를 쥐는 듯한 방법
- 펜슬 핸드 : 면도기를 연필 잡듯이 쥐고 행하는 기법
- 푸시 핸드 : 면도기를 프리 핸드로 쥐고 손목을 사용하여 흙을 파내듯이 하는 기법

▌ 정발술의 시술 순서

좌측 가르마선(7 : 3) → 좌측 두부 → 후두부 → 우측 두부 → 두정부 → 전두부

▌ 커트 시술 시 작업 순서

소재 → 구상 → 제작 → 보정(마무리)

▌ 가르마의 기준

긴 얼굴 - 2 : 8, 둥근 얼굴 - 3 : 7, 사각형 얼굴 - 4 : 6, 역삼각형 얼굴 - 5 : 5

▌ 원렝스(One Length) 기법

수평의 동일 선상에서 정돈된 두발 끝을 45°로 커트하는 기법

▌ 아이론기의 적정 온도

110~130℃(혹은 120~140℃)

▎ 아이론 펌 용제

- 제1제(환원제와 염류) : 티오글리콜산(TGA), 시스테인(Cysteine), 염류(Salt)
- 제2제(산화제) : 과산화수소(H_2O_2), 브롬산염류($HBrO_3$)
- 첨가제 : 침투제(계면활성제), 습윤제(젤라틴, 하이알루론산 같은 바이오 성분), 유화제(유지, 왁스), 유성성분(동·식물유, 왁스 등), 착색제(색소), 향료(정유, 천연향료), 그 밖에 금속봉쇄제, 안정제, 항염증제 등을 배합

▎ 오버 프로세싱 및 언더 프로세싱의 원인

- 오버 프로세싱(Over Processing)의 원인
  - 펌제 도포 후 오버타임 방치
  - 모발 진단보다 강한 펌제 사용
  - 잘못된 와인딩 기법과 미숙한 테스트 컬 등
- 언더 프로세싱(Under Processing)의 원인
  - 웨이브 형성 시간보다 짧게 방치한 경우
  - 낮은 아이론 온도로 너무 빨리 와인딩한 경우

▎ 정상두피의 판독 요령

- 두피의 톤 : 청백색의 투명한 톤으로 연한 살색을 띰
- 모공상태 : 선명한 모공라인이 열려져 있고 각질, 비듬이 없음
- 모단위수 : 한 모공당 2~3개 존재
- 수분 함량 : 10~15% 정도

▎ 건성두피의 판독 요령

- 두피의 톤 : 창백한 백색으로 불투명하며 정상두피와 비슷
- 모공상태 : 각질이 모공을 덮고 있어 윤곽선이 불분명
- 수분 함량 : 10% 미만
- 두피가 당기고 가려움이 발생할 수 있음

▎ 스캘프 트리트먼트(Scalpe Treatment) 종류

- 플레인 스캘프 트리트먼트 : 두피가 정상적일 때
- 드라이 스캘프 트리트먼트 : 두피에 피지가 부족하여 건조할 때
- 오일리 스캘프 트리트먼트 : 두피에 피지 분비량이 많을 때
- 댄드러프 스캘프 트리트먼트 : 두피의 비듬을 제거할 때

▌ 모 발

- 모발의 주기 : 성장기 → 퇴행기 → 휴지기 → 발생기
- 머리카락의 성장 속도 : 하루 중에는 낮보다는 밤에, 1년 중에는 가을과 겨울보다는 봄, 여름에 성장이 빠름
- 모발의 성장주기 : 여성의 경우 4~6년, 남성은 3~5년이며 한 달에 1~1.5cm 정도 자람
- 필요한 영양은 모유두에서 공급
- 멜라닌 색소를 가장 많이 포함하고 있는 부분 : 모피질
- 모발 1개의 장력(감당할 수 있는 무게) : 약 100~150g

▌ 모발의 화학결합

수소결합, 시스틴결합(황결합), 펩타이드결합, 염결합(이온결합)

▌ 건강한 모발의 상태

단백질 70~80%, 수분 10~15%, pH 4.5~5.5

▌ 모발의 물리적 손상 처치

- 샴푸 후 모다발을 타월에 감싼 후 두드려서 건조시킨다.
- 샴푸제 사용 시 모발량(모량)과 길이에 맞추어 샴푸제의 용량을 측정하고 거품을 이용한 쿠션 역할이 충분히 형성되도록 매니플레이션한다.
- 모류 또는 모발의 큐티클 방향으로 건조시키거나 스타일을 완성시킨다.
- 핸드 드라이어의 사용 방법이나 유의점 등을 알고 홈케어 할 수 있어야 한다.
- 롤러는 몰딩에서 요구되는 시술각, 빗질, 베이스 종류, 와인딩 방법, 핀닝 등에서 모발의 성질과 스타일 연출 흐름을 정확하게 지켜야 한다.

▌ 모발의 화학적 손상 처치

- 강알칼리성 제품을 모발 케라틴에 적용한다.
- 모표피의 유막을 형성시킨다.
- 모표피의 수지막을 형성시킨다.
- 모발 간충물질을 보급한다.
- 손상모발에 대한 트리트먼트(영양 공급) 처치를 한다.

▌ 지성 두개피 관리

- 신진대사를 활성화시키기 위해 지성 전용 샴푸제를 사용하여 매일 샴푸를 한다.
- 세정력을 높이고 피지 분비를 조절하여 세균 번식을 막는다.
- 손상모일 경우 건조해진 모발에 오일을 사용한다.
- 동물성 지방의 음식 섭취를 피하고 염증이 동반되는 경우 염증 치료를 먼저 실시한다.

▌ 탈모성 두개피 관리

- 탈모의 유전적인 요인을 감소시킬 수 있는 대체요법, 마사지 요법, 의료요법 등의 방법을 사용한다.
- 스트레스 및 영양, 라이프 스타일 관리를 통한 인체 생리기능의 항상성을 유지해야 한다.

▌ 비듬성 두개피 관리

- 비타민 B의 보충과 충분한 수면 및 스트레스 예방에 주력한다.
- 살균제인 징크피리티온이 함유되어 있는 제품을 사용하여 비듬균의 성장을 억제시킨다.

▌ 탈모증

- 결발성 탈모증 : 머리를 세게 묶어 모유두부가 자극을 받아 머리카락이 빠지는 증세
- 원형 탈모증 : 탈모된 부위의 경계가 정확하고 동전 크기 정도의 둥근 모양으로 털이 빠지는 증세
- 지루성 탈모증 : 두피 피지선의 분비물이 병적으로 많아 머리카락이 빠지는 증세

▌ 매뉴얼테크닉의 효과

- 혈액과 림프액의 원활한 순환으로 피부 내 산소와 영양공급을 돕고 신진대사를 촉진
- 긴장된 근육을 풀어주고 피부조직을 부드럽게 함
- 과다 피하지방을 억제함
- 통증을 감소시키며 부종을 완화시켜 줌

▌ 매뉴얼테크닉의 방법

- 경찰법(스트로킹) : 손 전체로 부드럽게 쓰다듬는 방법
- 강찰법(프릭션) : 손으로 피부를 강하게 문지르는 방법
- 유연법(니딩) : 손으로 주무르는 방법
- 진동법(바이브레이션) : 손으로 진동하는 방법
- 고타법(퍼커션) : 손으로 두드리는 방법으로 태핑, 슬래핑, 커핑, 해킹, 비팅 등이 있음

▌ 팩의 종류와 작용

- 영양팩 : 영양 공급
- 수렴팩 : 땀의 분비 억제
- 미백팩 : 피부의 미백
- 에그팩(흰자) : 세정작용 및 잔주름 예방
- 에그팩(노른자) : 영양 보급, 건성피부의 영양 투입
- 왁스팩 : 피부의 탄력성과 보습력이 증대되며 잔주름 제거에 효과적

▌ 모발색을 결정하는 멜라닌 색소

- 유멜라닌 : 검은색과 갈색
- 페오멜라닌 : 노란색과 오렌지색

▌ 반영구 염모제의 특성

- 산화제와 혼합 없이 사용
- 멜라닌 색소의 변화 없이 염모제의 색소가 정착
- 이온결합 방식으로 모표피에 정착
- 모발의 손상 정도에 따라 색상의 유지력에 영향을 줌

▌ 염색 시 주의사항

- 염색하기 전에 반드시 패치 테스트를 할 것
- 염모제 1제와 2제를 혼합 후 바로 사용할 것
- 두피질환, 상처가 있으면 염색을 하지 말 것
- 금속용기나 금속 빗을 사용하지 말 것
- 건조한 모발에 염색할 것
- 퍼머넌트 웨이브와 염색을 시술할 경우 퍼머넌트 웨이브를 먼저 행할 것

▌ 가발의 종류

- 착용 방법에 따른 구분 : 고정식, 탈착식
- 착용 부위에 따른 구분 : 전체가발, 부분가발
- 착용 형태에 따른 구분 : 접착형, 클립형
- 모발 종류에 따른 구분 : 인조모, 인모

▮ **공중보건학의 정의**

윈슬로(Winslow)에 의하면 공중보건학이란 "조직적인 지역사회의 노력을 통해서 질병을 예방하고, 생명을 연장시킴과 동시에 신체적·정신적 효율을 증진시키는 기술과학"이다.

▮ **WHO의 3대 보건지표**

보통사망률(조사망률), 평균수명, 비례사망지수

▮ **영아사망률**

(1년 간의 생후 1년 미만의 사망자 수/그해의 출생아 수)×1,000

국제적으로 국민보건 수준을 가늠하는 중요한 지표이며, 모자보건사업 정책 수립을 위한 기초 자료로 제공

▮ **인구 구성형태**

피라미드형(정체형, 증가형)	• 출생률과 사망률이 모두 높은 형 • 14세 이하 인구가 65세 이상 인구의 2배를 초과하는 인구 구성형태
종형(정체형)	• 인구 정지형으로 출생률과 사망률이 모두 낮음 • 14세 이하의 인구가 65세 이상의 인구의 2배 정도가 되는 가장 이상적인 인구형태
방추형(항아리형)	• 출생률이 사망률보다 낮은 인구 감소형 • 평균수명이 높은 선진국형
별형(도시형)	• 생산연령 인구가 많이 유입되는 도시지역의 인구 구성형태 • 생산층 인구가 전체 인구의 50% 이상을 차지
표주박형(기타형, 농촌형)	• 청장년층의 전출로 노년층 비율이 높은 농촌에서 나타남 • 생산연령 인구에 비해서 노년 인구가 많고 인구 과소로 노동력 부족 문제가 나타남

▮ **역 학**

- 질병 발생의 원인 및 발생요인을 밝히는 분야
- 인간집단을 대상으로 발생된 질병을 연구하는 학문
- 질병을 예방할 수 있도록 예방대책을 강구하는 것

▌ 감염병 발생의 3요소

환경, 숙주, 병인(병원체)

▌ 건강보균자

병원체에 감염되었으나 임상증상이 전혀 없는 보균자로서 감염병 관리상 중요한 대상

▌ 프리온(Prion)

광우병의 병원체로 소[(광우병(BSE)], 인간(변형크로이츠펠트-야콥병), 양(스크래피병)에게 각각의 질병을 일으킴

▌ 병원체에 따른 감염병의 분류

구 분	바이러스(Virus)성 감염병	세균(Bacteria)성 감염병
호흡기 계통	인플루엔자, 홍역, 유행성 이하선염, 두창 등	결핵, 디프테리아, 백일해, 폐렴, 성홍열 등
소화기 계통	소아마비(폴리오), 유행성 간염 등	장티푸스, 콜레라, 세균성 이질, 파라티푸스 등

▌ 인체 침입구에 따른 감염병의 분류

- 호흡기계 침입 : 디프테리아, 백일해, 결핵, 폐렴, 인플루엔자, 두창, 홍역, 풍진, 성홍열 등
- 소화기계 침입 : 장티푸스, 파라티푸스, 세균성 이질, 콜레라, 소아마비(폴리오), 유행성 간염 등
- 경피 침입(점막이나 상처 부위 경유) : 일본뇌염, 파상풍, 트라코마, 페스트, 발진티푸스, 매독, 한센병 등

▌ 위생해충에 의한 감염

- 모기 : 말라리아, 일본뇌염, 황열, 뎅기열, 사상충증 등
- 바퀴 : 이질, 콜레라, 장티푸스, 폴리오 등
- 파리 : 장티푸스, 파라티푸스, 이질, 콜레라, 양충병 등
- 쥐 : 페스트, 살모넬라증, 재귀열, 발진열, 유행성 출혈열, 쯔쯔가무시병, 렙토스피라증(와일씨병)

▌ 인수공통감염병의 종류

장출혈성대장균감염증, 일본뇌염, 브루셀라증, 탄저, 공수병, 동물인플루엔자 인체감염증, 중증급성호흡기증후군(SARS), 변종크로이츠펠트-야콥병(vCJD), 큐열, 결핵

▌ 법정감염병의 분류

제1급 감염병	• 생물테러감염병 또는 치명률이 높거나 집단 발생의 우려가 커서 발생 또는 유행 즉시 신고하여야 하고, 음압격리와 같은 높은 수준의 격리가 필요한 감염병 • 에볼라바이러스병, 마버그열, 라싸열, 크리미안콩고출혈열, 남아메리카출혈열, 리프트밸리열, 두창, 페스트, 탄저, 보툴리눔독소증, 야토병, 신종감염병증후군, 중증급성호흡기증후군(SARS), 중동호흡기증후군(MERS), 동물인플루엔자 인체감염증, 신종인플루엔자, 디프테리아
제2급 감염병	• 전파가능성을 고려하여 발생 또는 유행 시 24시간 이내에 신고하여야 하고, 격리가 필요한 감염병 • 결핵, 수두, 홍역, 콜레라, 장티푸스, 파라티푸스, 세균성 이질, 장출혈성대장균감염증, A형간염, 백일해, 유행성이하선염, 풍진, 폴리오, 수막구균 감염증, B형헤모필루스인플루엔자, 폐렴구균 감염증, 한센병, 성홍열, 반코마이신내성황색포도알균(VRSA) 감염증, 카바페넴내성장내세균목(CRE) 감염증, E형간염
제3급 감염병	• 그 발생을 계속 감시할 필요가 있어 발생 또는 유행 시 24시간 이내에 신고하여야 하는 감염병 • 파상풍, B형간염, 일본뇌염, C형간염, 말라리아, 레지오넬라증, 비브리오패혈증, 발진티푸스, 발진열, 쯔쯔가무시증, 렙토스피라증, 브루셀라증, 공수병, 신증후군출혈열, 후천성면역결핍증(AIDS), 크로이츠펠트-야콥병(CJD) 및 변종크로이츠펠트-야콥병(vCJD), 황열, 뎅기열, 큐열, 웨스트나일열, 라임병, 진드기매개뇌염, 유비저, 치쿤구니야열, 중증열성혈소판감소증후군(SFTS), 지카바이러스 감염증, 매독
제4급 감염병	• 제1급 감염병부터 제3급 감염병까지의 감염병 외에 유행 여부를 조사하기 위하여 표본감시 활동이 필요한 감염병 • 인플루엔자, 회충증, 편충증, 요충증, 간흡충증, 폐흡충증, 장흡충증, 수족구병, 임질, 클라미디아감염증, 연성하감, 성기단순포진, 첨규콘딜롬, 반코마이신내성장알균(VRE) 감염증, 메티실린내성황색포도알균(MRSA) 감염증, 다제내성녹농균(MRPA) 감염증, 다제내성아시네토박터바우마니균(MRAB) 감염증, 장관감염증, 급성호흡기감염증, 해외유입기생충감염증, 엔테로바이러스감염증, 사람유두종바이러스 감염증
기생충 감염병	• 기생충에 감염되어 발생하는 감염병 • 회충증, 편충증, 요충증, 간흡충증, 폐흡충증, 장흡충증, 해외유입기생충감염증

▌ 기생충 감염형태

- 회충, 요충, 십이지장충, 편충, 개회충 : 비위생적인 음식물, 토양, 손, 가축과의 접촉 등으로 감염
- 간흡충(간디스토마) : 익히지 않은 민물고기 섭취 시
- 무구조충(민촌충) : 익히지 않은 쇠고기 섭취 시
- 갈고리촌충(유구조충) : 익히지 않은 돼지고기 섭취 시
- 긴촌충(광절열두조충) : 익히지 않은 민물고기 섭취 시
- 폐흡충(폐디스토마) : 익히지 않은 가재, 게 섭취 시

▌ 회충증 감염 예방대책

- 집단구충에 의한 감염 방지, 정기적인 구충제 복용, 보건교육 실시
- 파리의 구제, 분변의 철저한 위생처리 등 환경개선
- 청정채소 섭취 및 위생적인 식생활 장려

▌ 요 충

사람의 대장과 맹장에 기생하며 항문 주위에 알을 낳아 집단감염이 잘 일어나는 기생충으로, 주로 어린이들에게 잘 감염됨

▮ 고령화 사회(高齡化社會, Aging Society)

- UN 규정에 따라 65세 이상의 인구가 전체 인구의 7% 이상인 사회
- UN은 7% 이상을 고령화 사회, 14% 이상을 고령사회, 20% 이상을 초고령 사회로 규정

▮ 환경오염의 종류

수질오염, 대기오염, 토양오염, 소음·진동, 악취, 인공조명에 의한 빛공해, 방사능오염 등

▮ 공기의 성분비

질소(78.1%), 산소(21%), 아르곤(약 1%), 이산화탄소(0.03%)

▮ 대장균

음용수로 사용할 상수의 수질오염 지표 미생물로 주로 사용되는 것

▮ 생물학적 산소요구량(BOD ; Biochemical Oxygen Demand)

- 수중의 유기물이 호기성세균에 의해 산화 분해될 때 소비되는 산소량으로 수질오염의 지표
- 20℃의 빛이 들지 않는 어두운 곳에서 5일간 보관한 후 용존 산소의 양을 측정함

▮ 화학적 산소요구량(COD ; Chemical Oxygen Demand)

- 유기물질을 강력한 산화제로 화학적으로 산화시킬 때 소모되는 산소량, 수중의 유기물질을 간접적으로 측정하는 방법
- 오염이 심할수록 COD값이 큼

▮ 용존산소량(DO ; Dissolved Oxygen)

- 수질오염을 측정하는 지표로서 물에 녹아 있는 유리산소의 양을 의미
- 용존산소량(DO)이 높으면 생물학적 산소요구량(BOD)은 낮음

▮ 수질오염을 측정하는 방법

- 생물학적 방법 : 용존산소량(DO), 생물학적 산소요구량(BOD), 지표생물을 이용한 방법
- 화학적 방법 : 화학적 산소요구량(COD), 물속에 녹아 있는 질산, 인산의 농도를 이용한 방법

❚ 수인성 감염병의 특징

- 치명률이 낮음
- 발생률이 높고 이환율, 유병률이 낮음
- 2차 환자 발생률이 적음
- 환자가 폭발적으로 발생
- 오염된 식수나 음식물에 의해 전파
- 유행지역과 음용수 사용지역이 일치
- 성, 연령, 직업, 생활 정도, 계절에 무관하게 발생

❚ 환경위생의 영역

자연적 환경	• 물리·화학적 환경 : 토양, 빛, 기온, 기습, 기류, 소음, 기압 등 • 생물학적 환경 : 병원미생물, 위생해충, 모기, 파리 등
사회적 환경	• 인위적 환경 : 의복, 식생활, 주택, 위생시설 등 • 사회·문화적 환경 : 정치, 경제, 종교, 교육 등

❚ 공기의 자정작용

- 공기 자체의 희석작용
- 강우, 강설에 의한 용해성 가스의 세정작용
- 산소, 오존, 과산화수소 등에 의한 산화작용
- 태양광선(자외선)에 의한 살균 정화작용
- 식물의 광합성에 의한 산소의 생산작용

❚ 오탁지표

실내오탁지표(CO_2), 대기오탁지표(SO_2), 수질오염지표(대장균), 하수오염지표(BOD)

❚ 산업보건의 목적

직업병 예방, 근로환경 개선, 작업능률 향상, 산업재해 예방, 근로자 건강의 효율적 관리

❚ 작업강도(RMR)

경노동은 0~1, 중등노동은 1~2, 강노동은 2~4, 중노동은 4~7, 격노동은 7 이상

❚ 작업환경 관리의 목적

직업병 예방, 산업재해 예방, 산업피로의 억제, 근로자의 건강보호 등

▌ 직업병의 종류

- 고열환경 : 열중증, 열쇠약증, 열경련증, 열사병 등
- 조명불량 : 안구진탕증, 근시, 안정피로
- 분진(먼지) : 규폐증, 진폐증, 석면폐증
- 소음 : 직업적 난청
- 이상기온 : 열경련, 열사병(일사병), 열피로
- 공업중독
  - 카드뮴 중독 : 이타이이타이병
  - 수은 중독 : 미나마타병
  - 납 중독 : 칼슘대사 이상, 신장장애

▌ 세균성 식중독의 분류

- 감염형 식중독 : 살모넬라 식중독, 장염 비브리오 식중독, 병원성 대장균 식중독
- 독소형 식중독 : 포도상구균 식중독, 보툴리누스 식중독

▌ 바이러스성 식중독

노로바이러스, 아스트로바이러스, 장관 아데노바이러스, 로타바이러스 A군 등

▌ 자연독 식중독 독성분

- 독버섯 : 무스카린(Muscarine)
- 감자의 싹과 녹색 부위 : 솔라닌(Solanine)
- 독미나리 : 시큐톡신(Cicutoxin)
- 섭조개, 대합조개 : 삭시톡신(Saxitoxin)
- 모시조개, 굴, 바지락 : 베네루핀(Venerupin)
- 복어 : 테트로도톡신(Tetrodotoxin)

▌ 영양소의 종류

- 구성영양소 : 단백질, 지방, 무기질, 물
- 열량영양소 : 탄수화물, 단백질, 지방
- 조절영양소 : 비타민, 무기질, 물

▌ 보건행정의 정의

국민의 질병예방, 생명연장, 육체적·정신적 효율의 증진 등 공중보건의 목적을 달성하기 위하여 공공의 책임하에 수행하는 행정활동

CHAPTER 03 소독학

소독 관련 용어의 정의

- 살균 : 생활력을 가지고 있는 미생물을 여러 가지 물리·화학적 작용에 의해 급속히 죽이는 것
- 소독 : 병원 미생물의 생활력을 파괴시켜 감염의 위험성을 없애거나 세균의 증식을 억제 또는 멸살시키는 것
- 방부 : 병원성 미생물의 발육과 그 작용을 제거하거나 정지시켜서 음식물의 부패와 발효를 방지하는 것
- 멸균 : 병원성 또는 비병원성 미생물 및 포자를 가진 것을 전부 사멸 또는 제거하는 것
- 오염 : 물체 내부, 표면에 병원체가 붙어있는 것
- 감염 : 병원체가 숙주에 침입하여 발육·증식하는 것
- 침입 : 세균이 감염 내에 들어가는 것

소독력의 강도

멸균 > 살균 > 소독 > 방부

소독인자

- 물리적 인자 : 열, 수분, 자외선
- 화학적 인자 : 물, 온도, 농도, 시간

소독제의 일반적인 살균작용 기전

- 산화작용
- 균체 단백 응고작용
- 가수분해 작용
- 탈수작용
- 중금속염의 형성작용

소독법의 분류

- 자연적 소독법 : 희석에 의한 소독법, 햇볕에 의한 자연 소독법, 한랭에 의한 자연 소독법
- 물리적 소독법 : 건열에 의한 소독법, 습열에 의한 소독법, 자외선살균법, 여과살균법 등
- 화학적 소독법 : 페놀화합물, 중금속화합물, 할로겐화합물 등 이용

▌ 화염멸균법

알코올램프 등을 이용하여 화염불꽃에 20초 이상 처리

▌ 건열멸균법

- 160~180℃의 건열에 90분 이상 처리
- 드라이 오븐(Dry Oven)을 사용
- 유리제품이나 주사기 등에 적합
- 젖은 손으로 조작하지 않음

▌ 자비소독법

- 100℃의 끓는 물속에서 15~20분간 처리
- 자비소독으로는 효과가 없는 균 : 포자형성균, B형간염 바이러스, 원충(포낭형)

▌ 100℃에서도 살균되지 않는 균

121℃ 이상에서 사멸하는 곰팡이, 탄저균, 파상풍균, 기종저균, 아포균 등

▌ 저온살균법

- 파스퇴르(Pasteur)에 의해 고안된 소독법
- 저온살균 : 62~65℃에서 30분간 살균하는 방법

▌ 간헐멸균법

100℃에서 30분간 가열하는 처리를 24시간마다 3회 반복하는 멸균법

▌ 고압증기멸균법

고압증기멸균기를 사용, 일반적으로 121℃에서 15~20분 멸균하는 방법으로 아포를 포함한 모든 미생물을 완전히 멸균시킬 수 있는 가장 좋은 방법

▌ 자외선멸균의 특징

- 모든 세균에 유효
- 피조사물에 거의 변화를 주지 않음
- 자외선을 조사받은 균에 내성을 주지 않음
- 공기, 물의 살균에 가장 적당하고 공기, 물 이외의 대부분의 물질은 조사를 받은 표면의 살균에 한정

- 살균효과는 조사 중에 한하며 잔존하지 않음
- 자외선은 눈 및 피부에 다소 유해하기 때문에 안전상의 주의가 필요

▌ 여과멸균법

혈청이나 당 등과 같이 열에 불안정한 액체의 멸균에 주로 이용되는 방법

▌ 에틸렌가스(E.O)멸균법

- 38~60℃의 저온에서 가능하고, 비교적 값이 비쌈
- 일회용 의료기구나 면도날 등의 물품을 소독하는 데 가장 널리 이용되고 있는 방법
- 고압증기멸균법은 조작방법이 쉽고, E.O가스멸균법은 조작방법이 어려움

▌ 소독약의 구비조건

- 경제적이고 사용방법이 간단할 것
- 인체에 독성이 없고, 살균 대상물을 손상시키지 않을 것
- 살균력이 강하고, 용해성이 높을 것
- 살균 소요시간이 짧을 것
- 표백성과 부식성이 없을 것
- 세척력과 생물학적 작용이 충분할 것
- 원액 혹은 희석된 상태에서 화학적으로 안정된 것
- 유기물질, 비누·세제에 의한 오염, 물의 경도 및 산도에 의한 효력저하가 없을 것
- 필요한 농도만큼 쉽게 수용액을 만들 수 있을 것

▌ 석탄산(C_6H_5OH)

- 3% 수용액으로 사용하며, 소독제의 살균력을 비교할 때 기준이 되는 소독약
- 살균작용 : 세균단백 응고작용, 세포 용해작용, 효소계의 침투작용 등

▌ 산화작용에 의한 소독법

차아염소산, 염소, 표백분, 오존, 과산화수소, 과망가니즈산칼륨 등

▌ 과산화수소

- 살균력이 좋고 자극성이 적어서 상처 소독에 많이 사용
- 표백, 탈취, 살균 등의 작용
- 발생기 산소가 강력한 산화력을 나타냄
- 발포 작용에 의해 상처의 표면을 소독

■ 포르말린

- 아포에 대해 소독력이 강함
- 포르말린 1에 물 34의 비율로 혼합하여 사용
- 배설물의 소독에는 적합하지 않음
- 온도가 내려가면 급격하게 효력이 낮아지므로 30℃ 이상의 온도를 유지해야 함

■ 폼알데하이드

- 소독 대상물 : 차 내부, 실내, 서적, 가구 내부 등
- 자극성 있는 특이한 냄새를 가진 무색의 기체로서 물에 잘 용해됨
- 장점 : 물에 잘 녹고, 낮은 온도에서도 살균작용
- 단점 : 자극성이 강해 점막 자극이 심하므로 사용 시 주의하여야 함

■ 소독 대상에 따른 소독방법

- 알코올 : 손이나 피부 및 기구(가위, 칼, 면도기 등) 소독에 가장 적합, 70~75%의 소독 시 살균력을 가장 효과적으로 발휘
- 역성비누 : 10%의 용액을 100~200배 희석(손 소독)
- 크레졸 비누액 : 1~2% 수용액(손·피부 소독), 3~5% 수용액(객담, 분뇨 등의 소독)
- 석탄산(페놀) : 3~5% 용액(실험기기, 의료용기, 오물 등), 2% 용액(손 소독)
- 승홍수 : 0.1~0.5% 수용액(손 소독), 독성이 강하고 금속을 부식시킴

■ 이·미용기구의 소독방법

- 건열멸균소독 : 100℃ 이상의 건조한 열에 20분 이상 쐬어 줌
- 증기소독 : 100℃ 이상의 습한 열에서 20분 이상 쐬어 줌
- 열탕소독 : 100℃ 이상의 물속에서 10분 이상 끓임
- 석탄산수소독 : 석탄산 3%, 물 97%의 수용액인 석탄산수에 10분 이상 담금

■ 이·미용업소에서 사용하는 수건의 소독방법

자비소독, 역성비누소독, 증기소독 등

■ 소독제 보관 및 사용 시 주의사항

- 소독제재에 따라 밀폐해서 냉암소에 보관
- 소독제는 사용할 때마다 조금씩 새로 만들어서 쓰는 것이 좋음
- 소독할 물건의 성질과 병원미생물의 종류 등을 염두에 두고 소독방법을 결정
- 보관용기에는 약품명, 농도, 제조 날짜 등을 정확히 표기

▌ 미생물 증식에 영향을 미치는 조건

영양, 수분, 습도, 온도, pH(수소이온농도), 산소

▌ 세균이 가장 잘 번식할 수 있는 pH(수소이온농도)

중성 내지 약알칼리성(pH 7.0~7.5)

▌ 호기성균

- 산소가 있어야만 잘 성장할 수 있는 균
- 초산균, 고초균, 결핵균 등

▌ 혐기성 세균

- 산소가 없는 곳에서만 생활할 수 있는 세균
- 파상풍균, 가스괴저균, 보툴리누스균, 클로스트리듐균 등

▌ 편모의 종류

- 단모균 : 한 극에 1개의 편모를 가진 균
- 총모균 : 한 극에 여러 개의 편모를 가진 균
- 양모균 : 양 극에 편모가 있는 균
- 주모균 : 세포의 둘레에 여러 개의 편모가 있는 균

▌ 선 모

그람음성균에서 흔히 볼 수 있는 것으로, 균체 표면에 밀생 분포해 있고 가늘고 짧으며 직선 모양을 하고 있음

▌ 리케차

바이러스와 마찬가지로 살아 있는 세포 내에서만 증식이 가능하며 주로 절지동물(진드기, 벼룩, 이 등)이 사람의
혈액을 흡혈할 때 인체 내로 감염

▌ 아포(Spore)를 형성하는 세균

파상풍균, 탄저균, 고초균 등

CHAPTER **04** 피부 및 화장품학

▌ 피부의 구조

- 피부의 구조 : 표피, 진피, 피하조직으로 구성
- 피부의 부속기관 : 피지선, 한선과 같은 외분비선과 표피가 각화한 털, 손톱, 발톱

▌ 표 피

- 표피는 무핵층(각질층, 투명층, 과립층)과 유핵층(유극층, 기저층)으로 구분할 수 있음
  - 각질층 : 생명력이 없는 죽은 세포층으로 피부의 가장 바깥에 위치하며 각질층의 수분 함유량은 10~20%가 적절
  - 과립층 : 각질화 과정이 실제로 일어나는 층으로 각질효소인 케라토하이알린(Keratohyaline) 과립이 많이 생성되어 과립세포에서 각질세포로 변화하게 됨
  - 유극층 : 약 6~8개의 세포층으로 이루어져 있는 다층으로 표피 중에서 가장 두터우며 표피의 대부분을 차지
  - 기저층 : 표피 중 가장 깊은 곳에 위치하고 활발한 세포분열을 통해 새 세포를 생성하며 멜라닌 세포가 존재함
- 표피 구성세포 : 각질형성세포, 멜라닌생성세포, 랑게르한스 세포, 메르켈 세포
  ※ 랑게르한스 세포 : 표피에 존재하며 면역과 가장 관계가 깊은 세포

▌ 진 피

- 표피와 피하지방 사이에 위치하여 피부의 주체를 이루는 층으로, 망상층과 유두층으로 구분
- 교원섬유(콜라겐)와 탄력섬유(엘라스틴) : 진피의 탄탄한 조직을 결정짓는 요인

▌ 피하조직

표피와 진피의 활동에 영양을 공급하며 열의 발산을 막아 주는 곳

▌ 피부의 색을 결정하는 색소

- 멜라닌 색소 : 피부 속에 존재하는 흑색 계통
- 헤모글로빈 색소 : 혈액 속에 존재하는 적색 계통
- 카로틴 색소 : 과립에서 옮겨 오는 황색 계통

▋ 피부의 기능

- 분비기능 : 피지의 분비는 수분의 증발을 막아줌
- 흡수기능 : 세포간지질, 피부 부속기관, 각질층을 통해 흡수
- 보호기능 : 피부 표면의 산성막은 박테리아의 감염과 미생물의 침입으로부터 피부를 보호
- 체온 조절기능 : 기온이 높으면 땀을 흘려 열을 발산하고, 온도가 낮으면 혈관이 수축되어 혈류를 감소시킴
- 감각·지각기능 : 냉각, 촉각, 온각, 통각, 압각에 반응
- 저장기능 : 수분, 영양물질, 혈액, 지방 등이 피하조직에 저장
- 비타민 D 생성기능 : 자외선에 의해 표피 과립층에서 비타민 D 전구물질을 활성화시킴

▋ 에크린선과 아포크린선

- 에크린선(소한선) : 태어날 때부터 입술, 음부를 제외하고 전신에 분포되어 있으며, 특히 앞이마, 손바닥, 발바닥 등에 밀집되어 분포함
- 아포크린선(대한선) : 겨드랑이, 생식기 주위, 남성과 여성의 유두 주위에 분포되어 있으며, 분비되는 땀에는 특유의 냄새가 있음

▋ 피지의 작용

수분 증발 억제작용, 살균작용, 유화작용, 흡수조절 작용, 비타민 D_3의 생성작용

▋ 림프액의 기능

항원과 항체반응을 통해 면역반응에 관여하고, 과도한 체액을 흡수하여 운반

▋ 피부의 pH

- 피부는 pH 4.5~6.5의 약산성일 때 가장 건강한 상태
- 지성피부는 산성으로, 건조피부는 알칼리성으로 기우는 경향이 있음

▋ 중성피부

피지의 분비가 적당하여 윤택이 나는 피부

▋ 건성피부

- 수분과 피지의 분비가 적어 피부 표면에 윤기가 없음
- 조그만 상처에도 쉽게 아물지 않고 손상되기 쉬우며 접촉성 피부염이 생기기 쉬움
- 입가나 눈가 등에 잔주름이 두드러져 보임

▎ 지성피부

- 피부결이 거칠고 두꺼워 보임
- 과다한 피지 분비로 문제성 피부가 되기 쉬움
- 여성보다 남성 피부에 많음
- 모공이 매우 크며 번들거림
- 세안 시 세정력이 강한 비누의 사용이 가장 적합한 피부 유형

▎ 민감성 피부

- 보통 사람에게는 아무렇지도 않은 물질에 곧 반응을 일으키는 피부 유형
- 민감성 피부로 인해 발생하는 피부질환 : 지루성 습진, 접촉성 피부염, 아토피 피부염

▎ 복합성 피부

- 건성과 지성이 부분적으로 섞여 있는 피부
- 기름 분비가 많은 곳은 여드름 등이 생기기 쉽지만 그렇지 않은 곳은 거칠게 느껴짐

▎ 노화피부

- 표피가 건조하고 얼굴 전체가 늘어져 있으며 크고 작은 잔주름이 보임
- 콜라겐과 엘라스틴의 감소로 피부의 탄력이 없음

▎ 몸속 수분의 역할

- 몸의 대사를 도움
- 산소나 독소를 운반
- 불필요해진 성분의 배설
- 체온 및 체액조절

▎ 원발진의 종류

- 면포 : 피지, 각질세포, 박테리아가 서로 엉겨서 모공이 막힌 상태
- 구진 : 속이 단단하고 피부가 볼록 솟아오른 병변(여드름, 사마귀, 뾰루지)
- 농포 : 구진이 화농성으로 진행된 것
- 결절 : 구진보다 크고 단단하며 피부의 깊숙한 곳에 위치
- 반점 : 돌출이나 침윤 없이 색조의 변화가 있는 것(붉은 반점과 피부색소이상증으로 나뉨)
- 팽진 : 부종성의 평평하게 올라온 것
- 소수포 : 직경 1cm 미만의 맑은 액체가 포함된 물집

- 대수포 : 소수포보다 큰 크기를 지니고 있으며 장액성 액체를 포함하고 있는 융기
- 종양 : 결절보다 직경이 크고(2cm 이상) 속이 단단한 덩어리로 크기, 모양, 색 등이 다양

▌ 속발진의 종류
- 인설 : 건조하거나 습한 각질의 조각이 쌓인 것
- 가피 : 혈청, 농 및 혈액 등이 건조되어 나타나는 병변
- 찰상 : 손톱으로 긁거나 다른 마찰 등에 의해 생긴 찰과상 또는 궤양
- 미란 : 수포가 터진 후 표피만 떨어져 나간 병변(흉터 없이 치유)
- 궤양 : 표피와 함께 진피까지 소실된 병변(흉터가 생김)
- 반흔 : 진피와 심부에 손상된 피부의 상해를 치료한 뒤 생성되는 흉터
- 균열 : 표피에 생기는 선상의 틈(튼 손, 입술의 갈라진 틈)
- 위축 : : 피부조직의 크기가 축소된 상태로 피부가 탄력을 잃어 주름이 생김
- 태선화 : 표피 전체와 진피의 일부가 가죽처럼 두꺼워진 상태

▌ 접촉성 피부염
- 외부 물질과 접촉해서 발생하는 피부습진
- 주된 알레르기 유발요인 : 고무제품, 니켈, 크로뮴, 수은, 향료, 농약 등

▌ 피부와 스트레스
- 피부에 나타나는 1차적 스트레스 증상 : 두드러기, 작열감, 소양감, 봉소염, 홍반
- 피부에 나타나는 2차적 스트레스 증상 : 스트레스성 여드름, 색소가 침착되는 증상

▌ 화상의 증상에 따른 분류
- 1도 화상 : 표피층만 손상
- 2도 화상 : 표피 전 층과 진피의 상당 부분이 손상
- 3도 화상 : 진피 전 층과 피하조직까지 손상

▌ 주사(Rosacea)
- 얼굴의 중앙 부위(이마, 코, 턱 등)에 발생하는 만성 피지선 염증
- 유전적 원인, 내분비 이상, 과도한 음주와 관련이 있다고 알려져 있음
- 지속적인 홍반과 모세혈관 확장, 구진을 동반

▌ 자외선의 종류

- UV-A : 자연 색소침착을 일으킴(멜라닌 증가와 노화 촉진)
- UV-B : 피부에 홍반을 일으킴
- UV-C : 피부에 조사될 경우 피부암 등 심각한 질병을 일으킴

▌ 자외선이 피부에 미치는 작용

- 긍정적 측면 : 살균, 소독, 비타민 D 합성 유도와 혈액순환 촉진
- 부정적 측면 : 일광화상, 색소침착, 홍반반응 유발, 광과민, 광독성, 광노화와 피부암 등의 촉진

▌ 살균작용이 가장 강한 자외선의 파장

도르노선(Dorno Ray)은 일명 건강선이라고 하며 2,900~3,200 Å 파장으로 강력한 살균작용이 있음

▌ 적외선

- 장파장으로 피부조직 깊숙이 영향을 미치며 온열효과가 있어 혈액순환, 근육조직의 이완, 신진대사 촉진, 식균작용 등의 역할
- 열을 내는 빛이기 때문에 피부에 장시간 닿으면 노화 촉진
- 적외선 때문에 피부 온도가 과도하게 올라가면 피부 속 단백질 분해효소가 많아져 콜라겐 등이 줄고, 피부 탄력이 떨어짐

▌ 면 역

- 자연수동면역 : 모체로부터 태반을 통해 얻어지는 면역
- 자연능동면역 : 과거에의 현성 또는 불현성 감염에 의하여 획득한 면역
- 인공능동면역 : 장티푸스, 결핵, 콜레라, 파상풍 등의 예방접종에 의하여 획득한 면역
- 인공수동면역 : 성인 또는 회복기 환자의 혈청, γ-globulin 양친의 혈청, 태반추출물의 주사에 의해서 면역체를 받는 상태

▌ 피부노화의 유해 요소

산화(활성산소), 피부건조, 자외선

▌ 화장품의 4대 요건

- 안전성 : 피부에 대한 트러블이 없어야 하고 독성이 없을 것
- 안정성 : 보관에 따른 변색, 변질, 변취가 없어야 하며, 미생물의 오염이 없을 것
- 사용성 : 사용이 쉽고 피부에 잘 스며들 것
- 유효성 : 적절한 보습, 노화 억제, 자외선 차단, 미백, 세정 등의 효과를 부여할 것

▌ 화장품의 분류

분류	사용 목적	주요 제품
기초 화장품	세 안	클렌징워터, 클렌징로션, 클렌징크림, 클렌징폼, 비누, 스크럽
	정 돈	유연화장수, 수렴화장수, 마사지크림
	보 호	로션, 크림, 에센스, 기능성 화장품
메이크업 화장품	베이스 메이크업	메이크업베이스, 파운데이션, 페이스파우더
	포인트 메이크업	립스틱, 아이섀도, 마스카라, 아이라이너, 블러셔
모발 화장품	세 발	샴푸, 린스
	정 발	무스, 스프레이, 젤, 왁스
	기 타	퍼머넌트 웨이브제, 염색제, 탈색제, 제모제 등

▌ 클렌징 크림의 조건

• 체온에 의하여 액화되어야 함
• 완만한 표백작용을 해야 함
• 피부에 흡수되지 않아야 함(흡수 시 피부 트러블을 일으킴)
• 닦아낸 후 피부를 부드럽게 하고 기름기가 없이 깨끗해야 함

▌ 향수의 기본 조건

• 향에 특징이 있어야 함
• 향은 적당히 강하고 지속성이 좋아야 함
• 확산성이 좋아야 함
• 시대성에 부합해야 함
• 피부 자극이 없어야 함

▎ **공중위생관리법의 목적(법 제1조)**

이 법은 공중이 이용하는 영업의 위생관리 등에 관한 사항을 규정함으로써 위생수준을 향상시켜 국민의 건강증진에 기여함을 목적으로 한다.

▎ **용어의 정의(법 제2조)**

- 공중위생영업 : 다수인을 대상으로 위생관리서비스를 제공하는 영업으로서 숙박업·목욕장업·이용업·미용업·세탁업·건물위생관리업을 말한다.
- 이용업 : 손님의 머리카락 또는 수염을 깎거나 다듬는 등의 방법으로 손님의 용모를 단정하게 하는 영업을 말한다.
- 미용업 : 손님의 얼굴·머리·피부 및 손톱·발톱 등을 손질하여 손님의 외모를 아름답게 꾸미는 영업을 말한다.

▎ **미용업의 세분(법 제2조)**

- 일반미용업
- 네일미용업
- 종합미용업
- 피부미용업
- 화장·분장미용업

▎ **공중위생영업의 신고 및 폐업신고(법 제3조)**

공중위생영업을 하고자 하는 자는 공중위생영업의 종류별로 보건복지부령이 정하는 시설 및 설비를 갖추고 시장·군수·구청장(자치구의 구청장)에게 신고하여야 한다. 보건복지부령이 정하는 중요사항을 변경하고자 하는 때에도 또한 같다.

▎ **변경신고 대상(규칙 제3조의2제1항)**

- 영업소의 명칭 또는 상호
- 영업소의 주소
- 신고한 영업장 면적의 3분의 1 이상의 증감
- 대표자의 성명 또는 생년월일
- 미용업 업종 간 변경 또는 업종의 추가

▍ 이·미용업 영업신고 신청 시 필요한 구비서류(규칙 제3조)

- 영업시설 및 설비개요서
- 영업시설 및 설비의 사용에 관한 권리를 확보하였음을 증명하는 서류
- 교육수료증(미리 교육을 받은 경우에만 해당한다)

▍ 공중위생영업의 승계(법 제3조의2)

공중위생영업자의 지위를 승계한 자는 1월 이내에 보건복지부령이 정하는 바에 따라 시장·군수 또는 구청장에게 신고하여야 한다.

▍ 공중위생영업자가 준수하여야 하는 위생관리기준(규칙 [별표 4])

이용업자	미용업자
• 이용기구 중 소독을 한 기구와 소독을 하지 아니한 기구는 각각 다른 용기에 넣어 보관하여야 한다. • 1회용 면도날은 손님 1인에 한하여 사용하여야 한다. • 영업장 안의 조명도는 75럭스 이상이 되도록 유지하여야 한다. • 영업소 내부에 이용업 신고증 및 개설자의 면허증 원본을 게시하여야 한다. • 영업소 내부에 부가가치세, 재료비 및 봉사료 등이 포함된 요금표(이하 "최종지급요금표"라 한다)를 게시 또는 부착하여야 한다. • 신고한 영업장 면적이 66㎡ 이상인 영업소의 경우 영업소 외부(출입문, 창문, 외벽면 등을 포함한다)에도 손님이 보기 쉬운 곳에 「옥외광고물 등 관리법」에 적합하게 최종지급요금표를 게시 또는 부착하여야 한다. 이 경우 최종지급요금표에는 일부 항목(3개 이상)만을 표시할 수 있다. • 3가지 이상의 이용서비스를 제공하는 경우에는 개별 이용서비스의 최종 지급가격 및 전체 이용서비스의 총액에 관한 내역서를 이용자에게 미리 제공하여야 한다. 이 경우 이용업자는 해당 내역서 사본을 1개월간 보관하여야 한다.	• 점빼기·귓볼 뚫기·쌍꺼풀수술·문신·박피술 그 밖에 이와 유사한 의료행위를 하여서는 아니 된다. • 피부미용을 위하여 「약사법」에 따른 의약품 또는 「의료기기법」에 따른 의료기기를 사용하여서는 아니 된다. • 미용기구 중 소독을 한 기구와 소독을 하지 아니한 기구는 각각 다른 용기에 넣어 보관하여야 한다. • 1회용 면도날은 손님 1인에 한하여 사용하여야 한다. • 영업장 안의 조명도는 75럭스 이상이 되도록 유지하여야 한다. • 영업소 내부에 미용업 신고증 및 개설자의 면허증 원본을 게시하여야 한다. • 영업소 내부에 최종지급요금표를 게시 또는 부착하여야 한다. • 신고한 영업장 면적이 66㎡ 이상인 영업소의 경우 영업소 외부에도 손님이 보기 쉬운 곳에 「옥외광고물 등 관리법」에 적합하게 최종지급요금표를 게시 또는 부착하여야 한다. 이 경우 최종지급요금표에는 일부 항목(5개 이상)만을 표시할 수 있다. • 3가지 이상의 미용서비스를 제공하는 경우에는 개별 미용서비스의 최종 지급가격 및 전체 미용서비스의 총액에 관한 내역서를 이용자에게 미리 제공하여야 한다. 이 경우 미용업자는 해당 내역서 사본을 1개월간 보관하여야 한다.

▍ 이·미용기구의 소독기준 및 방법(규칙 [별표 3])

- 자외선소독 : $1cm^2$당 $85\mu W$ 이상의 자외선을 20분 이상 쬐어 준다.
- 건열멸균소독 : 100℃ 이상의 건조한 열에 20분 이상 쬐어 준다.
- 증기소독 : 100℃ 이상의 습한 열에 20분 이상 쬐어 준다.
- 열탕소독 : 100℃ 이상의 물속에 10분 이상 끓여 준다.
- 석탄산수소독 : 석탄산수(석탄산 3%, 물 97%의 수용액을 말한다)에 10분 이상 담가 둔다.
- 크레졸소독 : 크레졸수(크레졸 3%, 물 97%의 수용액을 말한다)에 10분 이상 담가 둔다.
- 에탄올소독 : 에탄올수용액(에탄올이 70%인 수용액을 말한다)에 10분 이상 담가 두거나 에탄올수용액을 머금은 면 또는 거즈로 기구의 표면을 닦아 준다.

▌ 이·미용사의 면허를 취득할 수 있는 자(법 제6조제1항)

- 전문대학 또는 이와 같은 수준 이상의 학력이 있다고 교육부장관이 인정하는 학교에서 이용 또는 미용에 관한 학과를 졸업한 자
- 「학점인정 등에 관한 법률」 제8조에 따라 대학 또는 전문대학을 졸업한 자와 같은 수준 이상의 학력이 있는 것으로 인정되어 같은 법 제9조에 따라 이용 또는 미용에 관한 학위를 취득한 자
- 고등학교 또는 이와 같은 수준의 학력이 있다고 교육부장관이 인정하는 학교에서 이용 또는 미용에 관한 학과를 졸업한 자
- 초·중등교육법령에 따른 특성화고등학교, 고등기술학교나 고등학교 또는 고등기술학교에 준하는 각종 학교에서 1년 이상 이용 또는 미용에 관한 소정의 과정을 이수한 자
- 「국가기술자격법」에 의한 이용사 또는 미용사의 자격을 취득한 자

▌ 이·미용사의 면허를 받을 수 없는 자(법 제6조제2항)

- 피성년후견인
- 정신질환자(전문의가 적합하다고 인정하는 사람은 예외)
- 공중의 위생에 영향을 미칠 수 있는 감염병환자로서 보건복지부령이 정하는 자
- 마약 기타 대통령령으로 정하는 약물 중독자
- 규정에 의한 명령에 위반하여 면허가 취소된 후 1년이 경과되지 아니한 자

▌ 면허증의 재발급 등(규칙 제10조)

- 면허증의 기재사항에 변경이 있는 때
- 면허증을 잃어버린 때
- 면허증이 헐어 못쓰게 된 때

▌ 이·미용사의 면허취소 등(법 제7조)

시장·군수·구청장은 이용사 또는 미용사가 다음에 해당하는 때에는 그 면허를 취소하거나 6월 이내의 기간을 정하여 면허의 정지를 명할 수 있다.

- 피성년후견인, 정신질환자, 감염병환자, 마약 기타 대통령령으로 정하는 약물 중독자(반드시 취소)
- 면허증을 다른 사람에게 대여한 때
- 「국가기술자격법」에 따라 자격이 취소된 때(반드시 취소)
- 「국가기술자격법」에 따라 자격정지처분을 받은 때(「국가기술자격법」에 따른 자격정지처분 기간에 한정)
- 이중으로 면허를 취득한 때(나중에 발급받은 면허, 반드시 취소)
- 면허정지처분을 받고도 그 정지 기간 중에 업무를 한 때(반드시 취소)
- 「성매매알선 등 행위의 처벌에 관한 법률」이나 「풍속영업의 규제에 관한 법률」을 위반하여 관계 행정기관의 장으로부터 그 사실을 통보받은 때

■ 보건복지부령이 정하는 영업소 외에서의 이·미용 업무(규칙 제13조)

- 질병·고령·장애나 그 밖의 사유로 영업소에 나올 수 없는 자에 대하여 이용 또는 미용을 하는 경우
- 혼례나 그 밖의 의식에 참여하는 자에 대하여 그 의식 직전에 이용 또는 미용을 하는 경우
- 「사회복지사업법」에 따른 사회복지시설에서 봉사활동으로 이용 또는 미용을 하는 경우
- 방송 등의 촬영에 참여하는 사람에 대하여 그 촬영 직전에 이용 또는 미용을 하는 경우
- 위의 경우 외에 특별한 사정이 있다고 시장·군수·구청장이 인정하는 경우

■ 이용사의 업무범위(규칙 제14조)

이발, 아이론, 면도, 머리피부 손질, 머리카락 염색 및 머리감기

■ 공중위생영업소의 폐쇄 등(법 제11조제5항)

시장·군수·구청장은 공중위생영업자가 영업소 폐쇄명령을 받고도 계속하여 영업을 하는 때에는 관계 공무원으로 하여금 해당 영업소를 폐쇄하기 위하여 다음의 조치를 하게 할 수 있다.

- 해당 영업소의 간판 기타 영업표지물의 제거
- 해당 영업소가 위법한 영업소임을 알리는 게시물 등의 부착
- 영업을 위하여 필수불가결한 기구 또는 시설물을 사용할 수 없게 하는 봉인

■ 청문(법 제12조)

보건복지부장관 또는 시장·군수·구청장은 다음 어느 하나에 해당하는 처분을 하려면 청문을 하여야 한다.

- 이용사와 미용사의 면허취소 또는 면허정지
- 영업정지명령, 일부 시설의 사용중지명령 또는 영업소 폐쇄명령

■ 위생관리등급의 구분(규칙 제21조)

- 최우수업소 : 녹색등급
- 우수업소 : 황색등급
- 일반관리대상 업소 : 백색등급

■ 공중위생영업소의 위생서비스수준 평가(법 제13조·규칙 제20조)

- 시·도지사는 공중위생영업소(관광숙박업 제외)의 위생관리수준을 향상시키기 위하여 위생서비스 평가계획을 수립하여 시장·군수·구청장에게 통보하여야 한다.
- 시장·군수·구청장은 평가계획에 따라 관할지역별 세부 평가계획을 수립한 후 공중위생영업소의 위생서비스 수준을 평가하여야 한다.

- 시장·군수·구청장은 위생서비스평가의 전문성을 높이기 위하여 필요하다고 인정하는 경우에는 관련 전문기관 및 단체로 하여금 위생서비스평가를 실시하게 할 수 있다.
- 위생서비스평가의 주기·방법, 위생관리등급의 기준 기타 평가에 관하여 필요한 사항은 보건복지부령으로 정한다.
- 공중위생영업소의 위생서비스수준 평가는 2년마다 실시한다.

▌ 공중위생감시원의 업무 범위(영 제9조)
- 공중위생영업 규정에 의한 시설 및 설비의 확인
- 공중위생영업 관련 시설 및 설비의 위생상태 확인·검사, 공중위생영업자의 위생관리의무 및 영업자준수사항 이행 여부의 확인
- 위생지도 및 개선명령 이행 여부의 확인
- 공중위생영업소의 영업의 정지, 일부 시설의 사용중지 또는 영업소 폐쇄명령 이행 여부의 확인
- 위생교육 이행 여부의 확인

▌ 명예공중위생감시원의 업무(영 제9조의2)
- 공중위생감시원이 행하는 검사대상물의 수거 지원
- 법령 위반행위에 대한 신고 및 자료 제공
- 그 밖에 공중위생에 관한 홍보·계몽 등 공중위생관리업무와 관련하여 시·도지사가 따로 정하여 부여하는 업무

▌ 위생교육(법 제17조·규칙 제23조)
- 공중위생영업자는 매년 위생교육을 받아야 한다.
- 위생교육은 집합교육과 온라인 교육을 병행하여 실시하되, 교육시간은 3시간으로 한다.
- 공중위생영업의 신고를 하고자 하는 자는 미리 위생교육을 받아야 한다. 다만, 보건복지부령으로 정하는 부득이 한 사유로 미리 교육을 받을 수 없는 경우에는 영업개시 후 6개월 이내에 위생교육을 받을 수 있다.
  ※ 영업신고를 한 후 6개월 이내에 위생교육을 받을 수 있는 자 : 천재지변, 본인의 질병·사고, 업무상 국외출장 등의 사유로 교육을 받을 수 없는 경우이거나 교육을 실시하는 단체의 사정 등으로 미리 교육을 받기 불가능한 경우
- 위생교육을 받아야 하는 자 중 영업에 직접 종사하지 아니하거나 2 이상의 장소에서 영업을 하는 자는 종업원 중 영업장별로 공중위생에 관한 책임자를 지정하고, 그 책임자로 하여금 위생교육을 받게 하여야 한다.
- 위생교육은 보건복지부장관이 허가한 단체 또는 공중위생 영업자단체가 실시할 수 있다.
- 위생교육 실시단체의 장은 위생교육을 수료한 자에게 수료증을 교부하고, 교육실시 결과를 교육 후 1개월 이내에 시장·군수·구청장에게 통보하여야 하며, 수료증 교부대장 등 교육에 관한 기록을 2년 이상 보관·관리하여야 한다.

▌ 1년 이하의 징역 또는 1천만원 이하의 벌금(법 제20조제2항)

- 공중위생영업의 신고를 하지 아니하고 공중위생영업(숙박업은 제외)을 한 자
- 영업정지명령 또는 일부 시설의 사용중지명령을 받고도 그 기간 중에 영업을 하거나 그 시설을 사용한 자 또는 영업소 폐쇄명령을 받고도 계속하여 영업을 한 자

▌ 6월 이하의 징역 또는 500만원 이하의 벌금(법 제20조제3항)

- 변경신고를 하지 아니한 자
- 공중위생영업자의 지위를 승계한 자로서 신고를 하지 아니한 자
- 건전한 영업질서를 위하여 공중위생영업자가 준수하여야 할 사항을 준수하지 아니한 자

▌ 300만원 이하의 벌금(법 제20조제4항)

- 다른 사람에게 이용사 또는 미용사의 면허증을 빌려주거나 빌린 사람
- 이용사 또는 미용사의 면허증을 빌려주거나 빌리는 것을 알선한 사람
- 면허의 취소 또는 정지 중에 이용업 또는 미용업을 한 사람
- 면허를 받지 아니하고 이용업 또는 미용업을 개설하거나 그 업무에 종사한 사람

▌ 300만원 이하의 과태료(법 제22조제1항)

- 보고를 하지 아니하거나 관계공무원의 출입·검사 기타 조치를 거부·방해 또는 기피한 자
- 개선명령에 위반한 자
- 이용업 신고를 하지 아니하고 이용업소표시등을 설치한 자

▌ 200만원 이하의 과태료(법 제22조제2항)

- 이·미용업소의 위생관리 의무를 지키지 아니한 자
- 영업소 외의 장소에서 이용 또는 미용업무를 행한 자
- 위생교육을 받지 아니한 자

PART 01

핵심이론

#출제 포인트 분석　　　#자주 출제된 문제　　　#합격 보장 필수이론

01 CHAPTER 이용이론

KEYWORD 이용의 전반적인 흐름과 개념 파악을 위한 이용의 역사에서부터 정의, 이용인의 자세에 관하여 살펴보고 이용기술을 습득하기 위한 기본 지식으로 이발, 아이론, 면도, 머리피부 손질, 머리카락 염색, 머리감기 등의 영역을 숙지한다.

제1절 | 이용의 개념

| 핵심이론 01 | 이용의 정의 및 개요

(1) 정의 및 업무 범위

① 정의 : 이용(이발)이란 복식 이외의 용모에 여러 가지 물리적·화학적 기교를 행하여 미적 아름다움을 추구하는 수단이다.

② 이용업이란 손님의 머리카락 또는 수염을 깎거나 다듬는 등의 방법으로 손님의 용모를 단정하게 하는 영업을 말한다(공중위생관리법 제2조제4호).

③ 이용이론 : 이용에서 요구되는 기술을 이치에 맞게 설명 또는 정리한 것을 말한다.

(2) 이용사 및 미용사의 업무 범위

① 이용사 : 이발(조발), 아이론, 면도, 머리피부 손질, 머리카락 염색, 머리감기(공중위생관리법 시행규칙 제14조제1항)

※ 귀청소, 전신마사지, 피부미용은 해당되지 않는다.

② 미용사(일반) : 파마, 머리카락 자르기, 머리카락 모양내기, 머리피부 손질, 머리카락 염색, 머리감기, 의료기기나 의약품을 사용하지 아니하는 눈썹 손질(공중위생관리법 시행규칙 제14조제2항)

※ 2016년 6월 1일 이후 미용사(일반) 자격을 취득한 자로서 미용사 면허를 받은 자에 해당한다.

10년간 자주 출제된 문제

1-1. 다음 중 이용의 의의에 대한 설명으로 가장 적합한 것은?

① 이용은 기술 이전에 서비스이다.
② 이용은 문화의 변천에 전혀 영향을 받지 않는다.
③ 이용은 고객의 안면만을 단정하게 하는 것이다.
④ 복식 이외의 용모에 여러 가지 물리적 기교를 행하는 방법이다.

1-2. 이용사의 직무에 해당하지 않는 것은?

① 헤어 커트   ② 면 체
③ 피부미용   ④ 두피관리

|해설|

1-1
이용이란 복식 이외의 용모에 여러 가지 물리적, 화학적 기교를 행하여 미적 아름다움을 추구하는 수단이다.

1-2
이용사의 업무범위는 이발, 아이론, 면도, 머리피부 손질, 머리카락 염색 및 머리감기로 한다.
※ 면체술은 면도로 세부 작업명이 변경되었다.

정답 1-1 ④ 1-2 ③

핵심이론 02 | 이용인의 자세

(1) 이용사의 준수사항

① 항상 친절하게 하고, 구강 위생을 철저히 유지한다.
② 항상 손톱을 짧게 깎고 부드럽게 한다.
③ 매일 샤워와 목욕을 하며, 깨끗한 복장을 갖춘다.
④ 건강에 유의하면서 적당한 휴식을 취한다.
⑤ 항상 손님의 의견과 심리를 존중한다.

(2) 이용시술자의 작업과 자세

① 청결한 의복을 갖추고 작업한다.
② 작업 중에 시계나 반지를 착용하지 않는다.
③ 작업장을 깨끗하게 관리한다.
④ 고객의 용모에 대한 특성을 신속·정확하게 파악한다.
⑤ 시술 구상 전에 고객의 요구사항을 파악한다.
⑥ 고객이 만족하는 개성미를 우선적으로 표현해야 한다.
⑦ 시술 후에는 전체적인 조화를 종합적으로 검토한다.

(3) 이용사의 사명감

① 고객이 만족할 수 있는 개성미를 연출해야 한다(미적 측면).
② 그 시대의 풍속, 문화를 건전하게 유도해야 한다(문화적 측면).
③ 공중위생상 위생관리 및 안전유지에 만전을 기한다(위생적 측면).
④ 이용사는 손님에 대한 예절과 적절한 대인관계를 위해 기본 교양을 갖추어야 한다(지적 측면).

10년간 자주 출제된 문제

이용 시술을 위한 이용사의 작업을 설명한 내용으로 가장 거리가 먼 것은?

① 고객의 용모에 대한 특성을 신속·정확하게 파악한다.
② 시술에 대한 구상을 하기 전에 고객의 요구사항을 파악한다.
③ 이용사 자신의 개성미를 우선적으로 표현한다.
④ 시술 후에는 전체적인 조화를 종합적으로 검토한다.

|해설|
고객이 만족하는 개성미를 표현해야 한다.

정답 ③

핵심이론 01 | 개인 위생관리

(1) 감염관리

① 이용사의 건강은 개인의 작업 수행과 능률에 영향을 미친다.

② 이용사 개인과 고객, 직원의 위생과 안전을 위해 체계적으로 관리되어야 한다.

③ 문제가 생겼을 경우에는 신속히 보고하고 격리 치료를 받아 다른 사람에게 전파되지 않도록 주의한다.

④ 직접 전파와 간접 전파에 의한 감염을 예방한다.

　㉠ 이용사가 불현성 보균자이거나 잠복기 보균자인 경우, 감염을 일으킬 수 있다.

　㉡ 고객과의 신체적 접촉이나 대화, 재채기, 기침 등을 통해 1~3m 이내 거리에서 비말로 직접 균이 살포되어, 눈의 결막이나 코, 입의 점막으로 침입하는 직접 전파의 호흡기계 감염을 일으킬 수 있다.

　㉢ 이용 업무에 있어서 위생, 소독을 통한 감염 예방에 각별한 주의가 필요하다.

　　• 불현성 보균자 : 증상이 없으면서 균을 보유하고 있는 자로서 보건관리가 가장 어려움

　　• 잠복기 보균자 : 증상이 나타나기 전 균을 보유하고 있는 자

　　• 예방접종이 필요한 호흡기계 감염 : 홍역, 디프테리아, 백일해, 유행성 이하선염, 풍진, 성홍열, 결핵, 두창, 수두, 인플루엔자 등

(2) 기침 예절

① 기침이나 재채기를 할 때, 휴지나 손수건 등으로 입과 코를 가리며 사용한 휴지는 쓰레기통에 버린다.

② 휴지나 손수건이 없으면 옷소매로 입과 코를 가리며, 기침한 후에는 흐르는 물에 비누로 손을 씻는다.

③ 기침이 계속된다면 마스크를 착용한다.

(3) 위생관리

① 다수의 고객을 대하는 이용사의 위생은 질병, 감염병을 예방하는 위생관리의 자세가 요구된다.

② 이용사 자신이 병인(병원체를 가진 병원소)이 되어 감염을 일으키지 않도록 건강과 청결, 단정한 용모를 관리할 수 있어야 한다.

③ 고객을 대하는 태도를 점검하여 고객 응대 서비스를 높이도록 노력해야 한다.

10년간 자주 출제된 문제

기침 예절의 설명으로 옳지 않은 것은?

① 기침이나 재채기를 할 때, 손으로 입과 코를 가린다.
② 휴지나 손수건으로 입과 코를 가리고 기침한다.
③ 기침한 후에는 흐르는 물에 비누로 손을 씻는다.
④ 기침이 계속된다면 마스크를 착용하여 타인을 배려한다.

|해설|

기침이나 재채기를 할 때, 손으로 입과 코를 가리면 바이러스 등 병원체가 손에 묻어 전파될 우려가 있기 때문에 반드시 휴지나 손수건으로 입과 코를 가려야 한다. 사용한 휴지는 쓰레기통에 버린다.

정답 ①

---

(1) 건강과 질병관리

① 설사, 발열, 복통, 구토 등의 감염병 증상이 의심되거나 위생에 영향을 미칠 수 있는 질환이 있으면 작업을 중지하고 의사의 진단을 받는다.
② 연 1회 이상 정기적으로 건강검진을 받는다.

(2) 신체 청결

① 수염의 경우 깔끔하게 면도를 권하지만 이용 업무에서는 멋지게 길러 개성을 표현할 수도 있다.
② 손톱은 짧게 자르도록 권장한다.
③ 평소의 손 씻기 생활습관이 중요하며, 특히 외출 후에는 꼭 손을 청결히 씻어야 한다.
④ '올바른 손 씻기 6단계'를 적용하여 비누로 손바닥을 문질러 흐르는 물에 깨끗이 씻고, 살균 타월 또는 종이 타월로 닦거나 열풍 건조기(핸드 드라이어)로 물기를 제거한다.
⑤ 식사 및 흡연 후 양치질이나 구강청정제를 이용하여 고객에게 불쾌감을 주지 않도록 한다.
⑥ 기침이 심한 고객을 관리한 후에는 코나 입을 통한 감염을 예방하기 위해 양치질을 한다.
⑦ 지나친 향수의 사용으로 고객에게 후각적 불편함을 주어서는 안 된다.
⑧ 가급적 금연하는 것이 좋으나, 불가피하게 흡연을 할 경우에는 고객이 보이지 않는 지정된 흡연 장소를 이용하도록 하며, 흡연 후 입냄새 제거에 주의한다.

10년간 자주 출제된 문제

개인의 건강관리에 대한 설명으로 옳지 않은 것은?

① 설사, 발열, 복통, 구토 등의 감염병 증상이 의심되면 작업을 중지하고 의사의 진단을 받는다.
② 건강검진은 정기적으로 2년에 한 번씩 받아야 한다.
③ 지나친 향수의 사용으로 고객에게 후각적 불편함을 주어서는 안 된다.
④ 가급적 금연하는 것이 좋으나, 불가피하게 흡연을 할 경우에는 고객이 보이지 않는 지정된 흡연 장소를 이용한다.

|해설|

② 연 1회 이상 정기적으로 건강검진을 받아야 한다.

정답 ②

핵심이론 01 | 영업장 환경위생

(1) 이용업소의 기온 및 습도

① 최적의 온도는 약 18℃로, 15.6~20℃ 정도에서 쾌적함을 느낄 수 있다.

② 적정 습도는 40~70% 정도이며, 실제로 쾌적함을 주는 습도는 15℃에서 70%, 18~20℃에서 60%, 21~23℃에서 50%, 24℃ 이상에서는 40%이다.

③ 염모제가 활발하게 작용할 수 있는 적당한 온도는 15~25℃ 정도이다.

(2) 환 기

① 자연 환기는 창문이나 문을 통해 새로운 공기가 들어오고 실내의 더워진 공기는 상층을 통해 외부로 배출되는 것으로 실내외의 온도차가 5℃ 이상이고 창문이 상하로 위치해 있을 때 효과가 매우 크다.

② 건강을 위한 환기는 1~2시간에 한 번씩 주기적으로 실시하여야 한다.

③ 구조상 출입문이나 창문을 통한 환기가 어려울 때에는 환기 팬이나 환기 시스템 등을 이용한다.

(3) 채광과 조명

① 직접조명은 조명의 효율이 크고 설비가 간단하여 경제적이나, 조도가 균일하지 않다.

② 간접조명은 균일한 조도로 시력 보호에 좋으나, 조명 효율이 낮고 유지비가 많이 든다.

③ 이용업은 법적으로 75럭스(lx) 이상을 규정하고 있다.

10년간 자주 출제된 문제

이용업소 위생관리의 설명으로 옳지 않은 것은?

① 최적의 온도는 18℃ 정도이다.

② 15℃에서 쾌적함을 주는 습도는 40% 정도이다.

③ 염모제가 활발하게 작용할 수 있는 적당한 온도는 15~25℃ 정도이다.

④ 이용업은 법적으로 75럭스(lx) 이상을 규정하고 있다.

|해설|

적정 습도는 40~70% 정도이며, 실제로 쾌적함을 주는 습도는 15℃에서 70%, 18~20℃에서 60%, 21~23℃에서 50%, 24℃ 이상에서는 40%이다.

정답 ②

(1) 바닥, 벽면 및 영업장 주변 환경 개선

① 벽이나 바닥에 이물이 묻거나 떨어뜨린 경우, 바닥의 물기는 즉시 닦아내야 한다.

② 방충망을 설치하고, 영업장 주변의 해충 발생원과 서식처를 제거한다.

③ 외벽과 창문, 환기통, 배관, 전선 등의 방서처리를 하여 쥐의 침입을 막는다.

(2) 급배수 및 음향설비

① 수인성 감염병의 오염원이 되는 정수기, 가습기 및 샴푸대의 물을 위생적으로 관리한다.

② 영업장의 음향은 고객의 성향과 시간대 등을 고려하여 음악 종류를 선택한다.

③ 소리의 크기(단위는 dB ; Decibel)는 지역과 시간대별 법률 기준에 따른다.

(3) 소방 및 전기설비

① 소화기는 눈에 잘 띄고 통행에 지장을 주지 않는 곳에 비치한다.

② 소화기는 화재 발생 시 대피할 것을 고려하여 출입구 가까이에 비치한다.

③ 전기기기의 점검을 통해 전선 피복 벗겨짐 등의 이상 유무를 확인한다.

④ 한 개의 콘센트에 여러 기기를 꽂아 전기 과부하가 발생되지 않도록 한다.

(4) 기타 설비

① 소독기, 자외선 살균기 등 이용기구를 소독하는 장비를 갖추어야 한다.

② 영업장 안에는 별실 그 밖에 이와 유사한 시설을 설치하지 않는다.

10년간 자주 출제된 문제

이용업소 시설 위생관리의 설명으로 옳지 않은 것은?

① 방충망을 설치하고, 영업장 주변의 해충 발생원과 서식처를 제거한다.

② 소화기는 화재 발생 시 대피할 것을 고려하여 출입구 가까이에 비치한다.

③ 음향설비 소리의 크기는 지역과 시간대별 법률 규정에 따른다.

④ 줄이 많으면 복잡하므로 한 개의 콘센트에 여러 기기를 꽂아 사용한다.

|해설|

④ 한 개의 콘센트에 여러 기기를 꽂는 문어발식 사용을 하지 않는다.

정답 ④

(1) 위생점검 등

구 분	시 기	내 용
점 검	매 일	청소상태, 제품 진열상태, 고객에게 제공하는 서비스 음료 및 잡지 등의 청결상태, 탕비실, 샴푸실의 냉온수 상태, 수건 및 가운의 수량 및 위생상태, 자외선 소독기 점검 등
	월 1회	환풍기, 유리창
	연 1회	간판, 조명, 냉난방기 등 전반적인 환경 등
청 소	매 일	영업 전 청소, 시술 직후 청소, 영업 마무리 청소 등
	주 1회	안내 데스크, 직원 휴게실, 탕비실(매일 청소하고 주 1회 대청소와 같은 청소 실시)
	월 1회	바닥, 천장의 구석, 벽 및 계단 청소 등
소 독	사용 직후	빗, 컵, 브러시 등

(2) 쓰레기 분리배출

① 이용업무 후 용기 안의 내용물을 제거하여 빈 용기는 뚜껑과 분리하여 배출한다.

② 재활용이 가능한 품목과 가능하지 않은 품목으로 나눈다.

　㉠ 종이, 유리, 캔, 페트, 플라스틱, 비닐 등 재활용이 가능한 품목과 불가능한 품목을 구분한다.

　㉡ 뚜껑이 있는 용기는 용기와 뚜껑, 펌프의 재질 등을 확인하여 따로 분류하여 버린다.

　㉢ 분리수거에 해당하지 않는 품목은 폐기방법을 확인한 후 배출한다.

[재활용품 배출 요령]

분 류	내 용
재활용품	• 종이류(신문지, 책자, 노트, 종이 팩, 상자류) • 종이 팩, 종이컵(우유 팩, 두유 팩, 음료수 팩, 일회용 종이컵) • 병류(음료수병, 기타 병류) • 비닐류(라면 봉지, 과자 봉지, 일회용 비닐봉지 등) • 플라스틱류(PET병, 합성수지 용기류 등 분리배출 표시가 부착된 용기) • 캔류(철 캔, 알루미늄 캔, 부탄가스 용기, 살충제 용기)
재활용이 되지 않는 품목	• 식물성 폐기물 • 비닐 코팅된 종이, 스프링·섬유·금속 등이 섞여 있는 종이 • 머리카락 • 기타 폐기물
PP마대로 배출할 품목	• 깨진 유리, 도자기, 식기, 거울

이용업 영업장의 환경 유지 등에 대한 설명으로 옳지 않은 것은?

① 간판, 조명, 냉난방기 등 전반적인 환경 등은 연 1회 점검한다.

② 청소, 제품 진열상태 등은 주 1회 점검한다.

③ 쓰레기 배출 시 뚜껑이 있는 용기는 용기와 뚜껑, 펌프의 재질을 확인하여 따로 분류하여 버린다.

④ 종이, 유리, 캔, 페트, 플라스틱, 비닐 등 재활용이 가능한 품목과 불가능한 품목을 구분한다.

|해설|

청소상태, 제품 진열상태, 고객에게 제공하는 서비스 음료 및 잡지 등의 청결상태, 탕비실, 샴푸실의 냉온수 상태, 수건 및 가운의 수량 및 위생상태, 자외선 소독기 점검 등은 매일 하여야 한다.

정답 ②

(1) 이용업 시설 및 이용기구 기준 등(공중위생관리법 시행규칙 [별표 4])

① 이용기구 중 소독을 한 기구와 소독을 하지 아니한 기구는 각각 다른 용기에 넣어 보관하여야 한다.

② 1회용 면도날은 손님 1인에 한하여 사용하여야 한다.

③ 영업장 안의 조명도는 75lx 이상이 되도록 유지하여야 한다.

④ 영업소 내부에 이용업 신고증 및 개설자의 면허증 원본을 게시하여야 한다.

⑤ 영업소 내부에 부가가치세, 재료비 및 봉사료 등이 포함된 요금표(최종지급요금표)를 게시 또는 부착하여야 한다.

⑥ 신고한 영업장 면적이 66m² 이상인 영업소의 경우 영업소 외부(출입문, 창문, 외벽면 등)에도 손님이 보기 쉬운 곳에 최종지급요금표를 게시 또는 부착하여야 한다. 이 경우 최종지급요금표에는 일부 항목(3개 이상)만을 표시할 수 있다.

(2) 위생서비스 수준 평가(공중위생관리법 제13조, 규칙 제21조)

① 시·도지사는 공중위생영업소의 위생관리수준을 향상시키기 위하여 위생서비스 평가계획을 수립하여 시장·군수·구청장에게 통보하여야 한다.

② 시장·군수·구청장은 평가계획에 따라 관할지역별 세부 평가계획을 수립한 후 공중위생영업소의 위생서비스 수준을 평가하여야 한다.

③ 평가 결과 최우수업소는 녹색, 우수업소는 황색, 일반업소는 백색 등급으로 구분한다.

④ 최우수업소의 경우 업체 홍보의 좋은 기회도 되고, 포상을 받을 수 있는 기회도 주어지지만, 점검 결과 법령을 위반한 영업장에 대해서는 행정처분 조치가 내려지므로 자가진단을 통해 사전에 개선해야 한다.

10년간 자주 출제된 문제

공중위생관리법상 이용업소 위생서비스 수준 향상을 위한 평가의 설명으로 옳지 않은 것은?

① 평가계획은 시·도지사가 수립한다.

② 시장·군수·구청장은 세부 평가계획을 수립하여 위생서비스 수준을 평가한다.

③ 위생서비스 수준의 평가 주기는 2년마다 실시한다.

④ 평가 결과 최우수업소는 빨간색, 우수업소는 파란색, 일반업소는 노란색 등급으로 구분하여, 결과 통보 및 공표를 한다.

|해설|

위생관리등급 구분 등(공중위생관리법 시행규칙 제21조제1항)

• 최우수업소 : 녹색등급
• 우수업소 : 황색등급
• 일반관리대상 업소 : 백색등급

정답 ④

핵심이론 01 | 전기안전

(1) 합선 및 누전 예방

① 전기기기는 용량에 적합한 기기를 사용하며, 피복이 벗겨지지 않았는지 수시로 확인한다.
② 천장 등 보이지 않는 장소에 설치된 전선도 정기점검을 통하여 이상 유무를 확인하며, 회로별 누전 차단기를 설치한다.
③ 이용업소 바닥이나 문틀을 지나는 전선이 손상되지 않도록 보호관을 설치하고 열이나 외부 충격 등에 노출되지 않도록 한다.

(2) 과열 및 과부하 예방

① 한 개의 콘센트에 문어발식으로 드라이어, 매직기, 열기구 등 여러 전기기기의 플러그를 꽂아 사용하지 않는다.
② 전기기기의 전기 용량 및 전압에 적합한 규격 전선을 사용하고, 전기기기 사용 후에는 플러그를 콘센트에서 분리시켜 놓는다.

(3) 감전사고 예방

① 젖은 손으로 전기기구를 만지지 않는다.
② 물기 있는 전기기구는 만지지 않는다.
③ 플러그를 뽑을 때 전선을 잡아당겨 뽑지 않는다.
④ 콘센트에 이물질이 들어가지 않도록 한다.
⑤ 고장 난 전기기구를 직접 고치지 않는다.
⑥ 전기기기와 연결된 전선의 상태를 수시로 확인한다.
⑦ 전기기기를 사용하기 전 고장 여부를 확인한다.

(4) 감전사고 시 대처방법

① 절연장갑 착용 후 해당 전기기기 전원을 신속히 차단한다.
② 구호자 2차 감전을 방지하기 위해 절연봉으로 구호하고, 부상자와 신체 접촉을 하지 않는다.
③ 부상자 상태(의식, 호흡, 맥박, 출혈 유무)를 확인하고 응급처치 후 병원 이송 조치한다.

10년간 자주 출제된 문제

전기에 의한 화재의 주요 원인이 아닌 것은?
① 전선의 합선(단락)에 의한 발화
② 누전에 의한 발화
③ 과전류(과부하)에 의한 발화
④ 용기 교체 작업 중 누설화재

|해설|

④는 가스화재 원인이다.
전기화재의 발생 원인 : 합선(단락), 과전류, 누전, 스파크, 배선불량, 전열기구의 과열, 정전기 불꽃 등

정답 ④

핵심이론 02 | 화재안전

(1) 화재 시 대피방법

① 화재가 나면 가장 먼저 발견한 사람이 "불이야!"라고 큰 소리로 외친다.

② 화재경보 비상벨을 누른 후 119에 신고한다.

③ 화재 시에는 반드시 계단을 이용하여 대피하고 엘리베이터 사용은 피한다.

④ 대피 시에는 낮은 자세를 유지하고 물에 적신 담요나 수건 등으로 몸을 감싼다.

⑤ 아래층으로 대피할 수 없을 때에는 옥상으로 대피하여 바람이 불어오는 쪽에서 구조를 기다린다.

(2) 소화기 관리 및 사용

① 이용업소에서 소화기는 눈에 잘 띄고 통행에 지장을 주지 않는 곳에 비치한다.

② 소화기는 비상구 근처의 습기가 적고 서늘한 장소에 받침대를 사용하여 비치한다.

③ 소화기는 정기적으로 점검하여 사용 가능 여부를 확인한다.

(3) 화 상

① 화상 예방법

　㉠ 핫팩 등은 직접적으로 피부에 닿지 않도록 한다.

　㉡ 전기장판은 위에 얇은 담요를 깔아 간접적으로 사용한다.

　㉢ 전기난로는 일정 거리를 두고 사용한다.

　㉣ 온열 기기는 일정 온도 이상이 되면 자동으로 전원 차단이 되는 기기를 사용한다.

② **화상 대처방법** : 흐르는 찬물로 15분 이상 식혀 주고, 2차 감염을 막기 위해 상처 부위를 거즈로 덮어 병원으로 이송하여 치료한다.

(1) 성인 심폐소생술

① 환자의 호흡과 맥박 등 의식을 확인한다.

② 호흡과 맥박이 없으며, 어깨를 가볍게 쳐서 '여보세요' 라고 불러도 아무런 반응이 없을 경우 무의식 상태로 간주하고 119에 신고한다.

③ 심폐소생술 시행

　㉠ 주위 사람들과 함께 환자를 딱딱한 바닥에 머리를 위로 하여 눕힌다.

　㉡ 환자 가슴 가까이에 무릎을 꿇고 앉는다.

　㉢ 환자의 흉골 아래쪽 절반 부위 지점을 찾는다.

　㉣ 두 손을 포개어 최소 5cm 이상 내려가도록 체중을 이용해 압박한다.

　㉤ 압박 비율은 분당 최저 100회 이상 최고 120회 미만으로 하고, 가슴압박과 호흡은 30 : 2의 비율을 유지한다. 매 30회 압박 후 2회 호흡한다.

(2) 자동심장충격기(자동제세동기, AED) 심폐소생술

① 자동심장충격기는 급성 심정지 환자 또는 심장박동 기능을 잃어버린 사람에게 전기 충격을 주어 심장을 정상 상태로 회복시켜 주는 기기로, 공공장소에 많이 비치되어 있다.

② 작동방법

　㉠ 전원 켜기 : 전원 불이 켜지고 음성이 나오면서 절차를 안내해 준다.

　㉡ 패드 부착 : 상체를 노출시킨 후 우측 쇄골 아래쪽에 패드를 부착한다. 또 다른 패드는 좌측 유두 바깥쪽 아래의 겨드랑이 중앙선에 부착한다.

　㉢ 심장 리듬 분석

　　• 패드에 연결된 선을 기계에 꽂는다.

　　• 기계에서 자동으로 '심장 리듬 분석 중'이라는 말이 나온다.

　　• 분석에 오류가 발생하지 않도록 환자와 떨어져 있어야 한다.

　㉣ 전기 충격

　　• 제세동이 필요하다면 기계가 자동으로 충전을 하며, 충전 후 제세동 버튼을 누르라는 메시지가 나온다. 주변인에게도 감전의 위험이 있으므로 버튼을 누르기 전 환자와 떨어지도록 주의를 준다.

　　• 제세동 버튼을 누르면 환자에게 제세동을 위한 전기 충격이 가해지게 된다.

　㉤ 심폐소생술 시행 : 전기 충격 후 심폐소생술을 시행한다.

10년간 자주 출제된 문제

심폐소생술의 설명으로 옳지 않은 것은?

① 심폐소생술 시행을 위해 환자의 흉골 아래쪽 절반 부위 지점을 찾는다.

② 심폐소생술의 기본 순서는 기도유지 → 가슴압박 → 인공호흡이다.

③ 가슴압박은 성인의 경우 분당 100~120회의 속도로 한다.

④ 흉부압박과 인공호흡의 비율은 30 : 2로 한다.

|해설|

호흡과 심장이 멎고 4~6분이 경과하면 산소 부족으로 뇌가 손상되어 원상회복되지 않으므로 호흡이 없으면 즉시 심폐소생술을 실시하여야 한다. 기본 순서는 가슴압박(Compression) → 기도유지(Airway) → 인공호흡(Breathing)의 C → A → B 순서이다.

정답 ②

(1) 출 혈

① 커트에 의한 출혈 : 작업자 손과 사용 기기(가위 등)를 소독한 후 환자 상처 부위를 에탄올로 소독하고, 붕대나 탈지면을 이용하여 국소 압박으로 지혈한 후 인근 병원으로 이송하여 치료한다.

② 코피 : 고개를 앞쪽으로 숙이게 하고 콧등을 압박한다.

(2) 열 기구에 의한 화상

① 흐르는 찬물로 15분 이상 식혀 주고 인근 병원으로 이송하여 치료한다.

② 화상 부위나 물집은 건드리지 말고 2차 감염을 막기 위해 상처 부위를 거즈로 덮어 병원으로 이송하여 치료한다.

③ 손가락, 발가락에 화상을 입었을 때는 서로 달라붙지 않도록 떨어뜨린다.

④ 화상 부위 근처에 착용한 시계, 반지, 목걸이, 귀걸이 등은 풀어 준다.

> **화상의 종류**
> • 1도 화상(표피화상) : 최외부 피부가 손상되어 그 부위가 빨간 색깔을 띠고, 통증을 느끼는 정도
> • 2도 화상(부분층화상) : 화상의 부위가 분홍색으로 되고, 분비물이 많이 분비되며 수포 발생
> • 3도 화상(전층화상) : 피하조직의 지방질까지 열이 침투하여 말초신경까지 손상
> • 4도 화상 : 열이 뼛속까지 침투한 단계

(3) 이물질 침입

① 귀에 벌레가 들어갔을 경우에는 밝은 빛으로 이물질을 유도한다.

② 눈에 이물질이 들어갔을 경우에는 세안기 또는 깨끗한 물로 세척한다.

③ 제거할 수 없을 때 병원으로 이송하여 치료한다.

(4) 낙상·골절

① 전문의에게 안전하게 운반할 수 있도록 골절 부위에 부목을 대어 외형상 변형이 오지 않게 응급처치한다.

② 통증이나 출혈이 없다면 침대나 의자로 옮겨 환자를 최대한 편안하게 한다.

10년간 자주 출제된 문제

화상의 부위가 분홍색으로 되고 분비액이 많이 분비되는 화상의 정도는?

① 1도 화상   ② 2도 화상

③ 3도 화상   ④ 4도 화상

|해설|

화상의 종류

• 1도 화상(표피화상) : 최외부 피부가 손상되어 그 부위가 빨간 색깔을 띠고, 통증을 느끼는 정도
• 2도 화상(부분층화상) : 화상의 부위가 분홍색으로 되고, 분비물이 많이 분비되며 수포 발생
• 3도 화상(전층화상) : 피하조직의 지방질까지 열이 침투하여 말초신경까지 손상
• 4도 화상 : 열이 뼛속까지 침투한 단계

정답 ②

핵심이론 01 | 한국의 이용역사

(1) 우리나라 이용의 시작

① 1895년 11월(고종 32년 김홍집 내각)에 내려진 단발령은 구한말 상투머리를 하던 남성들이 두발을 자른 계기가 되었다.

② 안종호는 조선 말 18세기에 등과하여 정삼품의 벼슬로 대강원에 봉직하다 고종황제의 어명으로 우리나라에서 최초로 이용시술을 한 사람이다.

③ 최초의 이용원은 1901년 서울 종로에 안종호가 개설하였다.

④ 우리나라 최초의 이용시험 제도는 1923년 실시되었다.

(2) 단발령

① 단발령(斷髮令)에 의해 당시 김홍집 내각의 내무대신이던 유길준, 정병하, 안종호 등이 직접 가위를 들고 상감과 세자의 두발을 자른 다음 각부 대신들도 이에 따랐다.

② 체두관(剃頭官)을 보내어 강제적으로 국민들의 두발을 잘랐다.

10년간 자주 출제된 문제

1-1. 조선 말기의 단발령과 관련이 없는 사람은?

① 순종황제　　　　② 안종호
③ 김홍집　　　　　④ 유길준

1-2. 조선 말 18세기에 등과하여 정삼품의 벼슬로 대강원에 봉직하다 고종황제의 어명으로 우리나라에서 최초로 이용시술을 한 사람은?

① 서재필　　　　　② 김옥균
③ 안종호　　　　　④ 박영효

정답 1-1 ①　1-2 ③

핵심이론 02 | 외국의 이용역사

(1) 서양 이용의 시초

① B.C 1900년경 헤브라이(Hebrew)족의 추장이 죄인을 처벌할 때 두발을 삭발했고 그 두발이 자랄 때까지 범인 자신이 죄를 뉘우치며 속죄하던 유래로부터 이용에 관한 역사는 시작되었다.

② 머리를 다쳐서 병원에 오는 환자들의 치료를 위해 머리카락을 깎아내는 데에서 의사는 현재의 이용사와 같은 직분을 갖게 되었다.

③ 이전에는 이용사와 의사를 겸직하던 것이 1804년 나폴레옹 시대에 인구증가, 사회구조의 다양화 등으로 인해 구분되기 시작했다.

④ 세계 최초의 이용사(이발사)는 프랑스의 외과의사였던 장 바버(Jean Barber)로, 그는 외과와 이용을 완전 분리시켜 세계 최초의 이용원을 창설하였다.

※ 1871년 프랑스의 바리캉 마르(Bariquand et Marre)사에서 이용기구인 바리캉(Clipper)을 최초로 제작 판매하였다.

(2) 사인보드(Sign Board)의 유래

① 이용원의 사인보드인 청색(정맥), 적색(동맥), 백색(흰 붕대)은 1616년 당시 병원을 상징하는 간판이었다.

② 프랑스의 메야나킬이란 이발사가 둥근 막대기에 파란색, 빨간색, 흰색을 칠해 이발소 정문 앞에 내걸어 사람들이 쉽게 알아볼 수 있도록 한 것이 세계 공통의 이발소 표시가 되었다.

10년간 자주 출제된 문제

이용원의 사인보드 색에 대한 설명 중 틀린 것은?

① 청색 – 정맥　　　② 적색 – 동맥
③ 백색 – 붕대　　　④ 황색 – 피부

|해설|

청색은 '정맥', 적색은 '동맥', 백색은 '붕대'를 나타낸다.

정답 ④

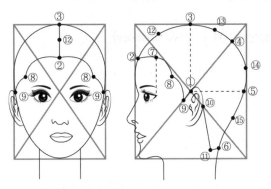

[두부 포인트 명칭]

(1) 두부(Head) 내 각부 명칭

① 전두부 : 프런트(Front)

② 후두부 : 네이프(Nape)

③ 두정부 : 크라운(Crown)

④ 측두부 : 사이드(Side)

(2) 두부의 분할에 따른 두부 포인트의 명칭

① E.P(Ear Point) : 이어 포인트(귀 지점, 좌우)
 ※ E.E.P : 양쪽 귀를 연결하는 점

② C.P(Center Point) : 센터 포인트(중심점)

③ T.P(Top Point) : 톱 포인트(두정부)

④ G.P(Golden Point) : 골든 포인트(머리 꼭짓점)

⑤ B.P(Back Point) : 백 포인트(뒷지점)

⑥ N.P(Nape Point) : 네이프 포인트(목 중심점)

⑦ F.S.P(Front Side Point) : 프런트 사이드 포인트(정면 옆쪽 지점, 좌우)

⑧ S.P(Side Point) : 사이드 포인트(옆쪽 지점, 좌우)

⑨ S.C.P(Side Corner Point) : 사이드 코너 포인트(귀 앞지점, 좌우)

⑩ E.B.P(Ear Back Point) : 이어 백 포인트(귀 뒷지점, 좌우)

⑪ N.S.P(Nape Side Point) : 네이프 사이드 포인트(목 옆쪽 지점, 좌우)

⑫ C.T.M.P(Center Top Medium Point) : 센터 톱 미디엄 포인트(중심점과 두정부의 중간 지점)

⑬ T.G.M.P(Top Golden Medium Point) : 톱 골든 미디엄 포인트(두정부와 머리 꼭짓점의 중간 지점)

⑭ G.B.M.P(Golden Back Medium Point) : 골든 백 미디엄 포인트(머리 꼭지점과 뒷지점의 중간 지점)

⑮ B.N.M.P(Back Nape Medium Point) : 백 네이프 미디엄 포인트(뒷지점과 목 중심점의 중간 지점)

(3) 두부 7라인

① 정중선(C.P-T.P-N.P) : 코의 중심을 따라 머리 전체를 수직으로 나눈 선

② 측중선(E.P-T.P-E.P) : E.P에서 T.P를 수직으로 돌아가는 선

③ 수평선(E.P-B.P-E.P) : E.P의 높이를 평행으로 연결한 선

④ 측두선(F.S.P) : 눈 끝을 수직으로 세운 머리 앞에서 측중선까지 그은 선

⑤ 페이스라인(S.C.P-C.P-S.C.P) : 양쪽 S.C.P를 연결한 두부 전면부의 선(얼굴선)

⑥ 네이프 백 라인(Nape Back Line) : 좌우 N.S.P의 연결선(목 뒷선)

⑦ 네이프 사이드 라인(Nape Side Line) : E.P에서 N.S.P의 연결선(목 옆선)

3-1. E.E.P를 올바르게 설명한 것은?

① 귀의 명칭이다.
② 귀, 볼의 명칭이다.
③ 귀와 귓불의 명칭이다.
④ 양쪽 귀를 연결하는 점이다.

3-2. 조발을 위한 두부의 구분에서 이용되는 정중선을 올바르게 설명한 것은?

① 코의 중심을 따라 두부 전체를 수직으로 이등분한 선이다.
② 귀를 중심으로 두부 전체를 반분한 선이다.
③ E.P의 높이를 수직으로 두른 선이다.
④ N.S.P를 연결하여 두른 선이다.

정답 3-1 ④ 3-2 ①

제6절 이용용구

핵심이론 01 | 가위(Scissors)

(1) 가위의 종류

① 재질에 따른 분류

　㉠ 착강가위

　　• 날 부분은 특수강철이고 협신부(몸)는 연철로 된 가위이다.

　　• 양쪽에 연철과 특수강철을 연결시켜 만들어졌다.

　　• 부분적인 수정을 할 때 조정하기 쉽다.

　㉡ 전강가위 : 가위 전체가 특수강으로 만들어졌다.

② 사용 용도에 따른 분류

　㉠ 커팅가위 : 길고 강한 머리카락을 커트(Cut)하거나 원렝스(One Length) 헤어스타일에 주로 쓰인다.

　㉡ 시닝가위(틴닝가위, 숱치는 가위)

　　• 가발 커트 시 커트된 부위가 뭉쳐 있거나 숱이 많은 부분을 자연스럽게 커트할 때 사용한다.

　　• 장발로 이발할 때 가장 많이 사용한다.

　　• 슈퍼 커트(Super-cut) 시술 시 사용한다.

　　• 모발의 숱을 감소시키거나 모발 끝의 질감을 부드럽게 표현하고자 하는 커트 기구이다.

　　• 지간 깎기를 할 경우 모량 감소와 질감 효과가 상승한다.

③ 기 타

　㉠ R 시저스(R Scissors) : 가위의 형태가 약간 휘어져 있어서 세밀한 부분의 수정이나 곡선 처리에 적합하다.

　㉡ 미니가위 : 정밀한 블런트 커트 시나 곱슬머리, 남성 퍼머넌트 머리를 커트할 때 주로 사용한다.

(2) 이용용 가위의 선정

① 날의 두께가 얇고 회전축(허리)이 강한 것이 좋다.
② 가위가 도금된 것은 피하는 것이 좋다.
③ 날의 견고함이 양쪽 모두 똑같아야 한다.
④ 잡기 편하고, 손가락 넣는 구멍이 손가락에 적합해야 한다.
⑤ 몸체가 약간 굽은(내곡선) 것이 좋다.
⑥ 잠금나사가 느슨하지 않고 조작하기 편해야 한다.

(3) 가위의 원리 및 조작

① 가위의 절단 원리는 지렛대 원리이다.
② 가위의 개폐조작은 엄지를 사용한다.
③ 가위날의 연마가 불량하면 이발 시 두발이 밀리는 상태가 된다.
④ 가위 중심나사(Pivot Point)에서 날의 끝까지 정비가 잘 되었을 경우 가위 끝에서 중심까지 보았을 때 곡선형으로 보인다.

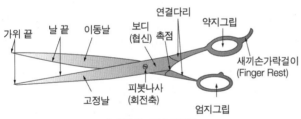

[가위의 각부 명칭]

(1) 클리퍼(바리캉)

① 1871년 프랑스의 기구제작소인 바리캉 마르(Bariquand et Marre)사에서 이용기구인 바리캉(Clipper)을 최초로 제작, 판매하였다.

② 클리퍼는 밑날의 두께에 따라서 보통 7종으로 분류된다.

③ 가위보다 단번에 많은 모발을 자를 수 있도록 고안되었다.

④ 주로 짧은 머리에 사용하나, E.C Bob Cut(단발머리) 시 긴 모발에도 사용한다.

⑤ 이발 시 일반적으로 클리퍼를 가장 먼저 사용하는 부위는 후두부이다.

(2) 레이저(면도용, 커트용) 빗

① 빗의 조건

　㉠ 빗살끝이 가늘고 전체적으로 균일한 것이어야 한다.

　㉡ 빗의 두께는 일정해야 한다.

　㉢ 빗살이 머리카락에 미끄러지듯 들어가야 하며, 걸림 없이 빗어져야 한다.

　㉣ 빗허리는 너무 매끄럽거나 반질거려서는 안 된다.

　㉤ 빗몸은 끝이 약간 둥근 것이 좋다.

② 빗의 관리

　㉠ 사용 후 브러시로 털거나 비눗물로 씻은 후 소독한다.

　㉡ 크레졸수, 석탄산수, 역성비누액 등으로 소독 후 물기를 제거하여 보관한다.

　㉢ 뼈, 뿔, 나일론 등으로 만들어진 제품은 자비 소독을 하지 않는다.

　㉣ 금속성 빗은 승홍수에 소독하지 않는다.

2-1. 현재 사용하고 있는 바리캉의 어원에 대한 설명으로 맞는 것은?

① 개선한 사람의 이름에서 유래되었다.
② 발명된 곳의 지명에서 유래되었다.
③ 제작회사의 상호에서 유래되었다.
④ 정확한 어원은 알려지지 않고 있다.

2-2. 이발기인 바리캉의 어원은 어느 나라에서 유래되었는가?

① 독 일　　　　② 미 국
③ 일 본　　　　④ 프랑스

| 해설 |

2-1, 2-2
1871년 프랑스의 바리캉 마르(Bariquand et Marre)사에서 이용기구인 바리캉(Clipper)을 최초로 제작, 판매하였다.

정답 **2-1** ③　**2-2** ④

(1) 레이저(Razor, 면도날)

① **일상용 레이저** : 시간상 능률적이고 세밀한 작업이 용이한 반면 지나치게 자를 위험이 있어 초보자에게는 부적당하다.

② **셰이핑 레이저** : 날에 닿는 모발이 제한된다. 안전율이 높으나 모발이 조금씩 잘린다.

③ **레이저 날선과 힘의 배분** : 외곡선상이 좋다.

④ 남성용 가발을 겹처리하거나 자를 때 사용되기도 한다.

(2) 브러시(Brush)

① 브러시는 모발을 정발하기 위해 어느 정도 딱딱하고 탄력이 있어야 한다.

※ 페이스 브러시 : 화장 시 얼굴에 묻은 백분을 털 때 사용한다.

② **브러시 손질방법**

　㉠ 비눗물, 탄산소다수에 담가 부드러운 것은 가볍게 비벼 빨고, 빳빳한 것은 세정 브러시로 세척한다.

　㉡ 세정 후 물로 잘 헹궈서 털을 아래로 향하도록 하여 응달에 말린다.

10년간 자주 출제된 문제

조발에 사용되는 기구에 해당되지 않는 것은?

① 레이저(Razor)
② 가위(Scissors)
③ 페이스 브러시(Face Brush)
④ 빗(Comb)

|해설|

페이스 브러시는 얼굴에 바른 백분의 여분을 털어내거나 얼굴이나 목에 붙은 잘린 머리카락이나 비듬을 털어내는 데 사용한다.

정답 ③

---

(1) 헤어 드라이어

① **핸드 드라이어** : 정발 시 머리 모양을 만드는 데 필요한 이용기구로 가장 적합하다(블로 타입이 많음).

② **스탠드식** : 블로 타입과 후드 타입(바람을 선회시키는 터비네이트식)이 있다.

③ **블로 타입** : 이용업소에서 사용하기에 가장 적당한 타입의 드라이어이다.

④ **디퓨저(Diffuser)** : 드라이어의 보조기구로 열과 바람을 한 곳으로 모아준다.

⑤ **드라이어의 건조가 과도한 경우**

　㉠ 두발에 수분이 부족해진다(두발은 10% 내외의 수분을 함유).

　㉡ 윤기가 없어지고, 머리끝이 갈라진다.

　㉢ 피지의 분비를 방해하여 비듬이 생긴다.

(2) 헤어 아이론

① 1875년 프랑스의 마샬 그라또가 발명했다.

② 현재는 마샬 아이론보다 전열식 아이론이 많이 사용되고 있다.

③ **그루브**

　㉠ 두발의 필요한 부분을 나눠 잡거나 사이에 끼워 고정시키는 역할을 한다.

　㉡ 홈이 있는 부분으로 프롱과 그루브 사이에 모발을 끼워 형태를 만든다.

④ **프 롱**

　㉠ 아이론 기기 중 쇠막대기 부분의 모양이다.

　㉡ 프롱은 두발을 위에서 누르는 작용을 한다.

⑤ **아이론 선정 시 주의사항**

　㉠ 프롱, 그루브, 스크루 및 양쪽 핸들에 홈이나 갈라진 것이 없어야 한다.

　㉡ 프롱과 로드 및 그루브의 접촉면이 매끄러우며 들쑥날쑥하거나 비틀어지지 않아야 한다.

ⓒ 비틀림이 없고 프롱과 그루브가 바르게 겹쳐져야
한다.
⑥ 아이론의 관리 : 정기적으로 샌드페이퍼로 표면을 닦
아주고 기름을 칠하며 녹이 슬지 않도록 한다.

(3) 헤어 스티머

물에 온도를 가해 수증기화하는 기기로, 두개피에 수분을
공급하고 노폐물을 불림으로써 먼지나 각질을 쉽게 제거
할 수 있다.

10년간 자주 출제된 문제

4-1. 드라이어의 보조기구인 디퓨저(Diffuser)의 역할은?
① 바람을 사방으로 퍼지게 한다.
② 열을 사방으로 퍼지게 한다.
③ 열과 바람을 한 곳으로 모아준다.
④ 전력의 소모량을 절약해 준다.

4-2. 아이론에 대한 설명으로 틀린 것은?
① 그루브는 두발의 필요한 부분을 나눠 잡거나 사이에 끼워
고정시키는 역할을 한다.
② 현재는 마샬 아이론보다 전열식 아이론이 많이 사용되고
있다.
③ 프롱은 두발을 위에서 누르는 작용을 한다.
④ 그루브에는 홈이 없고, 프롱에 홈이 있다.

|해설|
4-2
그루브 : 홈이 있는 부분으로 프롱과 그루브 사이에 모발을 끼워
형태를 만든다.

정답 4-1 ③ 4-2 ④

핵심이론 01 | 샴 푸

(1) 샴푸의 개요

① 더러워진 두피 및 두발을 청결하게 하여 발육을 촉진
하고 혈액순환을 좋게 하여 모근을 강화시키는 데 목
적이 있다.
② 세안 및 샴푸용 물의 온도는 38℃가 가장 좋다. 1주일
에 1~2회 실시한다.
③ 물은 경수도 사용하지만 가능하면 연수를 사용하는
것이 좋다.
④ 샴푸는 전두부 → 측두부 → 두정부 → 후두부의 순으
로 한다.
⑤ 손톱을 세워 두피를 긁지 않도록 하며 손가락 끝의
바닥면으로 마사지를 하듯 문질러 준다.
⑥ 비듬이 심한 고객의 샴푸 시 두피는 손끝으로 꼼꼼하
게 마사지하듯 문질러서 씻는다.
⑦ 콜드웨이브나 염발 전의 샴푸는 두피를 너무 자극하지
않도록 중성 샴푸제를 사용한다.
⑧ 세발 시술 중 측두부 샴푸 시술 시 시술자의 위치 :
후방 0°
⑨ 이용의자를 이용한 습식 세발 시술에서 두정부의 샴푸
시술 시 시술자의 위치 : 좌우 후방 45°
⑩ 샴푸 시 물로 헹구어 낸 다음 건포 사용 순서 : 눈 →
귀 → 얼굴 → 목 → 머리

(2) 샴푸의 종류와 특징

① 웨트 샴푸(물을 사용하는 샴푸)
  ㉠ 플레인 샴푸 : 합성세제, 비누, 물을 이용한 보통
    샴푸

ⓛ 스페셜 샴푸

- 핫 오일 샴푸(건성일 때 사용) : 플레인 샴푸하기 전에 고급 식물성유(올리브유, 아몬드유, 춘유-동백유)나 트리트먼트 크림을 사용한다.
- 에그 샴푸 : 날달걀을 샴푸제로 사용한다. 두발이 지나치게 건조한 경우(영양부족), 표백된 머리, 염색에 실패한 머리, 피부염이 생기기 쉬운 두피, 노화된 머리에 적당하다.

② 드라이 샴푸 : 물을 사용하지 않는 샴푸(환자, 임산부 등에 사용)

- ㉠ 파우더 드라이 샴푸 : 주로 산성 백토에 카올린, 탄산마그네슘, 붕사 등을 섞은 분말을 사용한다.
- ㉡ 에그 파우더 드라이 샴푸 : 달걀흰자를 사용하여 팩의 요령으로 두발에 발라 건조시킨 후 제거해 준다.
- ㉢ 리퀴드 드라이 샴푸 : 알코올이나 벤젠을 사용하는 방법으로 주로 가발 세정에 사용된다.

10년간 자주 출제된 문제

1-1. 샴푸 시의 적정 온도는?

① 38℃ 내외 ② 48℃ 내외
③ 28℃ 내외 ④ 18℃ 내외

1-2. 헤어토닉의 작용에 대한 설명 중 틀린 것은?

① 두피를 청결하게 한다.
② 두피의 혈액순환이 좋아진다.
③ 비듬의 발생을 예방한다.
④ 모근이 약해진다.

|해설|

1-2
헤어토닉은 알코올을 주성분으로 한 양모제로 두피에 영양을 주고 모근을 튼튼하게 해 주는 효과를 가지고 있다.

정답 1-1 ① 1-2 ④

핵심이론 02 | 린 스

(1) 린스의 개요

① 린스는 흐르는 물에 헹군다는 뜻을 갖고 있다.
② 일상적으로 린스제는 컨디셔너로 통용된다.
   ※ 컨디셔너 : 모발을 건강한 상태로 유지하는 것을 도와주며 많은 화학제가 첨가되어 있어 모발에 코팅막을 형성한다.
③ 제형의 농도와 주성분의 배합에 따라 린스, 컨디셔너, 트리트먼트로 분류한다.

(2) 린스의 목적

① 정전기를 방지한다.
② 머리카락의 엉킴 방지 및 건조를 예방한다.
③ 모발에 유연성을 주어 윤기를 좋게 한다.
④ 샴푸로 알칼리성이 된 피부와 모발을 중화시킨다.

(3) 린스의 종류

① 플레인 린스 : 보통 물이나 따뜻한 물로 헹구는 일반적인 린스이다. 물의 온도는 38~40℃가 적당하다.
② 유성 린스
   - ㉠ 오일 린스 : 올리브유 등을 따뜻한 물에 타서 두발을 헹구며, 두발에 적당한 유지분(油脂分)을 공급하기 위해서 사용한다.
   - ㉡ 크림 린스 : 두발의 유연성 부여, 유지의 흡착성 및 대전방지 등의 효과가 있다. 표백된 두발이나 잘 엉키는 두발에 가장 효과적인 린스이다.
③ 산성(애시드) 린스
   - ㉠ 불용성 알칼리 성분의 중화 및 pH 3~5로 금속성 피막을 제거한다.
   - ㉡ 종류로 레몬, 비니거(식초), 구연산 린스 등이 있다.

2-1. 표백된 두발이나 잘 엉키는 두발에 가장 효과적인 린스는?

① 플레인 린스 ② 크림 린스
③ 구연산 린스 ④ 레몬 린스

2-2. 다음 중 산성 린스의 종류가 아닌 것은?

① 레몬 린스(Lemon Rinse)
② 비니거 린스(Vinegar Rinse)
③ 오일 린스(Oil Rinse)
④ 구연산 린스(Citric Acid Rinse)

|해설|

2-2
산성 린스는 알칼리성을 중화시키는 역할을 하며, 금속 성분을 제거한다. 종류로 레몬 린스, 구연산 린스, 비니거 린스 등이 있다.

정답 2-1 ② 2-2 ③

핵심이론 03 | 트리트먼트

(1) 트리트먼트의 개념

① 치료, 처리, 처치, 치유라는 의미이다.

② 모발에 적당한 수분과 유분, 단백질을 제공하여 모발이 손상되는 것을 방지한다.

③ 목적은 건강하고 윤기 있는 머릿결을 유지하며, 손상된 모발의 경우 정상적인 상태로 관리, 치유하는 데 있다.

④ 성분으로는 두발을 보호하기 위한 목적으로 사용되는 대전 방지제, 보습제, 유화분산제, 모질 개량제, 양이온 계면활성제 등이 있다.

(2) 트리트먼트 작업

① 트리트먼트를 도포한다.
 ㉠ 두개피(두피 및 모발) 타입에 맞는 트리트먼트를 선택한다.
 ㉡ 500원짜리 동전 크기만큼 덜어 낸다.
 ㉢ 큐티클 사이사이에 침투하여 모발을 보호할 수 있도록 두발 전체에 섬세하게 도포한다.
 ㉣ 모발 끝까지 쓸어 주어 도포한다.

② 경혈점을 지압한다.
 ㉠ 두개피 타입에 맞는 앰플을 소량 묻혀 경혈점을 따라 지압한다.
 ㉡ 두개피 전체를 깨끗하게 헹군다.
 ㉢ 손에 물을 묻혀 얼굴 라인과 귀, 목 부분을 다시 한 번 닦아 제품이 남아 있지 않도록 한다.
 ㉣ 고객에게 더 헹구고 싶은 부분이 있는지 확인한 후 마무리한다.

[린스와 트리트먼트의 차이]

구 분	린 스	트리트먼트
주성분	양이온성 계면활성제(실리콘 등), 유분	단백질
성 능	모발 표면에 얇게 코팅막을 형성하여 보호하는 기능(영양성분 없음)	모발 안으로 침투하여 손실된 단백질을 보충
장단점	트리트먼트에 비해 가격이 저렴하고 매일 사용 가능하나, 효과가 적음	가격대가 비싼 편이지만 사용방법을 준수하면 효과가 좋음
주의 사항	• 주성분이 유분이기 때문에 두개피에 사용 시 뾰루지, 여드름을 유발시킴 • 가려움증을 동반한 각질, 비듬 등을 발생시킬 수 있음	• 모발의 손상 정도와 원인(펌, 염색 등)에 따라 사용빈도와 제품을 선택 • 주로 모발에만 사용하나 두개피 혼용 제품도 있음

10년간 자주 출제된 문제

트리트먼트의 특징으로 옳지 않은 것은?

① 치료, 처리, 처치, 치유라는 의미이다.
② 손상된 모발의 경우 정상적인 상태로 관리, 치유하는 데 그 목적이 있다.
③ 모발에 코팅막을 형성하는 것이다.
④ 성분에는 보습제, 유화분산제, 모질 개량제, 양이온 계면활성제 등이 있다.

|해설|

모발에 코팅막을 형성하는 것은 컨디셔너이다.

정답 ③

핵심이론 04 | 트리트먼트 마무리(1) – 타월 사용법

(1) 세발 후 타월 드라이 작업

① 타월을 이용해 얼굴 라인, 귓속, 귀 바깥쪽, 목뒤 부분의 물기를 닦아 준다.
② 양손에 타월을 올려놓은 상태로 전두부부터 후두부로 이동하면서 양손 튕기기 기법을 이용해 모발과 두개피에 묻어 있는 물기를 제거한다.
③ 측두부 부위와 네이프 부분은 왼손으로 두상을 살짝 받히고 오른손에 타월을 올려놓아 가볍게 튕기기 기법을 이용한다.
④ 고객의 뒷목을 받쳐 편안한 자세로 앉을 수 있도록 도와준다.
⑤ 타월을 어깨 위에 가지런히 올려놓은 상태로 왼쪽 어깨 타월을 두상 C.P에 얹고 오른쪽 타월을 교차로 올려 텐션을 주면서 당겨 타월의 끝부분을 얼굴 라인 안쪽으로 고정한다.
⑥ 마무리
　㉠ 타월 안쪽으로 모발을 가지런히 모은 후 타월의 끝부분을 잡아 회전하여 얼굴 라인 부위에 고정한다.
　㉡ 자리로 이동한 후 타월의 양쪽 끝을 잡고 한 손을 고정하고 다른 한 손을 둥글게 회전하여 모발에 수분을 털어 주어 마무리한다.

(2) 주변 환경 위생관리

① 고객이 사용했던 타월, 어깨보를 정리한다.
② 역성비누를 이용해 샴푸 개수대를 소독한다.
　㉠ 개수대 안에 샴푸 시 빠져나온 모발들과 이물질을 제거한다.
　㉡ 다시 역성비누를 묻혀 가볍게 도기 안쪽과 거름망을 닦아 준 후 물로 깨끗하게 헹군다.

③ 샴푸 개수대에 물기가 남아 있지 않도록 한다.
　㉠ 샴푸대 주변과 도기 안을 마른 타월로 닦아 준다.
　㉡ 사용한 타월은 따로 보관하여 재사용하지 않도록 한다.

핵심이론 05 │ 트리트먼트 마무리(2) – 모발제품과 홈케어

(1) 모발제품의 종류 및 특징

① 컨디셔닝 스타일링 제품
　㉠ 토닉 : 알코올을 주성분으로 한 양모제로 첨가제에 따라 두개피와 모발에 영양을 주어 건강한 모발을 연출한다. 특히 비듬 제거, 두피 청결, 두발의 생리 기능을 높인다.
　㉡ 에센스 : 고분자 실리콘 성분으로 모발 표면을 코팅해 주는 효과가 있어 탄력 있는 모발을 연출한다.
　㉢ 크림 : 모발에 유·수분을 주고 광택과 유연성을 준다.
　㉣ 앰플 : 식물성 오일, 비타민 유도체 등 모발에 필요한 간충물질을 모발 내 침투시켜 모발을 탄력 있게 하고 건강하게 보호한다.

② 고정형 스타일링 제품
　㉠ 스프레이 : 부탄이나 프로판가스 같은 탄화수소를 사용하여 모발에 강한 세팅력과 피막을 형성한다.
　㉡ 무스 : 에어로졸에 액화가스와 원액이 혼합되어 분사 시 원액이 나오면서 액화가스가 기화함으로써 원액을 팽창시켜 포말상으로 나오며 광택과 세팅력을 준다.
　㉢ 왁스 : 물을 베이스로 유성 기제를 계면활성제로 유화시킨 것으로 성분에 따라 유광과 무광으로 나뉘고, 농도에 따라 소프트 왁스와 하드 왁스로 나뉜다.
　㉣ 젤 : 수용성 수지가 배합되어 광택과 세팅력이 강하다.
　㉤ 포마드 : 모발에 바르는 끈기 있는 향유라는 뜻으로 광물 성분과 식물 성분을 사용하여 모발에 광택과 세팅력을 준다.

(2) 홈케어

① 스타일링별 제품 선택

  ㉠ 고정 스타일링 시 스프레이, 포마드, 왁스, 젤 등을 사용한다.

  ㉡ 펌 작업 후 컬의 탄력감과 윤기를 주기 위해 에센스, 크림을 사용한다.

  ㉢ 컬러 작업 후 모발에 윤기를 주기 위해 에센스를 사용한다.

② 홈케어 방법의 제안

  ㉠ 정상, 건성, 지성, 민감성 등의 고객 두개피 타입에 맞는 샴푸제를 제안한다.

  ㉡ 탈모가 진행되는 두개피 타입에 맞는 샴푸제를 제안한다.

  ㉢ 모발 상태에 따라 샴푸제와 트리트먼트제를 제안한다.

  ㉣ 염색 후 컬러가 빠지지 않고 더욱 선명하게 보이기 위한 제품을 제안한다.

  ㉤ 퍼머넌트 시술 후 pH를 조절하고 모발에 영양분을 주기 위한 제품을 제안한다.

10년간 자주 출제된 문제

모발제품을 이용한 홈케어로 옳지 않은 것은?

① 고정 스타일링 시 토닉, 에센스, 크림, 젤 등을 사용한다.

② 펌 작업 후 컬의 탄력감과 윤기를 주기 위해 에센스, 크림을 사용한다.

③ 컬러 작업 후 모발에 윤기를 주기 위해 에센스를 사용한다.

④ 정상, 건성, 지성, 민감성 등의 고객 두개피 타입에 맞는 샴푸제를 제안한다.

|해설|

고정 스타일링 시 스프레이, 포마드, 왁스, 젤 등을 사용한다.

정답 ①

핵심이론 01 | 이발의 기초 지식 및 자세

(1) 이용실의 환경

① 이·미용업소의 실내 쾌적 온도 : 16~20℃

② 이·미용업소의 실내 쾌적 습도 : 40~70%

(2) 이발의 기본 자세

① 이발 시 시술자와 손님 의자와의 거리 : 주먹 한 개 정도의 거리(약 25cm 이상)

② 이발 시 기본 자세 : 수직자세, 우경자세(중심이 우측), 좌경자세(중심이 좌측)

③ 이용 시술 시 작업 자세

  ㉠ 등이나 허리를 알맞게 낮춘 자세

  ㉡ 힘의 배분이 잘된 자세

  ㉢ 명시 거리가 적당한 위치

④ 커트 시술의 기본 자세

  ㉠ 시술 대상은 눈에서 30~50cm 거리가 적당하다.

  ㉡ 양발은 어깨 넓이 정도로 벌려 시술한다.

  ㉢ 커트 방향을 따라 스텝을 옮겨가며 커트한다.

  ㉣ 양팔은 가볍게 들고 커트 선을 잘 보고 커트한다.

(3) 커트의 3요소

조화, 유행, 기술

※ 헤어 디자인의 3요소 : 형태, 질감, 컬러

1-1. 다음 중 이·미용실의 쾌적온도와 습도는?

① 18~24℃, 30~50%
② 16~20℃, 60~70%
③ 19~24℃, 70~80%
④ 19~20℃, 80~90%

1-2. 커트 시술의 기본 자세에 대한 설명으로 가장 거리가 먼 것은?

① 시술 대상은 눈에서 30~50cm 거리가 적당하다.
② 양발은 최대한 넓게 벌려 시술한다.
③ 커트 방향을 따라 스텝을 옮겨가며 커트한다.
④ 양팔은 가볍게 들고 커트 선을 잘 보고 커트한다.

|해설|

1-2
양발 벌리기는 어깨 너비 정도가 이상적이다.

정답 1-1 ② 1-2 ②

핵심이론 02 | 커트의 기법(1)

(1) 모발의 수분 정도에 따른 방법

① 웨트(Wet) 커팅 : 레이저를 주로 사용하고 두발의 결을 매끄럽게 하여 커트가 잘되도록 하는 동시에 두발을 잡아당길 때 아프지 않게 하기 위해서 행한다.

㉠ 웨트 커트를 하는 이유 : 두피에 당김을 덜 주며 정확한 길이로 자를 수 있기 때문이다.

㉡ 두발에 물을 축이는 이유 : 두발의 손상을 방지하기 위함이다.

② 드라이 커팅 : 시저스를 사용하여 행하는 커트법이다.

㉠ 웨이브나 컬 상태의 두발

㉡ 길이에 많은 변화를 주지 않고 수정하는 모발

㉢ 전체적인 형태 파악

※ 단, 드라이 커트라도 블런트 커트(클럽 커팅)인 경우에는 물을 적신 다음에 시술하는 것이 용이하다.

(2) 모발에 표현되는 커트 질감에 따른 방법

① 테이퍼링(페더링) : 레이저에 의해 모발의 끝을 붓끝처럼 점점 가늘어지게 하는 커트 방법으로 두발에 자연스러운 장단을 만들어 준다.

㉠ 앤드 테이퍼(End Taper) : 두발 끝부분의 단면을 1/3 상태로 만든다.

㉡ 노멀 테이퍼(Normal Taper) : 두발 끝부분의 단면을 1/2 상태로 만든다.

㉢ 딥 테이퍼(Deep Taper) : 두발 끝부분의 단면을 2/3 상태로 만든다(많은 양의 두발을 적어보이도록 하는 테이퍼).

② 스트로크 커트(Stroke Cut) : 시저스에 의한 테이퍼링을 말한다. 가위를 모발 끝에서부터 모근 쪽으로 향해 미끄러뜨려서 자르는 커트이다.

③ 시닝(Thinning) : 시닝용 가위에 의해 전체적으로 길이에는 변화를 주지 않고 숱을 감소시키는 방법이다.

※ 신징 커트(Singeing Cut) : 커트 후 불필요한 머리카락을 불꽃으로 태워 제거하는 커트이다.

④ 슬라이싱(Slicing) : 일반 시저스로 시닝을 하는 방법이다.

⑤ 트리밍 : 커트 시 이미 형태가 이루어진 상태에서 다듬고 정돈하는 방법이다.

⑥ 싱글링 : 네이프 부분에 빗을 대고 시저스를 동시에 올려치면서 커팅하는 방법이다.

⑦ 클리핑 : 바리캉이나 시저스를 이용하여 삐져나온 두발을 자르는 커트이다.

⑧ 블런트(Blunt) 커트(클럽 커팅) : 일직선으로 뭉툭하게 자르는 방법으로 주로 사용되는 기법이다. 기하학적인 발제선에 의해 무게감을 갖기 때문에 머리숱이 많은 두발을 커트할 때는 적합하지 않다.

　㉠ 원렝스(단발) 커트 : 원형 얼굴에 적당한 커트법이다.

　㉡ 스퀘어 커트(스포츠형) : 두부의 외곽선을 커버하기 위하여 미리 정해 놓은 정방형으로 커트하는 방법으로 자연스럽게 두발의 길이가 연결되도록 하기 위해서 이용한다.

　㉢ 그러데이션(신사형) : 상부의 두발이 길고 하부로 갈수록 짧아지는 커트로 각도는 45°이고 층은 10cm 이하로 가장 입체적이고 아름답다.

　㉣ 섀기 커트(Shaggy Cut) : 모발의 끝을 새의 깃털처럼 가볍게 커트하는 것이다.

10년간 자주 출제된 문제

커트 시 이미 형태가 이루어진 상태에서 다듬고 정돈하는 방법은?

① 슬라이싱　　　　② 페더링
③ 테이퍼링　　　　④ 트리밍

|해설|
① 슬라이싱 : 가위로 두발 숱을 감소시키는 방법
②・③ 테이퍼링(페더링) : 모발의 끝을 붓끝처럼 점점 가늘어지게 하는 커트 방법

정답 ④

핵심이론 03 | 커트의 기법(2)

(1) 베이직 커트(Basic Cut)

① 베이직 커트 시술 시 요구사항
　㉠ 스타일은 고객과 상의하여 결정한다.
　㉡ 장점을 강조하고 단점을 최소화한다.
　㉢ 개성과 모질에 맞는 설계를 한다.

② 시술 순서 : 윗머리는 지간 깎기, 우측, 후두부, 좌측, 다시 역순으로 연속 깎기, 수정 깎기로 마무리한다.

(2) 스컬프처 커트(Sculpture Cut)

① 두발을 각각 세분하여 커트한다.
② 가위와 스컬프처 레이저로 커팅하고 브러시로 세팅한다.
③ 남성 클래식 커트(Classical Cut)에 해당한다.

(3) 레이저 커트(Razor Cut)

① 면도날로 커트하는 것을 말한다.
② 레이저를 사용하여 자르기에 가장 적합하지 않은 스타일은 브로스 커트(Brosse Cut) 스타일이다.
③ 레이저 커트는 물에 젖은 두발상태에서 한다.
④ 레이저 커트 시술 시 시작되는 부분은 후두부이다.
⑤ 천정부 커팅 시 두발 길이를 일정하게 만들기 위해서는 모발 끝을 정렬시키고 날은 오른손 엄지 면에 대고 절단하듯 커트한다.
⑥ 로테이션 기법 : 빗을 왼손으로 쥐고 두발 길이의 1/3 부위에 레이저를 사용한다.
⑦ 레이저 커트의 장점
　㉠ 각도에 따라 두터운 느낌을 줄 수도 있다.
　㉡ 머리카락의 끝을 가늘게 할 수 있다.
　㉢ 전체에 엷은 느낌을 줄 수 있다.
⑧ 레이저 커트의 단점 : 지나치게 자를 우려가 있다.

3-1. 레이저 커트(Razor Cut)는 어떤 두발상태에서 하는 것이 가장 이상적인가?

① 물에 젖은 두발
② 드라이로 건조시킨 두발
③ 머릿기름을 바른 두발
④ 보통 두발

3-2. 스컬프처 커트(Sculpture Cut)에 대한 내용이 아닌 것은?

① 두발을 각각 세분하여 커트한다.
② 남성 클래식 커트(Classical Cut)에 해당한다.
③ 가위와 스컬프처 레이저로 커팅하고 브러시로 세팅한다.
④ 가위를 모발 끝에서부터 모근 쪽으로 향해 미끄러뜨려서 자르는 커트이다.

|해설|

3-2
④ 스트로크 커트(Stroke Cut)에 대한 설명이다.

핵심이론 04 │ 이발기법(빗과 가위의 조작)

(1) 이발술의 순서

지간 깎기 → 솎음 깎기 → 연속 깎기 → 수정 깎기

(2) 이발기법

① 고정 깎기 : 빗을 고정시킨 상태에서 모발을 정돈하기 위해 자르는 기법으로 빗의 폭 전체에 튀어나온 모발을 커트하는 기법이다.

② 거칠게 깎기 : 주로 스포츠 커트형에서 기초 깎기에 해당하는 1차 커팅이다.

③ 떠내 깎기 : 가위 몸체로 머리를 받치고 빗으로 정리한 뒤 빗살 위의 두발을 잘라가는 기법이다(주로 거칠게 자르는 방법으로서 대충 자르는 기법에 사용한다).

④ 연속 깎기 : 짧은 머리일 경우 가장 많이 사용되는 조작 기법으로서 빗살 면이 두피의 면을 따라 이동됨과 동시에 빗과 가위가 연속 동작에 의한 개폐에 의해서 정해진 스타일로 커팅해 가는 기법이다.

⑤ 밀어 깎기 : 빗살 끝을 두피 면에 대고 깎아 나가는 기법이다.

⑥ 끌어 깎기 : 가윗날 끝을 왼손가락에 고정하여 당기면서 커팅한다.

⑦ 지간 깎기 : 빗으로 빗어 올린 두발을 왼손으로 검지와 중지 사이에 끼고 일정하게 커트하는 기법이다.

⑧ 솎음 깎기 : 두발의 일정량을 골고루 정확하게 사이사이를 솎아 내거나 불필요한 모발을 제거해 필요한 스타일에 맞게 전체 두발의 양을 조정하는 커팅 방법이다.

⑨ 돌려 깎기 : 주로 아웃라인의 수정으로 넓은 부분보다 비교적 좁은 면적의 귀 주변에 사용되는 기법이다.

⑩ 수정 깎기 : 모든 커트의 마지막 마무리 기법이다.

4-1. 커팅 과정에서 커트 방법에 대한 설명으로 적합하지 않은 것은?

① 끌어 깎기 – 가윗날 끝을 왼손가락에 고정하여 당기면서 커팅한다.

② 밀어 깎기 – 빗살 끝을 두피 면에 대고 깎아 나가는 기법이다.

③ 찔러 깎기 – 주로 스포츠형에서 기초 깎기에 해당한다.

④ 수정 깎기 – 모든 커트의 마지막 마무리 기법이다.

4-2. 가위 몸체로 머리를 받치고 빗으로 정리한 뒤 빗살 위의 두발을 잘라가는 기법은?

① 밀어 깎기(Out Cut Over Direction)

② 돌려 깎기(Around Rotation Cut)

③ 떠내 깎기(Shear Over Comb Cut)

④ 연속 깎기(Elevation Over Comb Cut)

|해설|

4-1

③ 거칠게 깎기이다.

4-2

① 밀어 깎기 : 빗살 끝을 두피 면에 대고 깎아 나가는 기법

② 돌려 깎기 : 귀 둘레를 돌려 깎을 때 사용하는 기법

④ 연속 깎기 : 빗을 떠올려 깎기로 쥐고 두피 면에 따라 빗과 가위로 연속 깎기를 하는 기법

정답 4-1 ③ 4-2 ③

핵심이론 05 │ 보통 이발술

(1) 이발술의 목적

① 대표적인 조형기술이라 할 수 있다.

② 이발술에는 미적 의미와 위생적 의미가 있다.

③ 두발을 커팅하여 두발형을 나타내어 용모의 조화를 갖추게 한다.

(2) 이발의 순서

① 어깨보 → 물 스프레이 → 바리캉 → 커팅

② 단발형 이발은 뒷머리 부분(후두부)부터 커트를 하는 것이 가장 이상적이다.

③ 장발형 남성 고객이 장교스타일을 원할 때 일반적으로 전두부에서부터 지간 깎기로 자른다.

단발형 조발은 어느 부분부터 커트를 하는 것이 가장 이상적인가?

① 정수리 부분(두정부)

② 앞머리 부분(전두부)

③ 옆머리 부분(측두부)

④ 뒷머리 부분(후두부)

정답 ④

(1) 스포츠 이발술의 개요

① 브로스형, 둥근형, 각진형 등이 있다.

② 브로스 커트의 형태 : 스포츠형 스타일로 스퀘어형, 원형 등이 있으며 머리카락 기장이 가장 짧은 스타일이다.

(2) 스포츠형 커트 시술

① 스포츠형 커트 시술에 있어서 고객 후면에 섰을 때 30cm 뒤 중앙에 선 상태에서 한 발을 뒤로 후진한 자세가 가장 안정된 자세이다.

② 커트 시 고객의 좌측에 서서 두정부 머리부터 커트한다.

③ 스포츠형 커트에서 아웃라인 수정 시 빗살 끝을 두피 면에 대고 깎아 나가는 밀어 깎기 기법과 귀 주변 커팅 기법으로 돌려 깎기가 가장 효과적이다.

④ 브로스 커트로 이발하고자 할 때, 후두부 중앙 흉터 부위를 발견하였을 경우 제일 먼저 후두부부터 커트를 하여 흉터 부위를 가린다.

⑤ 브로스 커트의 천정부 수정 커트 시 고객의 뒤에 선 자세라면 끌어 깎기 자세를 취한다.

⑥ 스포츠형 중 하프 패션형 커트 시 좌우 15°, 30°, 45°, 60°로 깎아갈 때의 가장 이상적인 자세는 모델로부터 후방 0°일 때이다.

⑦ 스퀘어 스포츠형의 이발술
  ㉠ 먼저 거칠게 깎기를 한 후 모델의 좌측 전방에서 45°로 서서 자른다.
  ㉡ 스퀘어 스포츠는 천정부의 평평한 커트 면이 약간 넓은 느낌이 들도록 자른다.
  ㉢ 천정부를 커트할 때 가능하면 머리카락 끝에 약간 포마드를 묻히면 매끄럽게 된다.

브로스(Brosse) 커트의 형태를 표현한 것은?

① 장발형 조발
② 상고형 조발
③ 스포츠형 조발
④ 레이어형 조발

|해설|

브로스 커트의 형태 : 스포츠형 스타일로 스퀘어형, 원형 등이 있으며 머리카락 기장이 가장 짧은 스타일이다.

정답 ③

핵심이론 01 | 장발형 이발의 개념

> 장발형 이발에는 솔리드형, 레이어드형, 그래주에이션형이
> 있다.

(1) 장발형 이발의 개념

① 솔리드형의 특징
   ㉠ 솔리드(덩어리)는 원렝스라고 한다.
   ㉡ 외측의 모발과 내측의 모발을 동일 선상에서 자른
       것으로 하나의 길이를 갖는다.
   ㉢ 커트 후의 질감은 표면에 층이 없어 매끈하다.
   ㉣ 외측의 모발이 두상을 따라 자연스럽게 떨어져 종
       모양의 실루엣을 갖는다.
   ㉤ 잘린 두발의 길이가 목선을 기준으로 하였을 때 커트
       라인에 따라 수평(호리존탈), 전대각(스파니엘), 후
       대각(이사도라) 등의 스타일로 나뉜다.

② 레이어드형의 특징
   ㉠ 레이어드는 모발의 단차를 만들어 원형 또는 타원
       형으로 나타낼 수 있다.
   ㉡ 레이어드의 종류는 모발의 단차를 내는 위치와 각
       도에 따라 길이가 같은 유니폼 레이어, 네이프로
       갈수록 길어지는 인크리스 레이어드 등이 있다.

③ 그래주에이션형의 특징
   ㉠ 천체축 1~89°의 시술각으로 인해 쌓인 모발이 비
       활동적인 질감과 활동적인 질감이 혼합되어 무게
       선을 나타내며 삼각형의 형태를 갖는다.
   ㉡ 그래주에이션은 시술각에 따라 무게선(경사선)의
       위치가 달라지는데, 낮은 시술각(1~30°), 중간 시술
       각(31~60°), 높은 시술각(61~89°)으로 구분한다.

(2) 장발형 이발 기법

① 지간 깎기
   ㉠ 모다발의 길이가 긴 장발 커트는 모다발을 빗어
       검지와 중지 사이로 쥔 후에 가위로 자르는 지간
       깎기인 커트 기법을 응용하여 커트할 수 있다.
   ㉡ 솔리드형 커트는 톱 모발의 길이와 네이프의 모발
       의 길이가 동일 선에 위치하여 기장이 형성되어
       단차 없이 깨끗한 커트라인을 갖도록 블런트를
       한다.

② 프리핸드 테크닉(Freehand Technique)
   ㉠ 톱 모발의 길이와 네이프의 모발의 길이가 동일
       선에 위치하는 아웃라인을 텐션 없이 빗질하여 손
       (또는 빗)으로 모발을 쥐지 않고 가위를 사용하여
       커트한다.
   ㉡ 특히 네이프의 발제선 부분을 짧은 길이로 커트하
       는 경우를 예로 들 수 있다.

10년간 자주 출제된 문제

다음 중 장발형 이발의 종류가 아닌 것은?

① 솔리드형
② 레이어드형
③ 그래주에이션형
④ 둥근형

|해설|
장발형 이발에는 솔리드형, 레이어드형, 그래주에이션형이 있다.

정답 ④

(1) 형 태

① 솔리드형 : 두상을 따라 내려온 모발의 기장이 단차 없이 딱딱한 각진 모양으로 실루엣(Form)은 사각형의 형태를 갖는다.

② 레이어드형 : 모발의 단차와 기장에 따라 원형 또는 타원형의 형태를 보인다.

③ 그래주에이션형 : 시술각이 낮을수록 비활동적인 질감 영역이 넓어지고, 시술각이 높을수록 활동적인 질감 영역이 넓어진다.

(2) 구 조

① 솔리드형

　㉠ 두상의 윗부분의 두발 길이가 두상의 아랫부분 (Nape)까지 덮는 길이 구조이다.

　㉡ 네이프의 기장이 가장 짧고, 톱으로 갈수록 길어지는 길이 구조를 보인다.

② 레이어드형 : 레이어드 커트 종류에 따라 두상으로부터 동일한 기장, 점차적으로 길어지는 길이 구조 배열 등이 있다.

③ 그래주에이션형

　㉠ 원렝스 커트와 같이 두상의 윗부분의 두발 길이가 두상의 아랫부분보다 긴 길이 구조를 갖는다.

　㉡ 시술각이 높아짐에 따라서 윗부분의 기장이 짧아지며 모발이 쌓여 생기는 무게 영역의 위치가 높아진다.

(3) 질감과 무게선

① 솔리드형

　㉠ 두상의 윗부분의 두발 길이가 두상의 아랫부분까지 덮어 모발의 단차(층)가 보이지 않는 형태로 비활동적인 질감을 보인다.

　㉡ 무게선은 가장 아랫부분이다.

② 레이어드형

　㉠ 두상의 윗부분의 두발 길이가 두상의 아랫부분까지 균일하거나 길어져 단차(층)가 보이는 형태로 활동적인 질감을 보인다.

　㉡ 무게선은 나타나지 않는다.

③ 그래주에이션형

　㉠ 두상의 윗부분의 두발 길이가 두상의 아랫부분까지 덮어 모발의 단차(층)가 보이지 않는 형태로 비활동적인 질감을 보인다.

　㉡ 무게선은 가장 아랫부분이다.

10년간 자주 출제된 문제

장발형의 특성으로 옳지 않은 것은?

① 솔리드형은 두상을 따라 내려온 모발의 기장이 단차 없이 딱딱한 각진 모양으로 실루엣은 사각형의 형태를 갖는다.

② 레이어드형은 모발의 단차와 기장에 따라 원형 또는 타원형의 형태를 보인다.

③ 그래주에이션형은 원렝스 커트와 같이 두상의 윗부분의 두발 길이가 두상의 아랫부분(Nape)보다 긴 길이 구조를 갖는다.

④ 레이어드형의 무게선은 가장 아랫부분이다.

|해설|

솔리드형과 그래주에이션형의 무게선은 가장 아랫부분이나, 레이어드형의 무게선은 나타나지 않는다.

정답 ④

중발형 이발에는 상중발형, 중중발형, 하중발형이 있다.

(1) 중발형 이발의 개념

① 엑스테리어(Exterior)의 시술 각도와 인테리어(Interior)의 다양한 구조 그래픽의 조합으로 여러 가지 스타일을 연출할 수 있다.

② 상중발형 : 귀를 닿는 지점부터 1/3 덮는 기장의 남성 헤어스타일을 말한다.

③ 중중발형 : 귀를 1/3 덮는 지점부터 1/2 덮는 지점까지의 기장을 말한다.

④ 하중발형 : 이어 라인의 길이가 귀를 1/2 덮는 지점부터 2/3 덮는 지점까지의 기장을 말한다.

(2) 중발형 이발 기법

① 지간 깎기 : 손의 바깥쪽으로 모발을 자르는 '아웃사이드 커트(Outside Cut)'와 손바닥을 향하여 손의 안쪽의 모발을 자르는 '인사이드 커트(Inside Cut)'를 수행한다.

② 떠내려 깎기와 떠올려 깎기 : 상대적으로 기장이 길 때 떠내려 깎기 기법을 응용하고, 짧을 때 떠올려 깎기 기법을 응용한다.

③ 연속 깎기 : 5cm 이하의 두발인 경우 빗과 가위가 커트된 형태 면에 따라 연속적으로 깎는다.

④ 밀어 깎기와 끌어 깎기 : 두발 전체에 요철을 제거할 때 사용된다.

10년간 자주 출제된 문제

다음 중 상중발형의 특징으로 맞는 것은?

① 귀를 닿는 지점부터 1/3 덮는 기장의 남성 헤어스타일

② 귀를 1/3 덮는 지점부터 1/2 덮는 지점까지의 기장

③ 이어 라인의 길이가 귀를 1/2 덮는 지점부터 2/3 덮는 지점까지의 기장

④ 경사 면적의 넓이는 중간 정도이며 무게선 또한 B.P에서 형성

정답 ①

(1) 형 태

① **상중발형** : 인크리스 레이어드와 그래주에이션의 혼합으로 후두부 아래쪽에 볼륨이 있는 형태를 갖는다.

② **중중발형** : 엑스테리어의 중간 시술각(45°)으로 라운드 혹은 미세한 마름모의 형태를 나타낸다.

③ **하중발형** : 전체적으로 스퀘어 형태의 구조 그래픽을 갖는다. 즉, 방향을 분배하여 천체축 90° 커트를 하여 직사각형 또는 장방형의 형태를 갖는다.

(2) 구 조

① **상중발형** : 인테리어에서는 스퀘어 구조, 엑스테리어는 낮은 시술각 30°로 그래주에이션 형태를 갖는다.

② **중중발형** : 엑스테리어는 중간의 경사선을 나타내고 인테리어 영역의 모발은 길이가 동일한 유니폼 레이어드로 원 형태의 구조 그래픽을 갖는다.

③ **하중발형**

　㉠ 인테리어와 엑스테리어를 나누어 스퀘어로 커트하면, 인테리어 영역에서 T.P의 기장이 가장 짧고 점차적으로 길어지는 인크리스 레이어드의 구조를 갖는다.

　㉡ 엑스테리어의 영역에서는 뒤로 방향을 분배하여 커트하면 두상 곡선에 의해 그래주에이션, 레이어드, 인크리스 레이어드의 구조를 가지게 된다.

(3) 경사선과 무게선

① **상중발형** : 엑스테리어는 낮고 좁은 경사선과 B.P 아래에서 무게선이 나타난다.

② **중중발형** : 중간 시술각(45°)으로 B.P 위치에 무게선과 중간의 경사선을 갖는다.

③ **하중발형**

　㉠ 높은 시술각으로 전체적으로 모발의 단차가 많아 넓고 높은 경사 면적을 보인다.

　㉡ 무게선은 높고 트랜지션을 연결하면서 최종적인 완성 모습에서는 무게선이 두드러지게 나타나지 않는다.

10년간 자주 출제된 문제

다음 중 상중발형 이발의 형태, 구조, 무게선의 특징으로 옳지 않은 것은?

① 인크리스 레이어드와 그래주에이션의 혼합으로 후두부 아래쪽에 볼륨이 있는 형태를 갖는다.

② 인테리어에서는 스퀘어 구조, 엑스테리어는 낮은 시술각 30°로 그래주에이션 형태를 갖는다.

③ 엑스테리어는 낮고 좁은 경사선과 B.P 아래에서 무게선이 나타난다.

④ 인테리어 영역의 모발은 길이가 동일한 유니폼 레이어드로 원 형태의 구조 그래픽을 갖는다.

|해설|

④는 중중발형의 특징이다.

정답 ④

단발형 이발의 개념

> 단발형 이발은 높게 치켜 깎은 상고(上高) 스타일로, 무게
> 선의 위치에 따라 상상고형, 중상고형, 하상고형으로 분류
> 한다.

(1) 단발형 이발의 개념

① 모발은 그러데이션 커트의 마지막 지점(모발 길이가 가장 긴 곳)에서 모발이 싸이게 되며, 이때 무게선이 형성된다.

② **상상고형** : 하이 그러데이션 커트로서 무게선의 위치가 가장 높은 상단부에 위치한다.

③ **중상고형** : 미디엄 그러데이션 커트로서 무게선의 위치가 중단부에 위치한다.

④ **하상고형** : 로 그러데이션 커트로서 무게선의 위치가 하단부에 위치한다.

⑤ 상상고형, 중상고형, 하상고형 모두 수평선, 대각선 (전대각, 후대각)을 어떻게 조합하느냐에 따라 다양한 디자인으로 연출할 수 있다.

(2) 상상고형 이발 기법

① **지간 깎기**
  ⊙ 손가락 사이[指間]에 잡혀진 모다발을 자르는 기법이다.
  ⊙ 모발의 길이가 길 경우 모다발을 빗어 검지와 중지 사이로 쥔 후에 가위로 자르는 지간 깎기 기법이 용이하다.

② **그러데이션 커트(Gradation Cut)**
  ⊙ 그러데이션(Gradation)이란 그래주에이션형의 아주 짧은 길이의 버전으로, '테이퍼링(Tapering)'이라고도 한다.
  ⊙ 모발을 발제선(Hair Line)에서부터 내측(Interior)으로 갈수록 아주 짧은 길이에서부터 점점 길어지게 깎는 것을 의미한다.

③ **C-스트로크(C-Stroke)**
  ⊙ 클리퍼를 'C' 모양의 곡선으로 들어올려 모발 길이를 점차적으로 길어지게 깎는 기법이다.
  ⊙ 곡선을 그리지 않고 두상면에 밀착하여 그대로 깎으면 영역 간의 블렌딩이 잘 이뤄지지 않아 점차적으로 어두워지는 섬세한 명암 표현이 어렵다.

> **블렌딩(Blending)**
> 블렌드(Blend)는 '섞다', '혼합하다'의 뜻으로 덧날의 종류(길이)마다 영역으로 구분지어 커트할 때 각 영역 간의 경계가 생기지 않도록 자연스럽게 커트하라는 의미이다.

④ **오버 콤 테크닉(Over Comb Technique)**
  ⊙ 모다발을 손으로 쥐지 않고 빗살 또는 빗등에 걸쳐서 깎는 기법이다.
  ⊙ 깎는 도구에 따라 클리퍼로 깎을 때에는 '클리퍼 오버 콤 테크닉', 가위로 깎을 때에는 '시저스 오버 콤 테크닉'이라 한다.

⑤ **프리핸드 테크닉(Freehand Technique)**
  ⊙ 손 또는 빗으로 모발을 쥐지 않고 깎는 도구만을 사용해서 커트하는 기법을 말한다.
  ⊙ 발제선 부분을 짧은 길이로 커트할 때 클리퍼를 두상에 밀착해서 깎는 경우를 예로 들 수 있다.

(3) 중 · 하상고형 이발 기법

지간 깎기, 거칠게 깎기, 돌려 깎기, 싱글링 커트 등 오버 콤 기법을 숙련해야 한다.

① **거칠게 깎기** : 정확한 길이로 커트하는 것이 아닌 거칠게 먼저 걷어내는 작업으로, 전처치 커트(Pre-cut)에 해당한다.

② **돌려 깎기** : 연결하고자 하는 라인의 기울기가 다를 때 라인의 기울기에 맞춰 빗을 돌려가며 커트하는 기법이다.

③ **싱글링 커트** : 목덜미 부분을 짧게 자르고 정수리 쪽으로 올라갈수록 길어지게 커트하는 기법을 말한다.

10년간 자주 출제된 문제

다음 중 단발형 이발의 특징으로 옳지 않은 것은?

① 상상고형은 무게선이 백포인트(Back Point) 이상인 상단부에 위치한다.

② 중상고형은 미디엄 그러데이션 커트로서 무게선의 위치가 중단부에 위치한다.

③ 하상고형은 로 그러데이션 커트로서 무게선의 위치가 하단부에 위치한다.

④ 하상고형은 하이 그러데이션 커트로서 무게선의 위치가 가장 높은 상단부에 위치한다.

|해설|

④는 상상고형의 설명이다.

정답 ④

핵심이론 06 | 단발형 이발의 종류

(1) 상상고형 스타일의 종류

① 천정부 영역

  ㉠ 천정부 영역은 주로 스퀘어 또는 라운드 모양으로 커트한다.

  ㉡ 스퀘어와 라운드 모양이 혼합되거나 가마에서부터 앞쪽으로 점진적으로 길어지도록 커트하기도 한다.

② 천정부 아래 영역

  ㉠ 상단부 영역(천정부 아래 영역)까지 모발 길이를 짧게 깎는 것이다.

  ㉡ 그러데이션의 투명도와 두개피부의 노출 정도에 따라 페이드 커트와 테이퍼드 커트 스타일로 구분한다.

페이드 커트 (Fade Cut)	• 네이프와 사이드 부분의 발제선에서 두개피부를 노출(Bald)시키며 정수리로 갈수록 길이를 점차적으로 길게 깎아 음영 효과를 주는 커트이다. • 두개피부를 노출시키는 영역(Bald Zone)이 나타난다. • 음영 효과에 중점을 둬야 한다.
테이퍼드 커트 (Tapered Cut)	• 네이프와 사이드 부분의 발제선으로부터 정수리로 갈수록 길이를 점차적으로 길게 깎는 스타일이다. • 발제선이 명확하게 드러난다. • 페이드 커트보다 길이가 조금 더 길다. • 무게선이 두드러지게 보이지 않는다.

(2) 중상고형 스타일의 종류

① 천정부와 상단부 영역

  ㉠ 천정부와 상단부 영역은 주로 스퀘어 또는 라운드 모양으로 커트한다.

  ㉡ 스타일의 디자인에 따라 스퀘어와 라운드 모양이 혼합되기도 한다.

② 상단부 아래 영역

　㉠ 중단부 영역(상단부 아래 영역)까지 모발 길이를 짧게 깎는 것이다.

　㉡ 그러데이션의 투명도와 두개피 노출 정도에 따라 페이드 커트 스타일과 테이퍼드 커트 스타일로 구분할 수 있다.

(3) 하상고형 스타일의 종류

① 천정부와 상단부 영역

　㉠ 주로 스퀘어 또는 라운드 모양으로 커트한다.

　㉡ 스타일의 디자인에 따라 스퀘어와 라운드 모양이 혼합되기도 한다.

② 하단부 아래 영역

　㉠ 하단부 영역(상단부 아래 영역)까지 모발 길이를 짧게 깎는 것이다.

　㉡ 그러데이션의 투명도와 두개피 노출 정도에 따라 페이드 커트 스타일과 테이퍼드 커트 스타일로 구분할 수 있다.

③ 중단부 아래 영역

　㉠ 상단부와 하단부를 자연스럽게 연결시킨다.

　㉡ 길이에 따라 지간 깎기 기법 또는 오버 콤 기법을 활용한다.

10년간 자주 출제된 문제

단발형 중 상상고형 이발의 테이퍼드 커트(Tapered Cut)에 대한 특징으로 옳지 않은 것은?

① 발제선으로부터 정수리로 갈수록 길이를 점차적으로 길게 깎는 스타일이다.

② 발제선이 명확하게 드러난다.

③ 페이드 커트보다 길이가 조금 짧다.

④ 무게선이 두드러지게 보이지 않는다.

|해설|

③ 페이드 커트보다 길이가 조금 더 길다.

정답 ③

핵심이론 07 | 짧은 단발형 이발(1) – 둥근형 이발

짧은 단발형 이발에는 둥근형, 삼각형, 사각형 이발이 있다.

(1) 둥근형 이발의 형태

① 인테리어 영역의 모발을 두개피로부터 세워질 정도로 짧게 둥근 모양으로 깎는다.

② 엑스테리어 영역은 하이 그러데이션 커트로서 무게선이 상단부에 위치한다.

③ 일명 '둥근 스포츠 커트'라 하며, '라운드 브로스'라고도 한다.

④ 둥근형 이발을 하기 위해서는 3등분(크레스트, 인테리어, 엑스테리어)과 5등분(천정부, 상단부, 중단부, 하단부, 후두 하부) 영역을 잘 이해해야 한다.

(2) 인테리어 영역의 형태

① 모발은 두개피로부터 일으켜 세워질 수 있도록 4cm 미만으로 짧게 깎아 둥근 모양을 만든다.

② 일반적으로 톱(Top) 부분보다 앞쪽의 길이를 좀 더 길게 디자인하는 경우가 많다.

(3) 엑스테리어 영역의 형태

① 하이 그러데이션 커트로서 높은 시술각($75°$)으로 깎는다.

② 고객의 얼굴형과 두상 모양에 따라 시술 각도를 조절해 주는 것이 좋다.

(4) 무게선의 위치

① 무게선은 상단부인 크레스트 영역에 위치한다.

② 인테리어 영역의 짧은 모발과 연결하면서 무게감이 가벼워져 최종적인 스타일 완성 모습에서는 무게선을 찾기가 어렵다.

짧은 단발형 중 둥근형 이발의 특징으로 옳지 않은 것은?

① 인테리어 영역의 모발을 두개피로부터 세워질 정도로 짧게 둥근 모양으로 깎는다.
② 엑스테리어 영역은 무게선이 중단부에 위치한다.
③ 인테리어 영역의 형태는 4cm 미만으로 짧게 깎아 둥근 모양을 만든다.
④ 무게선은 상단부인 크레스트 영역에 위치한다.

|해설|

엑스테리어 영역은 하이 그러데이션 커트로서 무게선이 상단부에 위치한다.

정답 ②

핵심이론 08 | 짧은 단발형 이발(2) – 삼각형 이발

(1) 삼각형 이발의 형태

① 인테리어 영역의 모발을 두개피로부터 세워질 정도로 짧게 삼각형 모양으로 깎는다.
② 엑스테리어 영역은 하이 그러데이션 커트로서 무게선이 상단부에 위치한다.
③ 일명 '모히칸 스타일'이라고도 한다.
④ 삼각형 이발을 하기 위해서는 3등분(크레스트, 인테리어, 엑스테리어)과 5등분(천정부, 상단부, 중단부, 하단부, 후두 하부) 영역을 잘 이해해야 한다.

(2) 인테리어 영역의 형태

① 인테리어 영역은 삼각형 모양의 형태를 갖고 있다.
② 삼각형 모양으로 커트하기 위해서는 앞쪽과 양 옆에서 T.P로 갈수록 길어지게 커트해야 한다.

(3) 엑스테리어 영역의 형태

① 하이 그러데이션 커트로서 높은 시술각(75°)으로 깎는다.
② 고객의 얼굴형과 두상 모양에 따라 시술 각도를 조절해 주는 것이 좋다.

(4) 무게선의 위치

① 엑스테리어 영역을 깎은 후 무게선은 상단부인 크레스트 영역에 위치한다.
② 인테리어 영역을 엑스테리어의 무게선과 연결하여 삼각형 모양으로 깎게 되면 무게선의 위치가 위로 올라가 인테리어 영역에서 무게감이 형성된다.

10년간 자주 출제된 문제

짧은 단발형 중 삼각형 이발의 특징으로 옳지 않은 것은?

① 엑스테리어 영역은 하이 그러데이션 커트로서 무게선이 상단부에 위치한다.
② 인테리어 영역은 삼각형 모양의 형태를 갖고 있다.
③ 일명 '라운드 브로스'라고도 한다.
④ 엑스테리어 영역의 형태는 하이 그러데이션 커트로서 높은 시술각(75°)으로 깎는다.

| 해설 |

삼각형 이발은 일명 '모히칸 스타일'이라고도 한다.

정답 ③

핵심이론 09 | 짧은 단발형 이발(3) – 사각형 이발

(1) 사각형 이발의 형태

① 인테리어 영역의 모발을 두개피로부터 세워질 정도로 짧게 사각 모양으로 깎는다.
② 엑스테리어 영역은 하이 그러데이션 커트로서 무게선이 상단부에 위치한다.
③ 일명 '각진 스포츠 커트' 또는 '스퀘어 브로스'라고도 한다.
④ 사각형 이발을 하기 위해서는 3등분과 5등분 영역을 잘 이해해야 하며, 둥근 두상을 사각형이라고 가정하는 것이 좋다.
⑤ 인테리어 영역은 윗면, 엑스테리어 영역은 좌측면, 우측면, 뒷면이 된다.

(2) 인테리어 영역의 형태

① 인테리어 영역은 사각형 모양의 형태를 갖고 있다.
② 사각형 모양으로 커트하기 위해서는 꼭대기(Top) 부분을 평편하게(Plat) 만들어야 하는데, 이를 위해서는 T.P의 길이에 맞춰 인테리어의 모든 영역의 머리카락이 동일 선상으로 깎여야 한다.
※ 인테리어 영역을 평편하게 깎을 수 있도록 오버 콤 기법을 잘 숙련해야 한다.
③ 인테리어 영역을 평편하게 깎으면 두상 곡면에 의해 T.P의 길이가 가장 짧고, 크레스트 영역의 모발 길이가 가장 길어진다.

> **플랫 톱(Plat Top)**
> 톱 부분을 평편하게 깎은 스타일을 '플랫 톱' 스타일이라고 한다. 이는 각진 스포츠 스타일과 동일하다.

(3) 엑스테리어 영역의 형태

① 하이 그러데이션 커트로서 높은 시술각(75°)으로 깎는다.

② 고객의 얼굴형과 두상 모양에 따라 시술 각도를 조절해 주는 것이 좋다.

(4) 무게선을 없앨 때

① 인테리어 영역의 평편하게 깎인 윗면과 엑스테리어의 그러데이션 커트가 만나 무게선을 이룬다.

② 사각형 이발의 무게선은 자연 시술각 상태에서 부자연스럽게 보이므로 레이어 커트를 하여 무게선을 없애거나 무게감을 덜어 준다.

③ 무게선을 없앨 때는 고객과 상의하여 결정해야 한다.

10년간 자주 출제된 문제

짧은 단발형 중 사각형 이발의 특징으로 옳지 않은 것은?

① 인테리어 영역은 사각형 모양의 형태를 갖고 있다.

② 엑스테리어 영역은 하이 그러데이션 커트로서 무게선이 상단부에 위치한다.

③ 일명 '각진 스포츠 커트' 또는 '스퀘어 브로스'라고도 한다.

④ 인테리어 영역은 옆면, 엑스테리어 영역은 뒷면이 된다.

|해설|

인테리어 영역은 윗면, 엑스테리어 영역은 좌측면, 우측면, 뒷면이 된다.

정답 ④

핵심이론 01 | 면도에 관한 사항

(1) 레이저(Razor)

① 날과 칼등이 동일한 강도를 가진 재질이어야 한다.

② 레이저는 일도와 양도로 구분할 수 있다.

   ㉠ 일도 : 칼 몸체의 핸들이 일자형으로 생긴 것

   ㉡ 양도 : 접이식 면도기

③ 면도용이나 이발용으로 사용한다.

④ 매 고객마다 새로 소독된 면도날을 사용해야 한다.

⑤ 레이저 날이 한 몸체로 분리가 안 되는 경우 70% 알코올을 적신 솜으로 반드시 소독한 후 사용한다.

⑥ 면도날을 재사용해서는 안 된다.

※ 세이프티 레이저(Safety Razor) : 안전면도기

(2) 자루면도기(일도)의 손질법 및 사용

① 정비는 예리한 날을 지니도록 한다.

② 한 면을 연마하여 사용한다.

③ 녹슬지 않도록 기름으로 닦는다.

④ 면도용으로 사용한다.

⑤ 일자형으로서 칼날이 좁고 칼자루가 칼날에 연결되어 있다.

⑥ 단단하면서 가벼워 사용하기에는 편리하다.

⑦ 수염이 세고 많은 사람에게 아프지 않고 신속하게 면도를 할 수 있다.

⑧ 날이 빨리 무디어지는 단점이 있다.

10년간 자주 출제된 문제

자루면도기(일도)의 손질법 및 사용에 관한 설명 중 틀린 것은?

① 정비는 예리한 날을 지니도록 한다.
② 한 면을 연마하여 사용한다.
③ 녹슬지 않도록 기름으로 닦는다.
④ 면도용으로 사용하지 않는다.

|해설|

자루면도기는 날이 빨리 무디어지는 단점이 있지만 일자형으로서 칼날이 좁고 칼자루가 칼날에 연결되어 단단하면서 가벼워 사용하기에는 편리하다. 또한 수염이 세고 많은 사람에게 아프지 않고 신속하게 면도할 수 있는 장점이 있다.

정답 ④

핵심이론 02 | 면도(1)

(1) 면도 시 스팀타월의 사용 목적

① 면도를 쉽게 한다.
② 피부에 상처를 예방한다.
③ 피부에 온열효과를 준다.
④ 수염과 피부를 유연하게 한다.
⑤ 피부의 노폐물, 먼지 등의 제거에 도움을 준다.
⑥ 지각 신경의 감수성을 조절함으로써 면도날에 의한 자극을 줄이는 효과가 있다.

(2) 면도의 순서

면도로션 → 스팀타월 → 면도로션 → 면도 → 안면처치
※ 면도 시 브러시를 이용하여 시계 방향으로 비누칠을 한다.

(3) 면도(제모)용 비누의 조건

① 피부에 자극을 주지 않아야 한다.
② 기포력이 커야 한다.
③ 수염에 잘 침투하여 모발을 부드럽게 해야 한다.
④ 습윤성이 있어 거품이 빨리 건조되지 않아야 한다.
⑤ 면도비누는 세정력보다는 거품의 질에 중점을 둔다.
※ 래더링(Lathering) : 면도 부위에 비누거품을 골고루 바르는 것

10년간 자주 출제된 문제

면도(제모)용 비누의 조건으로 틀린 것은?

① 피부에 자극을 주기 않을 것
② 세정력이 뛰어날 것
③ 모에 영향을 주어 부드럽게 할 것
④ 습윤성이 있어 거품이 빨리 건조되지 않을 것

|해설|

면도비누는 화장비누와 달리 세정력보다는 거품의 질에 중점을 둔다.

정답 ②

(1) 면도 방법

① 부드럽게 수염이 난 방향으로 한다.

② 스팀타월을 자주 사용하여 수염을 부드럽게 한다.

③ 피부에 자극을 주지 않기 위해서 칼을 가볍게 사용한다.

④ 얼굴 인중 부분은 면도날 중앙으로 조심스럽게 한다.

⑤ 면도 시 칼날의 각도 범위는 15~45°이다.

⑥ 면도 시 마스크를 사용하는 주목적은 호흡기 질병 및 감염병 예방이다.

(2) 기타 주요사항

① 면도 운행은 이상적인 원호상으로 약간 비스듬하게 운행해야 피부에 저항을 주지 않고, 생장하는 털을 근원부터 깎을 수 있으며, 면도 시 불쾌감을 주지 않는다.

② 손님의 턱수염을 깎을 때 가장 적합한 형태의 면도날선 : 외곡선상

③ 면도 후 또는 세발 후 사용되는 화장수는 안면에 주로 수렴작용(피부수축)을 한다.

10년간 자주 출제된 문제

면도 후 또는 세발 후 사용되는 화장수는 안면에 주로 어떤 작용을 하는가?

① 세정작용   ② 수렴작용
③ 탈수작용   ④ 침윤작용

|해설|
수렴작용이란 피부를 수축시키는 것을 말한다.

정답 ②

(1) 면도기를 잡는 방법(파지법)

① 프리 핸드(Free Hand)

   ⊙ 면도 자루를 쥐는 가장 기본적인 방법

   ⓒ 형식에 구애 없이 면도 자루를 잡고 시술하는 방법으로 일반적으로 면도 순서에서 가장 처음 사용됨

   ⓒ 좌측 볼의 인중, 위턱, 구각, 아래턱 부위

   ⓔ 우측의 귀밑 턱 부분에서 볼 아래턱의 각 부위

② 백 핸드(Back Hand)

   ⊙ 면도기를 프리 핸드로 잡은 자세에서 날을 반대로 운행하는 기법

   ⓒ 우측의 볼, 위턱, 구각, 아래턱 부위

③ 푸시 핸드(Push Hand)

   ⊙ 면도기를 프리 핸드로 쥐고 손목을 사용하여 흙을 파내듯이 하는 테크닉

   ⓒ 좌측의 볼부터 귀부분의 늘어진 선 부위

④ 펜슬 핸드(Pencil Hand) : 면도기를 연필 잡듯이 쥐고 행하는 기법

⑤ 스틱 핸드(Stick Hand) : 면도기를 일직선이 되도록 길게 쥐고 사용하는 방법

(2) 기 타

① 일반적으로 남성의 경우 수염이 가장 많이 나는 부위 : 상악골 부위

② 안면에서 일반적으로 모단위의 수염밀도 단위가 가장 높은 곳 : 하악골 부위

③ 면도 독 : 수염의 모낭에 화농균이 감염되어 만성염증 증상이 나타나는 것

수염의 특성

- 피부 표면이 다양한 것처럼 수염도 그 양과 자라는 모양이 다양하다.
- 얼굴에 난 모발은 연령에 따라 다르다. 젊은 층의 수염은 부드럽고, 노년층의 수염은 강하여 면도날이 잘 안 드는 경향이 있다.
- 뻣뻣한 모, 부드러운 모, 모의 양, 모의 흐름 상태, 그 밖의 조건에 따라 수염의 성질이나 상태는 사람마다 다르다.
- 성인 남성의 경우 하루 평균 약 0.4mm의 수염이 자란다.

10년간 자주 출제된 문제

4-1. 면도기를 잡는 방법 중 칼 몸체와 핸들이 일직선이 되게 똑바로 펴서 마치 막대기를 쥐는 듯한 방법은?

① 프리 핸드(Free Hand)
② 백 핸드(Back Hand)
③ 스틱 핸드(Stick Hand)
④ 펜슬 핸드(Pencil Hand)

4-2. 흔히 말하는 면도 독에 대한 설명이 가장 적절한 것은?

① 면도하다가 상처를 내는 일
② 수염의 모낭에 화농균이 감염되어 만성염증 증상이 나타나는 것
③ 마른 피부의 상태에서 칼을 운행할 때 일어나는 것
④ 칼날의 소독을 충분히 한 경우 체질적으로 일어나는 것

|해설|

4-1
① 프리 핸드 : 면도 자루를 쥐는 가장 기본적인 방법
② 백 핸드 : 면도기를 프리 핸드로 잡은 자세에서 날을 반대로 운행하는 기법
④ 펜슬 핸드 : 면도기를 연필 잡듯이 쥐고 행하는 기법

정답 4-1 ③ 4-2 ②

핵심이론 05 | 면도작업 후처리

(1) 얼굴 닦기

① 얼굴 면도 후, 피부에 남아 있는 크림, 비눗물, 오물 등을 닦아낸 후 습포를 한다.

② 습포의 종류별 효과

　㉠ 온습포 : 피부 표면의 노폐물과 노화된 각질을 제거하는 데 용이하며, 모공을 열어주어 혈액순환을 촉진시키는 효과가 있다.

　㉡ 냉습포 : 피부를 진정시켜 주는 효과가 있어 주로 피부 관리 마무리 단계에 사용된다.

③ 습포 적용방법 : 지성피부나 정상피부는 온습포를 적용하여 크림과 비눗물 등을 제거해도 좋으나, 예민한 피부는 냉습포를 적용하는 것이 피부에 대한 자극을 줄일 수 있다.

(2) 얼굴 매니플레이션 실시

① 매니플레이션이란 손을 이용하여 5가지 기본 동작인 리듬, 강약, 속도, 시간, 밀착 등을 조절하여 적용하는 방법이다.

② 신진대사와 혈액을 촉진시켜 주는 효과가 있다.

③ 면도 전후, 혹은 단독 기술로서 행하여도 효과가 있다.

④ 남녀를 불문하고 제공할 수 있는 기술이지만, 특히 여성의 피부는 섬세하기 때문에 여성 면도 전후의 처치로서는 효과적인 기술이다.

(3) 기구 위생관리

① 고객이 돌아간 뒤 다음 고객을 위해 정리 정돈한다.

　㉠ 고객이 사용한 고객 가운, 수건 등을 치우고, 고객이 사용한 베드나 의자를 정리한다.

　㉡ 작업 공간 및 주위 환경의 청결 상태를 유지한다.

② 사용한 도구나 수건을 소독 및 세탁한다.
  ㉠ 고객이 사용한 고객 가운, 수건 등은 세탁 후 잘 건조시켜 청결하게 보관한다.
  ㉡ 사용한 도구 등은 깨끗하게 세척하고 건조시킨 후 자외선소독기를 이용하여 소독을 실시한다.
③ 사용 기기, 제품, 도구 등을 점검하여 제자리에 잘 비치해 둔다.
  ㉠ 사용한 기기는 이상이 없는지 점검하고 깨끗하게 닦는다. 필요한 부분에는 알코올 솜을 사용하여 소독한 후 제자리에 비치한다.
  ㉡ 사용한 제품의 양을 파악하여 부족한 제품은 채워 놓는다.
  ㉢ 사용한 도구도 제자리에 잘 비치해 두어 다음 고객 관리에 차질이 없도록 한다.

핵심이론 06 | 매니플레이션

(1) 쓰다듬기(무찰법, 경찰법, Effleurage, Stroking)

① 방 법
  ㉠ 손가락이나 손바닥 전체를 피부와 밀착시켜 가볍고 부드럽게 쓰다듬는다.
  ㉡ 매뉴얼테크닉의 시작 단계, 동작 연결 시 또는 마지막 단계에서 사용된다.
  ㉢ 주로 이마, 두피, 턱, 얼굴, 어깨, 등, 목, 가슴, 팔, 손 등 부위에 사용된다.

② 효 과
  ㉠ 지각신경을 자극하여 이완시키며 모세혈관을 확장시켜 혈액순환을 촉진시키고, 영양 공급을 원활하게 한다.
  ㉡ 피부를 진정시켜 균형을 맞추고 긴장을 완화시켜 준다.
  ㉢ 혈액과 림프의 순환을 자극하여 조직의 독소를 제거한다.

(2) 문지르기(강찰법, 마찰법, Friction)

① 방 법
  ㉠ 나선을 그리며 문지르는 동작으로 주름이 생기기 쉬운 부위에 중점적으로 실시한다.
  ㉡ 손가락 등으로 피부를 누르면서 강하게 문지르며 자극을 주기 위한 기법이다.
  ㉢ 피부의 각질 제거, 침착되어 있는 멜라닌 색소를 제거하기 위해서 행해진다.
  ㉣ 오일리 스킨, 여드름, 모공 확장 부분에 적용한다.
  ㉤ 센서티브 스킨, 염증이 있는 피부에는 하지 않는다.

② 효 과

ㄱ 혈액순환과 신진대사를 촉진시켜 준다.

ㄴ 긴장된 근육을 이완시켜 준다.

ㄷ 피지 배출에 도움을 준다.

ㄹ 결체조직을 강화시켜 주고 피부의 탄력을 증진시킨다.

(3) 주무르기(유연법, 유찰법, Kneading, Petirssage)

① 방 법

ㄱ 손가락이나 전체로 반죽하듯 쥐었다가 푸는 동작을 반복한다.

ㄴ 적응 피부는 오일리 스킨, 노화 피부이다.

ㄷ 페이스 라인, 두겹 턱이라는 늘어진 살 제거, 노폐물의 제거, 피부조직, 모세혈관의 탄력성 유지에 알맞다.

② 효 과

ㄱ 근육의 긴장을 이완시켜 통증을 완화시켜 준다.

ㄴ 피부 및 근육의 탄력성을 증대시킨다.

ㄷ 혈액과 림프의 흐름을 촉진하고 신진대사를 활발하게 한다.

(4) 두드리기(고타법, Tapotement, Percussion)

① 방 법

ㄱ 손 전체나 손가락으로 가볍고 리듬감 있게 두드리는 방법이다.

ㄴ 가장 자극적인 매니플레이션 기법이다.

ㄷ 손의 바깥 측면과 손등 및 손가락 끝 쿠션 부분을 사용하여 규칙적으로 두드린다.

② 효 과

ㄱ 신경의 흥분이나 혈액의 흐름을 촉진시키고, 지각 신경 말단에 작용하여 피부 치유력의 회복, 침투력의 촉진 등에 효과가 있다.

ㄴ 노화피부, 턱의 늘어짐에 적당하다.

(5) 떨기(진동법, Vibration)

① 방 법

ㄱ 손바닥 전체를 사용하고 잘게 진동시키는 손기술이다.

ㄴ 모든 피부 타입에 적용할 수 있다.

② 효 과

ㄱ 신경에 자극을 주어 늘어진 피부에 민감성을 돌려준다.

ㄴ 림프순환과 혈액순환을 촉진시킨다.

ㄷ 긴장된 신체를 이완시킨다.

10년간 자주 출제된 문제

매니플레이션의 방법으로 옳지 않은 것은?

① 쓰다듬기는 매뉴얼테크닉의 시작 단계, 동작 연결 시 또는 마지막 단계에서 사용된다.

② 문지르기는 주름이 생기기 쉬운 부위에 중점적으로 실시한다.

③ 주무르기는 손가락이나 전체로 반죽하듯 쥐었다가 푸는 동작을 반복한다.

④ 진동법(떨기)은 가장 자극적인 매니플레이션 기법으로, 손 전체나 손가락으로 가볍고 리듬감 있게 두드리는 방법이다.

| 해설 |

④는 고타법(두드리기)의 특징이다.

정답 ④

핵심이론 01 | 헤어스타일링(정발술)

(1) 헤어 세팅

'두발을 만들어 마무리하다'라는 의미로 오리지널 세트와 리셋으로 구성된다.

① 오리지널 세트 : 기초가 되는 최초의 세트를 말한다. 오리지널 세트 기술의 기초적인 주요 요소로는 헤어 파팅(Hair Parting), 헤어 셰이핑(Hair Shaping), 헤어 컬링(Hair Curling), 롤러 컬링(Roller Curling), 헤어 웨이빙(Hair Waving) 등을 들 수 있다.

② 리셋 : 끝맺음 세트[오리지널 세팅 후 콤 아웃(Comb Out)]이다.

(2) 정발의 기초

① 정발 시 시술을 위한 자세 : 눈높이

② 정발술의 시술 순서

좌측 가르마선(7 : 3) → 좌측 두부 → 후두부 → 우측 두부 → 두정부 → 전두부

③ 긴 두발(Long Hair)에서의 일반적인 이발 시술 순서

㉠ 가장 먼저 두발에 물을 고루 칠한다.

㉡ 가르마를 탄 후 빗과 가위로 이발한다.

㉢ 가르마 부분에서 시작하여 측두부, 천정부 순으로 시술한다.

몸을 가누지 못하는 환자 또는 어린아이의 이발 순서로 맞는 것은?

① 뒷면 목선에서 시작하여 우측 사이드로 커트한다.
② 뒷면 목선에서 시작하여 좌측 사이드로 커트한다.
③ 의사나 부모의 지시에 따라 커트한다.
④ 순서 없이 상황에 맞게 커트한다.

|해설|

환자 또는 어린아이는 순서 없이 상황에 맞게 빠른 시간 안에 커트하여 불편함을 줄인다.

정답 ④

(1) 얼굴형에 따른 헤어 디자인

① 커트 시술 시 작업 순서

  소재 → 구상 → 제작 → 보정(마무리)

② 가르마의 기준

  ㉠ 긴 얼굴형(2 : 8 가르마) : 눈꼬리를 기준으로 나눈다.

  ㉡ 둥근 얼굴형(3 : 7 가르마) : 안구의 중심을 기준으로 나눈 가르마를 일컫는다.

  ㉢ 사각형 얼굴형(4 : 6 가르마) : 눈(눈썹) 안쪽을 기준으로 나눈다.

  ㉣ 역삼각형 얼굴형(5 : 5 가르마) : 얼굴의 정중선(코끝)을 기준으로 나눈다.

  ※ 이발 시술 시 머리 모양의 기준이 되는 부위는 귀쪽 부분이다.

(2) 포마드 바르는 법

① 포마드를 바를 때는 두발의 뿌리부터 바른다.

② 손가락에 남아 있는 포마드를 모발 끝 쪽에 바른다.

③ 나머지 손바닥에 남아 있는 것은 양옆 짧은 머리에 바른다.

④ 머리(두부)가 흔들리지 않도록 발라야 한다.

⑤ 정발 시 모발 숱이 적거나 가는 모발(Fine Hair)인 경우에는 가르마 반대쪽에서 두발을 세워가며 바른다.

10년간 자주 출제된 문제

둥근 얼굴형에 가장 잘 조화를 이루는 가르마는?

① 8 : 2 가르마   ② 7 : 3 가르마

③ 9 : 1 가르마   ④ 5 : 5 가르마

|해설|

가르마의 기준

- 긴 얼굴 - 2 : 8   • 둥근 얼굴 - 3 : 7
- 사각형 얼굴 - 4 : 6   • 역삼각형 얼굴 - 5 : 5

정답 ②

---

(1) 정발 시 드라이어 사용법

① 정발 시 드라이어를 사용하여 머리카락을 세울 때는 빗으로 가름하여서 빗 밑 머리카락에 열처리한다.

② 정발술을 시술하는 과정에서 헤어스타일을 단단하게 만들기 위해서는 모근부터 열을 가하여 상부로 향하면서 구부린다.

③ 정발 시 두발이 자연스럽게 넘어가게 하려면 두발 끝 부분부터 열처리한다.

(2) 알(R ; Radian)

① 이용 용어 중 알(R ; Radian)은 하나의 각도를 나타내는 단위이다. 이것은 모발이 반달 모양으로 구부러진 상태의 머리 각도이다.

② 각도의 단위인 라디안(Radian)을 R로 표기한 것이다. 1R은 약 57°이다.

※ 유양 돌기부(E.B.P)를 중심으로 하부 이발 운행을 위한 가장 이상적인 각도 : 40~45°

10년간 자주 출제된 문제

이용 용어 중 알(R ; Radian)은 하나의 각도를 나타내는 단위이다. 이것은 머리결의 각도를 어떤 모양으로 나타낸 상태인가?

① 모발이 반달 모양으로 구부러진 상태

② 모발이 직선 모양으로 펴진 상태

③ 모발이 직각 모양으로 구부러진 상태

④ 모발이 요철 모양으로 구부러진 상태

|해설|

각도의 단위인 라디안(Radian)을 R로서 표기하며, 모발이 반달 모양으로 구부러진 상태의 머릿결의 각도를 나타낸다. 1R은 약 57°이다.

정답 ①

핵심이론 04 | 부수적 요소에 따른 헤어 디자인

(1) 디자인 커트의 커팅 기법

① 스퀘어 커트 : 정사각형으로 두발 끝을 90°로 커트하는 기법이다.

② 원렝스 기법 : 수평의 동일 선상에서 정돈된 두발 끝을 45°로 커트하는 기법이다.

③ 레이어 커트 기법 : 상부는 짧고 하부는 길게 층을 만들며 두발 끝을 90°가 넘게 커트하는 기법이다.

④ 그러데이션 커트 기법 : 상부는 길고 하부는 짧게 역삼각형으로 만들며, 두발의 길이에 45°의 단차가 생기도록 커트하는 기법이다.

(2) 얼굴형에 가장 적합한 이발법

① 정사각형 얼굴 : 양감에 있어서 양측 두부는 줄이고, 정수리는 부피감을 준다.

② 긴 얼굴 : 좌우측 부위에 두발의 양이 많아 보이도록 양감을 준다.

③ 역삼각형 얼굴 : 양측 하부의 모발에 양감을 주고 양측 윗부분의 모발을 감량하여 이발한다.

④ 둥근 얼굴 : 얼굴이 길어 보이도록 이마를 훤히 드러내게 이발한다.

※ 헤어 데셍(Hair Dessin)을 위해서는 적정한 직사각 도형을 가로로 4등분한다. 헤어 데셍 시 직사각형을 세로로 4등분할 때 귀와 코의 위치는 위로부터 3등분 부위이다.

10년간 자주 출제된 문제

디자인 커트에서 원렝스(One Length)기법은?

① 정사각형으로 두발 끝을 90°로 커트하는 기법
② 수평의 동일 선상에서 정돈된 두발 끝을 45°로 커트하는 기법
③ 상부는 짧고 하부는 길게 층을 만들며 두발 끝을 90°가 넘게 커트하는 기법
④ 상부는 길고 하부는 짧게 역삼각을 만들며 두발 끝을 90° 미만으로 커트하는 기법

|해설|

① 스퀘어 커트, ③ 레이어 커트, ④ 그러데이션 커트

정답 ②

핵심이론 05 | 아이론 스타일링

(1) 컬링 아이론을 이용하는 목적

① 짧고 뻣뻣한 모발의 방향성을 잡는 데 용이하다.

② 모발에 변화를 주어 원하는 형을 만들 수 있다.

③ 모발의 양이 많아 보이게 할 수 있다.

④ 웨이브를 형성시키므로 자연스럽고 오랫동안 머리 모양을 지속시킬 수 있다.

⑤ 간편하고 샴푸 후 손질하기가 쉽다.

⑥ 뚜렷한 C컬과 S컬을 표현할 수 있다.

(2) 컬링 아이론을 이용한 시술

① 아이론 시술 시 양모제(헤어크림 등) 도포 후 사용하는 것이 좋다.

② 아이론의 온도는 110~130℃(혹은 120~140℃) 정도가 적당하다.

③ 아이론 회전 시 90° 정도의 각도는 볼륨업을 할 때 사용된다.

④ 볼륨을 주기 위한 두발 빗질 각도는 전방 45°가 가장 적합하다.

⑤ 길이가 짧은 두발은 아이론을 시술할 때 뜨겁지 않게 하기 위하여 빗을 두피에 대고 시술한다.

⑥ 지나친 열을 줄 경우 모발이 손상될 수 있으므로 강한 열은 주지 않는다.

⑦ 톱이나 크라운 부분에 강한 볼륨을 만들 때 모발의 각도는 110~130°가 알맞다.

⑧ 둘레 10mm 아이론 기구를 이용하여 S자 웨이브를 만들고자 할 때 4~6cm 모발 길이가 가장 적당하다.

⑨ 콜드 아이론으로 C컬의 정발을 시술할 때 콜드 아이론 굵기가 14mm이면 두발의 길이는 5cm 전후가 가장 적당하다.

(1) 제1제(환원제와 염류)

① 티오글리콜산(TGA)

ㄱ TGA는 산에서는 환원력이 약하나 알칼리에서는 강하다.

ㄴ TGA와 금속(Fe, Cu 등)은 화학적으로 산화되기 쉽다.

ㄷ TGA 농도는 95% 이상이며, 염(암모니아, 모노에탄올아민)은 5% 정도 혼합하여 사용한다.

② 시스테인(Cysteine)

ㄱ 사람의 모발에서 시스틴을 추출하며, 공기 중에 노출되면 산화되기 쉽다.

ㄴ 모발 안정성에 관여하는 시스틴 결합은 14~18%이다.

③ 염류(Salt)

ㄱ 염류는 모발 내 모표피를 팽윤시키고, 모피질 내에 작용하는 환원제의 환원력을 높여준다.

ㄴ 펌 용제의 특징을 좌우하는 알칼리제 물질은 암모니아, 아민류, 중성염 등이 첨가된다.

제1제의 작용

• 제1제 주성분이 과량 첨가되었을 때 두발과 두개피에 손상과 자극을 주기 때문에 예방 조치가 필요하다.

• 펌 시술 시 손상의 원인은 두발이 팽윤할 때 단백질과 아미노산이 유출되며, 중화제 처리 시나 처리 후 시스테인산(Cysteic Acid)이 두발 내에 생성된다.

• 환원작용은 산소를 빼앗는 반응 혹은 수소를 주는 화학반응으로, 그 작용에 의해서 모발 단백질인 시스틴 결합을 절단시킨다.

• 아민류는 암모니아와 비교해 두발에 대한 친화성과 잔류성이 높고 과잉 작용이 될 우려가 있기 때문에 주의가 필요하다. 시술 후 두개피부나 손에 잔류하기 쉬우므로 충분히 씻어내는 것이 중요하다.

---

(2) 제2제(산화제)

과산화수소와 브롬산류를 주성분으로 하는 산화제(정착제, 고정제)이다.

① 과산화수소(H_2O_2)

ㄱ 브롬산염류에 비해 산화작용이 간단하며 처리 시 간이 짧다.

ㄴ 손상모에 사용 시 강력한 산화작용에 의해 모발 케라틴을 분해시켜 모발색을 표백 또는 탈색시킨다.

ㄷ pH 2.5~4.5로서 H_2O_2는 산성 측에서 안정되며, 알칼리 측에서는 매우 불안정하다.

ㄹ H_2O_2는 2% TGA를 안정제로 배합한다.

② 브롬산염류($HBrO_3$)

ㄱ 브롬산나트륨($NaBrO_3$) 및 브롬산칼륨($KBrO_3$)으로 구성되며, '냄새가 난다'는 취소(Br)의 뜻으로 취소산 염류라고도 한다.

ㄴ pH 6~7.5로서 H_2O_2보다 사용감이 뛰어나며, 모발색을 퇴색시키지 않으나 산화력이 약하여 처리 시간이 10분 이상 요구된다.

(3) 첨가제

① 첨가제는 용액 침투를 좋게 하거나 안정성, 사용감, 냄새 등을 좋게 하기 위해 제1제나 제2제에 첨가시키는 성분이다.

② 침투제(계면활성제), 습윤제(젤라틴, 하이알루론산 같은 바이오 성분), 유화제(유지, 왁스), 유성성분(동·식물유, 왁스, 광물유 등), 착색제(색소), 향료(정유, 천연향료), 그 밖에 금속봉쇄제, 안정제, 항염증제 등을 배합한다.

축모 교정 형성에 의한 모발 진단

- 축모 교정 제1제는 모발 내부질 및 중합체에 작용하는 시스틴 결합을 절단시킴으로써 S-(란티오닌 현상)에 따른 팽윤·연화작용이 모발의 가소성을 잃게 한다.
- 모발 단면은 폴리펩타이드로 결합된 케라틴이 흡수·흡착되는 과정에서 내부 물질과 동화된 새로운 손상 물질이 합성된다.

펌 형성에 의한 모발 손상

- 펌 시술에 따른 모발 손상 원인은 모발이 환원제의 알칼리제에 의해 팽윤될(Swelling) 때 모발 아미노산이 유출된다.
- 산화제 처리 시나 처리 후 산화 생성물은 시스테인산인 설펜산, 설판산, 설폰산 등에 의해 불가역적으로 결합이 성립되지 않는다. 이는 모발 간 연결 구성되는 주쇄와 측쇄가 절단됨으로써 인위적인 다공성이 형성됨을 보여준다.

10년간 자주 출제된 문제

아이론 펌 용제의 특징으로 옳지 않은 것은?

① 펌 용제는 일반적으로 1제와 2제로서 크게 나눈다.
② 제1제는 과산화수소와 브롬산류를 주성분으로 하는 산화제(정착제, 고정제)이다.
③ 염류는 모발 내 모표피를 팽윤시키고, 모피질 내에 작용하는 환원제의 환원력을 높여준다.
④ TGA는 산에서는 환원력이 약하나 알칼리에서는 강하다.

|해설|

제1제는 TGA 및 그 염류와 시스테인으로 분류되고, 제2제는 과산화수소와 브롬산류를 주성분으로 하는 산화제이다.

정답 ②

핵심이론 07 | 기본 아이론 펌 작업

(1) 쇼트 모히칸 스타일

① 타깃(Target)을 20대 초반~30대 중반 남성으로 설정한다.
② 쇼트 모히칸 직펌 스타일을 구상한다.
③ 프리 샴푸를 약산성 샴푸로 딥 클렌징 작업한다.
④ 모발 진단을 문진, 견진, 촉진 등을 통해 시행한 후 기록한다.
⑤ 전처리를 끝머리 위주로 케라틴 PPT 처리한 후 열 보호 제품을 도포한다.
⑥ 펌 제1제로 직열 펌제인 아세틸시스테인(환원력 40~50%)을 도포한 후 비닐 캡을 씌우고 10분 자연 방치한다(알칼리제가 자연스럽게 큐티클 층을 열어 환원제가 침투할 수 있는 시간).
⑦ 아이론 작업을 원권 아이론 8mm, 12mm, 14mm, 선권 5mm 등으로 90℃로 와인딩한 후 15분 쿨링 타임을 갖고 나서 완성 컬 테스트를 한다. 컬이 부족하면 추가 열처리할 수 있다.
⑧ 제2제를 과산화수소수로 3분, 4분 두 번 분무·도포한다.
⑨ 마무리 세척한 후, 에센스와 후처리 트리트먼트를 도포한다.
⑩ 찬바람과 더운 바람으로 교대로 말리다가 마무리는 찬바람으로 완성한다.

(2) 볼륨 매직 직펌 스타일

① 타깃을 20대 중반~40대 초반 남성으로 설정한다.
② 볼륨 매직 직펌(톱 볼륨 업, 모류 교정) 스타일을 구상한다.
③ ③~⑥은 (1) 쇼트 모히칸 스타일과 같음
⑦ 습식 플랫 아이론으로 온도를 130~150℃로 설정하고, 볼륨감 있게 슬라이딩한다.

⑧ 제2제를 과산화수소수로 톱 부분의 뿌리가 볼륨감이 살도록 스펀지로 처리 후 3분, 4분 두 번 분무·도포한다.

⑨ 미지근한 물로 마무리 세척 후 에센스와 후처리 트리트먼트 제품을 도포한다.

⑩ 찬바람과 더운 바람으로 교대로 말리다가, 마무리는 찬바람으로 완성한다.

10년간 자주 출제된 문제

쇼트 모히칸 스타일을 기본 아이론 펌으로 작업할 때의 설명으로 옳지 않은 것은?

① 쇼트 모히칸 직펌 스타일을 구상한다.
② 프리 샴푸를 약산성 샴푸로 딥 클렌징 작업한다.
③ 모발 진단을 문진, 견진, 촉진 등을 통해 시행한 후 기록한다.
④ 아이론 작업 시 습식 플랫 아이론으로 온도를 130~150℃로 설정하고, 볼륨감 있게 슬라이딩한다.

|해설|

④는 볼륨 매직 직펌 스타일이다. 쇼트 모히칸 스타일은 아이론 작업을 원권 아이론 8mm, 12mm, 14mm, 선권 5mm 등으로 90℃로 와인딩한 후 15분 쿨링 타임을 갖고 나서 완성 컬 테스트를 한다.

정답 ④

핵심이론 08 | 아이론 펌 작업 후 수정·보완

(1) 오버 프로세싱(Over Processing)

① 원 인
　㉠ 펌제 도포 후 오버타임 방치
　㉡ 모발 진단보다 강한 펌제 사용
　㉢ 잘못된 와인딩 기법과 미숙한 테스트 컬 등

② 결 과
　㉠ 모발이 자지러지고 건조해진다.
　㉡ 모발이 부분적으로 축 늘어지거나 당기면 쉽게 끊어진다.
　㉢ 건조 후에는 윤기 없이 부석부석해지기도 한다.
　㉣ 모발에서 건강한 부위는 강하게 나온 듯하나 손상 부위는 심하게 곱슬거리고 거칠게 부서진다.

③ 오버 프로세싱 수정·보완
　㉠ 손상된 모간
　　• 끝부분에 케라틴, 콜라겐, 프로테인, 세라마이드 등과 연화 보조제가 첨가된 트리트먼트 제품을 도포한다.
　　• 저온의 습식 아이론으로 슬라이딩하여 딱딱해진 큐티클 층을 부드럽게 해준다.
　　• 다시 콜라겐, 케라틴, CMC 성분을 도포하여 열처리 해 줌으로써 단백질 결합을 재생시킨다.
　　• pH 밸런스 성분이 있는 트리트먼트 제품으로 모발의 등전점을 맞추어 준다.
　㉡ 자지러지고 건조한 모발
　　• 직펌으로는 저알칼리 펌제, 낮은 아이론 온도로 천천히 뜸을 주며 와인딩하여 컬을 만든다.
　　• 상태가 심하면 연화 펌으로 하고 콜라겐 도포 후 저알칼리 펌제로 부드럽게 연화 후 수분을 충분히 말리고 낮은 온도로 천천히 와인딩한다.

ⓒ 녹은 머리 : 케라틴 트리트먼트를 반복 처리한 후에 산성 펌제로 연화 후 PPT 케라틴과 오일을 도포하고, 바짝 말린 상태에서 저온 아이론으로 천천히 와인딩한다.

ⓔ 심하게 곱슬거리고 거칠게 부서지는 머리 : 심한 부위를 잘라내고 작업해야 한다.

(2) 언더 프로세싱(Under Processing)

① 원 인
  ㉠ 웨이브 형성 시간보다 짧게 방치한 경우
  ㉡ 낮은 아이론 온도로 너무 빨리 와인딩한 경우

② 결 과
  ㉠ 컬이 약하고 탄력이 없다.
  ㉡ 리지가 희미하고 웨이브가 쉽게 풀어진다.

③ 언더 프로세싱 수정·보완
  ㉠ 전체적으로 언더 프로세싱되었을 경우 : 트리트먼트 후 빠르게 재작업한다.
  ㉡ 부분적으로 언더 프로세싱되었을 경우 : 부분적으로 트리트먼트 직펌으로 빠르게 재작업한다.
  ㉢ 고객이 연화 펌만을 원할 경우 : 부분적으로 언더 프로세싱된 부위를 다른 부위와 철저히 분리시켜 연화 후 재작업한다.

10년간 자주 출제된 문제

오버 프로세싱(Over Processing)의 원인으로 옳지 않은 것은?
① 펌제 도포 후 오버타임 방치
② 낮은 아이론 온도로 너무 빨리 와인딩한 경우
③ 모발 진단보다 강한 펌제 사용
④ 잘못된 와인딩 기법과 미숙한 테스트 컬

|해설|

웨이브 형성 시간보다 짧게 방치한 경우 또는 낮은 아이론 온도로 너무 빨리 와인딩한 경우는 언더 프로세싱의 원인이다.

정답 ②

---

(1) 블로 드라이어 개요

① 블로 드라이어를 이용한 일반적인 정발 순서
  가르마 부분 → 측두부 → 후두부
② 라운드 브러시(Round Brush)를 이용하여 블로 드라이 스타일링(Blow Dry Styling)을 하면 두발에 윤이 나고 자연스러운 스타일을 연출할 수 있다.
③ 블로 드라이 스타일링 후 스프레이를 도포하는 주된 이유는 스타일을 고정시키고 유지시간을 연장시키기 위해서이다.

(2) 블로 드라이 스타일링의 정발 시술

① 블로 드라이어는 작품을 만든 다음 보정작업으로도 널리 사용된다.
② 블로 드라이어는 열이 필요한 곳에 댄다.
③ 블로 드라이어는 빗으로 세울 만큼 세워서 그 부위에 드라이어를 댄다.
④ 가르마 부분에서 시작하여 측두부, 천정부(후두부) 순으로 시술한다.
⑤ 이용의 마무리 작업으로써 정발이라 하며 스타일링 기술에 속한다.
⑥ 빗과 블로 드라이어 열의 조작기술에 의해 모근의 높낮이를 조절할 수 있다.

10년간 자주 출제된 문제

라운드 브러시(Round Brush)를 이용하여 블로 드라이 스타일링 시 두발의 상태는?
① 두발에 윤이 난다.　　② 두발이 부스스해진다.
③ 두발이 탈색된다.　　④ 두발이 꺾어져 손상된다.

|해설|

Round Brush(Roll Brush) : 롤 형태로 헤어스타일의 둥근 곡선 및 컬을 만들 때 사용한다. 모발 결의 방향성을 만드는 데 중요한 역할을 한다.

정답 ①

핵심이론 01 │ 두개피의 진단 및 관리

(1) 정상두피의 특징

① 연한 살색 또는 연한 청백색의 맑고 투명한 톤이다.

② 노화각질이나 불순물이 없이 깨끗하며 모공 주변이 완전히 열려 있다.

③ 한 개의 모공에 2~3개의 모발이 건강하게 성장되고, 모공의 상태도 선명하다.

(2) 건성두피의 특징

① 두피 톤은 창백한 백색으로 불투명하며 정상두피와 비슷하다.

② 모공상태는 각질이 모공을 덮고 있어 윤곽선이 불분명하다.

③ 수분 함량은 10% 미만이다.

④ 두피가 땅기고 가려움이 발생할 수 있다.

⑤ 외부 자극에 약하다.

⑥ 겨울이 되면 건조함이 심해지고 예민해져서 두피에 상처가 쉽게 생길 수 있다.

(3) 두피손질

① **화학적 방법** : 양모제, 헤어크림, 헤어로션 등을 사용한다.

② **물리적 방법** : 두피에 빗과 브러시 등으로 물리적 자극을 주어 두피 및 두발의 생리기능을 건강하게 유지하는 방법이다.

> **양모제**
> 모근을 자극하여 모발의 성장을 돕고, 그 탈락을 막을 목적으로 사용하는 의약품으로 모발을 더 나게 하여 모발의 수를 늘리기보다 모발의 성장을 돕는 약이다.

건성두피의 판독 요령으로 가장 거리가 먼 것은?

① 두피 톤은 창백한 백색으로 불투명하며 정상두피와 비슷하다.

② 모공상태는 각질이 모공을 덮고 있어 윤곽선이 불분명하다.

③ 수분 함량은 10% 미만이다.

④ 두피에 유분이 충분하여 두피가 가렵지는 않다.

| 해설 |

건성두피는 두피가 땅기고 가려움이 발생할 수 있다.

정답 ④

핵심이론 02 | 스캘프 트리트먼트(Scalp Treatment)

(1) 스캘프 트리트먼트의 목적

① 먼지나 비듬을 제거한다.

② 혈액순환을 왕성하게 하고 두피 생리기능을 높인다.

③ 두피의 성육을 조장한다.

④ 두피나 두발에 지방을 공급하고 두발에 윤택을 준다.

※ 찰과상, 질병이나 파마, 염색, 탈색 시술 직전에는 피한다.

(2) 두피 상태에 따른 트리트먼트 종류

① 플레인 스캘프 트리트먼트 : 두피의 상태가 보통일 때 사용한다.

② 오일리 스캘프 트리트먼트 : 두피에 피지 분비량이 많을 때 사용한다(지방성).

③ 드라이 스캘프 트리트먼트 : 두피에 피지가 부족하여 건조할 때 사용한다(건성).

④ 댄드러프 스캘프 트리트먼트 : 비듬을 제거하기 위하여 사용한다.

[헤어트리트먼트(Hair Treatment)]

목 적	두발의 가장 바깥층인 모표피를 단단하게 하고 두발의 적정한 수분을 원상태로 회복시키는 것으로 건강모의 경우 함수량은 10% 내외이다.	
기술의 종류	헤어 리컨디셔닝	손상이 되었거나 이상성 두발상태를 손상되기 이전의 상태로 회복시키는 것이다.
	클리핑	모표피가 벗겨졌거나 끝이 갈라진 두발을 제거하는 것이다.
	헤어팩	두발에 영양을 공급하기 위해서 실시한다(건성모, 다공성모, 모피가 많이 일어난 두발).

(1) 모발의 구조

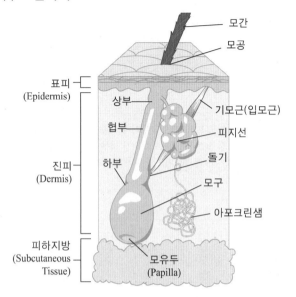

① 모간 : 피부 표면에서 외부로 나와 있는 부분이다.

② 모근 : 피부 내부에 매몰되어 있는 부분이다.

③ 모구 : 전구 모양으로 모근의 기저 부분, 즉 모근이 들어가 골을 이루고 있는 부분이다.

④ 모유두 : 모낭 내 모세혈관과 자율신경이 직결되어 영양을 주거나 모발의 발생을 관장하는 곳이다.

⑤ 모포(모낭) : 모근을 싸고 있는 내 · 외층의 피막이다.

⑥ 피지선 : 모낭벽에서 시작되는 기름샘으로 모공을 통해 피지를 분비한다.

⑦ 기모근(입모근) : 수축 시 털을 곤두세우며 피지를 분비한다. 평활근 섬유 다발로 속눈썹, 눈썹, 코, 뺨, 입술에는 없다.

⑧ 모수질 : 모발의 횡단면상 가장 중앙에 있는 부분으로 내부에 기포가 들어 있어 반사광선에 의해 은빛으로 보인다.

⑨ 파상모 : 직모에 비해 단면이 넓고 웨이브가 심한 모발이다.

(2) 모피질(Cortex)

① 전체 모발 면적의 75~90%를 차지하고 있다.

② 멜라닌 색소를 가장 많이 함유하고 있으며 모발의 색상을 결정한다.

③ 피질 세포와 세포 간 결합 물질(간충물질)로 구성되어 있다.

④ 실질적으로 퍼머넌트 웨이브나 염색 등 화학적 시술이 이루어지는 부분이다.

10년간 자주 출제된 문제

모피질(Cortex)에 대한 설명이 틀린 것은?

① 전체 모발 면적의 50~60%를 차지하고 있다.

② 멜라닌 색소를 함유하고 있어 모발의 색상을 결정한다.

③ 피질 세포와 세포 간 결합 물질(간충물질)로 구성되어 있다.

④ 실질적으로 퍼머넌트 웨이브나 염색 등 화학적 시술이 이루어지는 부분이다.

|해설|

모피질은 전체 모발 면적의 75~90%를 차지하고 있다.

정답 ①

---

(1) 모발의 성장 속도

① 필요한 영양은 모유두에서 공급된다.

② 하루 중 낮보다 밤에 빨리 자란다.

③ 연령별로는 대개 20대가 가장 빨리 자란다.

④ 1년 중 일반적으로 5~6월경(봄, 여름)에 빨리 자란다.

⑤ 모발의 주기(모주기)는 성장기, 퇴행기, 휴지기, 발생기로 나누어진다.

⑥ 모발의 성장주기(수명)는 여성의 경우 4~6년이고, 남성은 3~5년이다.

⑦ 한 달에 1~1.5cm 정도 자란다.

⑧ 모발 1개의 장력(감당할 수 있는 무게)은 약 100~150g이다.

⑨ 두발은 어느 정도 자라면 그 이상 잘 자라지 않는다.

⑩ 일반적으로 건강한 모발 상태는 단백질 70~80%, 수분 10~15%, pH 4.5~5.5 정도이다.

(2) 두발 영양 부족 시 나타나는 현상

① 두발 끝이 갈라진다.

② 두발이 부스러진다.

③ 두발이 가늘어지고 약해진다.

④ 두발에 탈지현상이 나타난다.

10년간 자주 출제된 문제

모발에 대한 설명 중 맞는 것은?

① 개인차가 있을 수 있지만 평균 한 달에 5cm 정도 자란다.

② 봄과 여름보다 가을과 겨울에 잘 자란다.

③ 모발의 주기(모주기)는 성장기, 퇴행기, 휴지기, 발생기로 나누어진다.

④ 밤보다 낮에 잘 자란다.

|해설|

① 한 달에 1~1.5cm 정도 자란다.

② 1년 중에는 봄과 여름에 성장이 빠르다.

④ 낮보다 밤에 빨리 자란다.

정답 ③

---

(1) 탈모의 원인

① 모모세포가 쇠약해지고 모유두가 위축되면 탈모가 된다.

② 남성형 탈모증이 주원인이 되는 호르몬은 안드로겐(Androgen)이다.

③ 안드로겐은 피지선에 작용하여 피지의 생성을 촉진시킨다.

모모(毛母)세포

모유두 조직 내에 있으면서 모발을 만들어 내는 세포이다. 모낭 밑에 있는 모유두에 흐르는 모세혈관으로부터 영양분을 흡수 및 분열 증식하여 모발을 형성한다.

---

(2) 탈모의 종류

① **지루성 탈모증** : 두피 피지선의 분비물이 병적으로 많아 머리카락이 빠지는 증세이다.

② **원형 탈모증** : 탈모된 부위의 경계가 정확하고 동전 크기 정도의 둥근 모양으로 털이 빠지는 증세이다.

③ **휴지기 탈모증** : 임신, 다이어트 등이 주된 원인으로 생장기의 모발이 조기에 휴지기로 접어들어 머리카락이 빠지는 증세이다.

④ **남성형 탈모증** : 유전성 탈모증으로 나이가 들어 이마 부분의 머리카락이 빠지는 증세이다.

⑤ **결발성 탈모증** : 머리를 세게 묶어 모유두부가 자극을 받아 머리카락이 빠지는 증세이다.

핵심이론 06 │ 모발의 흡습성

(1) 흡습 평형

① **흡습성** : 모발은 습한 공기 중에서 수분을 흡수하고, 건조한 공기 중에서는 수분을 발산하는 성질이 있다.

② **수분 흡수 평형** : 건조 모발은 습한 공기 중에서는 점점 감소하는 속도로 수분을 흡수하고, 젖은 모발은 건조한 공기 중에서 수분을 탈수하는 그 이상의 변화가 일어나지 않는 수분 평형이 된다(동적 평형).

③ 흡습 속도

　㉠ 건조 속도는 주위의 온도, 공기의 습도, 공기의 순환속도, 건조되는 모발의 두께, 모발 특성에 따라 다르다.

　㉡ 수분의 확산

　　• 모발의 수분이 흡습 또는 탈습되는 현상은 수분의 확산 때문이다.

　　• 다량으로 흡착된 물은 그 자리에 정착하지 않고 다른 자리로 이동 또는 공기 중으로 확산되어 균형 상태를 유지한다.

　　• 모발 내로 수분 흡착에 걸리는 시간이 늦는 것은 확산현상, 즉 물 분자가 공기 중에서 임의 운동을 하면서 모발 내부로 침투하기 때문이다.

(2) 유지의 흡착

① 모발에 대한 유지 흡수량은 식물성유보다 광물성유가 흡착이 높다.

② 모발 구조에서 모피질은 친수성이며 모표피는 친유성으로서 유지 흡수는 주로 모표피 표면에서 이루어진다.

③ 모표피가 화학적 처리에 의해 변성, 손상, 탈락 시 유지에 대한 친화성이 감소됨으로써 유지 흡수력 또한 떨어진다.

모발의 흡습성의 설명으로 옳지 않은 것은?

① 모발의 수분이 흡습 또는 탈습되는 현상은 수분의 확산 때문이다.

② 다량으로 흡착된 물은 그 자리에 정착하지 않고 다른 자리로 이동하거나 다시 공기 중으로 되돌아간다.

③ 흡습성이란 농도가 높은 곳에서 낮은 곳으로 임의 운동하여 동일한 농도 상태가 되는 현상이다.

④ 건조 모발은 습한 공기 중에서는 점점 감소하는 속도로 수분을 흡수한다.

|해설|

③은 확산현상에 대한 현상이다.

정답 ③

핵심이론 07 | 모발의 물리적 손상 처치

(1) 물리적 손상의 진단

① 시진, 촉진 시 모발에 광택과 윤기가 없으면 탄력성에 따른 빗질이 잘되지 않는다.

② 모표피의 손상이 클수록 마찰 시 저항력이 작다.

③ 손상도만큼 신장 비율이 크며, 적은 무게(인장)에도 모발이 잘 절단(파단)된다.

④ 모발의 수분 흡수량은 손상된 만큼 자유수 중량의 증가를 갖는다.

⑤ 모발은 등전점(pH 4.5~5.5)보다 알칼리성으로 진행됨에 따라 팽윤도는 서서히 커진다.

⑥ 주쇄나 측쇄의 결합도가 절단된 모발은 모피질 내 단백질의 유출에 따른 공공의 증가와 함께 팽윤도 또한 커지는 다공성모(손상모)가 된다.

(2) 물리적 손상의 처치

① 타월 드라이 시 손상을 예방하기 위한 처치

　㉠ 샴푸 후 모다발을 타월에 감싼 후 두드려서 건조시킨다.

　㉡ 비벼서 손질하는 경우 팽윤되어 있는 모발 간 비늘층이 부풀어 비늘층 가장자리가 바스러지거나 찢어져 떨어지는 박리현상이 발생할 수 있으므로 유의한다.

② 샴푸 시 손상을 예방하기 위한 처치

　㉠ 샴푸제 사용 시 모발량(모량)과 길이에 맞추어 샴푸제의 용량을 측정하고 거품을 이용한 쿠션 역할이 충분히 형성되도록 매니플레이션한다.

　㉡ 거품이 풍부하지 못한 상태에서 매니플레이션할 때 모발 간 마찰에 의해 모표피층에 손상을 줄 수 있으므로 유의한다.

③ 빗질 시 손상을 예방하기 위한 처치

　㉠ 무리한 빗질이나 브러싱을 할 때 정전기적 마찰에 의해 모표피에 손상을 줄 수 있으므로 유의한다.

ⓛ 모류 또는 모발의 큐티클 방향으로 건조시키거나 스타일을 완성시킨다.

④ 블로 드라이어 사용 시 손상을 예방하기 위한 처치
  ㉠ 모발 큐티클 방향의 역으로 바람을 줄(Air Forming) 시 모표피 박리를 가져오므로 주의한다.
  ㉡ 핸드 드라이어의 일반 가정 보급률 증가에 의해 강한 열과 과도한 시술, 사용 횟수의 증가 등에 의해 손상이 증가되고 있다. 사용 방법이나 유의점 등을 알고 홈 케어 할 수 있어야 한다.
  ㉢ 블로 드라이어, 컬리 아이론, 프레스 등을 이용한 헤어스타일 시 과도한 열이나 압력 등은 모발 케라틴을 변성시키거나 모발구조를 절단 분해시키므로 적절한 열과 연출 과정의 정확성을 갖고 시행한다.

⑤ 롤러를 이용한 와인딩 시 손상을 예방하기 위한 처치
  ㉠ 롤러는 몰딩에서 요구되는 시술각, 빗질, 베이스 종류, 와인딩 방법, 핀닝 등에서 모발의 성질과 스타일 연출 흐름을 정확하게 지켜야 한다.
  ㉡ 몰딩 후 롤러 제거 시에도 와인딩된 각도를 유지하면서 제거해야 모표피의 절모나 열모 현상을 예방할 수 있다.

10년간 자주 출제된 문제

모발의 물리적 손상의 진단으로 옳지 않은 것은?
① 모표피의 손상이 클수록 마찰 시 저항력이 작다.
② 손상도만큼 신장 비율이 크며, 적은 무게에도 모발이 잘 절단된다.
③ 모발의 수분 흡수량은 손상된 만큼 자유수 중량이 감소한다.
④ 촉진 시 모발에 광택과 윤기가 없으면 탄력성에 따른 빗질이 잘되지 않는다.

|해설|
모발의 수분 흡수량은 손상된 만큼 자유수 중량의 증가를 갖는다.

정답 ③

핵심이론 08 | 모발의 구성 및 화학적 손상

(1) 모발의 구성물질

① 모발의 생체 원소
  ㉠ 원소는 물질을 구성하는 기본 단위로, 생명체에 필요한 생체 원소는 C, H, O, N, S, P 등 6종류이다. 이 중 C, H, O, N 등 4가지 원소가 약 96%를 차지한다.
  ㉡ 모발은 아미노산을 기단위로 케라틴이라고 하는 단백질로 구성된 물질이다.

② 모발 아미노산 이온화 및 분류
  ㉠ 모발 아미노산은 아미노기와 카복실기를 갖는 양성 전해질이다.
  ㉡ 아미노기($-NH_2$)는 암모니아(NH_3)와 마찬가지로 수소이온(H^+)과 결합하여 $-NH_3^+$로 전리되고, 카복실기($-COOH$)는 수소이온을 해리하여 COO^-로 전리한다.

③ 모발의 화학결합 : 수소결합, 시스틴결합(황결합), 펩타이드결합, 염결합(이온결합)

(2) 모발과 pH

① 수분을 함유하고 있는 모발 표면 또는 모피질 내 수분의 pH는 약 4.5~5.5이다.

② 등전점 : 모발 아미노산 자체는 각자 고유 pH를 가지고 있는데, 이를 그 아미노산의 등전점이라고 한다.
  ㉠ 산성 아미노산의 등전점 : 아스파라트산(pH 2.8), 글루탐산(pH 3.2) 등
  ㉡ 염기성 아미노산의 등전점 : 아르기닌(pH 10.8), 라이신(pH 9.7), 히스티딘(pH 7.6) 등

③ 모발 제품과 pH
  ㉠ 펌제 : 알칼리성 펌제(8.0~9.5), 산성 펌제(5.5~6.0), 릴렉스제(11.5~14), 중화제(2.5~3.5) 등
  ㉡ 탈색제 : 오일 타입(8.0~9.5), 파우더 타입(10~11) 등

ⓒ 염색제 : 염료제(9.5~10.5), 염·탈색제에 사용되는 과산화수소(4.0 이하), 알칼리제(11) 등

ⓔ 샴푸제 : 알칼리성 샴푸(7.0~10), 산성 샴푸(4.5~5.5) 등

ⓜ 컨디셔너제 : 산성화 컨디셔너(2.2~5.5), 침투성이 강한 컨디셔너(3.5~5.5), pH Balance(3), Acid Balance(4.5~5.5) 등

(3) 모발의 손상

① 스트레이턴드 펌 작용 시 건조모에 도포하는 연화과정에서의 손상

ⓐ 스트레이턴드 펌 작업 시 연화(S-S 결합)를 위해 릴렉스 용제를 도포한 후 헤어 드라이어로 건조하면 화학용제(수산화나트륨)와 열이 펩타이드 결합을 분해시킴으로써 단백질 구조는 작은 조각으로 분산되는 손상을 초래한다.

ⓑ 산성막은 알칼리 펌 용제, 스트레이트 펌 크림(릴렉서), 염모제 또는 탈색제와 같이 알칼리성 제품을 사용하였을 때 손상된다.

② 펌 또는 아이론 펌 시 환원제의 역할

ⓐ 티오글리콜산인 환원제는 모발 내 측쇄 결합 중 시스틴 결합을 개열(Softening)시킨다.

ⓑ 시스틴 결합 이외 펩타이드 결합이 끊어지거나 파손되면 모발은 단백질 고리가 끊어지는 절모 상태로서 손상을 야기한다.

(1) 알칼리성 화학제품과 모발관계

① 강알칼리성(pH 8~11) 제품을 모발 케라틴에 적용하면 모발을 팽윤시킨다.

② 알칼리성 제품을 모발 내 모피질을 팽윤시켜 모표피의 비늘층이 열려 알칼리화된 pH 상태로 만든다.

③ 모발 내에 잔류된 알칼리는 산성 제품 또는 산 균형(pH Balance) 컨디셔너를 인위적으로 처치(사용)함으로써 모발 구조를 수축시키고 건강한 상태로 환원시킨다.

④ 건강 모발에 펌 작업 시 와인딩 전에 제1제를 도포하는 이유 또한 모피질을 부풀리게 함으로써 S-S 결합을 약화(개열)시키기 위함이다.

⑤ 환원제 사용 후 산화제 효과를 갖기 위해 물로 헹구는(Plain Rinse) 과정은 모발 pH 상태를 낮출 수 없다.

(2) 환원·산화 후 모발 손상 촉진 시 처치

① 모표피의 유막을 형성시킨다. 유막제 성분은 광물성, 식물성, 동물성 등으로 모표피의 마찰 저항을 억제시켜 외부로부터 물리적 손상을 방지하고 광택, 촉감을 좋게 해 준다.

② 모표피의 수지막을 형성시킨다. 수지를 이용 피막으로서 모표피에 도포된 후 열과 마찰로부터 모발을 보호하고 빗질 등에 의해 부드러움과 광택을 준다.
   ※ 두개피부의 피지막은 피지와 땀의 혼합물로서 약산성막을 형성하여 모발, 두개피부 등을 최적의 조건으로 유지시킨다.

③ 모발 간충물질을 보급한다. 모발 미세구조를 구성하는 아미노산 성분과 유사한 물질 등을 모피질에 이용, 유연성 있는 모발로 회복시킨다.

> **간충물질**
> 피질세포와 피질세포 사이, 각 피브릴과 피브릴 사이 등 모든 공간을 매우고 있는 물질을 간충물질(매트릭스)이라고 하며, 고분자가 불규칙하며 복잡한 상태로 배열된 비결정 영역에 속한다.

(3) 손상모발에 대한 영양 공급

① 표피에 유분을 공급하고 양이온 계면활성제 등으로 정전기를 억제하기 위해 모발 끝에서 모발 안쪽으로 빗질을 한다.

② 모발의 보습, 광택, 탄력, 수분 등의 보충을 위해 다공성이 된 모발의 손상부에 영양을 공급하고 스티머를 이용하여 관리효과를 증대시킨다.

10년간 자주 출제된 문제

모발의 화학적 손상 처치로 옳지 않은 것은?

① 모표피의 수지막을 형성시킨다.
② 두개피부의 피지막을 제거한다.
③ 모표피의 유막을 형성시킨다.
④ 모발 간충물질을 보급한다.

|해설|

두개피부의 피지막은 피지와 땀의 혼합물로서 약산성막을 형성하여 모발, 두개피부 등을 최적의 조건으로 유지시킨다.

정답 ②

(1) 정상 두개피 관리

① 에센스, 토닉 등 적당한 유분과 수분을 공급한다.
② 현 상태의 라이프 스타일을 유지하고 스트레스를 받지 않아야 하며 수면은 22시 이후에 8시간 정도를 취한다.
③ 일주일에 주 4회 이상의 규칙적인 운동을 하고 모든 음식을 골고루 섭취한다.
④ 샴푸는 잠들기 전에 수행하고 샴푸 후에는 찬바람 혹은 타월로 말려 준다.

(2) 건성 두개피 관리

① 각질을 제거하고 부족한 유·수분의 평형 상태를 유지한다.
② 푸석하고 건조한 두개피부에 보습을 주어 두개피의 자극을 최소화한다.
③ 습윤제 등이 배합된 크림, 로션, 오일 타입의 제품을 사용하여 모발의 엉킴을 방지하고 광택을 준다.
④ 두개피부에 맞는 샴푸제를 사용하며, 모발을 뜨거운 바람으로 말리지 말고 찬바람 혹은 타월 드라이한다. 또한 스트레스를 감소시키기 위한 두개피 마사지를 실시한다.

(3) 지성 두개피 관리

① 신진대사를 활성화시키기 위해 지성 전용 샴푸제를 사용하여 매일 샴푸를 한다.
② 세정력을 높이고 피지 분비를 조절하여 세균 번식을 막는다.
③ 손상모일 경우 건조해진 모발에 오일을 사용한다.
④ 동물성 지방의 음식 섭취를 피하고 염증이 동반되는 경우 염증 치료를 먼저 실시한다.

(4) 민감성 두개피 관리

① 샴푸 시 두개피에 강한 자극이 가해지지 않도록 저자극 샴푸를 이용한다.
② 규칙적인 생활습관과 유·수분 밸런스 조절에 힘쓴다.
③ 토닉, 에센스를 사용하여 보습과 혈액순환 촉진에 힘쓰고, 모발에 남아 있는 금속 성분을 제거한다.
④ 스트레칭과 운동을 통하여 두개피 근육을 관리하고 스트레스를 감소시킨다.
⑤ 두개피부를 청결하게 유지하여 세균이 번식하지 않도록 위생을 철저하게 한다.

(5) 비듬성 두개피 관리

① 비타민 B의 보충과 충분한 수면 및 스트레스 예방에 주력해야 한다.
② 자극적인 음식의 섭취와 인스턴트 식품을 지양하고 피지의 과다 분비를 조절한다.
③ 살균제인 징크피리티온이 함유되어 있는 제품을 사용하여 비듬균의 성장을 억제시킨다.
④ 두개피부와 모발에 살균 소독을 한다.
⑤ 잘못 처리된 펌 및 염색에 의해 비듬 혹은 가려움증이 발생할 수 있으므로 시술 시 두개피부에 화장품의 접촉을 피한다.

(6) 지루성 두개피 관리

① 잘못된 식습관을 개선해야 한다. 기름진 음식을 피하고 녹황색 채소 위주의 식사로 신진대사를 촉진시켜 준다.
② 적절한 운동과 스트레스를 감소시킬 수 있는 생활습관을 가져야 한다.

(7) 탈모성 두개피 관리

① 탈모의 유전적인 요인을 감소시킬 수 있는 대체요법, 마사지 요법, 의료요법 등의 방법을 사용한다.
② 스트레스 및 영양, 라이프 스타일 관리를 통한 인체 생리 기능의 항상성을 유지해야 한다.

(1) 기기의 분류

① 진단용으로 사용하는 기기는 두개피 진단기, 모발 현미경이 있다.
② 관리용 기기로는 세정기, 근육이완기, 영양침투기, 재생용 기기 등이 있다.
③ 스캘프 펀치를 사용해 세정을 하고, 진동 마사지기를 이용하여 근육을 이완시킨다.
④ 헤어 스티머기를 이용해 영양 침투를 돕고, 적외선기를 활용해 광선치료를 한다.

(2) 두개피 진단기기의 종류 및 특징

① 두개피 진단용
　㉠ 두개피 진단기 : 고객에게 두개피의 상태를 직접 보여주면서 문제의 원인을 제시하고 두개피 관리 전후를 비교 분석할 수 있다.
　㉡ 모발 현미경 : 고배율의 렌즈를 사용하여 두개피 내 모낭충의 움직임뿐 아니라 모발의 표피 상태를 볼 수 있다.
② 흡수촉진용
　㉠ 미스트기 : 헤어 스티머에 비해 물분자를 작게 쪼개 안개처럼 분사하는 기기로 두개피와 모발에 수분을 공급한다. 스티머보다 미스트의 양이 적다.
　㉡ 헤어 스티머 : 물에 온도를 가해 수중기화하는 기기로 두개피에 수분을 공급, 노폐물을 불림으로써 먼지나 각질을 쉽게 제거할 수 있다.
　㉢ 휴대용 갈바닉 : 제품의 흡수력을 증가시킬 수 있다.
③ 광선치료용 : 적외선기는 안대를 착용하고 사용해야 하며 온열 효과로 두개피의 혈액순환 및 제품의 흡수력을 증가시킬 수 있다.
④ 근육이완용
　㉠ 진동 마사지기 : 어깨와 목, 두개피를 마사지하고 자극하여 혈액순환을 촉진시킬 수 있다.

ⓛ 두개피 마사지기 : 두개피를 마사지하고 자극하여 혈액순환을 촉진시킬 수 있다.

⑤ 복합기기용 : 에어 스프레이 이온토포레시스는 비듬 및 민감성 두개피부에 고루 사용하여 혈액순환을 증가시키고 결합 조직 내 모세혈관의 투과성을 증진시켜 제품의 흡수력 촉진, 두개피 진정작용, 독소를 제거할 수 있다.

⑥ 세정용

  ㄱ 스캘프 펀치 : 두개피 내 스케일링 후 각질과 노폐물을 적절하게 제거할 수 있다.

  ㄴ 쿨크린 : 스케일링 후 각질과 노폐물을 적절하게 제거할 수 있다.

  ㄷ 샴푸대 : 두개피와 모발에 있는 땀, 먼지, 피지 등의 오염물질을 제거한다.

(3) 두개피 관리 제품의 특징

샴푸제	• 건성 두개피용 : 유·수분 공급 • 지성 두개피용 : 세정력이 강함 • 비듬 두개피용 : 비듬 및 가려움증 방지 • 탈모 두개피용 : 모공을 건강하게 함 • 민감성 두개피용 : 자극을 최소화함
스케일링제	두개피부 클렌징 효과
두개피영양제	• 헤어토닉 : 모유두에 영양 공급 • 앰플 : 두개피에 영양 공급 • 팩 : 모발에 영양 공급

10년간 자주 출제된 문제

두개피 관리기기의 설명으로 옳지 않은 것은?

① 진단용으로 사용하는 기기는 두개피 진단기, 모발 현미경이 있다.
② 관리용 기기는 세정기, 근육이완기, 영양침투기, 재생용 기기 등으로 분류한다.
③ 미스트기는 비듬 및 민감성 두개피부에 고루 사용하여 혈액순환을 증가시킨다.
④ 진동 마사지기는 어깨와 목, 두개피를 마사지하고 자극하여 혈액순환을 촉진시킬 수 있다.

|해설|

③은 에어 스프레이 이온토포레시스 기기이다.

정답 ③

핵심이론 01 | 매뉴얼테크닉 기초 지식

(1) 매뉴얼테크닉의 효능

① 혈액과 림프액의 원활한 순환으로 피부 내 산소와 영양공급을 도와 신진대사를 촉진시킨다.
② 모공의 수축과 이완으로 적당한 피지분비를 돕는다.
③ 림프순환을 촉진시켜 피부의 저항력을 높인다.
④ 긴장된 근육을 풀어주고 피부조직을 부드럽게 한다.
⑤ 피부의 세정작용을 도와 피부를 청결하게 한다.
⑥ 신경을 진정시켜 긴장을 풀어준다.
⑦ 과다 피하지방을 억제한다.
⑧ 통증을 감소시키며, 부종을 완화시켜 준다.

(2) 손 마사지(매뉴얼테크닉의 방법)

① 경찰법(스트로킹) : 손 전체로 부드럽게 쓰다듬는 방법이다.
② 강찰법(프릭션) : 손으로 피부를 강하게 문지르는 방법이다.
③ 유연법(니딩) : 손으로 주무르는 방법이다.
④ 진동법(바이브레이션) : 손으로 진동하는 방법이다.
⑤ 고타법(퍼커션) : 손으로 두드리는 방법으로 태핑, 슬래핑, 커핑, 해킹, 비팅 등이 있다.

※ 스캘프 매니플레이션(Scalp Manipulation) : 두피 매뉴얼테크닉

10년간 자주 출제된 문제

매뉴얼테크닉의 방법 중 프릭션(강찰법)을 가장 잘 설명한 것은?

① 손으로 피부를 두드리는 방법
② 손으로 피부를 진동시키는 방법
③ 손으로 피부를 가볍게 문지르는 방법
④ 손으로 피부를 강하게 문지르는 방법

|해설|

강찰법은 피부를 강하게 문지르면서 가볍게 왕복운동, 원운동을 하는 방법이다.

정답 ④

핵심이론 02 │ 매뉴얼테크닉 방법

(1) 매뉴얼테크닉 기술

① 태핑(Tapping) : 손가락의 끝을 사용하는 방법이다.
② 슬래핑(Slapping) : 손바닥 전체를 사용하는 방법이다.
③ 해킹(Hacking) : 손의 바깥 측면과 손목을 사용하여 두드리는 방법이다.
④ 비팅(Beating) : 주먹을 살짝 쥐고 두드리는 방법이다.
⑤ 커핑(Cupping) : 컵 모양을 한 손으로 두드리는 방법이다.
⑥ 처킹(Chucking) : 뼈를 따라 가볍게 상하운동하는 동작이다.
⑦ 롤링(Rolling) : 양 손바닥을 나선상으로 굴리는 동작이다.
⑧ 풀링(Fulling) : 피부를 주름잡듯이 행하는 동작이다.
⑨ 린징(Wringing) : 작은 원을 그리듯 압박하여 주물러 주어 이완시키는 방법이다.

(2) 안면 매뉴얼테크닉의 효과

① 혈액순환을 촉진시킨다.
② 주름을 예방한다.
③ 모공의 수축과 이완으로 피지가 적당히 분비된다.
④ 피부가 유연해진다.

10년간 자주 출제된 문제

매뉴얼테크닉 방법 중 손목의 관절을 이용해서 손바닥으로 하는 두드리기 방법은?

① 태핑(Tapping)   ② 커핑(Cupping)
③ 슬래핑(Slapping)   ④ 해킹(Hacking)

|해설|

① 태핑(Tapping) : 손가락의 끝을 사용하는 방법이다.
② 커핑(Cupping) : 컵 모양을 한 손으로 두드리는 방법이다.
④ 해킹(Hacking) : 손의 바깥 측면과 손목을 사용하여 두드리는 방법이다.

정답 ③

핵심이론 01 | 세안 및 적외선램프

(1) 세 안

① 연수를 사용한다.

② 38℃ 전후의 미지근한 물로 씻는다.

③ 비누나 세안제는 손에서 거품을 내어 사용한다.

④ 세안제는 깨끗하고 미지근한 물로 확실히 씻어낸다.

⑤ 물기를 제거할 때에는 부드러운 타월로 두드려서 말리며, 절대로 문지르지 않는다.

(2) 적외선램프

① 발광등(발광램프)

　㉠ 근적외선, 가시광선, 자외선이 방출되어 피부에 심층 침투된다(고온).

　㉡ 안면 피부관리 시 혈액순환이 불량한 피부, 피지 용해를 위한 지성피부의 마사지, 팩의 전 단계나 과정 중 노폐물 배출과 영양침투를 돕기 위한 목적으로 이용된다.

② 비발광등(무광램프)

　㉠ 주로 두피관리나 건조 목적 또는 전신관리 시 온열효과를 위한 목적으로 사용된다.

　㉡ 건조와 혈액순환 촉진, 모모세포의 노화방지, 신진대사기능 촉진 등으로 이용된다.

세안과 관련된 내용 중 가장 거리가 먼 것은?

① 물의 온도는 미지근하게 한다.

② 비누는 중성비누를 사용한다.

③ 세안수는 연수가 좋다.

④ 비누를 얼굴에 문질러 거품을 낸다.

|해설|

손에서 충분히 비누거품을 낸 후 피지 분비가 많은 코 주변이나 이마, 턱 등을 꼼꼼하게 씻어주는 것이 좋다.

정답 ④

(1) 고주파 전류 미안기

① 피부를 통과하면서 열을 발생시키며 이 열로 피부의 활성화를 돕는다.

② 고주파의 효과

ㄱ 지성, 건성, 노화, 복합성피부에 효과적이다.

ㄴ 살균작용, 표백효과 및 모공의 수축작용을 한다.

ㄷ 신진대사를 촉진시켜 산소, 영양 공급을 증진하고 노폐물 배설에 효과가 있다.

ㄹ 혈액순환 촉진 및 건성피부를 촉촉하게 한다.

(2) 갈바닉 전류기

① 특성 및 효과

ㄱ 갈바닉은 지속적이고 규칙적인 흐름을 가진 전류이다.

ㄴ 영양성분의 침투를 효율적으로 돕는다.

ㄷ 피부 내부에 있는 물질이나 노폐물을 배출한다.

ㄹ 양극에서는 산성 피부층을 단단하게 해 준다.

② 양극과 음극효과

양극(Anode)	음극(Cathode)
산성 반응	알칼리성 반응
신경 자극 감소	신경 자극 증가
혈액공급 감소	혈액공급 증가
피부조직 강화	조직을 부드럽게 함
진정 효과	자극 효과
통증 감소	통증 유발
혈관 수축	혈관 확장
양이온 침투에 사용	음이온 침투에 사용
수렴 효과	모공세정 효과

10년간 자주 출제된 문제

갈바닉 전류를 이용한 기기와 관리 방법의 내용 중 틀린 것은?

① 갈바닉은 지속적이고 규칙적인 흐름을 가진 전류이다.

② 영양성분의 침투를 효율적으로 돕는다.

③ 피부 내부에 있는 물질이나 노폐물을 배출한다.

④ 양극에서는 알칼리성 피부층을 단단하게 해 준다.

|해설|

양극에서는 산성 피부층을 단단하게 해 준다.

정답 ④

(1) 물질대사를 위한 팩

① 우유팩 : 지방 보급, 보습, 표백작용

② 벌꿀팩 : 피부의 물질대사를 높이는 방법으로 비타민 C 등에 의한 수렴과 표백작용을 이용한 팩

③ 에그팩 : 흰자(세정작용 및 잔주름 예방), 노른자(영양 보급, 건성피부의 영양 투입)

④ 영양팩 : 영양 공급

(2) 그 밖의 팩

① 수렴팩 : 땀의 분비 억제

② 미백팩 : 피부의 미백

③ 오일팩 : 유분과 수분 보충(건조성 피부나 건조 지루성일 경우)

④ 왁스팩 : 발열작용을 이용, 모공이 열리고 피지와 불순물이 배출되며 피부의 영양 흡수력이 강화되어 피부의 탄력성과 보습력이 증대되고 잔주름 제거에 효과적

⑤ 오이팩 : 미백, 보습

⑥ 호르몬팩 : 중년 이후의 건성피부에 적당

⑦ 머드팩 : 지성피부에 적당

⑧ 왁스 마스크팩(파라핀) : 파라핀은 피부에 강한 긴장력을 주는 팩 재료로, 수축력이 강하고 잔주름 완화에 효과적

※ 햇볕에 타서 화끈거리는 피부에 알맞은 팩 : 오이팩, 사과팩, 수박껍질팩

10년간 자주 출제된 문제

수렴작용과 표백작용에 가장 적합한 팩은?

① 오일팩 　　　　② 호르몬팩
③ 벌꿀팩 　　　　④ 머드팩

|해설|

벌꿀팩은 피부의 물질대사를 높이는 방법으로 비타민 C 등에 의한 수렴과 표백작용을 이용한 팩이다.

　　　　　　　　　　　　　　　　　　　정답 ③

핵심이론 **01** | 퍼머넌트 웨이브 재료 등

(1) 퍼머넌트 웨이브제의 원료

① 제1제 : 웨이브 형성의 1단계로 환원제를 주성분으로 한다.

　⊙ 환원제 : 티오글리콜산, 티오글리콜산암모늄, 티오글리콜산모노에탄올아민 등의 티오글리콜산염류 및 DL-시스테인, L-시스테인, 염산시스테인, 시스테아민 등의 시스테인류가 사용된다.

　ⓒ 알칼리제 : 일반적으로 암모니아, 모노에탄올아민 등의 아미노알코올류, 탄화수소암모늄 등의 중성염류 및 아르지닌 등의 염기성 아미노산이 사용된다.

② 제2제 : 웨이브 형성의 2단계로 산화제를 주성분으로 한다.

　⊙ 브로민산염 : 브로민산나트륨 또는 브로민산칼륨 등이 사용된다.

　　※ 브로민산나트륨은 산화력이 온화하고 탈색시키지 않는 등 모발에 무리한 부담을 주지 않지만 웨이브 형성력이 낮아진다는 단점이 있다.

　ⓒ 과산화수소 : 산성 범위에서 안정하고 알칼리 범위에서 불안정하나 산화력이 우수하다.

　　※ 제1제에 의해 환원된 시스테인 잔기를 단시간에 재결합하는 것이 특징이다.

(2) pH에 따른 용제

① 알칼리성 파마약 : 가장 일반적인 파마로 pH 9~11이다(경모 : 뻣뻣한 머리, 신생모 등).

② 산성 파마약 : pH 4~6으로 모발 손상이 적어 염색모나 극손상모에 사용한다. 그러나 시간이 오래 걸리며 웨이브가 쉽게 풀리는 단점이 있다.

③ 중성 파마약 : 탄산암모늄을 배합한 것으로 pH 7~8이다.

1-1. 퍼머넌트 웨이브 제1제의 주성분이 아닌 것은?

① 티오글리콜산
② L−시스테인
③ 시스테아민
④ 브로민산염

1-2. 퍼머넌트 웨이브 시 제1액의 주성분으로 알맞은 것은?

① 과산화수소
② 취소산나트륨
③ 티오글리콜산
④ 과붕산나트륨

|해설|

1-2
제1제는 웨이브 형성의 1단계로 환원제(티오글리콜산, 시스테인 등)를 주성분으로 한다.

정답 1-1 ④ 1-2 ③

핵심이론 02 | 퍼머넌트 웨이브, 와인딩

(1) 아이론 퍼머넌트 웨이브

① 콜드 퍼머넌트의 방법과 다른 방법으로 사용한다.
   ※ 콜드 퍼머넌트는 실온에서 약품만으로 처리하는 파마이며, 전기 파마에 대하여 열을 사용하지 않기 때문에 이렇게 불린다.
② 아이론의 직경에 따라 다양한 크기의 컬을 만들 수 있다.
③ 아이론 퍼머넌트제는 제1제와 제2제로 구분된다.
④ 열을 가하여 고온으로 시술한다.
⑤ 두발에 물리적, 화학적 방법으로 파도(물결)상의 웨이브를 지니도록 한다.
⑥ 두발에 인위적으로 변화를 주어 임의의 형태를 만들 수 있다.
⑦ 모발의 양이 많아 보이게 할 수 있다.

(2) 퍼머넌트 와인딩(Permanent Winding)

① 웨이브 형성을 위해 컬러(Curler) 또는 로드(Rod)에 두발을 감는다.
② 와인딩 순서는 고객 두발상태 또는 디자인에 따라 달리할 수 있다.
③ 둥근 고무줄과 앤드페이퍼가 필요하다.
④ 강하게 당기지 말고 약간 느슨하게 해서 들쑥날쑥 되지 않도록 감는다.
⑤ 와인딩 방법
   ㉠ 크로키놀식 와인딩 : 모발의 끝부분에서 모근 쪽으로 말아 올라가는 방법으로 가장 많이 사용되며, 모발의 기부 부분에 풍성함을 나타나게 해 준다.
   ㉡ 스파이럴 와인딩 : 모발을 하나로 모아서 모근부터 모발 끝쪽으로 와인딩하는 방법이다. 일반적으로 긴 모발에 사용되고, 웨이브 흐름이 일정한 간격을 유지한다.

퍼머넌트 웨이브 방법 중 아이론 웨이브와 같이 모선에서 모근 방향으로 모발을 감아서 웨이브를 만드는 방법은?

① 크로키놀식 와인딩
② 스파이럴 와인딩
③ 핀컬 와인딩
④ 핑거 웨이브

|해설|

① 크로키놀식 와인딩 : 모발 끝부터 모근 쪽으로 와인딩하는 기법
② 스파이럴 와인딩 : 모근부터 모발 끝쪽으로 와인딩하는 기법
③ 핀컬 와인딩 : 머리를 조금씩 말아 핀으로 고정하여 와인딩하는 기법
④ 핑거 웨이브 : 세팅 로션 또는 물, 젤 등을 이용하여 세팅 빗과 손으로 만드는 웨이브

정답 ①

제16절 │ 염 · 탈색(헤어 컬러링)

핵심이론 01 │ 모발 색채이론

(1) 색료 · 색광의 3원색

① 색료의 3원색 : 마젠타, 노랑, 시안(사이안)
② 색광의 3원색 : 빨강, 녹색, 청색

(2) 멜라닌

① 멜라닌 색소는 크게 유멜라닌과 페오멜라닌이 있다.
② 유멜라닌은 검은색과 갈색을 띠고, 페오멜라닌은 노란색과 오렌지색을 띤다.
　㉠ 검은색 : 멜라닌 색소를 많이 함유하고 있다.
　㉡ 금색 : 멜라닌 색소의 양이 적고 크기가 작다.
　㉢ 붉은색 : 멜라닌 색소에 철 성분이 함유되어 있다.
　㉣ 흰색 : 유전, 노화, 영양결핍, 스트레스가 원인이다.

(3) 보 색

① 보색이란 색상환에서 서로의 반대색으로, 예로 빨간색과 청록색을 들 수 있다.
② 보색을 혼합하면 명도가 낮아진다.
③ 보색은 1차색과 2차색의 관계이다.

> **1차색과 2차색**
> 마젠타, 시안, 노랑의 3원색을 여러 가지 비율로 섞으면 모든 색상을 만들 수 있는데, 반대로 다른 색상을 섞어서는 이 3원색을 만들 수 없다. 따라서 이 3원색을 1차색이라고 하며, 이를 섞어서 만들 수 있는 주황, 녹색, 보라 등은 2차색이라고 한다.

1-1. 모발색을 결정하는 멜라닌 중 검정과 갈색 색조와 같은 모발의 어두운 색을 결정하는 것은?

① 유멜라닌
② 페오멜라닌
③ 헤 나
④ 도파크로뮴

1-2. 염색의 컬러 선택 시 기본적인 이론 중 하나인 색의 3원색에 속하지 않는 것은?

① 초 록 　　　　② 마젠타
③ 노 랑 　　　　④ 시 안

|해설|

1-1
멜라닌 색소에는 두 가지가 있다. 유멜라닌은 검은색과 갈색을 띠고, 페오멜라닌은 노란색과 오렌지색을 띤다.

1-2
• 색료의 3원색 : 마젠타, 노랑, 시안(사이안)
• 색광의 3원색 : 빨강, 녹색, 청색

정답 1-1 ① 1-2 ①

핵심이론 02 | 염·탈색의 원리 등

(1) 염·탈색의 원리

① 염모제 제1제의 알칼리 성분은 모발의 모표피를 팽윤·연화시킨다.
② 모표피를 통해 염모제 제1제와 제2제의 혼합액이 침투한다.
③ 산화제 제2제는 과산화수소의 멜라닌을 파괴하고 산소를 발생한다.
④ 염모제 제1제의 염료는 중합반응을 일으켜 고분자의 염색분자가 된다.

(2) 이론 및 용어 정리

① **모발 염색** : 헤어 컬러링(Hair Coloring), 헤어 다이(Hair Dye), 헤어 틴트(Hair Tint)로 표현되며, 탈색이나 착색에 의해 머리색을 원하는 색으로 바꾸는 것이다.
② **다이 케이프(Dye Cape)** : 염색 시 사용하는 어깨보(앞장)를 말하며, 물이 스며들지 않는 비닐제품이 좋다.
③ **리터치(Retouch)** : 염색한 후에 새로 자란 두발을 부분 염색하는 것이다.
④ **헤어 매니큐어** : 모발 표면에 코팅을 해 주는 헤어 톱코트로 모발에 윤기와 광택을 주는 역할을 한다. 블리치 작용이 없는 검은 모발에는 확실한 효과가 없으나 백모나 블리치된 모발에는 효과가 뛰어나다.
⑤ **컬러 크레용** : 부분적으로 염색하거나 염색된 모발을 수정하는 데 주로 사용된다.

이용 기술 중에서 헤어 다이(Hair Dye)가 속하는 것은?

① 헤어드라이 기술 　　② 염색 시술
③ 가발 시술 　　　　　④ 아이론 웨이브 시술

|해설|

머리 염색은 헤어 컬러링(Hair Coloring), 헤어 다이(Hair Dye), 헤어 틴트(Hair Tint)로 표현된다.

정답 ②

핵심이론 03 | 염모제

(1) 염모제의 분류

① 산화제의 사용 유무에 따라 산화, 비산화로 나눈다.

② 모발 내 색소의 침착 정도에 따라 기간별로 일시적, 반영구적, 영구적 염모제로 구분된다.

③ 영구적 염모제는 식물성, 금속성, 혼합성, 산화성(유기합성) 등으로 구분된다.

(2) 비산화 염모제

① 일시적 염모제의 특성

ㄱ 컬러 무스, 컬러 왁스, 컬러 스프레이, 컬러 린스, 컬러 젤 등이 있다.

ㄴ 일시적 염료는 입자가 커서 모표피의 비늘층 표면에 달라붙어 있다.

ㄷ 주용도는 일시적 백모 커버, 색상 교정 등이고, 퇴색으로 인한 모발을 일시적으로 커버하고자 할 때도 사용한다.

ㄹ 장점
  • 모발 손상이 없고 색상 변화가 다양하다.
  • 사용방법이 간편하다.
  • 도포가 쉽고 결과를 즉각적으로 볼 수 있다.
  • 염·탈색 시술 결과에 대해 불안해하는 고객의 경우 시술 전에 일시적 염색제를 이용하여 예상되는 결과를 눈으로 직접 확인시켜 줄 수 있다.

ㅁ 단점
  • 색의 지속력이 짧고, 윤기가 없으며, 뻣뻣한 느낌을 줄 수 있다.
  • 다공성 모발의 경우 샴푸 후에도 색소가 부분적으로 남아 있을 수 있다.
  • 의류 등에 염색제가 묻어날 수 있으며 수분에 의해 쉽게 지워질 수 있다.

② 반영구 염모제의 특성

ㄱ 직접 염모제, 산성 컬러 또는 헤어 매니큐어라고 한다.

ㄴ 색소제(1제)만으로 구성되어 있고, 보통 4~6주 동안 색상이 유지된다.

ㄷ 자연모에 대한 염색 시 색상을 자연스럽게 더해 주며, 염색된 모발에 재염색 시 반사빛을 더하여 선명한 색상을 만들어 준다.

ㄹ 주용도
  • 모발의 반사색이나 윤기를 부여하고자 할 때
  • 모발 색을 어둡게 바꾸고자 할 때와 30% 이하의 백모 커버를 하고자 할 때
  • 컬러 체인지를 할 때 보정색으로 사용

ㅁ 장점
  • 염색 후 일정 시간 경과 시 색소가 빠짐으로써 새로 자라 나온 모발과의 색상 차이가 뚜렷하지 않다.
  • 산화염모제에 비해 모발 손상도가 비교적 적고, 다양한 색상을 표현할 수 있다.
  • 시술 시 두개피 온도차에 대한 영향을 받지 않고, 피부질환을 일으키지 않는다.

ㅂ 단점
  • 색조를 더해 줄 뿐 명도를 밝게 하지는 못한다.
  • 반복적으로 연속 시술 시 모발이 뻣뻣해질 수 있다.
  • 샴푸 시 색소가 빠지고, 피부에 염료가 묻으면 잘 지워지지 않는다.

(3) 산화염모제

① 유기합성 염모제라고도 하며 제1제는 염모제(알칼리제, 전구체+커플러), 제2제는 산화제로 구성되어 있다.
② 작업 직전 혼합 비율에 맞게(제조사의 제시에 따름) 혼합하고, 방치 시간을 정확히 지키는 것이 매우 중요하다.
③ 염모제의 성분 중 알칼리제는 모표피를 팽윤시켜 염료가 모발 내부까지 빠르게 침투시킨다.
④ 제2제의 과산화수소는 산화중합반응에 의해 1/2은 탈색과 1/2은 발색을 동시에 진행시켜 결과 색상을 만든다.
⑤ 산화 영구염모제 사용 시 장단점
　㉠ 장 점
　　• 색조와 명도의 변화를 동시에 가져올 수 있다.
　　• 백모 염색 시 100% 커버가 가능하고, 색상의 지속력이 길다.
　㉡ 단 점
　　• 산화 과정 및 알칼리 성분으로 인한 모발 손상이 있다.
　　• 모발이 자라 나온 부분(신생부)과 이전 염색 부분(기염부)의 색상 경계가 뚜렷하다.
　　• 아닐린 성분이 첨가됨으로써 피부에 알레르기 반응을 일으킬 수 있다.
　　• 시술 시간에 제약을 받을 수가 있다.
　　• 시술 시 두개피 온도차에 의한 영향으로 얼룩이 생길 수 있다.

핵심이론 04 | 염·탈색제 적용 및 색상 배합

(1) 반영구 염모제의 특성 및 적용

① 반영구 염모제의 특성

　㉠ 산화제와 혼합 없이 사용한다.

　㉡ 멜라닌 색소의 변화 없이 염모제의 색소가 정착한다.

　㉢ 이온결합 방식으로 모표피에 정착한다.

　㉣ 모발의 손상 정도에 따라 색상의 유지력에 영향을 준다.

② 반영구 염모제의 적용

　㉠ 모발의 레벨에서 반사빛 또는 어두운 색상을 원하는 경우 사용한다.

　㉡ 백모의 자연스러운 마스크 효과를 희망하는 경우 사용한다.

　㉢ 염색 또는 펌 직후 반사빛을 더하고 윤기를 희망하는 경우 사용한다.

(2) 색상 배합

① 색상의 조색 원리

> • 빨강 + 파랑 = 보라
> • 노랑 + 파랑 = 초록
> • 빨강 + 노랑 = 주황

　㉠ 두 색을 혼합하여 만들어지는 색상을 파악한다.

　㉡ 염모제의 힘(색의 세기, 농도)을 알아보기 위한 방법으로 각각의 색상을 동일한 비율로 혼합하여 결과를 확인해 보고 그 비율을 조정한다.

② 중화 색상의 조색 원리

　㉠ 색상의 중화는 어떠한 특정 색상을 갈색의 계열로 전화하는 것을 의미한다.

　㉡ 기본색을 혼합하였을 때 나오는 결과 색상은 갈색 계열 또는 검정으로 만들어지게 된다.

　㉢ 색의 농도가 짙으면 검정이 되며, 옅으면 갈색이 나타난다.

　㉣ 조색에서 색의 힘과 도포되는 양이 결과에 영향을 주므로 유의해야 한다.

10년간 자주 출제된 문제

반영구 염모제의 특성으로 옳지 않은 것은?

① 산화제와 혼합 없이 사용한다.

② 멜라닌 색소가 변화하여 염모제의 색소가 정착한다.

③ 이온결합 방식으로 모표피에 정착한다.

④ 모발의 손상 정도에 따라 색상의 유지력에 영향을 준다.

|해설|

② 멜라닌 색소의 변화 없이 염모제의 색소가 정착한다.

정답 ②

---

(1) 상담 및 고객 준비

① 상담 및 모발 진단을 통하여 시술의 적합성 여부를 확인한다.

② 고객 준비를 한다.

    ㉠ 가운과 염색보를 착의하고, 귀걸이, 목걸이 등을 제거한다.

    ㉡ 색소 정착을 쉽게 하기 위하여 컬러 전용 샴푸를 사용하여 샴푸를 한다.

    ㉢ 타월 드라이 후 모발에 수분을 약 70% 정도 건조한다.

    ㉣ 모발 내에 과도하게 수분이 남아 있는 경우 색상이 희석될 수 있으므로 적절하게 조절하여야 한다.

③ 시술 도구를 준비한다.

    ㉠ 염색 볼, 브러시, 클립, 비닐 캡, 열기구, 염모제를 시술용 테이블에 준비한다.

    ㉡ 산 균형 제품은 반영구 염모제 색소의 정착력을 향상시키는 데 도움을 준다.

(2) 블로킹 및 도포

① 블로킹을 나눈다.

    ㉠ 염색제가 피부에 묻는 것을 방지하기 위하여 이어 캡을 씌우고 염색보를 두른 후 블로킹을 준비하며, 짧은 모발일 경우 가르마를 중심으로 작업을 진행한다.

    ㉡ 블로킹은 측수직선(Ear to Ear Part)과 전중선(Center Part)으로 4등분을 한다.

② 염모제를 도포한다.

    ㉠ 톱 또는 네이프 라인부터 약 1cm 이하의 폭으로 슬라이스하여 모근에서 모선 끝까지 원터치(One Touch) 기법으로 도포를 한다.

    ㉡ 도포는 후두부의 모발을 먼저 도포한 다음 측두부, 전두부의 순으로 도포한다.

    ㉢ 열처리 시 염모제가 마르는 현상을 방지하고 보온 효과를 유지하기 위하여 비닐 캡을 씌워 준다.

(3) 방 치

① 헤어밴드와 느슨한 비닐 캡을 씌우고 열처리 15~20분, 자연 방치 5~10분을 진행한다.

② 만약 열처리가 불가능한 상태인 경우 열처리 시간의 두 배의 시간을 자연 방치한다.

③ 자연 방치는 냉타월이나 쿨 스프레이를 이용하여 모발을 차갑게 만드는데, 팽창된 모표피의 수축과 염모제의 견회도를 향상시키기 위하여 이용한다.

(4) 샴푸 및 스타일 마무리

① 염착 결과를 보기 위하여 네이프, 두정부, 전두부 등 몇 군데를 티슈로 닦아 결과 색상을 확인한다.

② 샴푸를 한다.

    ㉠ 염색 전용 샴푸와 컨디셔너로 처리를 한다(색소의 정착력과 유지력 및 모발의 컨디션을 향상시키기 위함).

    ㉡ 샴푸 작업은 색소의 퇴색과 모발 손상을 방지하기 위하여 미온수(37~38℃)를 사용한다.

③ 스타일을 마무리한다.

    ㉠ 타월 건조 후 헤어 드라이어를 사용하여 건조한다.

    ㉡ 스타일 마무리 시 과도한 열을 가하면 색소가 유실되므로 열 보호용 제품을 사용하여 마무리 작업을 한다.

반영구 염모제의 도포방법으로 옳지 않은 것은?

① 블로킹은 측수직선(Ear to Ear Part)과 전중선(Center Part)으로 4등분을 한다.

② 도포는 후두부의 모발을 먼저 도포한 다음 측두부, 전두부의 순으로 도포한다.

③ 헤어밴드와 느슨한 비닐 캡을 씌우고 열처리는 30분을 진행한다.

④ 샴푸 작업은 색소의 퇴색과 모발 손상을 방지하기 위하여 미온수(37~38℃)를 사용한다.

|해설|

③ 헤어밴드와 느슨한 비닐 캡을 씌우고 열처리 15~20분, 자연 방치 5~10분을 진행한다.

정답 ③

핵심이론 06 | 백모(새치)염색, 멋내기 염색

(1) 백모(새치)염색

① 백모염색의 개요

　㉠ 백모(Gray Hair)는 일반적으로 멜라닌 색소가 없는 모발로서 저항성이 강하다.

　㉡ 백모의 저항성을 떨어뜨리기 위하여 사전 연화(Pre Softening) 기법을 사용한다.

　㉢ 색소가 충분히 발색을 하여 커버력을 높일 수 있도록 기본색을 혼합 또는 프리 피그멘테이션(사전 착색) 기법을 사용하기도 한다.

② 백모염색의 방법

　㉠ 백모의 양을 파악한다.

　㉡ 색상 선정 시 기본 색상과 희망 색상을 백모의 양에 따라 적당량 혼합한다.

　㉢ 백모가 밀집된 부분을 사전 연화하고 그 부분에 염모제를 먼저 도포한다.

　㉣ 약 5~10분 정도 멋내기 염색보다 방치 시간을 오래 둔다.

③ 사전 연화

　㉠ 사전 연화는 애벌염색이라고도 하며, 백모의 저항성 또는 자연모의 부족한 열을 보충하기 위하여 사용되는 기법이다.

　㉡ 20v[6%] 산화제를 모발에 도포한다.

　㉢ 5~10분간 헤어 드라이어로 건조한다.

　㉣ 희망 색상 + 산화제20v[6%]를 원터치 도포한다.

　㉤ 40~45분 동안 자연 방치한다.

(2) 멋내기 염색

① 자연모 도포법

　㉠ 자연모란 화학적 서비스를 전혀 하지 않은 모발을 의미한다. 염모제 도포 시에 모질의 상태에 따라 사전 연화(열 보충) 작업이 필요하다[이 경우 투터치(Two Touch) 기법을 사용].

ⓛ 희망 색상을 모근 1~1.5cm를 띄운 모선에서 모선 끝까지 도포하고 자연 방치를 15분(열 보충) 실시한다.

ⓒ 그런 후 새로이 희망 색상을 혼합하여 모근에서 모선 끝까지 도포하여 자연 방치한다.

② 멋내기 염색 도포

ⓐ 염색보를 두른 후 염색제가 두개피나 피부에 착색되지 않도록 발제선 주변에 피부 보호크림을 도포한다.

ⓑ 슬라이스 1cm의 모다발을 모근에서 1cm를 띄운 모선 부분에서 도포하여 모선 중간, 모선 끝 순서로 도포를 진행한다.

ⓒ 브러시의 각도는 모근은 90°, 모선 중간은 45°, 모선 끝은 15°의 각도를 유지하여 염모제의 도포량을 조절한다(빗을 사용하지 않고 브러시로만 도포함).

ⓓ 기장이 긴 부위는 한 패널을 손바닥 위에 얹어 놓고 염색제를 도포한다.

ⓔ 염색제가 균일한 양으로 골고루 도포되도록 한다.

ⓕ 두개피 쪽에 염색제가 과다 도포되었다면 빗을 세워 염색제를 걷어 낸다.

ⓖ 전체 도포 시간은 10분으로 하고, 30분의 방치 시간 후 몇 가닥의 머리카락을 잡고 염모제를 훑어 내어 희망 색상이 표현되었는지 확인한다.

ⓗ 에멀션 후 샴푸와 알칼리 제거제로 잔류하는 염모제를 깨끗이 씻어낸다.

ⓘ 타월 드라이 후 헤어 드라이어와 브러시를 사용하여 마무리한다.

10년간 자주 출제된 문제

백모염색 시 사전 연화방법으로 옳지 않은 것은?

① 20v[6%] 산화제를 모발에 도포한다.
② 5~10분간 헤어 드라이어로 건조한다.
③ 희망 색상 + 산화제20v[6%]를 원터치 도포한다.
④ 자연 방치는 10~15분 동안 한다.

|해설|

④ 40~45분 동안 자연 방치한다.

정답 ④

---

(1) 패치 테스트(Patch Test, 첩포실험)

① 산화염모제는 파라페닐렌다이아민을 전구체로 하여 제조되므로 피부에 알레르기를 유발할 수 있다. 이외에도 민감성 두개피는 염색 작용이 진행되는 과정에서 통증이나 가려움을 호소하는 경우가 발생한다. 그러므로 염색 전에 알레르기의 유무와 피부의 민감도를 미리 알아보기 위해 패치 테스트를 시행한다.

② 피부조직 반응검사, 스킨 테스트, 알레르기 테스트, 알레르기 문진이라고도 불린다.

③ 시술 전에 부작용 여부를 알아보기 위해 귀 뒤나 팔꿈치 안에 약간의 염모제를 바른 후 24~48시간이 지난 후에 반응을 확인하는 피부 첩포시험을 말한다.

④ 염모제는 실제로 사용할 염모제와 동일한 것이어야 한다.

⑤ 염모제를 이용한 피부반응검사 시 홍반과 가려움이 나타났을 때는 염색을 금한다.

⑥ 염모제가 눈에 들어갔을 때 가장 먼저 흐르는 깨끗한 물에 신속하게 씻어낸다.

(2) 스트랜드 테스트(Strand Test, 모다발 테스트)

① 색상 선정이 바르게 되었는지의 여부, 염모제의 작용 시간 등을 알아보기 위해 염모 대상인 손님의 두발 일부분에 직접 시험한다.

② 열 펌으로 모발의 단백질이 변형되면 염색 작업 시 탈색과 발색에 문제가 생긴다. 결과에 문제가 생길 것으로 판단되는 경우 진행한다.

③ 사용하고자 하는 색상이 결과 색상(고객의 희망 색상)으로 표현되는지 파악하고자 하는 경우에 진행한다.

④ 색 선정에 있어서는 실제로 원하는 색보다 약간 옅은 색을 선택한다.

(3) 기 타

① 염모제를 칠할 때는 두발 끝을 1cm를 남기고 칠한다.
② 파마를 한 후에 염색한다.
③ 염모제 도포 전에 생리작용으로 분비된 왁스화된 지질을 가볍게 제거하기 위해서 가볍게 두발을 샴푸한다.
④ 두발에 유성제품을 발랐을 때는 염색 이전에 반드시 세발을 한다.
⑤ 염발 시 실내온도가 적정할 때 염모제 도포 후 드라이 방법은 자연건조이다.
⑥ 염모제 도포 후 더운 증기에 노출시키면 염색에 얼룩이 질 수 있다.
⑦ 염색이나 블리치를 한 후 손상된 모발을 보호하기 위해 모발을 적당히 건조한 후 헤어 로션을 두피에 묻지 않도록 주의하여 모발에 도포한다.
⑧ 시술 전 두피에 상처나 질환이 있는 경우, 임산부, 수유부, 환자의 경우에는 실시하지 않는다.
⑨ 보관은 직사광선이 들지 않는 냉암소(온도가 낮고 어두운 곳)에서 보관한다.
⑩ 각 손님마다 패치 테스트의 결과 및 사용된 염모제 등에 대해서 기록을 한다.

10년간 자주 출제된 문제

다음 중 염모제의 부작용 유무를 알기 위한 피부반응 검사방법으로 가장 적합한 것은?

① 세발 실시 후 두피에 시험을 실시한다.
② 팔의 안쪽과 귀 뒤 피부에 소량 바른다.
③ 세면 후에 얼굴에 시험을 실시한다.
④ 목욕을 한 후 몸 전체에 시험을 실시한다.

|해설|

패치 테스트
시술 전에 부작용 여부를 알아보기 위해 귀 뒤나 팔꿈치 안에 약간의 염모제를 바른 후 24~48시간이 지난 후에 반응을 확인하는 피부 첩포시험을 말한다.

정답 ②

핵심이론 08 | 염색 시 주의사항

(1) 염색의 작용

① 손상모발은 버진 헤어에 비해 염착량이 많다.
② 도포 후 방치시간이 길수록 염색량이 많고 모발 깊숙이 염색된다.
③ 온도가 높을수록 염색이 잘된다.
④ 산화제가 많으면 색이 연해지고 적으면 짙어진다.
⑤ 염색 시간이 길수록 색상이 진해진다.
⑥ 도포량이 적으면 깊숙이 염색되지 못해 퇴색이 빠르다.

(2) 염색 시 주의사항

① 염색하기 전에 반드시 패치 테스트를 한다.
② 두피에 상처나 질환이 있을 시에는 염색을 피한다.
③ 금속성 빗이나 용기의 사용을 피한다.
④ 건조한 모발에 염색한다.
⑤ 염모제 제1제와 제2제를 혼합 후 바로 사용한다.
⑥ 파마와 염색을 시술할 경우는 파마를 먼저 행한다.

10년간 자주 출제된 문제

염색할 때 주의사항 중 가장 거리가 먼 것은?

① 염모제 1제와 2제를 혼합 후 바로 사용한다.
② 머리카락이 젖은 상태에서만 시술을 한다.
③ 금속용기나 금속빗을 사용해서는 안 된다.
④ 두피질환이나 상처가 있으면 염색을 하지 않는다.

|해설|

머리카락이 젖은 상태에서는 염색을 하지 않는다.

정답 ②

---

(1) 탈색의 개요

① 탈색제의 종류 : 액상 탈색제, 크림 탈색제, 분말 탈색제, 오일 탈색제

② 헤어 블리치에 주로 사용되는 과산화수소(H_2O_2)의 농도 : 6%

③ 알칼리제로서 자극성이 강하고 휘발성을 가진 탈색제 성분 : 암모니아

(2) 헤어 블리치의 종류와 특징

① 호상 블리치제(Bleach Agent)

　㉠ 과산화수소수의 조제상태가 풀과 같은 점액 상태이며, 기술 도중 과산화수소가 마를 염려가 없다.

　㉡ 모발 속의 멜라닌 색소를 표백해서 모발을 밝게 하는 효과가 있다.

　㉢ 두 번 칠할 필요가 없다.

　㉣ 두발의 탈색 정도를 알기 어렵다.

② 액상 블리치

　㉠ 탈색 작용이 빠르다.

　㉡ 탈색 정도를 살피면서 기술을 진행할 수 있다.

　㉢ 원하는 시간에 그 작용을 중지시킬 수 있다.

　㉣ 너무 지나치게 탈색되는 경우가 있다.

10년간 자주 출제된 문제

호상 블리치제(Bleach Agent)와 관련된 설명 중 틀린 것은?

① 탈색과정을 눈으로 볼 수 없다.
② 과산화수소수의 조제상태가 풀과 같은 점약 상태이다.
③ 전체 색상에 맞추는 염색 과정이다.
④ 두 번 칠할 필요가 없다.

|해설|

모발 속의 멜라닌 색소를 표백해서 모발을 밝게 하는 효과가 있다.

정답 ③

---

(1) 액상화(Emulsion)

① 액상화는 에멀션 또는 유화(乳化)라고도 한다.

② 방치 시간이 끝나기 전 약 3~5분간 염모된 모발과 두개피를 부드럽게 마사지하는 것이다.

③ 에멀션의 목적

　㉠ 두개피의 염모제 잔여물을 제거한다.

　㉡ 얼룩과 색소의 정착을 도와준다.

　㉢ 부드러움과 윤기를 더해 준다.

　㉣ 색소 유지력을 증가시킨다.

(2) 전후 처리제(Post & Free Treatment)

① 두개피 보호와 모발의 손상을 예방하는 차원의 전처리 제품과 염색 후 모발을 보호할 수 있는 후처리 제품으로 구분된다.

② 전처리 제품 : 염색 서비스 전 두개피 보호와 모발의 손상을 예방하고, 손상에 따른 결과의 균일성과 색상의 유지력을 높이기 위한 목적으로 사용된다.

③ 후처리 제품 : 염색 후 알칼리와 과산화수소의 잔여물을 중화하고 컬러 퇴색과 변색을 막아 컬러의 생생함을 오래도록 유지시켜 주기 위한 목적으로 사용된다.

10년간 자주 출제된 문제

염 · 탈색 마무리 시 액상화(에멀션)의 목적으로 옳지 않은 것은?

① 두개피의 염모제 잔여물을 제거한다.
② 얼룩과 색소의 정착을 도와준다.
③ 민감성 두개피를 치료한다.
④ 색소 유지력을 증가시킨다.

정답 ③

핵심이론 01 | 가발의 상담

(1) 패션 가발 상담의 목적 및 필요성

① 상담의 목적
- ㉠ 상담을 통해 정보와 지식을 전달하여 고객의 인식이나 태도를 바꾸도록 한다.
- ㉡ 패션 가발 관련 요구사항들을 관찰하여 고객에게 헤어스타일 변화를 주도록 한다.
- ㉢ 이미지를 관리하여 헤어스타일을 유지하도록 도와준다.

② 상담의 필요성 : 바람직한 이상형으로 바뀌도록 고객을 도와주고 스스로 패션 가발 스타일을 연출할 수 있도록 한다.

(2) 가발의 종류

전체 가발인 위그(Wig)와 부분 가발인 헤어피스(Hair Piece)가 있다. 피스의 종류에는 웨프트, 폴, 스위치, 위그렛이 있다.

① 웨프트 : 실습할 때 블록에 T핀으로 고정시켜서 핑거웨이브 연습에 사용하는 것이다.

② 폴 : 일시적으로 짧은 머리를 긴 머리 스타일로 바꾸는 데 사용된다.

③ 스위치 : 땋거나 스타일링을 하기에 쉽도록 3가닥 혹은 1가닥으로 만들어진 헤어피스이다.

④ 위그렛 : 두부의 톱(Top) 부분의 두발에 특별한 효과를 연출하기 위해 사용한다.

※ 가발의 역사 : B.C 4500년경 이집트인들이 최초로 사용했다.

(3) 가발의 구분

① 착용 방법에 따른 구분 : 고정식, 탈착식
② 착용 부위에 따른 구분 : 전체가발, 부분가발
③ 착용 형태에 따른 구분 : 접착형, 클립형
④ 모발 종류에 따른 구분 : 인조모, 인모

(4) 모발 종류에 따른 분류

① 인모가발
- ㉠ 실제 사람의 두발을 사용한다.
- ㉡ 헤어스타일을 다양하게 변화시킬 수 있다.
- ㉢ 퍼머넌트 웨이브나 염색이 가능하다.
- ㉣ 샴푸를 하면 세트가 풀어지고 가격이 비싸다.

② 합성섬유(인조) 가발
- ㉠ 나일론이나 아크릴 섬유 같은 화학제품으로 만들어진다.
- ㉡ 가격이 저렴하고 샴푸 후에도 원래 스타일을 유지한다.
- ㉢ 색의 종류가 다양하고 두발이 엉키지 않은 장점이 있다.
- ㉣ 꼬고 땋고 늘어뜨린 합성섬유 가발이 특히 대중적이다.
- ㉤ 자연스러움이 없고 퍼머넌트나 염색처리가 잘 되지 않는다.

인모와 인조모의 구별법
머리카락을 조금 잘라서 불에 태워본다. 태워진 머리카락의 재 속에 조그맣고 딱딱한 덩어리가 남으면 인조모가 섞인 것이고, 서서히 타면서 유황냄새가 나는 것은 인모이다.

10년간 자주 출제된 문제

다음 중 인모가발에 대한 설명으로 틀린 것은?
① 실제 사람의 두발을 사용한다.
② 헤어스타일을 다양하게 변화시킬 수 있다.
③ 퍼머넌트 웨이브나 염색이 가능하다.
④ 가격이 저렴하다.

|해설|
인조가발은 가격이 저렴하나 인모가발은 비싸다.

정답 ④

(1) 둥근 얼굴형에 어울리는 가발 유형

① 둥근 얼굴이 길어 보이도록 하며, 스퀘어 스타일은 볼이 넓게 보이는 착시에 의해 더욱 둥글어 보인다.

② 헤어스타일

    ㉠ 쇼트 또는 미디엄 커트로서 3 : 7 가르마, 두정면 곡의 모근에 볼륨을 주어 모발 질감이 움직이는 듯한 프런트 뱅과 측두면의 포는 들뜨지 않게 한다.

    ㉡ 귀 둘레 윤곽은 직선 또는 둥근 타원형으로 포인트를 준다.

(2) 사각 얼굴형에 어울리는 가발 유형

① 이마와 턱 선이 각진 모습으로 길게 모난 형과 넓게 모난 형으로 구분된다.

    ㉠ 길게 모난 형 : 크레스트를 기점으로 아랫부분인 외측의 무게선을 낮은 시술각으로 하고 좌우측 두면 모근의 모발에 볼륨을 살린다.

    ㉡ 넓게 모난 형 : 천정부의 톱(Top) 부분을 적당히 볼륨을 살려 주며 좌우측 두면의 모발을 다운시킨다. 측두면의 상부에서 천정부에 형성된 각진(Coner) 부분을 둥글게 만들면 전체적으로 균형 잡힌 얼굴형을 연출한다.

② 헤어스타일 형태 선(Hair Shape)의 스퀘어라인과 측두면의 볼륨업(Volume Up)은 각진 턱 선을 강조시킨다.

(3) 삼각 얼굴형에 어울리는 가발 유형

① 이마가 좁고 양쪽 턱의 각이 돌출되어 보여 아랫부분이 넓게 보이는 얼굴형이다.

② 가로 폭을 넓게 보이도록 하는 것이 중요하다.

③ 정수리 부분을 높게 하거나 올백 스타일로서 넓이를 강조하며, 양턱 쪽으로 얼굴을 가리면 균형 잡힌 얼굴형이 연출된다.

(4) 장방 얼굴형에 어울리는 가발 유형

① 앞이마가 좁고 턱이 긴 얼굴형으로서 헤어스타일은 비교적 균형 잡기가 쉽다.

② 헤어스타일

    ㉠ 2 : 8 파팅과 좌우측 두면의 모발에 볼륨을 준다.

    ㉡ 두발 길이는 귀의 1/2 또는 2/3 이상 길게 할 때 윤곽선을 균형 있게 만든다.

③ 크레스트를 기점으로 아랫부분인 외측의 무게선을 낮은 시술각으로 한다.

④ 후두정점(Occipital) 아래 무게선은 셔츠 상단에 닿을 정도로 그래주에이션 스타일을 한다. 하이 그래주에이션일 경우 목이 더 길어 보인다.

⑤ 귀 상부에 양감을 내고 천정부(Top)를 약간 높은 듯 볼륨을 주었을 때 가장 좋다.

(5) 마름모 얼굴형에 어울리는 가발 유형

① 광대뼈가 돌출되고 앞이마 선과 턱 선이 좁은 얼굴형이다.

② 헤어스타일은 2 : 8 파팅과 이마 발제선 뱅에 볼륨을 주며 턱 선에도 볼륨을 느낄 수 있도록 귀밑 선에서 턱 선까지 무게감을 갖게 한다.

③ 천정부의 톱에 볼륨을 주었을 때 균형 잡힌 얼굴형이 된다.

④ 톱 부분에 볼륨을 다운시키면 광대뼈 쪽은 커버할 수 있으나 좁은 턱 모양이 강조된다.

(6) 역삼각 얼굴형에 어울리는 가발 유형

① 앞이마 선이 넓은 반면 뺨에서부터 턱 선까지 좁은 얼굴형이다.

② 정삼각형의 꼭짓점이 턱에 있다고 생각하고 디자인적 모형을 만든다.

③ 헤어스타일은 3 : 7 파팅으로 프런트 뱅과 측두면 귀의 2/3 이상 두발 길이를 길게 연출시켜 이마 선을 다소 좁게 보이게 한다.

10년간 자주 출제된 문제

헤어스타일 중 둥근 얼굴형에 어울리는 가발 유형의 특징으로 옳지 않은 것은?

① 쇼트 또는 미디엄 커트로서 3 : 7 가르마를 한다.
② 두정면 곡의 모근에 볼륨을 준다.
③ 측두면의 포는 들뜨게 한다.
④ 귀 둘레 윤곽은 직선 또는 둥근 타원형으로 포인트를 준다.

|해설|

두정면 곡의 모근에 볼륨을 주어 모발 질감이 움직이는 듯한 프런트 뱅과 측두면의 포는 들뜨지 않게 한다.

정답 ③

핵심이론 03 | 가발 사용법

(1) 가발의 사용 및 착용 방법

① 가발의 스타일이 나타나도록 잘 빗는다(정리 정돈).
② 가발을 착용할 위치와 가발의 용도에 맞추어 착용한다.
③ 가발과 기존 모발의 스타일을 연결한다.
④ 고정식 가발은 탈모가 심한 사람들이 주로 착용한다.
⑤ 착탈식
   ㉠ 주로 탈모가 심하지 않은 사람들이 주로 착용한다.
   ㉡ 제모에 대한 거부감이 강한 사람이 착용하게 된다.
   ㉢ 탈착식 가모는 특수 고정핀을 이용해 부착하는 방식이다.
   ㉣ 앞머리와 뒷머리, 옆머리를 기존의 머리카락에 있는 부위에 클립을 이용해 고정시키고 앞머리가 없을 경우에는 가모의 앞부분을 테이프를 이용해 부착한다.

(2) 가발의 세정

① 인 모
   ㉠ 주로 리퀴드 드라이 샴푸를 한다.
   ㉡ 알칼리성이 낮은 양질의 샴푸를 사용한다.
   ㉢ 벤젠, 알코올 등의 휘발성 용제를 사용하여 세발하고, 그늘에서 말린다.
② 인조모 : 플레인 샴푸를 하는데, 38℃ 전후의 미지근한 물로 브러싱하면서 세정한다.

3-1. 가발 착용 방법과 관련한 내용으로 옳지 않은 것은?

① 가발의 스타일을 정리 정돈한다.
② 착탈식 가발은 탈모가 심한 사람들이 주로 착용한다.
③ 가발을 착용할 위치와 가발의 용도에 따라 착용한다.
④ 가발과 기존 모발의 스타일을 연결한다.

3-2. 인모가발의 세발 방법으로 가장 옳은 것은?

① 보통 샴푸제를 사용하여 선풍기 바람으로 말린다.
② 물에 한참 담가두었다가 세발하는 것이 좋다.
③ 벤젠, 알코올 등의 휘발성 용제를 사용하여 세발하고, 그늘에서 말린다.
④ 세척력이 강한 비누를 사용하고 뜨거운 열로 말린다.

|해설|

3-1

착탈식은 주로 장년층이 많이 착용하는 방식으로 늘 가발을 착용하는 사람이 아니거나 제모에 대한 거부감이 강한 사람이 착용하게 된다.

정답 3-1 ② 3-2 ③

핵심이론 04 | 가발 제작

(1) 가발 디자인 및 작업

① 남성 위그(Men's Wig)의 제작에 사용되는 기술 : 남성 가발 기술
② 남성 위그에 대한 기술적 과정의 표현 : 남성 펌 기술, 염색 기술, 웨트 커팅 기술 등
③ 남성 펌 시술에서 세트 레스(Set Less) : 세트를 필요로 하지 않는 머리형
④ 패턴 제작 : 가발의 제작과정 중 고객의 두상, 즉 개인별 형태에 따른 머리 모양을 만드는 작업으로 개인별로 머리 모양과 굴곡, 부위가 다르기 때문에 필수적인 과정이다.

(2) 가발 커트

① 부분 가발을 쓴 사람의 이발 : 가발은 본발과 연결시켜 커트하고, 본발은 가발을 벗은 후 커트한다.
② 시닝가위 : 가발 제작 과정 중 가발 커트 시 커트된 부위가 뭉쳐있거나 숱이 많은 부분을 자연스럽게 커트하는 기구로 톱니형으로 생긴 가위이다.

부분 가발을 쓴 사람을 조발하려면 어떤 방법이 가장 이상적인가?

① 가발을 씌어놓고 조발을 한다.
② 가발을 조발하고 가발에 맞추어 조발한다.
③ 가발을 씌우고 지간 깎기로 본머리와 가발머리를 동시에 잡아 깎는다.
④ 가발은 본발과 연결시켜 커트하고, 본발은 가발을 벗은 후 커트한다.

정답 ④

핵심이론 01 │ 고객 응대

(1) 맞이하기

① 메러비안(Mehrabian)의 법칙
   ㉠ 커뮤니케이션 중 말의 비율은 7%, 목소리 38%, 신체·생리적 표현은 55%로, 언어 외적인 것이 중요하다는 것이다.
   ㉡ 이 법칙은 상대방과 대화에서 어떻게 반응하여 표현하였는가에 따라 고객과의 관계가 형성됨을 말해 준다.

② 분위기 조성
   ㉠ 적절한 배려로 친근감 있는 분위기를 형성한다.
   ㉡ 다과나 차를 권하여 고객으로 하여금 긴장감을 해소시킨다.

③ 요구 분석 및 고객 만족 여부 확인
   ㉠ 고객의 니즈를 분석한다.
   ㉡ 고객에게 제공해야 하는 핵심인 서비스나 시술, 사용 제품에 대한 만족을 확인하고 고객과의 의사소통을 충실히 한다.

(2) 고객 접점 3요소

① 시설(Hardware)
   ㉠ 시설이나 설비, 고객이 보고 느끼고 체험하는 공간
   ㉡ 매장의 이미지, 브랜드 파워, 매장 편의시설, 인테리어 등
   ㉖ 상품, 건물, 숍(Shop) 분위기, 주차장, 시설 등

② 운영 시스템(Software) : 고객이 접하는 서비스 시스템으로 서비스 프로그램 등
   ㉖ 업무 처리 절차, 업무 처리 기간, 정보 제공, 출입 절차 등

③ 인적 시스템(Humanware) : 직원들의 서비스 마인드와 접객 서비스 행동, 매너, 조직 문화 등
   ㉖ 표정, 대화, 복장, 용모, 전화 응대, 자세, 태도 등

(3) 고객 응대 인사법

① 인사의 기본
   ㉠ 내가 먼저 인사한다.
   ㉡ 등과 허리를 펴고 상대방의 눈을 바라본다.
   ㉢ 표정은 밝게 목소리는 명랑하게 인사한다.
   ㉣ 인사를 더욱 풍성하게 하는 인사말을 한다.
   ㉤ 때와 장소, 상황에 맞게 인사한다.

② 인사의 종류
   ㉠ 가벼운 인사 목례 : 직장 동료나 친구, 후배 사이에 15° 정도 허리를 숙여 하는 가벼운 인사로 자주 마주쳤을 때, 통화 중 마주쳤을 때의 인사 형식이다.
   ㉡ 보통 인사(경례) : 일반적인 인사로 30° 허리를 굽혀 인사한다. 방문한 고객을 맞이하거나 배웅할 때, 일상생활에서 어른이나 상사를 만났을 때 하는 인사 형식이다.
   ㉢ 정중한 인사(큰 경례) : 최고의 경례를 표하는 것으로 45° 허리를 숙여 하는 정중례이다. 깊은 감사나 사과의 뜻을 나타낼 때, 지위가 높거나 저명한 인사를 소개 받을 때, 고객을 마중할 때 하는 인사 형식이다.

10년간 자주 출제된 문제

올바른 인사방법이 아닌 것은?

① 인사를 하기 전에 상대방의 눈을 바라본다.
② 아랫사람이 먼저 할 때까지 기다리는 것이 좋다.
③ 인사를 더욱 풍성하게 하는 인사말을 한다.
④ 고개는 반듯하게 들고, 턱을 내밀지 않고 자연스럽게 당긴다.

|해설|

인사는 본 사람이 먼저 하는 것이 좋으며, 상대방이 먼저 인사한 경우에는 응대한다.

정답 ②

---

(1) 고객 유형별 응대화법

① 주도형
  ㉠ 대화는 간략하고 핵심만 이야기한다.
  ㉡ 고객이 서비스에 대한 불만족이 있을 시 문제를 빠르고 정확하게 처리한다.
  "죄송합니다. 신속한 처리 도와드리겠습니다."

② 사교형
  ㉠ 고객의 생각과 의견에 대해 이야기를 할 수 있도록 유도한다.
  "고객님, 원하시는 스타일이나 해보고 싶으신 스타일이 있으신가요?"
  ㉡ 고객이 서비스에 대한 불만족이 있을 시 고객의 감정에 공감한다.
  "서비스가 만족스럽지 못해 속상하셨겠어요."

③ 안정형 : 시술 시 고객이 안정감을 느낄 수 있도록 시술하고자 하는 내용 절차에 대해 설명한다.
  "고객님 ○○시술 원하셨고 ○○순서에 따라 진행됩니다."

④ 신중형 : 정확한 데이터와 자료를 가지고 상담하고 고객의 의사를 확인한다.
  "원하시는 ○○시술은 고객님 모발 ○○타입으로 ○○제품을 사용하여 시술하며 시간은 ○○분 걸리십니다. 진행 도와드릴까요?"

(2) 전화상담

① 전화를 받는 경우
  ㉠ 전화벨이 울리면 3초 안에 전화를 받는다.
  ㉡ 늦게 받았을 경우 먼저 사과의 인사말을 한다.
  ㉢ 첫 인사말과 함께 이름과 소속을 밝힌다.
  ㉣ 상대방의 성명을 확인하고 전화 목적, 예약을 확인하여 메모한다.
  ㉤ 예약 내용은 다시 반복하여 확인한다.

  ㉥ 고객이 먼저 끊은 것을 확인한 뒤 수화기를 내려놓는다.

② 전화를 거는 경우
  ㉠ 전화를 드리기에 적정한 시간인지, 용건이 무엇인지 확인한다.
  ㉡ 첫인사 후 자신의 소속을 밝히고 상대방의 성명을 확인한다.
  ㉢ 전화 목적과 용건에 대해 말한다.

③ 불만 전화를 받은 경우
  ㉠ 고객의 불만사항을 끝까지 경청한다.
  ㉡ 고객의 불편한 감정에 공감하며 사과한다.
  ㉢ 불만사항을 경청한 뒤 처리방법에 대해 안내하며 거듭 사과하고 인사한다.

④ 전화가 잘 들리지 않거나 잘못들은 경우
  ㉠ 목소리가 잘 들리지 않는 경우 좀 더 큰소리로 말해주실 것을 요청한다.
  ㉡ 제대로 듣지 못한 경우 다시 말씀해 주실 것을 요청한다.

10년간 자주 출제된 문제

전화상담 시 응대법으로 가장 적절하지 않은 것은?

① 전화벨이 울리면 3초 안에 전화를 받는다.
② 늦게 받았을 경우 먼저 사과의 인사말을 한다.
③ 불만 전화를 받은 경우에는 즉시 처리방법에 대해 안내한다.
④ 제대로 듣지 못한 경우 다시 말씀해 주실 것을 요청한다.

|해설|
고객의 불편한 감정에 공감하며 사과한 후 처리방법에 대해 안내한다.

정답 ③

(1) 상담에 필요한 기본 준비 자세

① 밝은 표정을 짓는다.

② 용모와 복장을 단정히 한다.

③ 바른 자세로 맞이한다.

④ 고객과의 유대 관계를 형성한다.

⑤ 다양한 질문을 통해 고객의 상황, 니즈, 문제에 대한 깊이 있는 정보를 얻는다.

⑥ 상담 내용을 다시 재정리하여 설명한다.

⑦ 매장이 가지고 있는 다양한 정보를 제공함으로써 고객이 매장에 긍정적이고 확실한 이미지를 갖도록 한다.

(2) 상담 절차에 따른 매뉴얼의 작성

① 사전 상담 매뉴얼을 조사하여 매뉴얼을 작성한다.

 ㉠ 신규 고객 등록 신청서를 받는다.

 ㉡ 고객 정보수집 및 활용에 대한 동의서를 받는다.

② 고객과 상담을 통해 고객 차트를 작성한다.

 ㉠ 담당 디자이너, 상담일, 고객의 직업, 주소 등 고객 정보를 작성한다.

 ㉡ 고객의 선호하는 모발 길이, 선호 스타일, 기존 헤어 컬러, 선호 컬러 등을 작성한다.

 ㉢ 고객의 모발·두피 관련 정보를 조사하여 작성한다.

 ㉣ 각 두상 부위에 어떠한 시술을 하는지 도해도를 그리고 정확하게 작성한다.

 ㉤ 상담 및 특이사항에 대해 작성한다(시술하면서 오류가 있었던 부분, 다음 시술 시 유의사항 등).

 ㉥ 홈케어 방법 즉, 시술이 끝난 후 고객이 집에 돌아가 모발을 관리하는 방법, 스타일링하는 방법, 사용하는 제품 등에 대한 설명을 작성한다.

10년간 자주 출제된 문제

상담 시 고객에 대해 취해야 할 사항으로 옳은 것은?

① 상담 시 다른 고객의 신상정보, 관리정보를 제공한다.

② 고객의 사생활에 대한 정보를 정확하게 파악한다.

③ 고객과의 친밀감을 갖기 위해 사적으로 친목을 도모한다.

④ 전문적인 지식과 경험을 바탕으로 관리방법과 절차 등에 관해 차분하게 설명해 준다.

| 해설 |

전문적인 지식과 경험을 바탕으로 적절한 어휘를 선택하여 고객에게 관리방법과 절차 등을 차분하게 설명하여 고객이 신뢰감과 편안함을 느낄 수 있도록 해야 한다.

정답 ④

(1) 개인정보 보호 원칙

① 개인정보의 처리 목적을 명확히 한다.

② 목적에 필요한 범위에서 최소한의 개인정보만을 정당하게 수집하여야 한다.

③ 목적에 필요한 범위에서 개인정보의 정확성, 완전성 및 최신성이 보장되도록 해야 한다.

④ 정보 주체 개인정보를 안전하게 관리해야 한다.

⑤ 정보 주체의 사생활 침해를 최소화하는 방법으로 개인정보를 처리해야 한다.

(2) 고객관리 프로그램(CRM ; Customer Relationship Management) 효과

① 고객 관계 강화를 통해 이탈 고객을 방지함으로써 매출을 창출할 수 있다.

② 미래의 구매 특성과 시기를 알아내어 고객의 방문을 지속적으로 유지할 수 있다.

③ CRM을 통해 충성도 향상 및 신규 고객의 확보에 도움을 준다.

④ 불필요한 마케팅 비용을 최소화함으로써 효율성을 높일 수 있다.

⑤ 경영 실적을 정기적으로 분석, 검토하여 적절한 경영 활동과 동일한 시행착오를 방지한다.

(3) 불만 고객관리의 중요성

① 불만 고객은 무엇을 잘못하고 있는지, 무엇이 부족한지에 대해 이야기한다. 인지하지 못한 부분을 뽑아냄으로써 고객서비스 품질 향상에 도움이 된다.

② 불만 처리를 신속하고 진지하게 받은 고객은 충성 고객으로 전환된다.

③ 불만을 표현하지 않는 고객의 소리에도 귀를 기울여 의견을 듣고 해결하도록 한다.

10년간 자주 출제된 문제

불만 고객 발생 시 행동요령으로 틀린 것은?

① 고객의 감정을 상하게 하지 않도록 불만 내용을 끝까지 참고 듣는다.

② 고객의 불만, 불편사항이 더 이상 확대되지 않도록 한다.

③ 불만을 해결하기 어려운 경우 임기응변으로 답변한다.

④ 책임감을 갖고 전화를 받는 사람의 이름을 밝혀 고객을 안심시킨 후 확인 연락을 할 것을 전해준다.

|해설|

고객의 불만을 해결하기 어려운 경우 적당히 답변하지 말고 확실한 결론을 얻은 후 답변을 해야 한다.

정답 ③

02 공중보건학

제1절 공중보건학 총론

핵심이론 01 | 공중보건학의 개념

(1) 공중보건학의 목적

① 질병 예방, 생명 연장, 신체적·정신적 효율의 증진이고, 이것을 달성하기 위한 수단은 조직적인 지역사회의 노력을 통해서 이루어지는 것이다.

② 공중보건의 대상은 개인이 아니고 지역사회 전체의 주민이 된다.

　※ 의학에서는 개인이 대상이지만 공중보건학에서는 지역사회 주민이 대상이다.

③ C. E. Winslow의 공중보건학의 정의 : 공중보건학이란 "조직적인 지역사회의 노력을 통해서 질병을 예방하고, 생명을 연장시킴과 동시에 신체적·정신적 효율을 증진시키는 기술과학"이다.

(2) 공중보건의 현대적 경향

① 평균수명이 점차 증가하고 있다.

② 유아사망률이 점차 낮아지고 있다.

③ 각종 감염병이 점차 감소하고 있다.

④ 아동의 질병은 줄어드는 반면 노인병은 증가하고 있다.

10년간 자주 출제된 문제

공중보건학의 정의에 해당하지 않는 것은?

① 지역사회의 수명을 연장시키는 기술 및 과학

② 정신병을 치료하는 기술 및 과학

③ 신체적·정신적 효율을 증진시키는 기술 및 과학

④ 질병을 예방하는 기술 및 과학

|해설|

질병예방, 생명연장, 신체적·정신적 효율을 증진하는 데 목적이 있는 것이지 정신병을 치료하는 것은 아니다.

정답 ②

(1) 건강의 정의

① 세계보건기구(WHO)의 건강의 정의 : 건강이란 신체적 · 정신적 및 사회적 안녕의 완전상태이며 단지 질병이나 허약의 부재상태만을 뜻하는 것이 아니다.

② 세계보건기구의 3대 건강지표 : 평균수명, 조(보통)사망률, 비례사망지수

③ 한 국가 또는 지역주민의 건강수준지표 : 조(보통)사망률, 영아사망률, 모성사망률, 평균여명, 비례사망지수(PMI) 등이 있는데, 그 대표적인 지표로는 영아사망률을 사용하고 있다.

(2) 질병의 발생

① 병인(Agent) : 병원체, 화학적 · 물리적 · 정신적 원인 등

② 숙주(Host) : 개인 혹은 민족적 · 심리적 · 생물적 특성 등의 감수성 있는 인간 숙주

③ 환경(Environment) : 물리화학적 · 사회경제적 · 생물학적 등의 환경조건

10년간 자주 출제된 문제

2-1. WHO가 권장하는 국가 간의 보건수준을 비교 · 평가하는 3대 지표는?

① 모성사망률, 비례사망지수, 평균수명
② 보통사망률, 비례사망지수, 평균수명
③ 출생 수, 비례사망지수, 평균수명
④ 영아사망률, 비례사망지수, 출생 수

2-2. 질병 발생의 세 가지 요인으로 연결된 것은?

① 숙주 – 병인 – 환경   ② 숙주 – 병인 – 유전
③ 숙주 – 병인 – 병소   ④ 숙주 – 병인 – 저항력

정답 2-1 ② 2-2 ①

---

(1) 인구조사

① 인구조사(국세조사)는 5년마다 실시한다.

② 생명표 작성에 사용되는 인자 : 생존자 수, 사망자 수, 생존율, 사망률, 평균여명

③ 인구 부양비 : 비생산층 인구 ÷ 생산층 인구

④ 인구증가 : 자연증가 + 사회증가
  ㉠ 자연증가율 : 조출생률 – 조사망률
  ㉡ 사회증가 : 전입인구 – 전출인구

(2) 인구 구성형태

① 피라미드형(정체형, 증가형) : 출생률과 사망률이 모두 높고, 14세 이하 인구가 65세 이상 인구의 2배를 초과하는 인구 구성형태이다.

② 종형(정체형) : 인구 정지형으로 출생률과 사망률이 모두 낮으며, 14세 이하의 인구가 65세 이상의 인구의 2배 정도가 되는 가장 이상적인 인구형태이다.

③ 방추형(항아리형) : 출생률이 사망률보다 낮은 인구 감소형으로 평균수명이 높은 선진국형이다. 프랑스나 일본도 방추형의 인구피라미드가 나타나고 있다.

④ 별형(도시형) : 생산연령 인구가 많이 유입되는 도시지역의 인구 구성으로 생산층 인구가 전체 인구의 50% 이상을 차지하는 형태이다.

⑤ 표주박형(기타형, 농촌형) : 청장년층의 전출로 노년층 비율이 높은 농촌에서 나타나며, 생산연령 인구에 비해서 노년 인구가 많고 인구 과소로 노동력 부족 문제가 나타난다.

피라미드형, 종형, 방추형은 한 지역 또는 한 국가 전체의 자연적인 출생률과 사망률의 변화에 따라 나타나는 유형이며, 표주박형과 별형은 전입, 전출 등 사회적 변화에 의해 지역에 따라 국지적으로 나타나는 유형이다.

핵심이론 04 | 보건지표

(1) 출산통계

① 조출생률

$$C.B.R = \frac{연간\ 출생아\ 수}{당해\ 연도의\ 인구수} \times 1,000$$

② 일반출산율

$$G.F.R = \frac{연간\ 출생아\ 수}{임신\ 가능한\ 여성\ 인구수} \times 1,000$$

(2) 사망통계

① 조사망률 : 보통사망률이라고도 한다.

$$\frac{연간\ 사망자\ 수}{그해의\ 인구} \times 1,000$$

② 영아사망률 : 영아사망률은 국가사회나 지역사회의 보건수준을 나타내는 대표적인 지표이다.

$$\frac{1년간의\ 생후\ 1년\ 미만의\ 사망자\ 수}{그해의\ 출생아\ 수} \times 1,000$$

③ 신생아사망률 : 신생아는 생후 28일 미만의 아이를 말하며, 신생아사망률은 주로 내재적 또는 유전적 소인에 기인하는 경우가 많다.

$$\frac{1년간의\ 생후\ 28일\ 미만의\ 사망자\ 수}{그해의\ 출생아\ 수} \times 1,000$$

(3) 질병통계

① 발생률 : 단위 인구당 일정 기간에 새로 발생한 환자 수를 표시한 것으로서, 이 질병에 걸릴 확률 또는 위험도를 나타낸다.

$$\frac{어느\ 기간의\ 발생\ 환자\ 수}{그\ 지역의\ 인구수} \times 1,000$$

② 유병률 : 일정 시점 또는 일정 기간 동안의 인구 중에 존재하는 환자 수의 비율을 말한다.

$$\frac{\text{어느 시점(기간)에 있어서의 환자 수}}{\text{그 시점의 인구수}} \times 1,000$$

③ 치명률 : 어떤 질병에 걸린 환자 수 중에서 그 질병으로 인한 사망자 수를 나타낸다.

$$\frac{\text{연내 어떤 질병에 의한 사망자 수}}{\text{그 질병의 환자 수}} \times 100$$

10년간 자주 출제된 문제

질병 통계에서 일정 시점 또는 일정 기간 동안의 인구 중 존재하는 환자 수의 비율을 나타내는 것은?

① 발생률
② 유병률
③ 발병률
④ 치명률

정답 ②

제2절 **질병관리**

핵심이론 01 | **역 학**

(1) 역학의 개념

① **역학의 정의** : 인간집단에서 발생·존재하는 질병의 분포 및 유행경향을 밝히고 그 원인을 규명함으로써 그 질병의 관리와 예방을 강구할 수 있도록 하는 데 목적을 둔 학문이다.

㉠ J. E. Gordon : 역학이란 유행병을 연구하는 학문이며, 의학적 생태학으로서 보건학적 진단학이다.

㉡ G. W. Anderson : 역학이란 질병 발생을 연구하는 과학이다.

㉢ Major Greenwood : 역학이란 모든 질병을 집단현상으로 연구하는 학문이다.

(2) 역학의 목적과 기능

① **목적** : 질병의 발생원인을 규명하여 질병을 효율적으로 예방하는 데 있다.

② **기 능**

㉠ 질병발생의 원인을 규명한다.

㉡ 지역사회의 질병양상을 파악할 수 있다.

㉢ 예방대책을 수립하여 행정적인 뒷받침을 할 수 있다.

㉣ 질병의 자연사를 연구할 수 있다.

㉤ 질병을 진단하고 치료하는 임상연구에서 활용할 수 있다.

㉥ 연구전략의 개발 역할을 할 수 있다.

㉦ 보건사업의 평가 역할을 한다.

1-1. 역학에 대한 설명으로 옳지 않은 것은?

① 질병발생의 원인 및 발생요인을 밝히는 분야이다.
② 인간집단을 대상으로 발생된 질병을 연구하는 학문이다.
③ 질병을 치료하기 위한 임상분야의 학문이다.
④ 질병을 예방할 수 있도록 예방대책을 강구하는 것이다.

1-2. 공중보건학의 범위 중에서 질병관리 분야로 가장 적합한 것은?

① 역 학
② 환경위생
③ 보건행정
④ 산업보건

|해설|

1-2
역학의 궁극적인 목표는 감염병 관리, 감염병의 전파양식 파악, 질병발생 양상과 원인 규명 및 예방·관리이다.

정답 1-1 ③ 1-2 ①

핵심이론 02 | 감염병 관리

(1) 감염병 관리

① 감염병 발생과정 : 병원체 → 병원소 → 병원체의 탈출 → 전파 → 병원체의 침입 → 감수성 숙주의 감염

② 감염병 발생의 3대 요소 : 병인(병원체), 환경(감염경로), 숙주(감수성)

(2) 병원체

① 세균(Bacteria) : 장티푸스, 콜레라, 디프테리아, 결핵, 페스트, 백일해, 성홍열, 한센병(나병), 이질, 파라티푸스, 매독, 임질 등

② 바이러스(Virus) : 천연두, 홍역, 인플루엔자, 유행성 이하선염, 뇌염, 폴리오(Polio ; 소아마비), 광견병, AIDS, 신증후군출혈열(유행성 출혈열), 황열 등

③ 리케차(Rickettsia) : 발진티푸스, 발진열, 양충병, Q열 등

※ 리케차 : 바이러스와 마찬가지로 살아 있는 세포 내에서만 증식이 가능하다. 주로 절지동물(진드기, 벼룩, 이 등)이 사람의 혈액을 흡혈할 때 인체 내로 감염된다.

④ 기생충(Parasite) : 말라리아, 이질아메바, 사상충증, 회충, 구충, 십이지장충, 간디스토마, 폐디스토마 등

⑤ 원충성 : 아메바성 이질, 말라리아 등

다음 중 아주 작은 병원체인 바이러스에 의하여 발생하는 질병이 아닌 것은?

① 장티푸스   ② 광견병
③ 일본뇌염   ④ 소아마비

정답 ①

병원체가 생활·증식하면서 다른 숙주에 전파될 수 있는 상태로 저장되는 장소로 결국은 종국적 감염원이라 할 수 있다.

(1) 인간병원소

① 환자 : 병원체에 감염되어 임상증상이 있는 모든 사람이다.

② 무증상감염자 : 임상증상이 아주 미약하여 간과되기 쉬운 환자로서 무증상감염을 일으키는 질병은 장티푸스, 세균성 이질, 콜레라, 성홍열 등이 있다.

③ 보균자 : 증상이 없으나 병원체를 배출함으로써 다른 사람에게 병을 전파할 수 있는 사람이다.
   ㉠ 회복기 보균자 : 병후 보균자
   ㉡ 잠복기 보균자 : 발병 전 보균자
   ㉢ 건강보균자 : 병원체에 감염되었으나 임상증상이 전혀 없는 보균자로서 감염병 관리상 중요한 대상

(2) 동물병원소(인수공통감염병)

척추동물과 사람 사이에 자연적으로 전파되는 질병으로, 감염된 동물이 2차적으로 인간숙주에게 질병을 일으킬 수 있는 감염원이다.

① 쥐 : 양충병(쯔쯔가무시병), 유행성 출혈열, 페스트, 발진열, 살모넬라증, 렙토스피라증 등

② 말 : 탄저, 유행성 뇌염, 살모넬라증 등

③ 소 : 탄저, 광우병, 결핵, 살모넬라증, 브루셀라증(파상열), 일본뇌염 등

④ 양 : 탄저, 파상열, 보툴리눔독소증, Q열 등

⑤ 개 : 광견병, 톡소플라스마증, 일본주혈흡충증 등

⑥ 돼지 : 살모넬라증, 파상열, 탄저, 일본뇌염, 선모충, 유구조충, 돈단독

⑦ 고양이 : 살모넬라증, 톡소플라스마증

⑧ 새 : 조형결핵

(3) 토양병원소

토양은 진균류인 히스토플라스마증(Histoplasmosis), 분아균증과 파상풍의 병원소로서 작용한다.

10년간 자주 출제된 문제

다음 중 감염병 관리상 가장 관리하기 어려운 자는?

① 회복기 보균자
② 잠복기 보균자
③ 건강보균자
④ 만성보균자

|해설|

보균자
- 건강보균자 : 잠복기 보균자와 함께 예측이 거의 불가능하므로 감염병 관리상 가장 관리하기 어려움(디프테리아, 폴리오, 일본뇌염, B형간염)
- 회복기 보균자 : 임상증상이 끝난 후 남아 있는 병원체를 배출하는 보균자(장티푸스, 세균성 이질, 디프테리아)
- 잠복기 보균자 : 발병되기 전 잠복기 균을 배출하는 보균자(디프테리아, 홍역, 백일해, 유행성 이하선염, 수막구균성 수막염, 성홍열)
- 만성보균자 : 보균기간이 장시일 계속되는 보균자(장티푸스, B형간염, 결핵 등)

정답 ③

(1) 소화기계 침입

① 수인성 감염병 : 환자나 보균자의 대변으로 배설된 병원체가 음식물이나 식수에 오염되어 경구적으로 침입한다.

② 경구침입 감염병 : 장티푸스, 파라티푸스, 콜레라, 세균성 및 아메바성 이질, 폴리오, 유행성 간염(A형간염) 등

(2) 호흡기계 침입

① 환자나 보균자의 객담, 콧물, 재채기 등으로 배출되어 전파되는 비말감염이다.

② 디프테리아, 폐렴, 백일해, 인플루엔자, 홍역, 두창, 결핵 등

③ 감염원 관리 및 감수성 보유자의 예방접종 대책이 중요하다.

(3) 경피 침입

① 점막이나 상처 부위를 통해 균이 침입한다.

② 일본뇌염, 파상풍, 트라코마, 페스트, 발진티푸스, 매독, 한센병(나병) 등

(4) 기계적 전파

① 매개곤충의 다리나 체표에 부착되어 있는 병원체를 아무런 변화 없이 전파하는 경우를 말한다.

② 위생해충의 매개 질병
  ㉠ 파리 : 장티푸스, 파라티푸스, 이질, 콜레라, 식중독, 급성 회백수염(소아마비), 유행성 간염, 결핵, 폴리오 등
  ㉡ 모기 : 일본뇌염, 말라리아, 사상충증, 황열, 뎅기열
  ㉢ 벼룩 : 페스트, 발진열, 재귀열
  ㉣ 이 : 발진티푸스, 재귀열, 페스트
  ㉤ 빈대 : 재귀열, 소양감, 염증
  ㉥ 진드기 : 유행성 출혈열, 야토병, Q열, 재귀열, 양충병
  ㉦ 바퀴 : 살모넬라증, 장티푸스, 이질, 콜레라, 디프테리아, 파상풍, 폴리오
  ㉧ 쥐 : 렙토스피라증, 살모넬라증

10년간 자주 출제된 문제

4-1. 모기가 매개하는 질병이 아닌 것은?

① 말라리아
② 일본뇌염
③ 이 질
④ 황 열

4-2. 해충과 매개하는 감염병이 틀린 것은?

① 모기 – 사상충증
② 파리 – 황열
③ 이 – 발진티푸스
④ 진드기 – 양충병

|해설|

4-1
모기 매개 질병으로 말라리아, 일본뇌염, 황열, 뎅기열 등이 있다.

4-2
② 황열은 모기가 매개한다.

정답 4-1 ③ 4-2 ②

(1) 제1급 감염병

① 생물테러감염병 또는 치명률이 높거나 집단 발생의 우려가 커서 발생 또는 유행 즉시 신고하여야 하고, 음압격리와 같은 높은 수준의 격리가 필요한 감염병

② 에볼라바이러스병, 마버그열, 라싸열, 크리미안콩고출혈열, 남아메리카출혈열, 리프트밸리열, 두창, 페스트, 탄저, 보툴리눔독소증, 야토병, 신종감염병증후군, 중증급성호흡기증후군(SARS), 중동호흡기증후군(MERS), 동물인플루엔자 인체감염증, 신종인플루엔자, 디프테리아

(2) 제2급 감염병

① 전파가능성을 고려하여 발생 또는 유행 시 24시간 이내에 신고하여야 하고, 격리가 필요한 감염병

② 결핵, 수두, 홍역, 콜레라, 장티푸스, 파라티푸스, 세균성 이질, 장출혈성대장균감염증, A형간염, 백일해, 유행성 이하선염, 풍진, 폴리오, 수막구균 감염증, B형헤모필루스인플루엔자, 폐렴구균 감염증, 한센병, 성홍열, 반코마이신내성황색포도알균(VRSA) 감염증, 카바페넴내성장내세균목(CRE) 감염증, E형간염

(3) 제3급 감염병

① 그 발생을 계속 감시할 필요가 있어 발생 또는 유행 시 24시간 이내에 신고하여야 하는 감염병

② 파상풍, B형간염, 일본뇌염, C형간염, 말라리아, 레지오넬라증, 비브리오패혈증, 발진티푸스, 발진열, 쯔쯔가무시증, 렙토스피라증, 브루셀라증, 공수병, 신증후군출혈열, 후천성면역결핍증(AIDS), 크로이츠펠트-야콥병(CJD) 및 변종크로이츠펠트-야콥병(vCJD), 황열, 뎅기열, 큐열(Q熱), 웨스트나일열, 라임병, 진드기매개뇌염, 유비저, 치쿤구니야열, 중증열성혈소판감소증후군(SFTS), 지카바이러스 감염증, 매독

(4) 제4급 감염병

① 제1급 감염병부터 제3급 감염병까지의 감염병 외에 유행 여부를 조사하기 위하여 표본감시 활동이 필요한 감염병

② 인플루엔자, 회충증, 편충증, 요충증, 간흡충증, 폐흡충증, 장흡충증, 수족구병, 임질, 클라미디아감염증, 연성하감, 성기단순포진, 첨규콘딜롬, 반코마이신내성장알균(VRE) 감염증, 메티실린내성황색포도알균(MRSA) 감염증, 다제내성녹농균(MRPA) 감염증, 다제내성아시네토박터바우마니균(MRAB) 감염증, 장관감염증, 급성호흡기감염증, 해외유입기생충감염증, 엔테로바이러스감염증, 사람유두종바이러스 감염증

(5) 기생충 감염병

① 기생충에 감염되어 발생하는 감염병

② 회충증, 편충증, 요충증, 간흡충증, 폐흡충증, 장흡충증, 해외유입기생충감염증

10년간 자주 출제된 문제

제1급, 제2급 및 제3급 감염병이 순서대로 연결된 것은?

① 디프테리아 - 풍진 - 발진티푸스
② 세균성 이질 - 유행성 이하선염 - 장티푸스
③ 백일해 - 탄저 - 황열
④ 콜레라 - 발진열 - 동물인플루엔자

정답 ①

(1) 예방접종(기초 및 추가접종) 실시 기준(생후)

① 4주 이내 : BCG(결핵 예방접종), B형간염

② 2개월 : DTaP(디프테리아, 파상풍, 백일해), 폴리오, 폐렴구균, B형헤모필루스인플루엔자

③ 12~15개월 : MMR(홍역, 유행성 이하선염, 풍진), 수두, DTaP, 폴리오, B형헤모필루스인플루엔자, 폐렴구균, A형간염, 일본뇌염, 인플루엔자(매년)

④ 3세 : 일본뇌염

(2) 인공능동면역 방법과 질병

① 생균백신(Live Vaccine) : 두창, 탄저, 광견병, 결핵, 폴리오, 홍역, 황열

② 사균백신(Killed Vaccine) : 장티푸스, 파라티푸스, 콜레라, 백일해, 일본뇌염, 폴리오

③ 순화독소(Toxoid) : 디프테리아, 파상풍

(3) 질병 이환 후 얻어지는 면역

① 영구면역(현성 감염 후) : 홍역, 수두, 백일해, 황열, 두창, 성홍열, 유행성 이하선염, 장티푸스, 콜레라, 페스트, 발진티푸스

② 영구면역(불현성 감염 후) : 일본뇌염, 폴리오, 디프테리아

③ 약한 면역 : 폐렴, 수막구균성수막염, 세균성 이질

④ 감염면역(면역 형성이 안 됨) : 매독, 임질, 말라리아

10년간 자주 출제된 문제

기본접종에서 생후 처음 결핵의 예방접종 시기로 가장 적합한 것은?

① 생후 4주 이내　　　　② 생후 8주 이내
③ 생후 16주 이내　　　④ 생후 24주 이내

정답 ①

---

(1) 선충류

① 회충증

　㉠ 우리나라에서 가장 높은 감염률을 나타낸다.

　㉡ 원인 : 손, 생채소, 파리, 음료수 등에 의한 경구침입을 통해 감염된다.

　㉢ 전파 : 위 - 심장 - 폐포 - 기관지 - 식도 - 소장

　㉣ 예방 : 인분의 위생적 처리와 관리 철저, 청정채소 섭취, 정기적 구충제 복용, 보건교육 강화

② 십이지장충증(구충증)

　㉠ 원인 : 오염된 흙 위를 맨발로 다닐 경우 감염되며 피부와 채소를 통해 감염된다.

　㉡ 증상 : 빈혈이 주 증상이다.

　㉢ 예방 : 회충과 비슷하며 신발을 신도록 교육한다.

③ 요충증

　㉠ 전파 : 맹장에 기생하다 항문으로 나와 항문 주위에 산란하여 집단 내 감염이 된다.

　㉡ 증상 : 항문 주위에서 산란함으로 생기는 소양감, 습진 등이 있다.

　㉢ 처치 : 의류 - 열처리 세탁, 침구류 - 일광소독

④ 편충증 : 경구감염, 소장에 기생, 직장탈출증

⑤ 사상충증

　㉠ 전파 : 중간숙주인 모기

　㉡ 증상 : 림프선과 림프관 부종, 상피증(하지상피, 음낭상피)

⑥ 아니사키스

　㉠ 유충 : 고등어, 전갱이, 청어, 오징어 등의 내장, 복강 근육에 기생한다.

　㉡ 성충 : 고래, 돌고래의 소화관에 기생한다.

⑦ 선모충증

　㉠ 장점막(소장) 침입에 의해 설사, 복통, 위장장애 등을 일으킨다.

　㉡ 돼지고기를 통하여 경구 침입한다.

(2) 흡충류

① 간흡충증(간디스토마) : 자웅동체

ⓐ 제1중간숙주 : 왜우렁(쇠우렁)

ⓑ 제2중간숙주 : 담수어[민물고기, 잉어과(참붕어, 피라미)]

ⓒ 인체 감염형은 피낭유충이다.

ⓓ 인체 주요 기생부위는 간의 담도이다.

② 폐흡충증(폐디스토마) : 자웅동체

ⓐ 전파경로 : 대변이나 객담에서 충란 → 다슬기(제1중간숙주) → 참게, 참가재(제2중간숙주) → 불충분한 조리나 생식 시 감염

ⓑ 증상 : 폐결핵과 비슷한 증상, 흉통, 기침, 가래, 혈담, 객혈

ⓒ 예방 : 음료수 끓여 먹기, 보건교육, 게나 가재의 생식 금지, 가래와 대변의 위생적 처리

③ 요코가와흡충(횡천흡충) : 자웅동체

ⓐ 제1중간숙주 : 다슬기

ⓑ 제2중간숙주 : 담수어(은어)

(3) 조충류(촌충류)

① 무구조충(민촌충)

ⓐ 성충만 인체의 소장에 기생한다.

ⓑ 전파경로 : 충란이 소의 먹이(풀) → 소의 장에 기생 → 근육이나 조직 → 쇠고기, 소내장 → 불충분한 가열 후 섭취함으로써 감염

ⓒ 증상 : 위장장애, 급성장폐쇄, 충수염, 담관염, 중독증세, 복통, 두통, 현기증

ⓓ 예방 : 대변처리, 쇠고기 위생적 처리(충분한 가열)

② 유구조충(갈고리촌충)

ⓐ 돼지고기 생식으로 낭미충의 경구침입, 사람의 소장에서 기생한다.

ⓑ 전파경로 : 충란 → 돼지사료에 오염 → 돼지고기 → 불충분하게 조리된 돼지고기를 섭취함으로써 감염

ⓒ 증상 : 빈혈과 관계, 체중 감소

ⓓ 예방 : 대변처리, 돼지고기 위생처리(충분한 가열)

③ 광절열두조충(긴촌충)

ⓐ 제1중간숙주 : 물벼룩

ⓑ 제2중간숙주 : 송어, 연어

ⓒ 소장 상부에서 장벽에 부착하여 성장하며, 6~20년 간 생존

ⓓ 생선을 익혀 먹거나 소금에 절여 놓으면 유충 사멸

(4) 기생충 감염경로

① 혈액 : 말라리아, 사상충, 트리파노소마

② 피부 : 구충, 주혈흡충의 세르카리아, 분선충, 아메리카 구충

③ 모체감염 : 말라리아, 톡소플라스마

④ 입 : 회충, 요충, 편충

⑤ 입 및 피부 : 동양모양선충, 선모충, 두비니 구충, 아메리카 구충

10년간 자주 출제된 문제

7-1. 간흡충(간디스토마)에 관한 설명으로 틀린 것은?

① 인체 감염형은 피낭유충이다.

② 제1중간숙주는 왜우렁(쇠우렁)이다.

③ 인체 주요 기생 부위는 간의 담도이다.

④ 경피감염한다.

7-2. 기생충과 인체 감염원인 식품과의 연결이 틀린 것은?

① 유구조충 - 쇠고기

② 광절열두조충 - 송어

③ 간흡충 - 민물고기

④ 폐흡충 - 가재

정답 7-1 ④ 7-2 ①

(1) 성인병의 개념

① 원인은 인구의 노령화, 식생활습관의 서구화, 산업사회화에 따른 생활 내용의 변화이다.

② 만성적으로 진행되며 성인에게 많다.

③ 장기간에 걸쳐 지도·관찰 및 전문적 관리 등을 요하는 질환이나 기능장애이다.

④ 성인병에는 고혈압, 뇌졸중, 뇌출혈, 동맥경화, 당뇨병, 암 등이 있다.

(2) 성인병의 특징

① 직접적인 원인은 존재하지 않으며, 다인적으로 존재한다.

② 질병의 발생시점이 분명하지 않고, 잠재기간은 길다.

③ 유전적인 소인도 있다.

④ 만성질환의 발생률은 연령이 높을수록 많다.

⑤ 허혈성 심장질환은 남녀 중년 이후, 여자보다 남자에게 많이 발생한다.

(3) 성인병 예방

① 성인병 예방대책 : 식생활 개선, 규칙적인 운동, 충분한 수면과 휴식, 절주 및 금연, 동물성 지방섭취 제한

② 성인병 발견을 위한 집단검진의 목적은 질병의 조기발견, 질병의 역학적 연구, 질병발생의 기전 규명, 보건교육에 활용하기 위함이다.

10년간 자주 출제된 문제

성인병에 대한 내용으로 옳은 것은?

① 감염병 유행 시 급성으로 성인에게 침범한다.

② 감염병 유행 시 만성으로 성인에게 침범한다.

③ 만성적으로 진행되며 성인에게 많다.

④ 급성으로 진행되며 성인에게 많다.

정답 ③

---

(1) 고혈압

① **고혈압의 4대 병발증** : 뇌졸중, 신장장애, 동맥경화, 망막장애

② **고혈압의 위험요인** : 유전적 소인, 인구의 노령화, 과체중, 식염 섭취의 과다, 혈청지질의 증가, 흡연, 음주, 커피, 스트레스, 운동부족 등

③ 속발성 고혈압은 신장과 내분비계통 질환 등 원인이 명확하다.

   ㉠ 1차(85~90%) : 본태성으로 특별한 원인이 없다.

   ㉡ 2차(10~15%) : 속발성으로 원인이 확실하며 주로 신장질환을 초래한다(예 신장 이상, 호르몬 이상).

④ 고혈압은 언어장애, 혼수상태, 반신마비 등의 결과를 초래한다.

⑤ 흑인은 백인보다 고혈압과 심장질환이 더 많이 발생된다.

⑥ 고혈압을 예방하기 위해서는 콜레스테롤 식품과 염분을 제한한다. 술·담배·커피의 절제, 적당한 운동, 충분한 수면, 규칙적인 생활 습관화, 정기적인 혈압측정과 검진을 받는다.

(2) 당뇨병

① 당뇨의 원인으로 유전(가장 주요한 원인)과 비만 등이 문제가 된다.

② 당뇨는 인슐린 의존성, 비의존성으로 나뉜다.

③ 소아당뇨는 인슐린 의존형(인슐린 분비가 안 됨)이다.

④ 당뇨병의 3대 증상은 다뇨, 다식, 다갈이며, 이어서 피로감, 정신쇠약, 산혈증, 요에 당 및 단백질 농도 증가, 시력장애 등의 증상이 온다.

⑤ 성인당뇨는 운동과 식이요법, 비만관리로 치료를 하게 된다.

⑥ 당뇨병과 류마티스성 관절염은 남자보다 여자에게 다발하며, 특히 류마티스성은 3배 이상 다발한다.

(3) 암(악성신생물)

① 나이가 많아지면 많이 걸린다.

② 암세포는 전이하며, 백혈병도 암의 일종이다.

③ 서구에는 폐암이, 동양인에게는 위암이 많다.

④ 대장암은 육식을 많이 함으로써 주로 발생될 수 있다.

(4) 뇌졸중

① 중풍, 풍, 뇌혈관 질환이라고도 한다.

② 뇌졸중은 발증형태에 따라 뇌출혈과 뇌경색으로 구분한다. 뇌경색은 뇌혈류 감소가 지속되어 뇌조직이 괴사된 회복 불가능한 상태를 말하며, 뇌혈전증과 뇌색전증이 있다.

③ 고혈압, 당뇨병, 고지혈증은 뇌졸중의 유발인자이다.

④ 의료의 확대와 보건교육의 보급으로 예방될 수 있다.

(5) 동맥경화

① 동맥경화의 4대 위험요인 : 고혈압, 고지혈증, 흡연(동맥경화의 3대 요인), 당뇨병

② 동맥경화를 촉진시키는 가장 중요한 역할을 하는 것은 콜레스테롤이다.

③ 관상동맥질환은 여자보다 남자에게 더 많이 발생된다.

10년간 자주 출제된 문제

다음 중 성인병에 해당되지 않는 것은?

① 퇴행성 심장질환
② 급성 외상성 질환
③ 대사성 당뇨병
④ 고혈압

|해설|

암종, 당뇨병, 심장병, 신장병, 고혈압 등은 대개 나이가 든 어른들에게 많이 발생한다고 하여 성인병이라 한다.

정답 ②

---

(1) 고령화 사회(Aging Society)

① 고령화 사회란 UN 규정에 따라 65세 이상의 인구가 전체 인구의 7% 이상인 사회를 의미한다.

② UN은 7% 이상~14% 미만을 고령화 사회(Aging Society), 14% 이상을 고령사회(Aged Society), 20% 이상을 초고령 사회(Postaged Society, 후기 고령사회)로 규정한다.

(2) 노인보건의 중요성

① 평균수명의 연장으로 인한 노인인구의 증가

② 노인질환의 대부분이 만성적인 질환으로 의료비 증가

③ 노화의 기전이나 유전적 조절 등에 관한 관심 고조

④ 질병의 유병률과 발병률의 급격한 증가

⑤ 인구통계학적 이유와 고령화 사회

(3) 노인의 장애 단계

① 특정 장기의 기능장애가 있는 손상단계

② 세수, 목욕, 화장실 이용, 옷 입기 등 일상생활 장애 단계

③ 타인의 도움이 필요한 불구의 단계

※ 노화현상으로 순환기능, 호흡기능, 소화기능, 신경기능 및 정신기능의 저하가 온다.

10년간 자주 출제된 문제

노인보건이 중요하게 된 배경으로 가장 적합한 것은?

① 인구통계학적 이유와 고령화 사회
② 노인인구 감소와 청소년문화 확대
③ 급격한 감염성 질환의 증가
④ 의료비 감소

|해설|

노인보건이 중요하게 대두된 배경은 평균수명의 연장으로 인한 노인인구의 증가이다.

정답 ①

핵심이론 01 | 환경보건의 개념

(1) 환경의 분류

① 자연적 환경

ㄱ 이화학적 환경 : 공기(기온, 기습, 기류, 기압, 매연, 가스, 공기 조성, 공기 이온), 물(강수, 수량, 수질, 지표수, 지하수), 토지(지온, 지균, 토지 조성), 빛(광선, 자외선, 적외선, 방사선), 소리(음향, 소음, 잡음) 등

ㄴ 생물학적 환경 : 설치동물(쥐, 다람쥐), 모기, 파리 등의 유해 곤충과 절지동물, 병원 미생물 등

② 사회적 환경

ㄱ 인위적 환경 : 식생활, 의복, 주택 등의 위생시설, 토지 이용 관계, 수송, 공업, 도시, 농촌 등

ㄴ 사회적 환경 : 문화 수준, 정치, 경제, 종교, 교육 등

(2) 환경오염의 개념

① 환경오염이란 사업활동 및 그 밖의 사람의 활동에 의하여 발생하는 대기오염, 수질오염, 토양오염, 해양오염, 방사능오염, 소음·진동, 악취, 일조 방해, 인공조명에 의한 빛공해 등으로서 사람의 건강이나 환경에 피해를 주는 상태를 말한다(환경정책기본법 제3조제4호).

② 환경오염의 원인 : 산업화, 인구증가, 인구의 도시 집중, 지역 개발, 환경보전의 인식부족

10년간 자주 출제된 문제

환경오염에 해당되지 않는 것은?

① 소 음   ② 진 동
③ 악 취   ④ 식품위생

|해설|

환경오염 : 소음·진동과 악취, 인공조명에 의한 빛공해, 대기오염, 수질오염 등

정답 ④

핵심이론 02 | 대기환경

(1) 대기오염의 개요

① 공기의 성분비 : 질소(78.1%), 산소(21%), 아르곤(약 1%), 이산화탄소(0.03%)

② 오염물질

ㄱ 1차 오염물질

- 입자상 물질(부유입자, Aerosol) : 먼지, 훈연, 미스트, 매연(Smoke), 안개, 연무, 분진
- 가스상 물질 : 아황산가스(SO_2), 황화수소(H_2S), 질소 산화물(NO_x), 일산화탄소(CO), 이산화탄소(CO_2), 암모니아(NH_3), 불화수소(HF)

ㄴ 2차 오염물질(광화학 산화물) : 일단 배출된 오염물질이 대기 중에서 자외선의 영향을 받아 광화학 반응 등으로 인해 생성된 오염물질

예 과산화수소(H_2O_2), 질산과산화아세틸(PAN), 오존(O_3), 아크롤레인(C_3H_4O) 등

(2) 대기오염물질이 인체에 미치는 피해

① 입자상 물질($0.5 \sim 5.0\,\mu m$) : 폐포를 통해 혈관 또는 임파관으로 침입되며, 침착률이 가장 높다.

② 황산화물(SO_x, SO_2) : 호흡기계 질환(기관지염, 기관지 천식, 폐기종) 등이 생긴다.

③ 질소산화물(NO_x) : SO_2의 피해와 거의 비슷한 호흡기 질환이 나타난다.

④ 일산화탄소(CO) : 두통, 현기증, 구토감이 오고 호흡곤란, 특히 뇌조직과 신경계통에 많은 피해를 준다.

⑤ 카드뮴(Cd) : 금속, 식품의 용기나 기계를 통해 중독되며, 구토, 복통, 설사, 의식불명을 일으키고 만성 중독 시 신경장애를 일으킨다. → 이타이이타이병

⑥ 수은(Hg) : 유기수은에 오염된 식품 섭취 시 지각이상, 언어장애, 보행곤란 등의 증상을 일으킨다. → 미나마타병

(3) 기타 피해현상

① 진폐증 : 광산에서 석영(유리규산)으로 규폐증, 석면의 석면폐증(용혈작용), 원면 또는 고면에 의한 면폐증 등이 있으며, 0.5~5.0μm의 입자상 물질이 폐 속에 침투하여 호흡기능을 저하시킨다.

② 광화학스모그 : 아황산가스, 질소산화물, 탄화수소 등 1차 오염물질이 수증기가 있는 상태에서 태양의 자외선을 받아 광화학반응으로 생성되는 2차 오염물질이다.

공기의 조성 성분 농도를 높은 것부터 낮은 순으로 바르게 나열한 것은?

① 산소 → 이산화탄소 → 질소 → 아르곤
② 산소 → 질소 → 이산화탄소 → 아르곤
③ 질소 → 이산화탄소 → 산소 → 아르곤
④ 질소 → 산소 → 아르곤 → 이산화탄소

|해설|

공기의 성분비 : 질소(78.1%), 산소(21%), 아르곤(약 1%), 이산화탄소(0.03%)

정답 ④

---

(1) 상수처리

① 폭기 : 물속에 공기, 즉 산소를 주입시키는 것
② 응집 : 진흙, 입자, 유기물, 세균, 조류, 색소, 콜로이드 등 탁도를 유발하는 불순물을 제거하기 위해 사용되며, 맛과 냄새의 제거도 가능
③ 침전 : 부유물 중에서 중력에 의해서 제거될 수 있는 침전성 고형물을 제거하는 것
④ 여과 : 여과재는 모래, 규조토 등을 사용
⑤ 소독 : 열처리법, 자외선소독법, 오존소독법, 염소소독법

(2) 대장균

① 음용수로 사용할 상수의 수질오염 지표 미생물로 사용
② 병원성 세균이나 분변의 오염 추측

(3) 먹는 물 수질기준

① 일반 세균은 1mL 중 100CFU(Colony Forming Unit)를 넘지 아니할 것
② 총 대장균군은 100mL(샘물·먹는샘물, 염지하수·먹는염지하수 및 먹는해양심층수의 경우에는 250mL)에서 검출되지 아니할 것
③ 대장균·분원성 대장균군은 100mL에서 검출되지 아니할 것(샘물·먹는샘물, 염지하수·먹는염지하수 및 먹는해양심층수의 경우에는 적용하지 아니함).
④ 분원성 연쇄상구균·녹농균·살모넬라 및 시겔라는 250mL에서 검출되지 아니할 것(샘물·먹는샘물, 염지하수·먹는염지하수 및 먹는해양심층수의 경우에만 적용)

음용수로 사용할 상수의 수질오염 지표 미생물로 주로 사용되는 것은?

① 중금속   ② 일반세균
③ 대장균   ④ COD

정답 ③

(1) 생물학적 산소요구량

(BOD ; Biochemical Oxygen Demand)

① 수중의 유기물이 호기성세균에 의해 산화 분해될 때 소비되는 산소량으로 수질오염의 지표이다.

② 20℃의 빛이 들지 않는 어두운 곳에서 5일간 보관한 후 용존 산소의 양을 측정한다.

(2) 화학적 산소요구량

(COD ; Chemical Oxygen Demand)

유기물질을 강력한 산화제로 화학적으로 산화시킬 때 소모되는 산소량, 수중의 유기물질을 간접적으로 측정하는 방법이다. 오염이 심할수록 COD값도 크다.

(3) 용존산소량(DO ; Dissolved Oxygen)

① 수질오염을 측정하는 지표로서 물에 녹아 있는 유리산소량을 말한다.

② 물의 온도가 높아지면 산소 용해도가 낮아지므로 용존산소량(물에 녹아 있는 유리산소)은 감소한다.

③ DO가 높을수록 산소농도가 높음을 의미하며, BOD가 높을수록 오염이 많이 되었다는 것을 나타낸다.

[수질오염을 측정하는 방법]

생물학적 방법	용존산소량(DO)과 생물학적 산소요구량(BOD), 지표생물을 이용하는 방법
화학적 방법	화학적 산소요구량(COD)이나 물속에 녹아 있는 질산, 인산의 농도에 의해 수질오염을 측정하는 방법

다음 중 하수에서 용존산소(DO)에 대한 설명으로 옳은 것은?

① 용존산소(DO)가 낮다는 것은 수생식물이 잘 자랄 수 있는 물의 환경임을 의미한다.

② 세균이 호기성 상태에서 유기물질을 20℃에서 5일간 안정화시키는 데 소비한 산소량을 의미한다.

③ 용존산소(DO)가 높으면 생물학적 산소요구량(BOD)은 낮다.

④ 온도가 높아지면 용존산소(DO)는 증가한다.

정답 ③

(1) 수인성 감염병의 종류

장티푸스, 파라티푸스, 세균성 이질, 콜레라, 유행성 간염, 소아마비 등이 있다.

(2) 수인성 감염병의 특징

① 오염된 식수나 음식물에 의해 전파된다.
② 유행지역과 음료수 사용지역이 일치한다(경계가 명확).
③ 환자가 폭발적으로 발생한다(계절적 영향을 받지 않음).
④ 발생률이 높고, 이환율, 치명률, 유병률이 낮다.
⑤ 2차 감염률이 낮다.
⑥ 모든 계층과 연령에서 발생한다.
⑦ 여과 및 염소소독에 의한 처리로써 환자 발생을 크게 줄일 수 있다.

(3) 수인성 감염병의 대책

① 환자 및 보균자 색출, 격리, 소독
② 쥐·파리 등 구제
③ 오염수 및 오염음식물의 관리
④ 정화조 및 변소의 개선
⑤ 상하수도의 위생적 관리
⑥ 환경위생의 개선, 식품위생의 향상
⑦ 적절한 예방접종의 실시

10년간 자주 출제된 문제

수인성 감염병의 특징이 아닌 것은?
① 유행지역과 음용수 사용지역이 일치한다.
② 절지동물 매개로 전파된다.
③ 폭발적으로 발생한다.
④ 발생률이 높고 유병률이 낮다.

|해설|
② 오염된 식수나 음식물에 의해 전파된다.

정답 ②

---

(1) 환경위생의 영역

① 자연적 환경
  ㉠ 물리·화학적 환경 : 토양, 빛, 기온, 기습, 소음, 기압 등
  ㉡ 생물학적 환경 : 병원미생물, 위생해충, 모기, 파리 등
② 사회적 환경
  ㉠ 인위적 환경 : 의복, 식생활, 주택, 위생시설 등
  ㉡ 사회·문화적 환경 : 정치, 경제, 종교, 교육 등

(2) 실내환경

① 온도 18℃±2, 습도 40~70%, 풍속 0.5m/sec 이하가 적당하다. 실내공기의 이산화탄소 농도의 위생학적 허용기준은 0.1%이다.
② 군집독
  ㉠ 실내에 다수인이 밀집해 있을 때 환기가 불량하여 공기의 이화학적 조성이 달라지고 기온, 습도, 냄새, 먼지 등 물리적 성상이 변화하는 것이다.
  ㉡ 생리적 현상으로 불쾌감, 두통, 권태, 현기증, 구토, 식욕저하 등을 일으킨다.
  ㉢ 적절한 환기를 통해 예방 가능하다.

(3) 공기의 자정작용

① 강력한 희석력(稀釋力)
② 강우에 의한 용해성 가스의 용해 흡수, 부유성 미립물의 세척
③ 산소, 오존 등에 의한 산화작용
④ 태양광선(자외선)에 의한 살균 정화작용
⑤ 식물의 이산화탄소 흡수, 산소 배출에 의한 정화작용

다음 중 실내 공기의 오염지표로 쓰이는 것은?

① CO
② CO_2
③ SO_2
④ NO_2

|해설|

오탁지표
- 실내오탁지표 : CO_2
- 대기오탁지표 : SO_2
- 수질오염지표 : 대장균
- 하수오염지표 : BOD

정답 ②

핵심이론 07 | 인공조명

(1) 인공조명 시 고려해야 할 사항

① 낮에는 옥내에서 200~1,000lx, 야간에는 20~200lx 를 유지할 것
② 주광색에 가깝고 유해가스 발생이 없을 것
③ 열발생이 적고 폭발 및 발화 등의 위험성이 적을 것
④ 조명도를 균등히 유지할 것
⑤ 가급적 간접조명을 사용할 것
⑥ 작업방법과 장소에 따른 기준 조명도를 유지할 것
⑦ 빛은 좌상방(우상방)에서 비출 것

(2) 인공조명의 표준

장 소	표준 조도(lx)
사무실, 도서실, 학교 교실	80~120
대합실, 강당	30~80
정밀 작업실	100~200
보통 작업실, 거친 작업실	50~100
양장점, 이용원, 시계점, 재봉실, 제도실	100~200
이·미용실	75~80

실내의 인공조명에 관한 내용으로 적합하지 않은 것은?

① 사무실, 도서관, 학교 교실의 조도는 80~100lx이다.
② 인공조명은 눈의 건강과 보호를 위하여 주광색에 가까워야 한다.
③ 광원의 직접조명이 좋으며 좌상방에서 비치는 것이 좋다.
④ 취급이 용이하며 가격이 저렴해야 한다.

|해설|

광원은 눈의 보호를 위하여 간접조명이 좋다.

정답 ③

핵심이론 01 │ 산업보건의 개념

(1) 산업보건의 개요

① 산업보건의 목적 : 직업병 예방, 근로환경 개선, 작업
　능률 향상, 산업재해 예방, 근로자 건강의 효율적 관리

② 산업보건의 중요성 : 근로자의 건강이 생산성과 작업
　능률을 증가시키고, 기업의 발전과 직결된다.

(2) 작업 강도에 따른 작업 관리

① 육체적 작업 강도의 지표로서 에너지 대사율(RMR ;
　Relative Metabolic Rate)이 사용된다.

$$RMR = \frac{(작업 \ 시 \ 소비에너지 - 안정 \ 시 \ 소비에너지)}{기초대사량}$$

$$= \frac{근로대사량}{기초대사량}$$

② 작업강도(RMR) : 경노동은 0~1, 중등노동은 1~2, 강
　노동은 2~4, 중노동은 4~7, 격노동은 7 이상이다.

③ 근로기준법상 1일 근로시간은 8시간, 주당 근로시간
　은 40시간이다.

10년간 자주 출제된 문제

산업보건에 관한 내용 중 옳지 않은 것은?

① 소음 작업장의 근로자들은 비타민 B_1의 영양관리가 고려되
　어야 한다.

② 도덕 또는 보건상 유해 및 위험 업무에 고용할 수 없는 자는
　임신 중이거나 산후 1년이 지나지 아니한 여성과 18세 미만
　인 자이다.

③ 여성 근로자는 주 작업 강도가 RMR 2.0 이하로 한다.

④ 주당 근로시간은 52시간 이상이다.

|해설|

1일 근로시간은 8시간, 주당 근로시간은 40시간이다.

정답 ④

핵심이론 02 │ 산업재해

(1) 산업재해의 개요

① 작업환경 관리 : 근로자들이 작업을 수행하고 근무하
　는 장소에 대한 관리를 말하는 것으로, 목적은 직업병
　예방, 산업재해 예방, 산업피로의 억제, 근로자의 건
　강보호 등이다.

② 산업재해의 원인

　㉠ 환경 요인 : 시설물의 미비와 불량·부적절한 공구,
　　조명 불량, 고온, 저온, 소음, 진동, 유해 가스 등

　㉡ 인적 요인 : 작업 미숙, 작업 지식 부족, 불량한
　　복장, 허약한 체력 등

③ 산업재해지수

　㉠ 건수율 : 산업재해 발생상황을 총괄적으로 파악할
　　수 있는 지표

$$건수율 = \frac{재해건수}{평균 \ 실근로자 \ 수} \times 10^3$$

　㉡ 강도율 : 재해의 상해지수

$$강도율 = \frac{손실작업일수}{연 \ 근로시간} \times 10^3$$

　㉢ 도수율 : 재해 발생상황을 파악하기 위한 표준적
　　지표

$$도수율 = \frac{재해건수}{연 \ 근로시간} \times 10^6$$

　㉣ 중독률 : 평균손실일수

$$중독률 = \frac{손실근로일수}{재해건수} \times 10^3$$

　㉤ 재해일수율 : $\dfrac{연 \ 재해일수}{연 \ 근로시간} \times 100$

④ 산업재해 발생이 적은 사업장의 특징 : 경영자의 주도,
　책임의 할당, 안전한 작업조건, 안전훈련, 재해기록제
　도, 의료구급제도, 근로자의 책임

(2) 산업피로

① 의의 : 산업피로란 수면이나 휴식을 취하지 못하여 과로 등이 회복되지 않고 누적됨에 따라 작업을 계속할 시 정신 기능 및 작업 수행 능력이 저하되는 것을 말한다.

② 산업피로의 대표적인 증상 : 체온 변화, 호흡기 변화, 순환기계 변화

③ 피로의 측정법

   ㉠ 자각증상 조사

   ㉡ 기능검사법(생리적 검사, 생화학적 검사, 심리학적 검사 등)

10년간 자주 출제된 문제

산업피로에서 객관적 피로 측정으로 옳은 것은?

① CMI(Cornell Medical Index)
② 피로 자각증상 조사
③ 설문조사 응답을 분석 후 조사
④ 생화학적 기능 검사

|해설|

산업피로를 조사하기 위한 기능검사
• 연속측정법
• 생리심리적 검사법 : 역치측정, 근력검사, 행위검사
• 생화학적 검사법 : 호흡기능 측정, 혈액, 요단백

정답 ④

핵심이론 03 │ 직업병(산업재해)

(1) 열중증

① 원인 : 고온·고습의 환경에서 작업 시 발생한다.

② 열중증에는 열경련, 열사병, 열허탈증의 급성 증상을 일으키는 것과 열쇠약증과 같은 만성적인 것이 있다.

③ 비만자, 순환기 장애자, 음주자는 고온작업을 금지한다.

④ 음료수의 충분한 공급, 비타민 B·C를 투여한다.

(2) 진폐증

① 작업장의 발파, 착암, 파쇄, 절삭, 연마 등에 의하여 먼지가 발생되어, 호흡기능을 저하시키는 각종 폐질환을 일으킨다.

② 석면폐증(석면), 면폐증(솜의 가공, 직물 생산), 규폐증(유리규산 SiO_2), 탄폐증(탄가루) 등이 있다.

(3) 잠함병

① 원인 : 이상 고압 환경에서의 작업으로 질소(N_2) 성분이 체외로 배출되지 않고 체내에서 질소 기포를 형성, 신체 각 부위에 공기 색전증을 일으킨다.

② 직업 : 해저공, 교량공, 잠수부 등에 발생한다.

(4) 기 타

① 진동 장애

   ㉠ 진동이 심한 작업장 근무자에게 다발하는 질환으로 청색증과 동통, 저림 증세를 보인다.

   ㉡ 레노 현상(Raynaud's Phenomenon) : 진동 공구 사용 시 발생되는 현상이다.

② 금속 장애

   ㉠ 망간 중독 : 안면이 무표정하게 변하고, 보행 장애의 증상이 나타난다.

   ㉡ 카드뮴(Cd) 중독 : 이타이이타이병

   ㉢ 비소(As) 중독 : 흑피증

② ㉣ 크로뮴(Cr^{6+}) 중독 : 폐기종, 진폐증, 만성 카타르, 폐충혈, 기관지염

　　㉤ 연(납, Pb, Lead) 중독 : 피로, 소화기장애, 사지마비, 체중감소 현상

　　㉥ 수은(Hg) 중독 : 중추신경·말초신경계 마비, 신경염, 고혈압, 미나마타병 등의 증상

　　㉦ 일산화탄소(CO) 중독 : 정신장애, 신경장애, 의식소실

③ 조명장애

　　㉠ 부적절한 조명 : 근시(조도가 낮을 시), 안구진탕증(탄광부)

　　㉡ 적외선에 의한 백내장

10년간 자주 출제된 문제

다음 중 불량 조명에 의해 발생되는 직업병이 아닌 것은?

① 안정피로　　　　② 근 시
③ 근육통　　　　　④ 안구진탕증

|해설|

① 안정피로 : 눈을 지속적으로 사용할 때 눈이 느끼는 증상을 말하며 압박감, 안구통증, 두통, 시력감퇴 등의 현상을 유발하는 상태를 말한다.
② 근시 : 불량 조명에서 눈에 가깝게 대고 하는 작업은 근시를 일으킨다.
④ 안구진탕증 : 눈이 본인 의지와 상관없이 상하·좌우로 떨리거나 도는 질환이다.

정답 ③

제5절　식품위생과 영양

핵심이론 01 | 식품위생의 개념

(1) 식품위생의 목표

① 위생상의 위해 사고 방지(안전성)
② 식품 영양의 질적 향상 도모(영양성)
③ 국민 건강의 보호·증진에 이바지(가장 궁극적 목적)

(2) 식품첨가물의 구비조건

① 인체에 무해할 것
② 체내에 축적되지 않을 것
③ 미량으로 효과가 있을 것
④ 이화학적 변화에 안정할 것
⑤ 값이 저렴할 것
⑥ 식품의 영양가를 유지시키며 외관을 좋게 할 것
⑦ 식품제조 및 가공에 꼭 필요한 경우 사용할 것

(3) 식품 변질의 개념

① **부패** : 고분자의 단백질이 혐기성균의 작용으로 분해되어 저분자가 되는 과정에서 악취를 발생하는 현상
② **변패** : 단백질 이외의 당질·지질이 미생물 등의 작용에 의해 분해되어 변화되는 현상
③ **산패** : 지방이 공기 중의 산소, 광선, 효소 등의 작용에 의해서 풍미의 변화, 변색, 점질화를 일으키는 것

10년간 자주 출제된 문제

식품첨가물의 구비조건으로 옳은 것은?

① 화학분석 등에 의해서 그 첨가물이 확인되지 않을 것
② 값이 비싸고 식품의 영양가를 유지시킬 수 있을 것
③ 식품의 이화학적 성질에 영향을 주어야 할 것
④ 인체에 유해한 영향을 미치지 않을 것

정답 ④

(1) 식중독의 정의

식품 섭취로 인하여 인체에 유해한 미생물 또는 유독물질에 의하여 발생하였거나 발생한 것으로 판단되는 감염성 질환 또는 독소형 질환을 말한다(식품위생법 제2조 제14호).

(2) 식중독의 종류

① 미생물에 의한 식중독

　㉠ 세균성 식중독

　　• 독소형 식중독 : 황색포도상구균, 클로스트리듐 보툴리눔, 클로스트리듐 퍼프린젠스 등

　　• 감염형 식중독 : 살모넬라, 장염 비브리오균, 병원성 대장균, 캠필로박터, 여시니아, 리스테리아 모노사이토제네스, 바실러스 세레우스

　㉡ 바이러스성 식중독 : 노로바이러스, 로타바이러스, 아스트로 바이러스, 장관 아데노바이러스, 간염 A 바이러스, 간염 E 바이러스 등

② 자연독에 의한 식중독

　㉠ 동물성 자연독에 의한 중독 : 복어독(테트로도톡신), 시가테라독

　㉡ 식물성 자연독에 의한 중독 : 감자독(솔라닌), 버섯독(무스카린)

　㉢ 곰팡이 독소에 의한 중독 : 황변미독, 맥각독(에르고톡신), 아플라톡신 등

③ 화학물질에 의한 식중독

　㉠ 고의 또는 오용으로 첨가되는 유해물질(식품첨가물), 본의 아니게 잔류・혼입되는 유해물질(잔류농약, 유해성 금속화학물), 제조・가공・저장 중에 생성되는 유해물질(지질의 산화생성물, 나이트로소아민)

　㉡ 기타 물질에 의한 중독(메탄올 등)

　㉢ 조리기구・포장에 의한 중독(구리, 연, 비소 등)

(3) 포도상구균 식중독

① 30℃ 이하의 미열이 발열, 사망률이 비교적 낮다.

② 장독소에 의한 독소형 식중독으로 잠복기는 짧으며 평균 3시간 정도 후에 증상이 나타난다.

(4) 살모넬라 식중독

① 보균 가금류나 육류 섭취 또는 환자・가축・쥐의 대소변에 오염된 음식물 섭취 시에 나타나며 잠복기간은 일반적으로 12~48시간으로 치사율은 낮다.

② 열에 취약하여 저온살균으로 사멸된다.

(5) 장염 비브리오 식중독

① 장염 비브리오균은 3%의 식염 농도에서 잘 자라는 세균으로 어패류 섭취나 상처 부위를 통해 감염된다.

② 감염 시 발열, 혈압 저하, 복통, 설사 등의 증상과 발진, 부종, 수포 등의 피부 병변이 발생한다.

③ 48시간 내 사망률이 50%이므로 즉시 진료를 받아야 한다.

10년간 자주 출제된 문제

주로 여름철에 발병하여 어패류 등의 생식이 원인이 되어 복통, 설사 등의 급성위장염 증상을 나타내는 식중독은?

① 포도상구균 식중독

② 병원성 대장균 식중독

③ 장염 비브리오 식중독

④ 보툴리누스균 식중독

|해설|

비브리오 식중독은 주로 5~11월경 많이 발생하며 복통, 설사, 구토가 주요 증상으로 어패류가 원인식품이다.

정답 ③

(1) 영양소의 종류

① 구성영양소 : 단백질, 지방, 무기질, 물
② 열량영양소 : 탄수화물, 단백질, 지방
③ 조절영양소 : 비타민, 무기질(탄소, 산소, 수소, 질소를 제외한 다른 원소), 물

(2) 인체의 구성물질

① 물질별 비율
물(66~70%) > 단백질(16%) > 지방(13%) > 무기질(4%) > 탄수화물(1%)

② 원소별 비율
산소 O(65%) > 탄소 C(18%) > 수소 H(10%) > 질소 N(3%)

(3) 탄수화물

① 사람의 주된 에너지원(96% 이상 이용)으로, 체내에서 산화·분해되면 1g당 약 4kcal의 에너지를 낸다.
② 탄수화물의 일부는 우리 몸을 구성하는 세포의 성분이 되며, 여분의 탄수화물은 글리코겐으로 변하여 피부 밑이나 장간막에 저장된다.
③ 탄수화물을 과다 섭취하면 비만이 될 수 있다.
④ 곡류, 감자류, 설탕류 등의 주성분으로 소장에서 포도당 형태로 흡수된다.

(4) 단백질

① 단백질의 구성 단위 물질은 아미노산이며, 단백질은 다수의 아미노산들이 펩타이드 결합으로 연결되어 있다.
② 주기능은 인체조직의 성장과 재생이다.
③ 단백질은 체내에서 아미노산 형태로 흡수된다.

④ 단백질의 섭취장애
　㉠ 과잉 섭취 : 비만, 신경예민, 혈압상승, 불면증
　㉡ 결핍 : 빈혈, 발육저하, 노화, 피지분비 감소 등

(5) 지 방

① 지방 1g당 열량은 9kcal이다.
② 버터, 식물성 기름, 동물성 기름 등에 있다. 체내에서 에너지원(중성지방), 세포막의 구성 성분(인지질), 호르몬의 성분(스테로이드) 등으로 이용된다.
③ 부족 시 체중감소, 원기쇠약, 발육부진 등을 초래한다.

(6) 무기질

① 칼슘(Ca) : 뼈와 치아를 보강해 주는 혈액을 알칼리화시키며 백혈구에 활력을 주어 식균 작용을 돕는다.
② 철분(Fe) : 혈액의 주성분이나 체내 저장이 되지 않아 식품을 통해서 공급해야 한다.
③ 아이오딘(I) : 갑상선 호르몬(타이록신)의 성분이다.
④ 황(S) : 모발, 피부, 조직, 손톱, 발톱 등에 존재하며, 인슐린 구성 성분이다. 살균과 소독 역할을 한다.

10년간 자주 출제된 문제

영양소 중 지방과 관계없는 설명은?

① 지방 1g당 열량은 9kcal이다.
② 버터, 식물성 기름, 동물성 기름 등에 있다.
③ 식품 중의 지방은 체내에서 아미노산 형태로 흡수된다.
④ 부족 시 체중감소, 원기쇠약, 발육부진 등을 초래한다.

|해설|
식품 중의 단백질은 체내에서 아미노산 형태로 흡수된다.

정답 ③

---

(1) 작업 종류에 따른 영양 공급

① 고온 작업 : 식염 및 비타민 A, B_1, C, D_1을 섭취한다.

② 저온 작업 : 지방질, 비타민 A, B_1, C, D를 섭취한다.

③ 소음 작업 : 비타민 B_1을 섭취한다.

④ 심한 작업 : 비타민류, 칼슘 강화식품(된장, 우유, 간장, 강화미, 음료 등)을 섭취한다.

(2) 직업성 중독에 따른 영양 공급

① 벤젠 중독 : 급성 중독에는 비타민 B_1을, 만성 중독에는 비타민 B_6를 섭취한다.

② 암모니아 중독 : 비타민 C를 섭취한다.

③ 일산화탄소 중독 : 비타민 B_1을 섭취한다.

④ 염화탄소 중독 : 비타민 B_2를 섭취하고, 사염화탄소(CCl_4)일 경우는 비타민 E를 섭취한다.

⑤ 아연 중독 : 철, 동, 대두단백질 등을 섭취한다.

10년간 자주 출제된 문제

근로자의 영양관리에 대한 고려사항으로 맞지 않는 것은?

① 근로 종류, 근로 강도에 따라 달라진다.

② 작업량에 따라 열량보충이 필요하다.

③ 고온 환경에서의 노동 시에는 식염, 비타민 A, B, C 등을 신경써야 한다.

④ 심한 노동에는 지방조절과 저염식이 필요하다.

|해설|

심한 노동에는 비타민류, 칼슘 강화식품(강화미, 된장, 간장, 우유 등)이 필요하다.

정답 ④

---

(1) 보건행정의 개념

① 보건행정 : 국민의 건강과 사회복지의 향상을 도모하는 공적인 행정활동으로서, 공공기관이 주체가 되어 지역사회 전 주민을 대상으로 공중보건의 목적인 질병 예방, 생명연장, 육체적 · 정신적 효율 증진 등의 사업을 효과적으로 보급 · 발달시키는 적극적인 활동이다.

② 보건행정의 특성

　㉠ 공공성과 사회성

　㉡ 보건의료에 대한 가치의 상충

　㉢ 행정 대상의 양면성

　㉣ 과학성과 기술성

　㉤ 봉사성

　㉥ 조장성 및 교육성

(2) 보건행정의 조직

① 중앙 : 보건복지부

② 지방 : 보건복지국, 보건환경국, 복지건강국 등

③ 보건소 : 시 · 군 · 구에 두는 보건행정의 일선 조직으로 국민건강 증진 및 예방 등에 관한 사항을 실시하는 기관

10년간 자주 출제된 문제

우리나라 보건행정조직의 중앙조직은?

① 보건복지부 　　　 ② 고용노동부

③ 교육부 　　　　　 ④ 행정안전부

|해설|

중앙보건행정조직은 보건복지부이며, 지방보건행정조직으로는 각 시 · 도의 보건복지 관련국이 있으며, 명칭은 보건복지국, 보건환경국, 복지건강국 등 다양하다. 그리고 시 · 군 · 구에는 보건소가 있다.

정답 ①

---

(1) 사회보장의 개요

① 사회보장 : 국가가 주체적인 역할을 통해 질병, 실업, 노령이나 사망으로 야기되는 경제적 어려움으로부터 국민을 보호하고 의료서비스를 제공해 주어 안락하고 만족한 삶을 성취할 수 있도록 하는 제도이다.

② 사회보장의 분류
　　㉠ 사회보험(국민연금, 고용보험, 건강보험, 산재보험)
　　㉡ 공적부조(생활보호, 의료보호)
　　㉢ 사회복지서비스(공공서비스, 보건의료서비스)

(2) 국제보건기구

① 범미보건기구(PAHO ; Pan American Health Organization) : 최초의 국제보건기구로서 미주 각국의 보건조직, 교육 및 조사연구사업 개발을 자극하기 위해 워싱턴 D.C.에 본부를 둔 단체이다.

② 세계보건기구(WHO ; World Health Organization) : 본부사무국을 제네바에서 두고, 세계를 6개 지역으로 구분하여 지역사무국을 두며, 다음과 같은 주요 임무를 수행하고 있다.
　　㉠ 국제보건사업의 지도조정
　　㉡ 각국 정부에 기술지원 및 긴급원조
　　㉢ 식품·약품 및 생물학적 제재에 대한 국제적 표준화
　　㉣ 감염병 및 풍토병의 박멸
　　㉤ 노동 및 환경위생상태의 개선
　　㉥ 국제보건규칙의 수행
　　㉦ 모자보건과 복지증진
　　㉧ 정신보건
　　㉨ 보건분야의 조사연구사업
　　㉩ 국제질병·사인의 분류
　　㉪ 진단방법의 표준화

사회보장 분류에 속하지 않는 것은?
① 산재보험
② 자동차보험
③ 소득보장
④ 생활보호

|해설|

사회보장제도는 국민들에게 닥치는 불의의 생활상의 위험이나 소득의 중단이 온다 하더라도, 정상적인 생활을 유지할 수 있도록 그 생활을 보장하는 수단을 국가가 책임을 지고 수행하는 제도이다. 사회보험(국민연금, 고용보험, 건강보험, 산재보험)과 공적부조(생활보호, 의료보호), 사회복지서비스(공공서비스, 보건의료서비스)로 이루어진다.

정답 ②

CHAPTER 03 소독학

KEYWORD 미생물의 소독, 멸균, 살균, 방부작용 등을 통하여 이·미용도구, 기기에서부터 실내환경에 이르기까지 자연적 소독 또는 물리·화학적인 방법으로 미생물, 바이러스 등의 저항성을 약화시키거나 사멸시킬 수 있다.

제1절 소독의 정의 및 분류

핵심이론 01 소독 관련 용어의 정의

(1) 용어의 정의

① 소독 : 각종 약품을 사용하여 병원 미생물의 생활력을 파괴시켜 감염의 위험성을 없애거나 세균의 증식을 억제 또는 멸살시키는 것을 말한다.

② 멸균 : 병원성 또는 비병원성 미생물 및 포자를 가진 것을 전부 사멸 또는 제거하는 것을 말한다.

③ 살균 : 생활력을 가지고 있는 미생물을 여러 가지 물리·화학적 작용에 의해 급속히 죽이는 것을 말한다.

④ 방부 : 병원성 미생물의 발육과 그 작용을 제거하거나 정지시켜서 음식물의 부패와 발효를 방지하는 것을 말한다.

> **소독력의 강도**
> 멸균 > 살균 > 소독 > 방부

(2) 미생물의 저항성

① 아포를 형성하지 않는 미생물 : 결핵균과 같이 아포를 형성하지는 않지만, 세포가 왁스물질로 둘러싸여 있으므로 물을 배척하는 성질이 있어 화학물질의 작용에 저항한다.

② 아포를 형성하는 미생물 : 열과 화학물질에 대하여 저항성이 매우 높으므로 고압증기멸균기를 이용하여 121℃에서 20~30분간 사멸시키거나, 건열기를 이용하여 165℃에서 1~2시간 동안 사멸시킨다.

10년간 자주 출제된 문제

미생물의 발육을 정지시켜 음식물이 부패되거나 발효되는 것을 방지하는 작용은?

① 멸 균 ② 소 독
③ 방 부 ④ 세 척

|해설|

방부 : 병원성 미생물의 발육과 그 작용을 제거하거나 정지시켜서 음식물의 부패와 발효를 방지하는 것을 말한다.

정답 ③

CHAPTER 03 소독학 ■ 113

(1) 소독제의 살균기전

소독제는 다음 두 가지 이상 살균기전의 복합작용에 의해
소독이 이루어진다.

① 산화작용 : 염소, 염소유도체, 과산화수소, 과망가니
　즈산칼륨, 오존

② 균체 단백 응고작용 : 석탄산, 알코올, 크레졸, 승홍,
　포르말린 등

③ 가수분해 작용 : 강산, 강알칼리, 끓는 물 등

④ 균체 효소계의 침투작용 : 석탄산, 알코올

⑤ 탈수작용 : 식염, 설탕, 알코올, 포르말린 등

⑥ 단백질과의 중금속염 형성작용(균체 단백＋중금속염)
　: 중금속염, 승홍, 질산은

⑦ 균체막의 삼투성 변화작용 : 석탄산, 중금속염

(2) 소독제의 소독효과에 영향을 미치는 요인

소독약의 농도 및 작용시간, 병원체의 종류 및 오염농도,
온도, 산도, 유기물의 존재 여부 등이 있다.

① 온도가 높을수록 효과가 크다.

② 농도가 높을수록 소독효과가 크다.

③ 접촉시간이 길수록 소독효과가 크다.

④ 유기물질(배설물 등)의 농도가 진할수록 효과가 저하
　된다.

(3) 소독인자

① 물리적 인자 : 열, 수분, 자외선

② 화학적 인자 : 물, 온도, 농도, 시간

10년간 자주 출제된 문제

소독제의 일반적인 살균작용 기전이 아닌 것은?

① 산화작용
② 환원작용
③ 균체 단백질 응고작용
④ 가수분해 작용

|해설|

소독제의 일반적인 살균작용 기전

산화작용, 균체 단백 응고작용, 균체의 효소 불활성화 작용, 가수분
해 작용, 탈수작용, 중금속염의 형성작용

정답 ②

---

(1) 자연적 소독법

① 희석에 의한 소독법

② 햇볕에 의한 자연 소독법

③ 한랭에 의한 자연 소독법

(2) 물리적 소독법

① 건열에 의한 소독법 : 화염멸균소독법, 소각법, 건열멸균법

② 습열에 의한 소독법 : 자비멸균법, 고압증기멸균법, 간헐멸균법, 저온멸균법

③ 이외에도 자외선살균법, 여과살균법, 방사선살균법, 초음파살균법 등이 있다.

(3) 가스 소독법

① 에틸렌가스(E.O) 멸균법

② 프로필렌옥사이드

③ 폼알데하이드

④ 오 존

(4) 화학적 소독법

① **페놀화합물** : 페놀(석탄산), 크레졸, 헥사클로로펜

② **중금속화합물** : 머큐로크롬, 승홍수, 질산은

③ **할로겐화합물** : 염소(표백분, 차아염소산나트륨), 아이오딘팅크, 아이오딘포름

④ **산화제** : 과산화수소(옥시풀), 과망가니즈산칼륨

⑤ **알데하이드류** : 포르말린, 글루타르알데하이드

⑥ **계면활성제** : 역성비누(양이온 계면활성제), 양성 계면활성제, 음성 계면활성제

⑦ **알코올** : 에틸알코올, 메틸알코올, 아이소프로필알코올

⑧ **기타 소독제** : 생석회, 수산화나트륨

10년간 자주 출제된 문제

다음 소독약 중 할로겐계 화합물이 아닌 것은?

① 표백분

② 석탄산

③ 차아염소산나트륨

④ 아이오딘

|해설|

할로겐계 소독제 : 표백분, 차아염소산나트륨 등의 염소계와 아이오딘 및 계면활성제 등의 혼합물이 있다.

정답 ②

핵심이론 04 | 건열에 의한 소독법

(1) 화염멸균법

① 알코올버너나 램프를 이용하여 멸균하고자 하는 균체를 화염에 직접 접촉시켜 피멸균물의 표면에 붙어 있는 미생물을 태워서 멸균시키는 방법이다.

② 백금루프, 유리봉, 도자기 등 내열성이 있는 제품의 멸균에 이용한다.

(2) 건열멸균법

① 건열멸균기(드라이 오븐 ; Dry Oven) 속에서 160~180℃로 1~2시간(140℃에서 4시간) 방치하면 세균은 탄화되어 멸살된다.

② 유리기구, 주사침, 유지, 분말 등에 이용된다.

③ 젖은 손으로 조작하지 않는다.

④ 고무제품은 사용이 불가하다.

(3) 소각법

① 불에 태워 멸균시키는 방법으로 가장 효과가 높고 안전한 방법이다.

② 감염병 환자의 배설물, 토사물(결핵환자의 객담 등) 등에 가장 적합하다.

핵심이론 05 | 습열에 의한 소독법

(1) 자비소독법

① 물체를 100℃의 끓는 물속에 20분간 직접 담가 소독하는 방법이다.

② 가위 등 금속, 의류(수건), 도자기 등을 대상으로 한다(가죽, 고무제품에는 부적합).

③ 끓는 물에 완전히 잠기게 하여 소독한다.

④ 끓기 전에 넣으면 반점이 생기므로 주의한다.

⑤ 가위 등은 거즈로 싸서 소독해야 날이 무뎌지지 않는다.

⑥ 포자형성균, B형간염 바이러스, 원충(포낭형)에는 효과가 없다.

(2) 증기소독법(증기멸균법)

① 유통증기멸균법 : 100℃의 유통 증기를 30~60분간 가열하는 방법으로 고압증기멸균법이 부적당한 경우에 사용되며, 보통 1일 간격으로 3회 실시한다.

② 간헐멸균법 : 고압증기솥 100℃에서 30분간 가열하는 처리를 24시간마다 3회 반복한다.

③ 저온살균법(파스퇴르법)

ㄱ 결핵균, 소유산균, 살모넬라균, 구균 등과 같이 아포를 형성하지 않는 세균을 죽이는 살균법이다.

ㄴ 보통 62~65℃에서 30분간 실시된다.

　• 고온살균법 : 72~75℃, 15~20초간

　• 초고온순간살균법 : 130~150℃, 2초간

ㄷ 파스퇴르(Pasteur)에 의해 고안된 살균법이다.

ㄹ 우유와 같이 열에 대한 감수성이 있는 식품류에 이용된다.

④ 고압증기멸균법 : 2기압 121℃의 고온 수증기를 15~20분 이상 가열한다(포자까지 사멸).

5-1. 끓는 물 소독(자비소독) 방법으로 옳은 것은?

① 70℃ 이상에서 10분간 처리한다.

② 100℃에서 5분간 처리한다.

③ 100℃에서 15~20분간 처리한다.

④ 120℃에서 60분간 처리한다.

5-2. 다음 중 가위를 끓이거나 증기소독한 후 처리방법으로 가장 적합하지 않은 것은?

① 소독 후 수분을 잘 닦아낸다.

② 수분 제거 후 엷게 기름칠을 한다.

③ 자외선 소독기에 넣어 보관한다.

④ 소독 후 탄산나트륨을 발라둔다.

|해설|

5-1

자비소독법은 물체를 100℃에서 20분간 직접 담가 소독하는 방법이다.

정답 5-1 ③ 5-2 ④

핵심이론 06 | 고압증기멸균법

(1) 개 요

① 고압증기솥(Autoclave)을 사용해 121℃, 2기압(15파운드), 15~20분의 조건에서 증기열에 의해 멸균한다.

② 아포 형성균을 멸균하는 가장 좋은 방법이다.

③ 주로 의류, 기구, 고무제품, 통조림, 약품 등의 소독에 이용된다.

④ 압력과 시간 비교

    ㉠ 10파운드 : 116℃, 30분

    ㉡ 15파운드 : 121℃, 20분

    ㉢ 20파운드 : 126℃, 15분

(2) 고압증기멸균기 열원으로 수증기를 사용하는 이유

① 일정 온도에서 쉽게 열을 방출하기 때문이다.

② 미세한 공기까지 침투성이 높기 때문이다.

③ 열 발생에 소요되는 비용이 저렴하기 때문이다.

(3) 고압증기멸균법의 장점

① 비용이 저렴하며, 피멸균물에 잔류 독성이 없다.

② 포자까지 사멸시키는 데 시간이 짧게 걸린다.

③ 멸균 진행과정을 감시할 수 있다.

④ 대량으로 멸균시킬 수 있다.

(4) 고압증기멸균법의 단점

유상(油狀)인 것, 100℃ 이상의 온도에서 견딜 수 없는 물품(플라스틱 제품 등), 젤라틴으로 만들어진 약제용 캡슐, 물기가 닿으면 용해되는 것, 수증기가 통하지 못하는 분말 또는 모래, 부식되기 쉬운 재질, 예리한 칼날들은 멸균할 수 없다.

6-1. 고압증기멸균 시 20파운드(lbs)에서 가장 적절한 처리시간은?

① 5분 　　　　　　② 15분
③ 25분 　　　　　　④ 30분

6-2. 고압증기멸균법에 해당하는 것은?

① 멸균물품에 잔류 독성이 많다.
② 포자를 사멸시키는 데 멸균시간이 짧다.
③ 비경제적이다.
④ 많은 물품을 한꺼번에 처리할 수 없다.

|해설|

6-1
고압증기멸균법은 20파운드 126℃, 15분의 조건에서 증기열에 의해 멸균한다.

6-2
고압증기멸균법의 장점
• 비용이 저렴하며, 피멸균물에 잔류 독성이 없다.
• 포자까지 사멸시키는 데 시간이 짧게 걸린다.
• 멸균 진행과정을 감시할 수 있다.
• 대량으로 멸균시킬 수 있다.

정답 6-1 ② 　6-2 ②

핵심이론 07 | 열을 이용하지 않는 소독법

(1) 자외선멸균법

① 살균 작용이 강한 265nm(2,650Å)의 자외선을 장기간 쪼이는 방법이다(태양광선에 약 2~3시간 조사).
② 결핵균, 장티푸스, 콜레라균 등을 사멸시킨다.
③ 공기, 물, 식품, 기구, 용기, 수술실, 제약실 및 실험대 등을 살균한다.
④ 처리 후 성분변화가 거의 없고, 비용이 적게 든다.
⑤ 소독 시 냄새가 없고, 사용방법이 간단하며, 모든 균에 효과적으로 작용한다.
⑥ 내성이 생기지 않고 피조사물에 변화를 주지 않는다.
⑦ 소독력이 표면에만 미치며 깊은 곳까지 미치지 못한다.
⑧ 피부암, 눈에 조사 시 결막염을 유발시키는 단점이 있다.

(2) 여과멸균법

① 열을 가할 수 없는 대상물을 소독할 때 사용한다(특수약품, 음료수, 도자기 등).
② 조직 배양액 멸균, 혈청 및 당(아미노산) 여과 등에 이용하는 방법이다.
③ 미생물체를 파괴하지는 못하지만 불필요한 미생물을 제거할 수 있다.
④ 바이러스는 여과장치를 통과하므로 제거되지 않는다.

(3) 초음파소독법

초음파 발생기를 10분 정도 사용하여 세균을 파괴한다.

다음 중 일광소독의 가장 큰 장점은?

① 아포도 죽는다.
② 산화되지 않는다.
③ 소독 효과가 크다.
④ 비용이 적게 든다.

정답 ④

핵심이론 08 | 에틸렌가스멸균법

(1) 에틸렌가스(E.O)멸균법

① 산화에틸렌(에틸렌옥사이드)가스는 산화에틸렌의 끓는점이 낮기 때문에 비교적 저온에서 작용시킬 수 있고, 가스의 발산도 빠르다.

② 살균 효과가 폼알데하이드가스보다 강하기 때문에 열과 습기 등에 약한 물건의 소독에 적당하다.

③ 38~60℃의 저온에서 가능하지만, 비교적 값이 비싸다.

④ 의료기구, 플라스틱, 고무제품, 섬세한 기계류, 병원침구류 등의 소독에 사용한다.

⑤ 아포, 바이러스, 결핵균을 포함한 모든 미생물에 효과가 있다.

(2) 에틸렌가스멸균법의 장점

① 에틸렌가스는 모든 종류의 미생물을 죽일 수 있다.

② 고온, 고습, 고압을 필요로 하지 않는다.

③ 기구나 물품에 손상을 주지 않는다.

(3) 에틸렌가스멸균법의 단점

① 기구나 물품을 에틸렌가스에 오래 노출시키면 이것을 다시 공기에 노출시키는 시간도 길게 하여야 한다.

② 경비가 많이 들고 액체성 에틸렌가스가 피부에 닿았을 때 빨리 제거하지 않으면 심한 화상을 입을 수 있다.

10년간 자주 출제된 문제

8-1. 일회용 의료기구나 면도날 등의 물품을 소독하는 데 가장 널리 이용되고 있는 방법은?

① E.O가스법　　　　　② 석탄산법
③ 고압증기멸균법　　　④ 저온소독법

8-2. E.O가스의 폭발 위험성을 감소시키기 위하여 흔히 혼합하여 사용하는 물질은?

① 질 소　　　　　　　② 산 소
③ 아르곤　　　　　　　④ 이산화탄소

8-3. 에틸렌옥사이드(ethylene oxide) 가스멸균법에 대한 설명 중 틀린 것은?

① 고압증기멸균법에 비해 장기 보존이 가능하다.
② 50~60℃의 저온에서 멸균된다.
③ 고압증기멸균법에 비해 저렴하다.
④ 가열에 변질되기 쉬운 것들이 멸균 대상이 된다.

|해설|

8-1, 8-3
에틸렌가스멸균법은 38~60℃의 저온에서 가능하고, 비교적 값이 비싸다.

8-2
에틸렌가스(E.O)멸균법은 저온에서 멸균하는 방법으로, E.O가스의 폭발 위험이 있어서 프레온가스 또는 이산화탄소를 혼합 사용한다.

정답 8-1 ①　8-2 ④　8-3 ③

핵심이론 09 | 화학적 소독의 개요

(1) 소독제의 구비조건

① 살균력이 강하고, 경제적이어야 한다.

② 세척력과 생물학적 작용이 충분하여야 한다.

③ 독성이 적고(인체에 무해) 사용자에게 안전해야 한다.

④ 기계나 기구 등을 부식시키지 않아야 한다.

⑤ 빨리 효과를 내고 살균 소요시간이 짧을수록 좋다.

⑥ 원액 혹은 희석된 상태에서 화학적으로 안정된 것이어야 한다.

⑦ 유기물질, 비누오염, 세제에 의한 오염, 물의 경도 및 물의 산도에 따라서 효력저하가 없어야 한다.

⑧ 필요한 농도만큼 쉽게 수용액을 만들 수 있는 것이어야 한다.

⑨ 용해성이 높아야 한다.

⑩ 냄새가 없으며 탈취력이 있고 환경오염이 발생하지 않아야 한다.

(2) 석탄산계수(Phenol Coefficient)

① 소독약의 살균력을 비교하기 위하여 순수한 석탄산을 표준으로 하며 몇 배의 효력을 나타내는가를 표시하는 계수이다.

② 주로 장티푸스균을 사용하여 일정 시간에 살균을 보이는 최대 희석배수의 비를 말한다.

$$석탄산계수 = \frac{소독약의 \ 희석배수}{석탄산의 \ 희석배수}$$

10년간 자주 출제된 문제

9-1. 이상적인 소독제의 구비조건과 거리가 먼 것은?

① 생물학적 작용을 충분히 발휘할 수 있어야 한다.

② 빨리 효과를 내고 살균 소요시간이 짧을수록 좋다.

③ 독성이 적으면서 사용자에게도 자극성이 없어야 한다.

④ 원액 혹은 희석된 상태에서 화학적으로는 불안정된 것이라야 한다.

9-2. 석탄산 90배 희석액과 같은 조건하에서 어느 소독제의 270배 희석액이 똑같은 소독 효과를 나타냈다면 이 소독제의 석탄산계수는?

① 0.5   ② 2.0

③ 3.0   ④ 4.0

|해설|

9-1

④ 원액 혹은 희석된 상태에서 화학적으로 안정된 것이어야 한다.

9-2

$$석탄산계수 = \frac{소독약의 \ 희석배수}{석탄산의 \ 희석배수} = \frac{270}{90} = 3$$

정답 9-1 ④   9-2 ③

핵심이론 10 | 석탄산(페놀)

(1) 개 요
① 소독약의 살균력을 측정할 때 지표로 사용한다.
② **사용농도** : 3% 수용액(단, 손 소독 시에는 2% 수용액 사용)
③ 승홍수의 1,000배의 살균력을 보유하고 있다.
④ **살균작용** : 세균단백 응고작용, 세포 용해작용, 효소계의 침투작용 등
⑤ **소독대상** : 의류, 실험대, 용기, 오물, 토사물, 배설물 등에 사용된다.

(2) 장 점
① 값이 싸고 화학변화가 없다.
② 살균력에 안전성이 있다.
③ 응용범위가 넓고 모든 균에 효과적이다.
④ 고온일수록 효과가 크다.

(3) 단 점
① 금속을 부식시킨다.
② 피부 점막에 자극을 준다.
③ 취기와 독성이 강하다.
④ 바이러스, 아포에는 효과가 없다.

10년간 자주 출제된 문제

석탄산의 살균작용과 관련이 없는 것은?
① 중금속염의 형성작용
② 단백질 응고작용
③ 세포 용해작용
④ 효소계 침투작용

|해설|

석탄산(C_6H_5OH)
사용농도는 3% 수용액이며 살균작용은 세균단백 응고작용, 세포 용해작용, 효소계의 침투작용 등에 따른다.

정답 ①

핵심이론 11 | 크레졸

(1) 개 요
① 3종의 이성체(o, m, p-cresol)가 있으며, m-크레졸의 살균력이 가장 강하고 독성은 가장 약하다.
② 소독에 사용되는 농도는 3% 수용액(수지, 피부 1~2%)이다.
③ 손, 기구, 의류, 환자의 배설물, 화장실의 소독에 사용된다.
④ 경제적이고 독성은 약하며, 페놀보다 2배의 소독력을 지닌다.
⑤ 10분 이상 담가 두어 결핵균에 대한 소독을 한다.
⑥ 크레졸 비누액(3~5%) 사용 시 뿌리거나 담가 놓는다.

(2) 장 점
① 물에 난용성(녹지 않음)이며, 살균력이 강하다.
② 피부 자극성이 없으며, 유기물에도 소독력이 있다.
③ 경제적이고 적용범위가 넓다.
④ 세균소독에 효과가 있다.

(3) 단 점
① 냄새가 강하다.
② 진한 용액이 닿으면 피부가 짓무른다.
③ 바이러스에 대한 소독력이 약하다.

10년간 자주 출제된 문제

크레졸에 관한 설명으로 틀린 것은?
① 3%의 수용액을 주로 사용한다.
② 석탄산에 비해 2배 이상의 소독력이 있다.
③ 손, 오물 등의 소독에 사용된다.
④ 물에 잘 녹는다.

|해설|

크레졸은 알코올, 에테르, 클로로포름, 묽은 알칼리에 녹고 물에 잘 녹지 않는다.

정답 ④

핵심이론 12 | 알코올

(1) 개 요

① 에틸알코올 : 인체에 무해하며, 술의 원료로 쓰인다(무색이며 휘발성이 강함).

   ※ 메틸알코올 : 인체에 유해하며, 산업용으로 쓰인다.

② 농도 : 에틸알코올 70~80% 정도 희석하여 사용한다.

③ 일반적으로 알코올은 주사 전 손 소독과 환자의 피부 소독 등에 사용한다.

④ 단백질 변성의 작용이 있고, 대사기전에 저해작용을 한다.

⑤ 눈, 비강, 구강, 음부 등의 점막에는 사용하면 안 된다.

(2) 장 점

① 독성이 적고, 사용법이 간단하다.

② 결핵, 세균에 효과적이다.

③ 무아포균의 소독에 효과가 있다.

④ 피부 및 기구소독에 살균력이 강하다.

(3) 단 점

① 값이 비싸고, 아포균에는 소독효과가 없다.

② 휘발성이 강하므로 화재의 위험이 있으며, 고무 플라스틱을 녹인다.

③ 소독대상에 유기물이 있으면 소독효과가 떨어진다.

10년간 자주 출제된 문제

다음 중 소독용 알코올의 가장 적합한 사용 농도는?

① 30%　　　　　② 50%
③ 70%　　　　　④ 95%

|해설|

70%가 일반적인 희석농도이다.

정답 ③

핵심이론 13 | 승홍수

(1) 개 요

① 냄새가 없는 살균력이 강한 독약의 일종이다.

② 온도가 높을수록 살균효과는 더욱 강해진다.

③ 승홍액은 소금을 첨가하면 살균력이 높아진다.

④ 피부소독에는 0.1~0.5% 수용액을 사용한다.

⑤ 손이나 발, 섬유류, 목재, 유리, 도자기 등을 소독한다.

⑥ 식기류와 금속류에는 사용하지 않는다.

⑦ 단백질을 응고시키므로 객담, 토사물, 분뇨소독에는 부적당하다.

⑧ 승홍액은 무색이므로 반드시 염색을 해서 사용한다.

⑨ 승홍수는 승홍 0.1%, 식염수 0.1%, 물 99.8% 혼합액이다.

(2) 장 점

① 여러 가지 균에 효과적이다.

② 소량으로도 살균이 가능하다.

③ 냄새가 없고 값이 저렴하다.

(3) 단 점

① 금속을 부식시키고 점막에 대하여 자극성이 강하다.

② 단백질과 결합해 침전을 일으킨다.

③ 사람에 따라서는 피부에 이상이 생길 수도 있다.

10년간 자주 출제된 문제

이·미용실에서 사용하는 가위 등의 금속제품 소독으로 적합하지 않은 것은?

① 에탄올　　　　　② 승홍수
③ 석탄산수　　　　④ 역성비누액

|해설|

승홍수는 독성이 강하고 금속을 부식시키므로 금속기구를 소독하기에는 부적합하다.

정답 ②

---

(1) 산화작용에 의한 소독법

차아염소산, 염소, 표백분, 오존, 과산화수소, 과망가니즈산칼륨 등

(2) 과산화수소

① 무색투명하며 냄새가 거의 없다.
② 표백, 탈취, 살균 등의 작용이 있다.
③ 발생기 산소가 강력한 산화력을 나타낸다.
④ 발포 작용에 의해 상처의 표면을 소독한다.
⑤ 과산화수소 3% 수용액을 사용한다.
⑥ 구내염, 인두염, 상처, 입안 소독 등에 이용된다.
⑦ **장점** : 자극성이 적고, 무아포균을 살균할 수 있다.

(3) 과망가니즈산칼륨

① 산소를 유지시켜 그 산화력에 의해 살균작용이 나타난다.
② 보통 0.05~0.2%의 수용액으로 창면소독을 한다.
③ 3~4%의 수용액은 성병을 예방하며, 몇 분 안에 탄저균 아포를 죽인다.

10년간 자주 출제된 문제

과산화수소에 대한 설명으로 옳지 않은 것은?
① 침투성과 지속성이 매우 우수하다.
② 표백, 탈취, 살균 등의 작용이 있다.
③ 발생기 산소가 강력한 산화력을 나타낸다.
④ 발포 작용에 의해 상처의 표면을 소독한다.

|해설|
과산화수소는 피부조직 내 생체촉매에 의해 분해되어 생성된 산소가 피부 소독작용을 한다. 강한 산화력이 있는 반면, 침투성과 지속성이 약하다.

정답 ①

(1) 역성비누

① 양이온이 활성화되어 살균력이 강하다.
② 0.01~0.1% 수용액을 사용한다.
③ 이·미용사 등이 손을 소독할 때 가장 적합하며 조리기구, 식기류 등의 소독에 사용된다.
④ 소화기계 감염병의 병원체에 효력이 크다.
⑤ 물에 쉽게 용해되고 무독성, 무자극성, 무부식성이다.
⑥ 결핵균에 효력이 약하고 세정력이 거의 없다.

(2) 생석회

① 산화칼륨을 98% 이상 함유하고 있다.
② 생석회에 물을 넣으면(소석회) 발생기 산소에 의해 소독작용을 한다.
③ 석회유는 수용액을 만들어 사용한다[생석회분말(1) : 물(9)].
④ **대상** : 분뇨, 쓰레기, 개천, 물탱크, 습한 장소 등
⑤ **장점** : 값이 저렴하고 독성이 적으며 무아포균에 효과가 있다.
⑥ **단 점**
  ㉠ 직물을 부식시키고 건조한 상태에서는 소독효과가 없다.
  ㉡ 결핵균, 아포균에는 거의 효력이 없으며, 소독력이 약하다.

10년간 자주 출제된 문제

이·미용업소에서 종업원이 손을 소독할 때 가장 보편적이고 적당한 것은?
① 승홍수　　　　② 과산화수소
③ 역성비누　　　④ 석탄수

|해설|
음이온 계면활성제와는 반대의 구조를 갖고 있어 역성비누라 한다. 살균, 소독작용이 우수하고 정전기 발생을 억제하는 특성이 있다.

정답 ③

핵심이론 16 | 포르말린 및 폼알데하이드

(1) 포르말린

① 메틸알코올(메탄올)이 산화하여 얻어진 가스상태의 폼알데하이드를 물에 녹이는 것으로 35%의 폼알데하이드를 함유한다.

② 포르말린 1에 물 34의 비율로 혼합하여 사용한다.

③ 냄새가 자극적이고 눈, 피부, 점막에 손상을 준다.

④ 금속, 의류, 목제품, 도자기, 셀룰로이드, 기계, 가구 등을 소독한다.

⑤ 알코올 혼합 시 살균력이 저하된다.

⑥ 장 점
 ㉠ 온도가 높을 때 소독력이 강하다.
 ㉡ 가스체로 사용하며, 냄새가 빨리 없어진다.
 ㉢ 아포에 대해 소독력이 강하다.

⑦ 단점 : 온도가 내려가면 효력이 약하고, 배설물의 소독에는 적합하지 않다.

(2) 폼알데하이드

① 자극성 있는 특이한 냄새를 가진 무색의 기체로서 물에 잘 용해된다.

② 감염병 환자의 가스살균제로 이용된다.

③ 가스발생 시 온수는 30℃ 내외가 적당하다.

④ 차 내부, 실내, 서적, 가구 내부 등을 소독한다.

⑤ 장 점
 ㉠ 물에 잘 용해되며 낮은 온도에도 살균작용을 한다.
 ㉡ 살균력이 강하며 형태가 큰 소독에 용이하다.
 ㉢ 많은 양의 물건을 한꺼번에 소독할 수 있다.

⑥ 단점 : 자극성이 강해 점막을 자극한다.

10년간 자주 출제된 문제

화학적 소독법 중 포르말린의 설명으로 틀린 것은?

① 포르말린 1에 물 34의 비율로 혼합하여 사용한다.
② 온도가 낮을 때에는 소독력이 강하다.
③ 배설물의 소독에는 적합하지 않다.
④ 아포에 대해 소독력이 강하다.

|해설|

온도가 내려가면 급격하게 효력이 낮아지므로 30℃ 이상의 온도를 유지해야 한다.

정답 ②

---

(1) 염소제(표백분, 차아염소산나트륨)

① 균체에 염소가 직접 결합하거나 산화하여 효력을 발생한다.

② 장 점

　　㉠ 소독력이 강하고 방취, 표백작용이 있다.

　　㉡ 잔류효과가 크고, 조작이 간편하다.

　　㉢ 값이 저렴하다.

③ 단 점

　　㉠ 염소 자체의 냄새가 나고 독성이 있다.

　　㉡ 결핵균에는 거의 살균력이 없다.

　　㉢ 직물을 상하게 하며 부식성과 자극성이 있다.

　　㉣ 발암물질 THM(트라이할로메테인)이 생성된다.

(2) 아이오딘화합물

① 염소화합물보다 침투성과 살균력이 강하다.

② 포자, 결핵균, 바이러스도 신속하게 죽인다.

③ 피부의 외과적 소독에 쓰인다.

④ 착색력이 강하다.

⑤ 알칼리성 용액에서는 살균력을 거의 잃어버린다.

(3) 머큐로크롬(빨간약)

① 2~3%의 수용액을 상처 또는 피부소독에 사용한다.

② 지속성이 있고, 조직에 대한 자극성이 없다.

③ 착색력이 강하다.

다음 중 음료수의 소독방법으로 가장 적당한 방법은?

① 일광소독

② 자외선등 사용

③ 염소소독

④ 증기소독

|해설|

음용수 소독에 염소를 사용하는 이유

• 강한 소독력이 있기 때문에

• 강한 잔류효과가 있기 때문에

• 조작이 간편하고 경제적이기 때문에

정답 ③

(1) 대상물에 따른 소독법

① 알코올 : 손이나 피부 및 기구(가위, 칼, 면도기 등) 소독에 가장 적합하며 70~75%일 때 살균력이 강함

② 크레졸 비누액

ㄱ 1~2% 수용액(손, 피부 소독), 3~5% 수용액(객담, 분뇨 등의 소독)

ㄴ 이·미용업소의 실내 바닥을 닦을 때 가장 적합한 소독제

③ 역성비누 : 10%의 용액을 100~200배 희석(손 소독)

④ 페놀(석탄산) : 3~5% 용액(실험기기, 의료용기, 오물 등), 2% 용액(손 소독)

⑤ 승홍수 : 0.1~0.5% 수용액(손 소독)

(2) 주요 소독법

① 이·미용실의 브러시 소독법 : 크레졸수, 석탄산수, 포르말린수(건열소독은 부적절)

② 감염병 환자의 분뇨 및 토사물 소독 : 크레졸수, 석탄산수, 생석회 분말 등

③ 상처 소독 : 과산화수소

④ 음용수 소독 : 액체염소, 표백분, 이산화염소, 차아염소산나트륨

⑤ 채소 및 과실류 소독제 : 염소

10년간 자주 출제된 문제

이·미용업소에서 사용하는 수건의 소독방법으로 적합하지 않은 것은?

① 건열소독   ② 자비소독

③ 역성비누소독   ④ 증기소독

| 해설 |

이·미용업소에서 사용하는 수건의 소독방법 : 자비소독, 역성비누소독, 증기소독 등

정답 ①

---

(1) 소독 시 고려사항

① 소독물의 표면 청결 정도

② 피소독물의 재질 변화

③ 병원체의 저항력

④ 미생물의 종류와 특성

⑤ 소독제의 종류 및 농도

(2) 소독 시 주의사항

① 대상에 알맞은 소독약과 소독법을 선택해야 한다.

② 소독대상물이 열, 광선, 소독약 등에 충분히 접촉되어야 한다.

③ 소독작용을 일으키기에 충분한 수분을 주어야 한다.

④ 열, 광선, 소독약 등이 충분히 작용할 수 있는 시간이 주어져야 한다.

⑤ 소독할 물건의 성질과 병원미생물의 종류 등을 염두에 두고 소독방법을 결정한다.

(3) 소독방법에 따른 주의점

① 자비소독 시에는 소독 대상물이 완전히 물에 잠기도록 한다.

② 포르말린수 소독 시에는 온도를 20℃ 이상으로 유지하여야 한다.

③ 역성비누 소독 시에는 소독효과를 높이기 위하여 일반비누와 혼용하지 않는다.

④ 석회유 소독 시에는 사용 시마다 석회유를 새로 조제하여야 한다.

⑤ 소독방법에 따라 각각 적절한 온도와 압력을 유지해 주어야 한다.

⑥ 화학적 소독의 경우에는 반드시 사용농도를 지켜야 한다.

(4) 소독제 보관 등에 관한 주의사항

① 제재에 따라 밀폐해서 냉암소에 보관한다.

② 소독제는 각각 저온의 어두운 곳에서 차광용기 또는 밀봉 등의 방법으로 보관한다.

③ 소독제는 사용할 때마다 새로 제조하도록 한다.

④ 보관용기에는 약품명, 농도, 제조 날짜 등을 정확히 표기해야 한다.

⑤ 소독제의 보관용기에는 별도의 라벨을 붙여서 다른 것과 구별할 필요가 있다.

⑥ 소독제는 대부분 고농도이므로 취급의 주의를 기울여야 한다.

핵심이론 01 | 미생물의 증식

(1) 미생물 증식에 영향을 미치는 3요소

① **영양소** : 영양소는 대부분 외부로부터 질소원, 에너지원, 무기질, 비타민 B의 공급이 필요하다.

② **수분** : 수분은 미생물의 번식에 필수적이며 미생물 증식에 적합한 수분활성도는 0.85 이상인 경우가 보통이다. 세균이 잘 번식할 수 있는 최저 수분활성도는 0.91인데 반해 효모는 0.87, 곰팡이는 0.80이다.

③ **온도** : 인체에 질병을 일으키는 병원성 미생물의 최적 온도는 35~40℃이다.

구 분	발육온도	최적온도
저온균	0~25℃	15~20℃
중온균	15~55℃	25~37℃
고온균	40~47℃	50~60℃

(2) 산 소

① **호기성 세균** : 산소를 필요로 하는 세균

　예 초산균, 고초균, 결핵균, 아조토박터, 백일해, 디프테리아균 등

② **혐기성 세균** : 산소를 필요로 하지 않는 세균

　예 파상풍균, 보툴리누스균, 가스괴저균, 클로스트리듐균 등

③ **통성혐기성 세균** : 산소 유무에 관계없이 발육하는 세균

　예 포도상구균, 살모넬라균 등

(3) 수소이온농도(pH)

① 수소이온농도가 미생물의 발육이나 증식에 커다란 영향을 미친다.

　㉠ 강산성 : pH 4.5~5.0

ⓛ 중성 내지 약알칼리성 : pH 7.0~7.5

ⓒ 강알칼리성 : pH 8.0~8.5

② 대부분 미생물은 pH 5.0~8.5 정도에서 성장한다.

③ 세균은 중성 내지 약알칼리성을 좋아한다. 그러나 효모나 곰팡이는 산성을 좋아하는 경우가 많다.

(4) 광 선

① 직사광선은 대부분의 세균을 몇 분 또는 몇 시간 안에 죽인다.

② 태양광선 중에서도 특히 자외선이 세균에 대한 살균작용을 가진다.

(5) 습 도

세균 번식에는 높은 습도가 필요하다.

10년간 자주 출제된 문제

1-1. 다음 중 혐기성 세균인 것은?

① 파상풍균　　　　② 결핵균
③ 백일해균　　　　④ 디프테리아균

1-2. 음식물의 냉장고 보관 목적과 가장 거리가 먼 것은?

① 식품 중의 미생물 사멸
② 식품 중의 미생물 증식 억제
③ 식품의 신선도 유지
④ 식품의 가치 유지

|해설|

1-1
혐기성 세균은 산소가 없는 곳에서만 생활할 수 있는 세균으로 파상풍균, 보툴리누스균, 가스괴저균, 클로스트리듐균 등이 이에 속한다.

1-2
냉장고는 보존기간을 연장한다는 개념이지 안전한 것은 아니다.

정답 1-1 ①　1-2 ①

---

(1) 세균류

① 0.5~2μm 로 현미경상에서만 관찰이 가능하다.

② 종속 영양체로서 유기화합물로부터 에너지를 획득한다.

③ 사람과 공생하는 비병원성균이 병원성균에 비해 많다.

(2) 진균류

① 세균보다 크기가 크다(2~10μm).

② 형태에 따라 균사(Hyphae)를 형성하는 사상균, 아포를 형성하는 효모가 있다.

(3) 원충류

① 단세포로서 진핵생물이다.

② 편모의 존재로 활발한 운동을 한다.

(4) 바이러스

① 형태와 크기가 일정하지 않다.

② 살아 있는 세포(생체세포)에만 증식하며 순수배양이 불가능하다.

미생물의 크기
곰팡이 > 효모 > 세균 > 리케차 > 바이러스

10년간 자주 출제된 문제

다음 미생물 중 크기가 가장 작은 것은?

① 세 균　　　　② 곰팡이
③ 리케차　　　　④ 바이러스

정답 ④

---

(1) 세 균

① 세균은 증식과 복제에 필요한 기능과 조직을 가진 가장 작은 조직이다.

② 크기는 보통 직경 $1\mu m$(100만분의 1미터) 정도이다. 균체는 20분마다 1번 분열, 증식한다.

(2) 세균의 형태와 배열

① **구균(Coccus)** : 둥근 모양의 세균으로 각기 따로 존재하는 단구균, 짝을 이루어 있는 쌍구균, 여러 세포가 사슬 모양으로 늘어 있는 연쇄상구균, 포도송이처럼 뭉쳐 있는 포도상구균 등으로 구분된다. 병원성 구균으로는 식중독균, 폐렴균 등이 있다.

② **간균(Bacillus)** : 막대기 모양이다(폐결핵균, 이질균, 파상풍균 등).

③ **나선균(Spirillum)** : 형태가 S자형 혹은 가늘고 긴 나선형이다(콜레라균, 매독).

④ **편모** : 균체의 털로 이루어진 세균의 운동기관
  ㉠ 단모균 : 한 극에 1개의 편모를 가진 균
  ㉡ 총모균 : 한 극(極)에 여러 개의 편모를 가진 균
  ㉢ 양모균 : 양 극에 편모가 있는 균
  ㉣ 주모균 : 세포의 둘레에 여러 개의 편모가 있는 균

⑤ **아포** : 세균의 휴지상태(열 약품에 저항력이 강함)
  ㉠ 세균이 영양부족, 건조, 열 등의 증식 환경이 적합하지 않은 경우, 균의 저항력을 키우기 위해 형성하게 되는 형태이다.
  ㉡ 아포(Spore)를 형성하는 세균은 파상풍균, 탄저균, 고초균이 대표적이다.

⑥ **선모** : 그람음성균에서 흔히 볼 수 있는 것으로서 균체 표면에 밀생 분포해 있고 가늘고 짧으며 직선 모양을 하고 있다.

3-1. 다음 중 100℃에서도 살균되지 않는 균은?
① 대장균
② 결핵균
③ 파상풍균
④ 장티푸스균

3-2. 내열성이 강해서 자비소독으로는 효과가 없는 균은?
① 살모넬라균
② 포자형성균
③ 포도상구균
④ 결핵균

|해설|

3-1
100℃에서 살균처리를 해도 121℃ 이상에서 사멸하는 곰팡이, 탄저균, 파상풍균, 기종저균, 아포균 등은 제거되지 않고 존재하다가 활성화되기 좋은 습도와 온도가 만들어지면 언제라도 활동한다.

3-2
자비소독법은 열저항성 아포(포자), B형간염 바이러스, 원충(포낭형)을 제외한 미생물을 제거시킨다.

정답 3-1 ③ **3-2** ②

CHAPTER 04 피부 및 화장품학

제1절 피부와 피부 부속기관

핵심이론 01 | 피부의 구조

피부는 표면에서 심부로 향하여 표피, 진피, 피하조직의 3층으로 구분되어 있다. 피부는 산성막을 형성하여 외부의 미생물 침입으로부터 몸을 보호한다.

(1) 표피(세포 생성)

① 무핵층(각질층, 투명층, 과립층), 유핵층(유극층, 기저층)이 있다.
  ㉠ 과립층 : 각질화 과정이 실제로 일어나는 층으로 각질효소인 케라토하이알린(Keratohyaline) 과립이 많이 생성되어 과립세포에서 각질세포로 변화하게 된다.
  ㉡ 유극층 : 약 6~8개의 세포층으로 이루어져 있는 다층으로 표피 중에서 가장 두터운 층이며 표피의 대부분을 차지한다.

② 표피 구성세포
  ㉠ 각질형성세포 : 표피의 90~95%를 차지하며 면역기능에 관여한다.
  ㉡ 멜라닌 세포 : 피부에 색을 결정하는 세포로, 전체 표피의 13% 정도이다.
  ㉢ 랑게르한스 세포 : 표피의 약 2~4%를 차지하고 유극층에 위치하며, 면역기능에 관여한다.
  ㉣ 메르켈 세포 : 표피의 촉감을 감지한다. 기억세포라고도 한다.

(2) 진피(콜라겐과 엘라스틴 생성)

① 유두층과 망상층이 있다.
② 진피의 구성세포
  ㉠ 섬유아세포 : 결합조직 내에 널리 분포되어 주종을 이루고 교원섬유와 탄력섬유, 기질을 만드는 역할을 한다.
  ㉡ 비만세포 : 진피의 유두 내의 모세혈관 가까이에 위치하며 염증 매개물질을 생성하거나 분비하는 작용을 한다. 과립을 함유하고 있으며 혈관 투과성 인자인 히스타민이나 단백질 분해효소를 저장하고 있다.
  ㉢ 기타 : 대식세포, 지방세포, 색소세포, 형질세포 등이 있다.

(3) 피하조직

① 표피와 진피의 활동에 영양을 공급하며 열의 발산을 막아 준다.
② 피하지방은 몸의 내부 기관을 보호하는 충격흡수장치 역할을 하며 체온을 유지하고 칼로리와 과잉지방의 저장소로 이용된다.

10년간 자주 출제된 문제

표피(Epidermis)에 존재하지 않는 세포는?

① 각질형성세포(Keratinocyte)
② 멜라닌형성세포(Melanocyte)
③ 랑게르한스 세포(Langerhans Cell)
④ 섬유아세포(Fibroblast)

|해설|

표피에 존재하는 세포
- 각질형성세포
- 멜라닌 세포
- 랑게르한스 세포
- 메르켈 세포

정답 ④

핵심이론 02 | 피부색

(1) 피부색의 결정

① 피부의 색은 피부조직 중에 포함되는 멜라닌 색소나 헤모글로빈, 카로틴 등의 양과 진피 내 혈관의 혈행상태에 따라서 정해진다.
② 멜라닌 색소는 혈색소에 의한 혈액 고유의 붉은색 및 카로틴(Carotene)에 기인한 피부 고유의 노란색과 함께 피부색을 결정하는 주요 요소이다.
③ 피부색 결정 요소 : 멜라닌(흑색 계열), 혈관 분포(혈액량), 혈색소(적색 계열, 헤모글로빈), 카로틴(황색 계열), 기타(개인차, 각질층의 두께, 나이, 계절, 건강상태 등)

(2) 피부색의 개요

① 피부의 색은 건강상태와 관계가 있다.
② 자외선은 멜라닌 생성에 큰 영향을 미친다.
③ 여성보다 남성, 젊은층보다 고령층에 색소가 많다.
④ 피부의 황색은 카로틴에서 유래한다.

10년간 자주 출제된 문제

사람의 피부색과 관련이 없는 것은?

① 카로틴 색소
② 헤모글로빈 색소
③ 클로로필 색소
④ 멜라닌 색소

|해설|

피부색을 결정하는 3가지 요소 : 카로틴 색소, 헤모글로빈 색소, 멜라닌 색소

정답 ③

핵심이론 03 | 기저층

(1) 기저층(Stratum Basal, Basal Layer)의 개요

① 살아 있는 세포로 존재한다.

② 표피의 가장 아래층을 구성하며 진피와 접하고 있는 원주상의 세포가 1층으로 배열되어 있다.

③ 진피 유두에 있는 모세혈관으로부터 영양을 공급받아 세포분열을 일으켜 표피를 재생시킨다.

④ 물결 모양을 하고 있는데, 이는 진피와의 표면적을 극대화하기 위함이며 지문의 모양을 결정하게 된다.

⑤ 이물질의 침입을 막고, 피부 내부로의 수분 상실을 막아주는 층으로 수분의 통과가 쉽지 않으므로 약물이나 화장품을 피부 깊숙이 침투시키기 위해서는 이 층을 일시적으로 제거해야 한다.

(2) 기저층의 세포

① 각질형성세포 : 케라틴화되어 피부 겉면에서 떨어져 나가는 각질층을 형성한다.

② 색소형성세포 : 피부 색상을 결정짓는 멜라닌 색소를 형성한다(기저세포와 멜라닌 세포는 약 10 : 1의 비율).

10년간 자주 출제된 문제

피부색소인 멜라닌을 만드는 색소형성세포는 어디에 가장 많이 존재하는가?

① 표피의 기저층
② 진피의 망상층
③ 표피의 과립층
④ 표피의 유극층

|해설|

기저층은 표피 중 가장 깊은 곳에 위치하고 활발한 세포분열을 통해 새 세포를 생성하며 멜라닌 세포가 존재한다.

정답 ①

핵심이론 04 | 각질층 및 투명층

(1) 각질층

① 표피의 가장 바깥쪽에 있는 층으로 무색, 무핵으로 편평한 회백색의 조각이며 죽은 세포로 되어 있다.

② 각질세포간지질, 천연보습인자(NMF ; Natural Moisturizing Factor), 피지 등으로 구성되어 있다.

  ㉠ 피지는 수분의 증발을 막고 유연성을 부여한다.

  ㉡ 천연보습인자는 아미노산과 젖산 등으로 구성되며, 피부 수분을 일정 수준으로 유지할 수 있도록 한다. 그중 아미노산은 천연보습인자의 약 40%를 차지하여 피부의 pH와 수분 보유량을 일정 수준으로 맞추는 완충제 역할을 한다.

  ㉢ 주성분인 케라틴(Keratin)은 물에 녹지는 않아 외부 영향에 대한 저항력이 강하다.

  ㉣ 베리어층(Barrier Zone)은 외부 이물질의 침투를 막는다.

③ 각질층은 피부를 보호하는 방패막으로 물리적인 자극이나 화학에 대한 강한 저항력을 발휘하며 천연보습인자를 함유하고 있어 피부 건조를 막아 준다.

④ 각질층의 수분 함유량은 10~20%이다.

각화현상

• 과립층의 과립세포가 죽은 세포인 각질세포로 변하는 현상이다.
• 세포의 모양이 각질층 가까이 갈수록 납작해진다.
• 세포 내의 작은 공간이 사라지고 수분량이 적어진다.
• 각질세포는 미세한 비듬의 형태로 피부로부터 떨어져 나간다.

---

(2) 투명층(Stratum Lucidum)

① 생명력이 없는 상태의 무색, 무핵세포로 손바닥과 발바닥에 가장 많이 존재한다.

② 각질층 아래에 있는 얇고 투명한 층으로 세포질 내에는 엘레이딘(Eleidin)이라는 반유동성 물질이 들어 있어 수분침투를 방지한다.

| 10년간 자주 출제된 문제 |

다음 중 투명층이 가장 많은 곳은?

① 손등과 발등
② 등
③ 얼굴
④ 손바닥과 발바닥

|해설|

투명층은 각질층 아래에 있는 생명력이 없는 상태의 투명한 층으로 손바닥과 발바닥에 가장 많이 존재한다.

정답 ④

핵심이론 05 │ 진피의 개념

(1) 진피(Dermis)의 정의

① 표피와 피하지방 사이에 위치하며, 피부의 90% 이상을 차지한다.
② 피부의 탄력성을 결정짓는 층으로, 두께는 평균적으로 2mm 전후이다.
③ 상층부의 유두층과 하층의 망상층으로 구분되어 있고, 진피 내에는 혈관, 림프관, 신경, 한선, 모발선, 감각선, 입모근 등을 포함하고 있다.
④ 진피의 결합조직은 콜라겐(Collagen ; 교원섬유)과 엘라스틴(Elastin ; 탄력섬유), 특별한 형체가 없는 무형의 기질(Ground Substance)로 구성된다.

(2) 진피의 기능

① 외부로부터 인체를 보호하고 수분을 흡수・저장하여 피부의 탄력성을 부여한다.
② 피부의 두께와 주름을 결정하며, 표피의 지지역할을 해 준다.
③ 체온조절의 기능, 감각에 대한 수용체 역할, 표피와 상호작용하여 피부를 재생한다.
④ 혈관과 림프가 있어 표피에 영양을 공급해 주고, 많은 교감신경과 부교감신경들이 지나간다.

(3) 진피의 구조

① 유두층(Papillary Layer)
　㉠ 표피돌기 사이에서 피부의 표면을 향해 둥글게 돌출(유두)되어 있는 부분이다.
　㉡ 유두층에는 섬유가 드물고 수분이 많이 함유되어 있다.
　㉢ 유두층의 수분은 미용상 피부의 팽창도 및 탄력도와 관계가 있다.
　㉣ 표피 기저층의 경계부분으로 모세혈관이 들어와 표피의 영양을 공급한다.

ⓂⒶ 감각소체가 있어 촉각과 압각, 통각 등을 느끼고 표피의 지문은 유두의 모양과 일치한다.

ⓗ 유두하층 : 유두층의 밑바닥에 해당하는 곳이며 망상층과 이어지는 부분이다.

② 망상층(Reticular Layer)

㉠ 진피층 중 가장 두꺼운 층으로 길고 가는 그물 모양으로 되어 있다.

㉡ 망상층에는 모세혈관이 거의 없으며, 임파선, 동맥과 정맥, 피지선, 한선, 기모근, 모낭 등이 분포되어 있다.

㉢ 외부의 충격으로부터 몸을 보호하고 피부의 탄력을 관장한다.

㉣ 콜라겐과 엘라스틴, 기질로 이루어져 있다.

콜라겐 (Collagen Fiber, 교원섬유)	• 진피 성분의 90%를 차지하는 섬유단백질로 섬유아세포에서 생성된다. • 피부노화 또는 자외선의 영향으로 그 양이 감소된다. • 엘라스틴과 함께 피부에 장력과 탄력성을 제공한다.
엘라스틴 (Elastin Fiber, 탄력섬유)	• 진피성분의 2~3%이고 섬유아세포에서 만들어지며 탄력성이 있어 변형된 피부가 원래의 상태로 되돌아오도록 하는 기능을 갖는다. • 화학물질에 대해 저항력이 매우 강하고 신축성과 탄력성이 있어 1.5배까지 늘어난다. • 나이가 들면서 점차 감소되어 노화의 원인이 된다.
기질 (Ground Substance)	• 진피와 결합섬유 사이를 채우고 있는 물질로, 섬유아세포에서 이루어진다. • 물과 미네랄염, 거대분자들로 구성된다. • 하이알루론산, 콘드로이틴황산 등 점액다당질로 물에 녹아 끈적한 액체상태로 존재한다.

진피에 대한 설명으로 옳은 것은?

① 진피는 표피와 비슷한 두께를 가졌으며 두께는 약 2~3mm이다.
② 진피 조직은 비탄력적인 콜라겐 조직과 탄력적인 엘라스틴 섬유 및 뮤코다당류로 구성되어 있다.
③ 진피 조직은 우리 신체의 체형을 결정짓는 역할을 한다.
④ 진피는 피부의 주체를 이루는 층으로 망상층과 유두층을 포함하여 5개 층으로 나뉘어져 있다.

|해설|

① 진피층은 약 2~3mm의 두께를 가지며 피부 부피의 대부분을 차지하고 있다. 표피의 평균 두께는 약 0.04~1.5mm이다.
③ 피하 조직은 우리 신체의 체형을 결정짓는 역할을 한다.
④ 진피는 표피 바로 밑층에 위치하여 피부의 주체를 이루는 층으로 망상층과 유두층으로 구분된다.

정답 ②

(1) 보호기능과 체온 조절기능

① 보호기능
  ㉠ 물리적, 기계적 자극에 대한 완화작용과 내부 장기를 보호한다.
  ㉡ 화학물질로부터의 보호, 피부에 산성막(피지막)을 형성해 박테리아의 감염과 미생물의 침입으로부터 피부를 보호한다.
  ㉢ 자외선으로부터 피부를 보호한다.
  ㉣ 피부 표면은 pH 4.5~6.5의 약산성으로 유지되어 세균의 발육이 억제된다.

② 체온 조절기능 : 기온이 높으면 땀을 흘려 열을 발산하고, 온도가 낮으면 혈관이 수축되어 혈류를 감소시켜 체온의 발산을 막는다.

(2) 기타 기능

① 분비기능 : 피지의 분비는 수분이 증발하는 것을 막아준다.

② 배설기능 : 땀을 배설하여 신장의 기능을 보충하고 수분이나 나트륨, 질소노폐물 및 독물의 배설에 큰 역할을 한다.

③ 감각·지각기능 : 피부는 냉각, 촉각, 온각, 통각, 압각에 반응한다.

④ 저장기능 : 피하지방은 지방분해 작용을 통해 신체에서 요구하는 에너지의 85% 정도를 충당하고, 잉여에너지를 저장한다.

⑤ 흡수기능 : 보통 피부에서는 흡수되지 않는 물질을 강제로 경피흡수가 되도록 한다(수용성 비타민, 광물성 물질 등).

⑥ 비타민 D 생성기능 : 자외선에 의해 표피 과립층에서 비타민 D 전구물질을 활성화시킨다.

⑦ 면역기능
  ㉠ 림프구는 면역과 노폐물 배출기능을 한다.
  ㉡ 표피의 랑게르한스 세포와 진피의 조직구(Histiocyte)가 면역을 담당한다.

⑧ 호흡기능 : 피부도 모세혈관을 통해 산소와 탄산가스를 교환하는 호흡작용을 한다.

(3) 피부와 스트레스와의 관계

① 피부에 나타나는 1차적 스트레스 증상 : 두드러기, 작열감, 소양감, 봉소염, 홍반

② 피부에 나타나는 2차적 스트레스 증상 : 스트레스성 여드름, 색소가 침착되는 증상

(4) 화상의 증상에 따른 분류

① 1도 화상 : 표피층만 손상
② 2도 화상 : 표피 전 층과 진피의 상당 부분이 손상
③ 3도 화상 : 진피 전 층과 피하조직까지 손상

10년간 자주 출제된 문제

피부의 기능이 아닌 것은?
① 피부는 강력한 보호작용을 지니고 있다.
② 피부는 체온의 외부 발산을 막고 외부 온도 변화가 내부로 전해지는 작용을 한다.
③ 피부는 땀과 피지를 통해 노폐물을 분비, 배설한다.
④ 피부도 호흡한다.

정답 ②

---

(1) 한선(Sweat Gland)의 개요

① 한선은 코일형의 밑부분(기저, 한선체)과 관상형의 관(한관)으로 구성되어 있다.

② 모든 인체는 한선이 분포되어 있고 손·발바닥, 이마와 겨드랑이에는 더 많이 있다.

③ 한선은 신장의 기능을 보충하여 체온을 조절하고, 인체의 노폐물 배설을 돕는다.

④ 한선은 에크린선과 아포크린선의 두 종류가 있다.

(2) 에크린선(Eccrine Sweat Gland, 소한선)

① 태어날 때부터 입술, 음부를 제외하고 전신에 분포되어 있다.

② 앞이마, 손바닥, 발바닥 등에 밀집되어 분포한다(손·발바닥 600개/cm^2).

③ 포유동물만 존재하며 에크린선의 수는 200~400만 개에 달한다.

④ 땀은 pH 3.8~5.6의 약산성이며, 내부환경, 온도, 정신적인 작용 등의 아세틸콜린 계통의 영향을 받는다.

⑤ 무색, 무취로서 99%가 수분이며 나머지가 고형질로 Na, Cl, K, I, Lipid, Amino Acid, Ca, P, Fe, 기타 극소량의 혈장 전해질이 들어 있다.

⑥ 에크린선은 혈액과 더불어 신체 체온 조절기관이다.

(3) 아포크린선(Apocrine Sweat Gland, 대한선)

① 대부분의 포유류에 분포하고 있는 아포크린은 피지선의 구멍을 통해서 땀을 분비한다.

② 겨드랑이, 생식기 주위, 남성과 여성의 유두 주위에 분포되어 있으며, 감정이 변화될 때 작용이 활발해진다.

③ 분비되는 땀에는 특유의 냄새가 있으며, 양이 적고 유색으로서 단백질, 탄수화물을 함유한다. 배출되면 빨리 건조하여 모공에 말라붙는다.

(4) 한선의 이상 분비증

① 다한증 : 기온이 조금 높거나 약간의 운동으로도 보통 사람 이상으로 땀을 많이 흘리는 경우이다.

② 소한증 : 갑상선 기능저하, 신경계통의 질환, 금속염의 중독 시 나타난다.

③ 무한증 : 여름의 강한 일광에 오랫동안 노출된 경우 생기는 일사병이다.

④ 액취증(취한증) : 아포크린선의 분비물에 세균의 부패로 인해 악취가 나는 것으로 암내라고 한다(겨드랑이 등).

⑤ 색한증 : 속옷에 색이 배어 나오는 것으로, 황색의 땀은 겨드랑이에서 많은데 액모에 황색 곰팡이가 붙어 있으므로 황균모라고 하며 이 곰팡이의 색이 땀에 녹아 나오는 것이다.

⑥ 땀띠(한진) : 한관이 막혀서 땀을 분비하지 못해 수포가 형성된다. 땀샘(한선)이 폐쇄되어 땀이 피부 내부로 흘러들어 병변을 일으키는 것이다.

10년간 자주 출제된 문제

땀샘에 대한 설명으로 틀린 것은?

① 에크린선은 입술, 점막 부분뿐만 아니라 전신피부에 분포되어 있다.

② 에크린선에서 분비되는 땀은 냄새가 거의 없다.

③ 아포크린선에서 분비되는 땀은 분비량은 소량이나 나쁜 냄새의 요인이 된다.

④ 아포크린선에서 분비되는 땀 자체는 무취, 무색, 무균성이나 표피에 배출된 후 세균의 작용을 받아 부패하여 냄새를 유발한다.

|해설|

① 에크린선은 전신에 분포되어 있으나 입술, 음부에는 분포되어 있지 않다.

정답 ①

(1) 피지선(Sebaceous Gland)

① 피지를 분비하는 기관으로, 지선이라고도 한다.

  ㉠ 작은피지선 : 손바닥, 발바닥을 제외한 전신에 분포한다.

  ㉡ 독립피지선 : 털과 연결되지 않는 곳으로, 모포가 없는 입술, 눈꺼풀, 협점막, 유륜, 음순, 귀두 등이 있다.

  ㉢ 큰피지선(지루 부위) : 피지선이 특히 발달하여 많이 모인 부위로 이마, 코·콧망울·비순구, 가슴과 등의 중앙 부근, 겨드랑이 아래, 배꼽 주위, 팔·다리의 관절 뒤쪽, 외음부 등이 있다.

② 모양 : 포도송이처럼 모낭벽에 붙어 있다.

③ 크기 : 일반적으로 털의 굵기에 반비례한다.

④ 위치 : 진피 내 망상층에 위치하고 있다.

(2) 피지(Sebum)

① 피지의 생성

  ㉠ 피지는 여성보다 남성에게서 더욱 많이 생성되고, 노년기에 접어들면서 특히 여자에게서 피지가 감소한다.

  ㉡ 사춘기 때가 되어서야 분비되기 시작하여 성인이 되면서 일정하게 유지된다.

② 피지의 분비

  ㉠ 피지의 분비는 혈액을 통한 호르몬에 의해 결정되는데, 남성호르몬인 테스토스테론은 피지 분비를 증가시킨다.

  ㉡ 피지는 피지선에서 분비되어 모낭 내로 배설되며, 털이나 모낭벽을 따라 피부 표면으로 분비된다.

  ㉢ 피지는 땀에 의해 확산되다가 일정한 두께가 되면 분비가 정지된다.

  ㉣ 과도한 피지의 분비는 여드름이나 염증 등을 일으킨다.

  ㉤ 1일 1~2g 정도 분비되며 부위별로 분비량이 다르다.

  ㉥ 피지는 제거해도 3~4시간 후면 회복된다.

③ 피지의 작용

  ㉠ 수분 증발 억제작용 : 각질층의 수분 증발을 막아 피부를 촉촉하고 윤택하게 만든다.

  ㉡ 살균작용 : 피지 중에는 지방산이 함유되어 화농균과 백선균을 살균한다.

  ㉢ 유화작용 : 피부 표면에 분비된 피지는 땀과 함께 유화제(Emulsion)를 이루어 보호막을 형성한다.

  ㉣ 흡수조절 작용 : 경피흡수가 되는 것을 어느 정도 저지할 수 있다.

  ㉤ 비타민 D_3의 생성작용 : 피지 중 프로 비타민 D가 일광에 노출되면 비타민 D_3로 되며 이는 피부에서 다시 흡수된다.

(3) 림프액의 기능

항원과 항체반응을 통해 면역반응에 관여하고, 과도한 체액을 흡수하여 운반하는 기능을 한다.

10년간 자주 출제된 문제

피지에 대한 설명으로 틀린 것은?

① 피지의 1일 분비량은 약 1~2g 정도이다.
② 손바닥, 발바닥에서 많이 분비된다.
③ 피지는 피지선을 따라 분비된다.
④ 피지는 제거해도 3~4시간 후면 회복된다.

|해설|

② 손바닥, 발바닥에는 분비되지 않는다.

정답 ②

핵심이론 01 | 정상피부의 개념

(1) 정상피부(Normal Skin)의 정의

① 가장 이상적인 피부로 기름샘과 땀샘의 활동이 정상이기 때문에 부드럽고 수분이 많으며 피부결도 섬세하고 매끄럽다.

② 90% 정도의 어린이들만이 정상적인 피부를 가졌으며 성인의 경우는 드물다.

(2) 중성피부의 특징

① 수분 및 유분 측정치가 균형을 이룬다.

② 피지나 땀이 적당히 분비되어 피부 표면이 촉촉하고 매끄럽다.

③ 피부결이 섬세하고 윤기가 있고 피부에 탄력이 있다.

④ 혈액순환이 원활하여 혈색이 좋고 각질층의 수분은 10~20% 적당량을 함유하여 투명도가 높으며 색소의 손실이 없다.

⑤ 표피세포의 신진대사가 원활하여 피부에 저항력이 있다.

⑥ 모공이 작고 눈에 잘 띄지 않는다.

⑦ 피부 이상인 색소, 여드름, 잡티현상이 없다.

⑧ 피부조직이 정상적인 상태에서 단단하며, 전반적으로 주름이 없다.

⑨ 세안 후 당기거나 끈적이지 않는다.

⑩ 외부 환경과 건강상태에 따라 피부 상태가 변할 수 있다(약간의 피부 트러블이 발생하기도 하고 여름은 지성화로, 겨울은 건성화로 변할 수 있음).

⑪ 25세 이후로는 건조해지며 잔주름이 나타난다.

10년간 자주 출제된 문제

중성피부에 대한 일반적인 설명으로 옳은 것은?

① 거칠고 모공이 넓은 피부
② 피지의 분비가 적어서 피부가 꺼칠꺼칠한 피부
③ 피지의 분비가 적당하여 윤택이 나는 피부
④ 피지의 분비량이 너무 많은 피부

|해설|

중성피부 : 피지 분비량이 적당하여 부드럽고 탄력 있는 피부 유형

정답 ③

(1) 피부의 pH

① 우리 몸은 pH 7.4 전후의 약알칼리성으로서 표피의 투명층 아래는 pH 4.5 산성이며, 기저층 아래는 pH 7.4로서 혈액의 pH와 동일하다.

② 피부는 pH 4.5~6.5의 약산성일 때 가장 건강한 상태로서 몸속은 약알칼리, 몸 밖은 약산성을 유지하는 것이 좋다.

(2) pH의 변화

① pH는 성별, 연령, 계절, 부위, 기질 등에 따라 달라진다.

② 일반적으로 여자보다 남자, 표피보다 진피, 어린이나 노인보다 청년의 피부가 더 산성이다.

③ 외부의 온도가 높으면 pH가 내려가고, 낮아지면 pH가 올라간다.

④ 몸 부위에서 특히 발바닥, 뒤꿈치, 팔꿈치의 pH가 높다.

⑤ 피부병이 있는 부위나 야간, 나이가 들수록 알칼리성으로 기운다.

⑥ 입욕은 pH를 변화시켜 고온은 알칼리성, 저온은 산성측으로 기운다.

⑦ 지성피부는 산성으로, 건조피부는 알칼리성으로 기우는 경향이 있다.

10년간 자주 출제된 문제

정상적인 피부 표면의 pH는?

① pH 3.0~4.0
② pH 4.0~6.5
③ pH 7.0~8.5
④ pH 8.5~9.5

|해설|

피부의 정상 pH는 4.5~6.5이며 인종, 성별, 연령, 인체 부위 등에 따라서 각기 다르다.

정답 ②

---

(1) 건성피부의 의의

① 수분공급 기능과 피지분비 기능의 균형이 유지되지 못하는 피부 유형이다.

② 피부 표면의 피지량과 각질층의 수분량이 감소되어 표면이 거칠고 탄력이 없으며 윤기가 없다.

③ 외부의 자극에 손상받기 쉽고 염증이 생기기 쉽다.

(2) 건성피부의 특징

① 수분과 피지의 분비가 적어 피부 표면에 윤기가 없다.

② 저항력이 약하기 때문에 피부가 조그만 상처에도 쉽게 아물지 않고 손상되기 쉬우며 접촉성 피부염이 생기기 쉽다.

③ 입가나 눈가 등에 잔주름이 두드러져 보일 뿐만 아니라 부분적으로 하얀 각질이 일고 심하면 버짐이 생긴다.

④ 비교적 피부결은 섬세하나 두께는 얇은 편이다.

⑤ 모공은 매우 작아 눈에 잘 띄지 않는다.

⑥ 화장이 잘 받지 않아 파운데이션을 발라도 들떠 버린다.

⑦ 유분이 많은 영양크림을 남용하면 피지선의 기능이 저하된다.

10년간 자주 출제된 문제

안면피부의 유형 중 보습상태를 기준으로 구분했을 때 정상피부에 비하여 건조한 피부는?

① 지성피부
② 건성피부
③ 노화피부
④ 조로피부

|해설|

안면피부의 수분 함유에 따라 정상피부와 건성피부로 나누어지며, 일반적으로 안면피부의 보습상태가 불량하여 건조한 피부가 된 상태를 건성피부라 한다.

정답 ②

핵심이론 04 | 지성피부의 성상 및 특징

(1) 지성피부의 의의
① 지성피부는 기름샘의 기능이 활성화되어 기름(피지)이 정상보다 많이 분비되는 피부이다.
② 윤기가 있고 모공이 넓으며 각질층이 두꺼워져 있는 피부를 말한다.

(2) 지성피부의 특징
① 오염물질이나 먼지 등이 들러붙기 쉽고 그로 인해 여드름이나 뾰루지 같은 피부 트러블이 자주 생긴다.
② 피부결의 형태는 소구(피부의 골짜기)가 비교적 깊고 소릉(피부의 언덕)의 형태가 비교적 크고 불규칙하다.
③ 피부 표면이 번들거리고 피부결은 거칠며 두꺼워 보인다.
④ 끈적임이 있고 유분이 겉돌아 번들거린다.
⑤ 모공이 넓으며 피부 표면이 굴껍질같이 보이기 쉽다.
⑥ 건성피부보다 잔주름이 잘 나타나지 않으나 주름이 잡히기 시작하면 깊고 굵게 잡히는 경향이 있다.
⑦ 화장이 잘 받지 않고 쉽게 지워지며 시간이 지나면 거무칙칙하게 보인다.
⑧ 외부에 대한 저항력이 건성피부보다는 강하며 쉽게 예민해지지 않는다.
⑨ 여성에 비해 남성에게 많으며, 햇빛에 의한 색소침착이 빠르다.

핵심이론 05 | 민감성 피부의 성상 및 특징

(1) 민감성 피부(Sensitive Skin)의 의의
① 민감성 피부란 비누, 일광차단제, 화장품 등을 사용한 후에 과민하게 반응하는 피부를 말한다.
② 피부조직이 정상피부보다 섬세하고 얇아서 외부 환경적인 요인에 민감한 반응을 나타내기 쉬워, 약간의 자극에도 알레르기 반응을 일으키는 피부 타입을 말한다.
③ 작은 모세혈관이 파괴되어 불그스름한 피부, 보통 잔주름과 건성피부의 증상을 함께 가진다.
④ 지루성 습진, 접촉성 피부염, 아토피 피부염 등이 있다.

(2) 민감성 피부의 특징
① 화장품을 사용한 후 얼굴이 따끔거리거나 가려운 경우가 있다.
② 바람이나 날씨 등 온도 차이에 따라 반응하고 얼굴이 빨갛게 변한다.
③ 심신의 컨디션에도 쉽게 반응하며, 진정되는 데 시간이 오래 걸린다.
④ 피부결이 얇고 모공이 거의 보이지 않으며 피부에 트러블이 잘 생긴다.
⑤ 표피층이 얇아서 수분이 부족하여 잘 건조해지고 붉어진다.
⑥ 눈에 보이는 피부상태는 크게 나쁘지 않아도 당김, 따가움, 가려움, 통증이 심하게 나타난다.

(1) 복합성 피부의 의의

① 복합성 피부는 건성과 지성이 부분적으로 섞여 있는 피부상태의 조합이다.
② 복합성 피부는 기름 분비량의 불균형으로 2가지 이상의 피부 성질이 나타나는 피부로 민감한 피부에서 흔히 볼 수 있는 피부 유형이다.
③ 기름 분비가 많은 곳은 여드름 등이 생기기 쉽지만 그렇지 않은 곳은 거칠게 느껴진다.
④ 화장을 처음 시작하거나 기후 변화가 심하면 일시적으로 피부가 균형을 잃어 부분적으로 이상현상이 생기기 쉽고 수면이 부족하거나 피로하면 피부가 땅기며 건조해지기도 한다.

(2) 복합성 피부의 특성

① 주로 T-존이라고 불리는 이마, 코 부분은 다른 부분보다 피지선이 많아서 지성피부이고 눈 주위, 뺨은 건성피부이다.
　※ U-존 : 얼굴에서 양 볼과 턱 선에 이르는 U자 모양의 부위로 T-존과 달리 피지 분비가 적은 건조한 부위를 말한다.
② 기름이 많이 분비되는 곳은 모공이 크고 피부결이 거칠다. 여드름이나 면포가 나기도 한다.
③ 민감한 피부에 많이 나타난다.
④ 번들거림과 당김을 한꺼번에 해결할 수 없다.

10년간 자주 출제된 문제
피지 소비량 불균형으로 두 가지 이상의 피부 성질이 한 얼굴에 나타나는 상태의 피부는?

① 건성피부　　　　　② 지성피부
③ 중성피부　　　　　④ 복합성 피부

|해설|

복합성 피부는 피부 느낌이 불안정하며 기후 변화에 쉽게 피부가 균형을 잃는다. 이는 피지 소비량 불균형으로 두 가지 이상의 피부의 성질이 한 얼굴에 나타나는 상태이다.

정답 ④

(1) 노화피부의 의의

① 나이가 들어가면 피부의 신진대사 능력도 점점 떨어져 기미, 주름, 피부 처짐 등이 나타나게 된다.
② 피부의 노화는 생체의 기능저하로 인한 여러 가지 생체구조 변화의 결과에서 주름의 형태로 나타난다.
③ 노화가 진행되는 속도는 호르몬의 불균형 같은 내적 요인과 자외선 등의 외적 요인으로 인해 좌우된다.

(2) 노화의 원인

① 자외선의 자극과 스트레스, 호르몬 이상, 간기능 저하가 원인이다.
② 영양부족, 운동부족, 지나친 술, 담배, 잘못된 피부관리와 피부관리 소홀, 의약품 장기복용, 탁한 공기 또는 자외선 등도 원인이 된다.
③ 갱년기나 임신기에는 난포 호르몬과 황체 호르몬의 밸런스가 무너져서 노화 감퇴 피부가 오는 수가 있다.

(3) 노화피부의 특징

① 표피가 건조하고 얼굴 전체가 늘어져 있으며 크고 작은 잔주름이 보인다.
② 콜라겐과 엘라스틴의 감소로 피부의 탄력이 없다.
③ 표피층이 작아지고 쪼그라진다.
④ 색소침착이 부분적으로 발생한다.
⑤ 진피층이 손상되면 주름살, 거친 피부, 흉터 등이 보인다.

10년간 자주 출제된 문제
노화피부의 특징이 아닌 것은?

① 노화피부는 탄력이 없고, 수분이 많다.
② 피지분비가 원활하지 못하다.
③ 주름이 형성되어 있다.
④ 색소침착 불균형이 나타난다.

정답 ①

제3절 | 피부와 영양

핵심이론 01 | 피부와 탄수화물

(1) 탄수화물의 개념

① 에너지를 내는 기본요소로 체온조절, 피로회복 등을 위해 사용되지만 과다하게 섭취하면 체질을 산성화시켜 저항력을 떨어뜨리고 비만의 원인이 될 수 있다.

② 피부의 세포분열에 필요한 에너지 생성을 도와 피부세포에 활력을 부여하며 고보습효과를 줌으로써 건강한 피부를 위한 필수 영양소로 작용한다.

③ 모든 당류 및 전분류를 말하며, 섭취된 모든 탄수화물은 최종적으로 포도당(Glucose)으로 전환된다.

④ 열량 공급원(1g당 4kcal), 단백질 절약작용, 혈당 유지, 간 보호 및 해독작용, 지방의 완전연소, 중추신경조직의 완전한 기능 유지 등을 한다.

(2) 탄수화물의 종류

① 단당류 : 포도당, 과당, 갈락토스 등이 있으며 체내에서 소화가 되면 단당류 형태로 흡수된다.

② 이당류 : 두 개의 단당류를 탈수 반응에 의해 합성한 화합물로, 단맛이 있고 물에 녹으며 결정형으로 맥아당, 자당(설탕), 유당(젖당)이 있다.

③ 다당류 : 가수분해되어 수많은 단당류를 형성하는 분자량이 매우 큰 물질의 탄수화물이다. 단맛이 없으며 물에 녹지 않는다. 전분, 글리코겐, 섬유소, 펙틴이 있다.

10년간 자주 출제된 문제

인체에 필요한 영양소 중 피로를 빨리 회복시키며 지나치게 섭취하면 신체를 산성체질로 만들고 비만의 원인이 되는 것은?

① 지 방　　　　　② 탄수화물
③ 단백질　　　　　④ 무기질

정답 ②

핵심이론 02 | 피부와 지방

(1) 지방의 개념

① 지방은 대표적인 에너지원으로, 피하지방층에 쌓여 체내에서 생성되는 열량을 유지하는 데 사용된다.

② 지방산, 중성지방, 인지질, 스테롤, 스콸렌, 왁스로 나누어진다.

③ 기 능
　㉠ 에너지 공급원(1g당 9kcal 에너지 발생)
　㉡ 뇌와 신경조직의 구성 성분
　㉢ 주요 장기 보호 및 체온조절
　㉣ 지용성 비타민의 인체 내 흡수를 도와주고 티아민의 절약작용을 함

(2) 지방의 종류

① 지방산
　㉠ 포화지방산
　　• 이중결합이 없고 상온에서 고체이며, 동물성 지방에 많다.
　　• 종류 : 팔미트산, 스테아르산, 뷰티르산 등
　㉡ 불포화지방산
　　• 이중결합이 1개 이상으로 상온에서 액체상태이며, 식물성 기름에 많다.
　　• 종류 : 올레산, 리놀레산, 리놀렌산, 아라키돈산, EPA, DHA 등

② 필수지방산
　㉠ 불포화지방산 중 체내에서 합성되지 못하여 식품으로 섭취해야 하는 영양소이다.
　㉡ 종류 : 리놀레산, 리놀렌산, 아라키돈산 등 → 식물성기름, 특히 콩기름에 많이 함유

다음 중 필수지방산에 속하지 않는 것은?

① 리놀레산(Linoleic Acid)

② 리놀렌산(Linolenic Acid)

③ 아라키돈산(Arachidonic Acid)

④ 타르타르산(Tartaric Acid)

|해설|

타르타르산(타타르산)은 주석에 탄산칼슘을 넣어 생성되는 침전물에 황산을 처리하여 얻는 유기화합물로, 보통 주석산이라고 알려져 있다.

정답 ④

핵심이론 03 │ 피부와 단백질

(1) 단백질의 개념

① 단백질은 피부의 각화작용을 촉진시키고 저항력과 탄력 증진의 역할을 담당한다.

② 새로운 조직(피부, 근육, 혈관, 내장, 골격)을 형성하고 조직의 재생과 보수 역할을 한다.

③ 신체작용 조절을 한다(삼투압과 수분 평형조절, 혈액과 조직 내의 산 – 염기 평형조절).

(2) 필수 아미노산

① 체내에서 필요한 만큼 충분히 합성되지 못해 음식으로 섭취해야만 하는 것, 생명 유지, 성장에 필요하다.

② 종 류

　㉠ 성인(9가지) : 발린(Valine), 류신(Leucine), 아이소류신(Isoleucine), 메티오닌(Methionine), 트레오닌(Threonine), 라이신(Lysine), 페닐알라닌(Phenylalanine), 트립토판(Tryptophan), 히스티딘(Histidine)

　※ 8가지로 보는 경우 히스티딘은 제외된다.

　㉡ 영아(10가지) : 성인 9가지 + 아르지닌(Arginine)

세포원형질의 주요 성분 및 구성소로서 신체의 발육 및 세포조직을 재생시키는 데 필수적인 영양소로 가장 적합한 것은?

① 비타민　　　　　② 단백질

③ 지 방　　　　　④ 탄수화물

|해설|

단백질은 체세포의 주성분으로서 모든 세포의 구조적, 기능적 특성을 위하여 필수적인 역할을 담당한다.

정답 ②

비타민 A (Retinol)	주요 기능	• 피부 점막의 건강 유지 • 피부재생 및 노화방지 • 상피조직의 신진대사에 관여 • 두발의 건조함과 부스러짐 방지
	결핍증	야맹증, 모낭각화증, 안구건조증
	함유 식품	간, 버터, 녹황색 채소, 난황
비타민 D (Calciferol)	주요 기능	• 칼슘과 인의 흡수 촉진 • 뼈의 정상적인 발육 촉진
	결핍증	구루병, 골연화증, 골다공증
	함유 식품	대구, 간, 효모, 말린 버섯
비타민 E (Tocopherol)	주요 기능	• 항산화제 • 체내 지방의 산화 방지(노화 방지) • 동맥경화, 성인병 예방
	결핍증	불임증, 근육마비
	함유 식품	곡식의 배아, 식물성 기름
비타민 K	주요 기능	• 혈액 응고 촉진(프로트롬빈 형성에 관여) • 장내 세균에 의해 합성
	결핍증	혈액 응고 지연, 신생아 출혈
	함유 식품	녹황색 채소, 동물의 간, 양배추

10년간 자주 출제된 문제

두발이 건조해지고 부스러지는 것을 방지해 주는 효과가 가장 큰 비타민은?

① 비타민 A
② 비타민 B₁
③ 비타민 C
④ 비타민 D

정답 ①

(1) 비타민 B_2

① 피부의 신진대사를 활발하게 함으로써 세포의 재생을 돕고 머리비듬, 입술 및 구강의 질병치료에도 좋다.
② 지루 및 민감한 염증성 피부에 관여한다.
③ 부족 시 구순염, 설염 등을 유발한다.
④ 우유, 간, 육류, 달걀, 셀러리 등에 함유되어 있다.

(2) 비타민 B_6

① 피지분비 과다에 의한 탈모증상에 작용한다.
② 아미노산 대사의 조효소로 비필수 아미노산의 합성에 관여한다.
③ 쌀겨가루, 효모, 동물의 간, 난황 등에 함유되어 있다.

(3) 비타민 C

① 콜라겐 합성촉진, 피부미백 등의 효과가 있으며 쉽게 산화되고 분해되며 수용성으로 체내에 잘 저장되지 않는다.
② 비타민 C가 피부에 미치는 영향
　㉠ 멜라닌 색소 생성 억제
　㉡ 광선에 대한 저항력 증가
　㉢ 모세혈관의 강화
　㉣ 진피의 결체 조직 강화
　㉤ 피부저항력이 강화되어 두드러기나 알레르기성 피부에 효과적

10년간 자주 출제된 문제

부족 시 구순염, 설염 등을 유발하는 비타민은?

① 비타민 A
② 비타민 B₁
③ 비타민 B₂
④ 비타민 C

정답 ③

핵심이론 06 | 피부와 무기질

(1) 무기질의 개념

① 성분
- ㉠ 체중의 4%가 무기질로 구성되어 있다.
- ㉡ 칼슘과 인이 3/4 차지, 1/4은 칼륨, 황, 나트륨, 염소, 구리, 철, 마그네슘, 망간, 아이오딘, 아연 등으로 미량 존재한다.

② 기능
- ㉠ 체액의 pH 및 삼투압을 조절한다.
- ㉡ 뼈와 치아의 중요한 성분으로 골격 조직을 형성한다.
- ㉢ 신경자극의 전달과 근육의 탄력을 유지한다.
- ㉣ 소화액 및 체내 분비액의 산과 알칼리를 조절한다.
- ㉤ 효소작용의 촉매 작용을 한다.

(2) 무기질의 종류와 기능

① 아이오딘(I)
- ㉠ 갑상선 호르몬인 타이록신의 구성 성분이다.
- ㉡ 해조류에 많고 두발의 발모를 돕는다.
- ㉢ 과잉 : 바세도우씨병
- ㉣ 결핍 : 갑상선종, 대사율 저하

② 철(Fe)
- ㉠ 체내에 미량 존재한다.
- ㉡ 헤모글로빈의 주성분으로 산소를 운반한다.
- ㉢ 결핍되면 빈혈이 일어난다.
- ㉣ 동물의 간, 난황, 살코기, 콩류, 녹색 채소 등에 함유되어 있다.

핵심이론 07 | 항산화제와 물

(1) 항산화제

① 내인성 항산화제 : 슈퍼옥사이드 디스무타제(SOD), 카탈레이스(Catalase), 글루타티온(GSH), 요산 등
② 외인성 항산화제 : 비타민 E, 비타민 C, 비타민 A, 비타민 B_2(리보플라빈)
③ 미네랄 : 셀레늄
④ 천연 항산화 물질 : 플라보노이드, 카로티노이드(베타-카로틴, 아스타잔틴)

(2) 몸속 수분의 역할

① 몸의 대사를 도움
② 산소나 독소를 운반
③ 불필요해진 성분의 배설
④ 체온 및 체액조절

10년간 자주 출제된 문제

우리 몸에서 수분이 하는 일이 아닌 것은?

① 체조직의 구성 성분이다.
② 영양소나 노폐물을 운반한다.
③ 전해질 균형을 유지해 준다.
④ 에너지를 생산하는 기능을 한다.

|해설|

물은 모든 조직의 기본 성분일 뿐 아니라 체조직을 구성하는 성분 중 가장 양이 많아 인체의 2/3가량을 차지한다. 우리 몸에서 수분의 역할은 몸의 대사를 돕고 산소나 독소를 운반하며 불필요해진 성분을 배설하고 체온 및 체액을 조절하는 역할을 한다.

정답 ④

제4절 피부장애와 질환

핵심이론 01 | 원발진(피부의 1차적 장애)

(1) 원발진(Primary Lesions)의 개념

① 피부질환의 초기 병변을 원발진이라 하며, 이들이 계속적으로 진행되거나 회복, 외상, 그 밖의 외적 요인에 의해 변화된 병변을 속발진이라 한다.
② 원발진의 종류에는 반점, 구진, 결절, 종양, 팽진, 소수포, 대수포, 농포 등이 있다.

(2) 원발진의 종류

① 반점(Macule) : 돌출이나 침윤 없이 색조의 변화가 있는 것으로 대개 원형이나 타원형이다. 붉은 반점(홍반과 자반)과 피부색소이상증으로 나뉜다.
② 구진(Papule) : 속이 단단하고 피부가 볼록 솟아오른 병변(여드름, 사마귀, 뾰루지)이며, 표피성과 진피성으로 나뉜다.
③ 팽진(Wheal) : 부종성의 평평하게 올라온 것으로 히스타민의 분비 증가로 인해 생긴다(두드러기, 모기 등에 물린 자국).
④ 결절(Nodule) : 만지면 단단한 덩어리처럼 느껴지며 구진보다는 크고 깊으며 일반적으로 지속되는 경향이 있다(섬유종, 황색종).
⑤ 종양(Tumor) : 결절보다 직경이 크고(2cm 이상) 속이 단단한 덩어리로 크기, 모양, 색깔 면에서 다양하다.
⑥ 소수포(Vesicle) : 직경 1cm 미만의 맑은 액체가 포함된 물집이고, 대상포진 등의 바이러스성 피부병과 습진 등이 있다.
⑦ 대수포(Bulla) : 직경 1cm 이상으로 소수포보다 큰 크기를 지니고 있으며 장액성 액체를 포함하고 있는 융기이다.
⑧ 면포(Comedo) : 피지, 각질세포, 박테리아가 서로 엉겨서 모공이 막힌 상태이다.

⑨ 농포(Pustule) : 구진이 화농성으로 진행된 것이다.

⑩ 헤르페스(포진) : 입술 주위에 무리지어 나타나는 습진성 수포 발진이다.

⑪ 담마진(Cnidosis) : 피부에 작은 돌기가 생기다 없어지는 가벼운 유종이다(두드러기).

⑫ 색소침착(Pigmentation) : 피부가 흑색이나 갈색으로 변색되는 것이다.

⑬ 비립종(Colloid Milium) : 면포와 달리 나오는 구멍이 없어 흰 알갱이가 표피에 들어 있다.

10년간 자주 출제된 문제

1-1. 피부질환의 초기 병변으로 건강한 피부에서 발생하지만 질병으로 간주되지 않는 피부의 변화는?

① 알레르기　　　　　② 속발진
③ 원발진　　　　　　④ 발진열

1-2. 원발진에 속하지 않는 것은?

① 구 진　　　　　　② 농 포
③ 반 흔　　　　　　④ 종 양

|해설|

1-2
③ 반흔은 속발진에 속한다.

정답 1-1 ③　1-2 ③

핵심이론 02 | 속발진(피부의 2차적 장애)

(1) 속발진(Secondary Lesions)의 개념

원발진이 계속적으로 진행되거나, 회복, 외상, 그 밖의 외적 요인에 의해 변화된 병변을 말한다.

(2) 속발진의 종류

① 인설 : 건조하거나 습한 각질의 조각이 쌓인 것(과다한 비듬 등)이다.

② 가피 : 혈청과 농 또는 혈액의 마른 덩어리로 보통 세균과 표피의 부스러기가 섞여 있다(딱지).

③ 찰상 : 손톱으로 긁거나 다른 마찰 등에 의해 생긴 찰과상 또는 궤양이다.

④ 균열 : 어떤 질병이나 외상에 의해 표피에 생기는 선상의 틈(살갗이 튼 손, 입술의 갈라진 틈)이다.

⑤ 궤양 : 점차 깊게 들어가 표피와 함께 진피의 소실이 오는 것(위궤양)이다.

⑥ 반흔 : 질병이나 손상에 의해 진피와 심부에 손상된 피부의 상해를 치료한 뒤 생성되는 흉터이다.

⑦ 얼룩 : 때때로 어떤 병을 앓고 난 후에 나타나는 검은 점, 주근깨가 사라지고 남은 비정상적인 얼룩이다.

⑧ 태선화 : 표피 전체와 진피의 일부가 가죽처럼 두꺼워지는 현상이다.

⑨ 미란 : 농가진이나 단순포진 등에서 수포가 터진 후 표피만 떨어져 나가 생긴 것으로 흉터 없이 치유된다.

⑩ 위축 : 피부조직의 크기가 축소된 상태로 피부가 탄력을 잃어 주름이 생긴다.

10년간 자주 출제된 문제

다음 중 속발진에 해당하는 것은?

① 반점(Macule)　　　　② 구진(Papule)
③ 결절(Nodule)　　　　④ 위축(Atrophy)

정답 ④

---

(1) 접촉성 피부염

① 알레르기성 접촉피부염

　　㉠ 특정 물질의 접촉으로 인한 가려움증을 동반하는 피부염증이다.

　　㉡ 원인 물질은 니켈, 크로뮴, 코발트, 고무, 방부제, 합성수지 등이 있으나 대부분은 유기 화합물이다.

② 원발성 자극피부염

　　㉠ 일정한 자극을 주었을 때 거의 모든 사람에게 습진을 일으킬 수 있는 피부염이다.

　　㉡ 원인 물질은 산(염산, 초산, 페놀 등), 알칼리(비누, 표백제, 세제 등), 기름, 솔벤트 등이 있다.

(2) 아토피 피부염(Atopic Dermatitis)

① 아토피 알레르기를 가진 사람에서 나타나는 대표적인 알레르기 피부질환이다.

② 피부가 두꺼워지거나 구진, 인설, 색소침착 등의 건조한 피부병변이 나타나고, 이마의 태선화, 눈 주위의 발적 및 인설, 귀 주위 피부의 균열 및 딱지 등의 증상도 흔히 동반된다.

③ 아토피 피부염은 대개 생후 2개월에서 시작하여 나이가 들면서 점점 그 증상이 호전된다.

④ 소아기에 심한 아토피 피부염을 가졌던 환자는 성인기에도 피부염이 지속될 가능성이 높다.

10년간 자주 출제된 문제

접촉성 피부염의 주된 알레르기 유발요인이 아닌 것은?

① 니 켈　　　　② 금
③ 고 무　　　　④ 크로뮴

정답 ②

바이러스 감염성 피부질환에는 단순포진, 대상포진, 홍역, 수두, 무사마귀, 편평사마귀, 심상성 사마귀, 수족구염 등이 있다.

(1) 단순포진(헤르페스)

① 치은구내염, 파종성 단순포진, 수막뇌염, 성기포진 등이 있다.

② 단순 헤르페스 바이러스에 의해 일어난다.

③ 붉은 빛을 띤 소수포가 다발하여, 가벼운 가려움과 통증이 있다.

④ 접촉 감염으로 전파하고, 전신 특히 입술과 그 주변(입술 헤르페스), 음부(음부 헤르페스), 그 외 손가락에 잘 생긴다.

(2) 대상포진

① 지각신경 분포를 따라 군집 수포성 발진이 생기며 통증이 동반된다.

② 수두·대상포진 바이러스에 의해 일어나는 감염증이다.

③ 안면, 가슴, 배, 허리 등의 몸 한쪽에 심한 통증과 함께 붉은 기가 있는 수포가 띠 모양으로 밀집해 발생한다.

10년간 자주 출제된 문제

바이러스 감염에 의한 피부질환이 아닌 것은?

① 단순포진　　　　② 사마귀
③ 홍 반　　　　　④ 대상포진

정답 ③

---

(1) 기미(Melasma, Chloasma)

① 자외선을 받으면 색소 세포가 자극을 받아 멜라닌 색소를 만들어 내고, 이 색소는 피부의 재생과 함께 위로 밀려 올라가 점점 색이 옅어져 가지만 색소가 필요 이상으로 만들어지고 순조롭지 않으면 색소가 남게 되는데 이것이 기미이다.

② 기미는 약한 갈색이나 짙은 갈색의 색소침착이 얼굴에 생기는 질환으로 간반(肝斑)이라고도 한다.

③ 악화 요인으로 경구 피임약, 스트레스, 화장품, 약제, 유전적 요인 등이 있다.

(2) 주근깨(Freckle)

① 주근깨는 기미와 달리 유전적 요인에 의해 주로 발생하며, 태어나 3세 이후부터 나타난다.

② 사춘기 이후가 되면 본격적으로 드러나 자외선에 의해 그 색깔이 더 짙어졌다가 자외선이 약해지는 겨울에는 옅어지거나 보이지 않게 된다.

③ 조직학적으로 멜라닌 색소의 양적 증가만을 보인다.

(3) 기타 색소성 질환

① 노인성 반점(갈색반) : 흑갈색의 반점으로 표면이 매끈하며 가장자리의 경계가 분명하고 중년 이후에 손등이나 얼굴 등에 생긴다.

② 벨로크피부염, 릴안면흑피증, 에디슨병, 모반 등이 있다.

10년간 자주 출제된 문제

기미를 악화시키는 주요 원인이 아닌 것은?

① 경구 피임약의 복용
② 임 신
③ 자외선 차단
④ 내분비 이상

정답 ③

---

(1) 모세혈관 확장증

① 피부의 진피 내에 있는 모세혈관들이 여러 가지 원인에 의해 확장되어 거미줄 모양으로 드러나 보이는 질환으로, 피부가 희고 각질이 얇은 사람에게 많으며 외부의 온도 변화에 민감하다.

② 양 볼과 콧망울에 붉은 실핏줄이 보이고 피부가 잘 달아오르며 열이 난다. 심하면 모세혈관 파열까지 가져온다.

(2) 안면 홍조증

① 늘어난 실핏줄이 눈에 잘 띄지 않으면서 얼굴이 붉게 보이는 것이다.

② 주위 온도나 체온, 감정 변화에 따라 증상이 매우 심하다.

③ 얼굴, 목, 머리, 가슴 부위 피부가 갑작스럽게 붉게 변하는 증상이 특징이다.

④ 폐경기 여성의 경우 여성 호르몬인 에스트로겐 수치가 떨어지면서 일어난다.

(3) 주사(Rosacea)

① 얼굴이 항상 술 취한 것처럼 뻘겋게 달아 있다.

② 얼굴의 양 볼에 대칭적으로 코, 이마 부위에 발생하는 만성 충혈성 피부질환이다.

③ 유전적 원인, 내분비 이상, 과도한 음주와 관련이 있다고 알려져 있다.

④ 지속적인 홍반과 모세혈관 확장, 구진을 동반한다.

10년간 자주 출제된 문제

주사(Rosacea)에 관한 내용 중 틀린 것은?

① 주로 얼굴의 가장자리에 발생한다.
② 유전적 원인, 내분비 이상과 관련이 있다고 알려져 있다.
③ 과도한 음주와 관련이 있다고 알려져 있다.
④ 지속인 홍반과 모세혈관 확장, 구진을 동반한다.

정답 ①

핵심이론 01 | 자외선이 미치는 영향

(1) 자외선

① 가시광선의 단파장보다 바깥쪽에 나타나는 눈에 보이지 않는 빛이다. 즉, 보라색보다 바깥에 있는 광선이다.

② 살균작용, 광합성작용, 비타민 D 생성 등의 효과가 있다.

③ 파장에 따라 UV-A(320~400nm), UV-B(280~320nm), UV-C(200~280nm)로 나뉜다.

④ 인체에 유익한 건강선은 2,900~3,200Å이다. 도르노(Dorno)선이라고도 한다.

(2) 자외선의 종류

UV-A(장파장)	• 진피층까지 침투 • 즉각 색소침착 • 광노화 유발 • 피부탄력 감소
UV-B(중파장)	• 표피 기저층까지 침투 • 홍반 발생, 일광화상 • 색소침착(기미)
UV-C(단파장)	• 오존층에서 흡수 • 강력한 살균작용 • 피부암 원인

10년간 자주 출제된 문제

자외선 중 즉시 색소침착을 유발하여 인공선탠 시 주로 쓰이는 것은?

① UV-A ② UV-B
③ UV-C ④ UV-D

정답 ①

핵심이론 02 | 적외선이 미치는 영향

(1) 적외선

① 1800년 허셸이 발견했으며 파장의 길이로 보면 750~1,800nm(나노미터)의 영역에 해당한다.

② 가시광선이 빨·주·노·초·파·남·보 순으로 프리즘을 통해 나타날 때 빨간색 바깥쪽에 나타난다고 하여 적외선이라고 부르게 되었다.

(2) 적외선이 인체에 미치는 영향

① 피부에 해를 주지 않으며 따뜻한 온열작용을 한다.

② 적외선 파장 중 650~1,400μm을 사용한다.

③ 피부조직의 2mm까지 침투하여 자기발열을 일으켜 모세혈관 확장, 혈액순환 촉진, 신진대사 촉진, 세포증식, 노폐물 및 유해금속 등을 배출시키는 효능이 있다.

④ 피지와 땀의 분비 촉진, 근육이완과 진통작용 효과, 면역력 증가 등의 효과가 있다.

⑤ 피부 깊숙이 팩제나 크림을 침투시켜 피부관리에 효율적으로 이용된다.

⑥ 단점 : 피부 온도를 상승시키고, 과량 조사 시 화상과 홍반, 중추신경장애, 일사병, 백내장의 원인이 된다.

⑦ 주의점

  ㉠ 급성염증이나 화농성질환에는 금한다.

  ㉡ 조사거리는 50~80cm 이상으로 하고 장기간 조사하지 않는다.

  ㉢ 류마티스, 근육통 조사 중에는 아이패드로 반드시 눈을 보호해야 한다.

10년간 자주 출제된 문제

적외선이 피부에 미치는 작용이 아닌 것은?

① 온열작용 ② 비타민 D 형성작용
③ 세포증식 작용 ④ 모세혈관 확장작용

정답 ②

핵심이론 01 | 피부면역

(1) 선천면역

태생기의 태반 혈행을 통하여 모체의 면역체가 태아에 들어오므로 생기는 면역, 즉 비특이성 저항력을 토대로 하는 면역이다.

(2) 후천면역

① 능동면역 : 병원체 또는 독소에 의하여 생체의 세포가 스스로 활동하여 생기는 면역이다.
  ㉠ 자연능동면역 : 과거에의 현성 또는 불현성 감염에 의하여 획득한 면역이다.
  ㉡ 인공능동면역 : 사균 또는 약독화한 병원체 등의 접종에 의하여 획득한 면역이다(장티푸스, 결핵, 파상풍 등).
② 수동면역 : 이미 면역을 보유하고 있는 개체가 가지고 있는 항체를 다른 개체가 받아서 면역력을 지니게 되는 상태이다.
  ㉠ 자연수동면역 : 태반 또는 모유에 의하여 어머니로부터 면역항체를 받는 상태이다.
  ㉡ 인공수동면역 : 성인 또는 회복기 환자의 혈청, γ-globulin 양친의 혈청, 태반추출물의 주사에 의해서 면역체를 받는 상태이다.

10년간 자주 출제된 문제

모체로부터 태반을 통해 얻어지는 면역은?
① 자연능동면역
② 자연수동면역
③ 인공능동면역
④ 인공수동면역

정답 ②

핵심이론 02 | 피부노화

(1) 피부노화의 원인

① 피부노화의 유해 요소 : 자외선, 산화(활성산소), 피부 건조, 영양 불균형 등
② 텔로미어(Telomere)
  ㉠ 텔로미어는 진핵 세포 염색체 말단에 위치한 구조물로, 세포 단계에서의 세포 노화에 중요한 역할을 한다.
  ㉡ 세포가 생리적으로 노화될수록 텔로미어는 짧아지는 특성을 가지고 있어, 세포 수명의 시계와 같은 역할을 한다.
  ㉢ 세포는 세포분열이 일어날 때마다 텔로미어가 조금씩 짧아지고 일정 길이 이하로 짧아지면 세포는 더 이상 분열하지 못하고 수명을 다하여 노화가 진행된다.

(2) 피부의 노화현상

① 표피 두께의 감소, 피하지방 결핍
② 콜라겐, 엘라스틴의 양 감소
③ 피부의 색소침착 증가
④ 피부의 저항력 감소
⑤ 혈관의 탄력성 감퇴
⑥ 시력의 저하
⑦ 위산 분비량 감소
⑧ 호흡할 때 잔기용량(Residual Volume) 증가

피부의 생물학적 노화현상과 거리가 먼 것은?

① 표피 두께가 줄어든다.

② 엘라스틴의 양이 늘어난다.

③ 피부의 색소침착이 증가된다.

④ 피부의 저항력이 떨어진다.

|해설|

피부의 노화가 진행되면 진피의 콜라겐, 엘라스틴의 양이 급속하게 줄어들어 그 결과 피부가 얇아지고 주름이 생기며, 피부처짐 현상이 일어난다.

정답 ②

제7절 화장품개론

핵심이론 01 | 화장품의 정의

(1) 화장품의 정의(화장품법 제2조)

인체를 청결·미화하여 매력을 더하고 용모를 밝게 변화시키거나 피부·모발의 건강을 유지 또는 증진하기 위하여 인체에 바르고 문지르거나 뿌리는 등 이와 유사한 방법으로 사용되는 물품으로서 인체에 대한 작용이 경미한 것을 말한다. 다만, 의약품에 해당하는 물품은 제외된다.

(2) 화장품의 4대 요건

① 안전성 : 피부에 자극이 없어야 하며, 알레르기 및 독성을 갖지 않을 것

② 안정성 : 보관에 따른 변질, 변색, 변취가 없어야 하며 오염(세균, 미생물)되지 않을 것

③ 사용성 : 편리하고 사용감이 좋을 것

④ 유효성 : 자외선 차단, 노화 억제, 보습, 미백 등의 효과가 있을 것

(3) 화장품 및 의약품

① 화장품 : 정상인이 청결·미화를 목적으로 장기간 사용하는 것이며 부작용이 발생하지 않아야 한다.

  예 스킨, 로션, 크림

② 기능성 화장품의 범위(화장품법 시행규칙 제2조)

  ㉠ 피부에 멜라닌 색소가 침착하는 것을 방지하여 기미·주근깨 등의 생성을 억제함으로써 피부의 미백에 도움을 주는 기능을 가진 화장품

  ㉡ 피부에 침착된 멜라닌 색소의 색을 엷게 하여 피부의 미백에 도움을 주는 기능을 가진 화장품

  ㉢ 피부에 탄력을 주어 피부의 주름을 완화 또는 개선하는 기능을 가진 화장품

  ㉣ 강한 햇볕을 방지하여 피부를 곱게 태워주는 기능을 가진 화장품

ⓜ 자외선을 차단 또는 산란시켜 자외선으로부터 피부를 보호하는 기능을 가진 화장품

ⓗ 모발의 색상을 변화(탈염, 탈색을 포함)시키는 기능을 가진 화장품. 다만, 일시적으로 모발의 색상을 변화시키는 제품은 제외한다.

ⓢ 체모를 제거하는 기능을 가진 화장품. 다만, 물리적으로 체모를 제거하는 제품은 제외한다.

ⓞ 탈모 증상의 완화에 도움을 주는 화장품. 다만, 코팅 등 물리적으로 모발을 굵게 보이게 하는 제품은 제외한다.

ⓩ 여드름성 피부를 완화하는 데 도움을 주는 화장품. 다만, 인체세정용 제품류로 한정한다.

ⓒ 피부 장벽(피부의 가장 바깥쪽에 존재하는 각질층의 표피)의 기능을 회복하여 가려움 등의 개선에 도움을 주는 화장품

ⓚ 튼살로 인한 붉은 선을 엷게 하는 데 도움을 주는 화장품

③ **의약품** : 환자가 치료・진단・예방을 목적으로 일정 기간 혹은 단기간에 사용하는 것이며, 부작용의 가능성이 있다. ⓞ 소화제, 진통제, 항생제

④ **의약외품** : 정상인이 위생・미화를 목적으로 장기간 사용하는 것이며 부작용이 없어야 한다.
  ⓞ 치약, 염색제, 여성 청결제

10년간 자주 출제된 문제

화장품의 4대 요건에 속하지 않는 것은?
① 안전성   ② 안정성
③ 치유성   ④ 유효성

|해설|

화장품의 4대 요건 : 안전성, 안정성, 사용성, 유효성

정답 ③

---

(1) 얼굴 화장(페이셜용)

① **기초 화장품** : 세안(클렌징 크림, 클렌징 폼, 클렌징 오일), 정돈(화장수), 보호・영양(에센스, 로션, 크림, 팩)

② **메이크업** : 베이스 메이크업(메이크업 베이스, 파운데이션, 파우더), 포인트 메이크업(아이섀도, 아이라이너, 마스카라, 립스틱)

(2) 두피 및 모발(헤어용)

① **두피용** : 육모・양모[육모제, 양모제(헤어토닉)], 스캘프 트리트먼트(스캘프 트리트먼트제)

② **모발용** : 세발(샴푸, 린스), 트리트먼트(헤어트리트먼트제), 정발(헤어무스, 헤어젤, 헤어스프레이, 헤어왁스), 퍼머넌트 웨이브(퍼머넌트 웨이브 로션), 염모・탈색(헤어컬러, 헤어블리치, 컬러린스)

(3) 보디용

보디용 화장품은 세정(비누, 보디클렌저), 보디 트리트먼트(보디 로션, 보디 오일, 핸드크림), 제한・방취(데오도런트), 자외선 보호(선스크린, 선블록) 등 기능에 따라 구분한다.

(4) 네 일

① **미용용** : 네일에나멜, 베이스코트, 탑코트, 리무버
② **보호용** : 큐티클 크림, 네일 보강제

(5) 기 타

① **방향 화장품** : 방향(향수, 샤워코롱)
② **아로마테라피** : 항스트레스・진정 이완(에센셜 오일, 캐리어 오일)

핵심이론 01 ｜ 화장품의 원료

(1) 수성원료
수성원료는 물에 녹는 성분을 뜻하며, 정제수, 에탄올 등이 있다.

(2) 유성원료
① 식물성 오일 : 올리브유, 코코넛 오일
② 동물성 오일 : 밍크오일, 상어간유, 난황오일
③ 광물성 오일 : 미네랄 오일, 실리콘, 바셀린, 파라핀, 세레신
④ 고급 알코올 : 세틸 알코올, 라우릴 알코올
⑤ 고급 지방산 : 스테아르산, 팔미트산
⑥ 기타 : 에스테르계(아이소프로필 미리스테이트), 왁스(카나우바 왁스, 밀납, 라놀린)

(3) 계면활성제(Surfactants)

구 분	특 징
음이온	• 세정력, 기포력이 뛰어나다. • 용도 : 비누, 클렌징 폼, 샴푸, 치약, 보디 클렌저 등
양이온	• 정전기가 억제되어 대전방지 효과가 있다. • 소독, 살균작용을 한다. • 용도 : 역성비누, 린스, 트리트먼트
양쪽성	• 세정력이 좋고 독성이 낮으며 자극이 적다. • 음이온 계면활성제와 같이 사용하면 대전방지 효과가 있다. • 모발 유연효과가 있어 린스로도 사용된다. • 용도 : 유아용 샴푸, 저자극 샴푸, 린스, 트리트먼트
비이온성	• 물에 녹았을 때 이온화되지 않는 것으로 고급 알코올이나 에틸렌옥사이드와 결합해 사용한다. • 유화력이 우수하여 로션이나 크림으로도 사용한다. • 용도 : 클렌징 크림, 헤어 크림, 트리트먼트, 화장수, 스킨 등

※ 피부 자극 순서 : 양이온성 > 음이온성 > 양쪽성 > 비이온성

(4) 보습제, 방부제 및 산화방지제
① 보습제 : 폴리올계(글리세린, PEG, PPG), 고분자 다당류(하이알루론산염), 천연보습인자(아미노산, 요소, Sodium PCA)
② 방부제 : 파라벤계(파라옥시안식향산메틸, 파라옥시안식향산프로필), 이미다졸리다이닐우레아
③ 산화방지제 : BHA(뷰틸하이드록시아니솔), 비타민 E(토코페롤)

(5) pH 조절제, 착색료 및 향료
① pH 조절제 : 시트르산, 암모늄 카보네이트
② 착색료 : 염료(타르색소), 안료[무기안료(탤크, 이산화타이타늄), 유기안료, 레이크], 천연색소(헤나, 카로틴, 클로로필, 카타민)
③ 향료 : 천연 식물성, 천연 동물성, 합성향료

(6) 피막제 및 점도조절제
폴리비닐알코올(PVA), 잔탄검(Xanthangum), 폴리비닐피롤리돈, 셀룰로스 유도체, 젤라틴

(7) 활성성분(유효성분)
건성용(하이알루론산, Sodium PCA, 콜라겐), 노화[레티놀, 비타민 E(토코페롤), AHA, SOD], 민감성(아줄렌, 비타민 P, 비타민 K, 위치하젤), 지성용[살리실산(BHA), 글리시리진산, 아줄렌], 미백용(알부틴, 비타민 C, 코지산)

(1) 분산(Dispersion)

물이나 오일 성분의 미세한 고체 입자를 균일하게 혼합하는 기술을 말한다. 예 파운데이션, 립스틱, 아이섀도

(2) 유화(Emulsion)

물과 오일을 안정한 상태로 균일하게 혼합하는 기술로 유화의 형태에 따라 구분할 수 있다.
① 유중수적형(Water in Oil, W/O형) : 유분이 많아 흡수가 더디고 사용감이 무거우나 지속성이 높다.
  예 크림류
② 수중유적형(Oil in Water, O/W형) : 흡수가 빠르고 사용감이 산뜻하나 지속성이 낮아 지성피부, 여드름 피부에 적당하다. 예 로션류

(3) 가용화(Solubilization)

유성 성분을 계면활성제의 미셸작용을 이용하여 투명하게 용해시키는 것을 말한다. 예 화장수, 향수, 에센스

10년간 자주 출제된 문제

다량의 유성 성분을 물에 일정 기간 동안 안정한 상태로 균일하게 혼합시키는 화장품 제조기술은?

① 유 화   ② 경 화
③ 분 산   ④ 가용화

|해설|

유화(Emulsion) : 물과 오일을 안정한 상태로 균일하게 혼합하는 기술을 말한다.

정답 ①

---

(1) 목 적

피부를 청결하게 하고, 정돈·보호하며, 수분 밸런스를 유지시키고 영양을 공급한다.

(2) 종류 및 기능

① 세안제 : 이물질, 메이크업 잔여물을 제거하여 피부를 청결하게 한다.
  ㉠ 닦아내는 용제형 : 클렌징 크림, 클렌징 로션, 클렌징 젤, 클렌징 오일, 클렌징 워터
    ※ 클렌징 크림은 체온에 의하여 액화되어야 하며, 완만한 표백작용을 가져야 한다. 피부에 흡수되지 않으며 닦아낸 후 피부를 부드럽게 하여야 한다.
  ㉡ 씻어내는 계면활성제형 : 클렌징 폼
  ㉢ 딥클렌저 : 스크럽, 고마지, 효소, AHA
② 화장수 : 피부 정돈, 보습, pH 조절을 한다.
  ㉠ 유연화장수 : 스킨로션·토너(피부보습 효과)
  ㉡ 수렴화장수 : 아스트린젠트
③ 로션·에멀션·에센스·크림·세럼 : 수분, 영양 공급, 피부 보호기능을 한다.
④ 팩·마스크 : 수분, 영양 공급, 각질 및 노폐물 제거, 혈액순환기능을 한다.
  ㉠ 필오프(Peel-off) : 코팩
  ㉡ 워시오프(Wash-off) : 머드팩
  ㉢ 티슈오프(Tissue-off) : 크림팩
  ㉣ 시트타입 : 콜라겐, 벨벳 마스크
  ㉤ 분말타입 : 석고팩, 모델링

10년간 자주 출제된 문제

기초 화장품을 사용하는 목적이 아닌 것은?

① 세 안
② 피부정돈
③ 피부보호
④ 피부결점 보완

|해설|

기초 화장품의 목적은 세안, 정돈, 보호와 영양이다.

정답 ④

핵심이론 02 | 메이크업 화장품

(1) 목 적

결점을 보완하고, 피부를 보호하며, 미적 효과 및 심리적 만족감을 제공한다.

(2) 종류 및 기능

① 베이스 메이크업 : 결점 커버, 피부톤 정돈, 자외선으로부터 피부 보호
　㉠ 파운데이션 : 리퀴드 타입, 크림 타입, 케이크 타입, 컨실러 타입
　㉡ 파우더 : 루스파우더(Loose Powder), 콤팩트파우더(Compact Powder)

② 포인트 메이크업
　㉠ 아이브로 : 펜슬, 케이크 타입
　㉡ 아이섀도 : 케이크, 크림, 펜슬 타입
　㉢ 아이라이너 : 리퀴드, 펜슬, 케이크 타입
　㉣ 마스카라 : 볼륨형, 롱래시형
　㉤ 립스틱 : 매트형, 글로스형
　㉥ 블러셔 : 케이크, 크림 타입

10년간 자주 출제된 문제

포인트 메이크업 화장품에 속하지 않는 것은?

① 블러셔　　　　　　　② 아이섀도
③ 파운데이션　　　　　④ 립스틱

|해설|

파운데이션은 베이스 메이크업 화장품이다.

정답 ③

핵심이론 03 | 모발 화장품

(1) 목 적

두피와 모발을 보호하고 정돈·미화하며, 영양을 공급한다.

(2) 종류 및 기능

① 두발용
  - ㉠ 세발(샴푸, 린스) : 모발과 두피의 노폐물 제거
  - ㉡ 트리트먼트(트리트먼트, 팩) : 손상된 모발의 회복
  - ㉢ 정발(헤어무스, 헤어젤, 헤어스프레이, 헤어왁스) : 모발의 고정 및 정돈
  - ㉣ 퍼머넌트 웨이브[퍼머넌트 웨이브 로션(1제, 2제)] : 모발에 웨이브 부여
  - ㉤ 염모, 탈색(헤어컬러, 헤어블리치, 컬러린스) : 모발의 염색 및 탈색

② 두피용
  - ㉠ 육모, 양모[육모제, 양모제(헤어토닉)] : 두피 청결, 모근 강화
  - ㉡ 스캘프 트리트먼트(스캘프 트리트먼트제) : 두피 기능 정상화, 탈모예방

10년간 자주 출제된 문제

헤어토닉의 작용에 대한 설명 중 틀린 것은?

① 두피를 청결하게 한다.
② 두피의 혈액순환이 좋아진다.
③ 비듬의 발생을 예방한다.
④ 모근이 약해진다.

|해설|

헤어토닉은 알코올을 주성분으로 한 양모제로, 두피에 영양을 주고 모근을 튼튼하게 한다.

정답 ④

핵심이론 04 | 보디 화장품 및 방향 화장품

(1) 보디 화장품

① 몸을 청결하게 유지할 뿐만 아니라 유·수분의 밸런스를 유지한다.

② 종류 및 기능
  - ㉠ 세정 : 비누, 보디클렌저
  - ㉡ 각질 제거 : 스크럽, 솔트
  - ㉢ 보디 트리트먼트 : 보디로션, 보디오일, 핸드크림
  - ㉣ 제한, 방취 : 데오도런트
  - ㉤ 자외선 보호 : 선스크린, 선블록

(2) 방향 화장품(향수)

① 향수의 기본 조건
  - ㉠ 향에 특징이 있어야 한다.
  - ㉡ 지속성과 확산성이 있어야 한다.
  - ㉢ 시대성에 부합하는 향이어야 한다.
  - ㉣ 피부 자극이 없어야 한다.

② 농도에 따른 향수의 구분

구 분	농 도	지속 시간
퍼퓸(Perfume)	15~30%	6~7시간
오데퍼퓸(EDP)	9~12%	5~6시간
오데토일렛(EDT)	6~8%	3~5시간
오데코롱(EDC)	3~5%	1~2시간
샤워코롱	1~3%	1시간

③ 향수의 발산 속도에 따른 구분
  - ㉠ 탑노트 : 처음 느끼는 향(5~10분)
  - ㉡ 미들노트 : 중간향(10분~3시간)
  - ㉢ 베이스노트 : 은은한 잔향(3시간 이상)

핵심이론 05 | 에센셜 오일 및 캐리어 오일

(1) 에센셜(아로마) 오일

① 수증기 증류과정으로 식물에서 분리된 향기물질의 혼합체이다.

② 휘발성이 강하며, 지방과 오일에서 잘 녹는다.

③ 좋은 향을 지니고 있으며, 수많은 성분으로 이루어진 복합체이다.

④ 에센셜 오일의 작용

　㉠ 생리적 작용 : 혈액순환 촉진, 생리기능 촉진, 소화 촉진, 진정작용

　㉡ 약리적 작용 : 항균, 항바이러스, 항박테리아, 항염증 작용

　㉢ 심리적 작용 : 정신적 안정 및 스트레스 완화

⑤ 추출방법

　㉠ 압착추출법 : 주로 과일의 껍질에서 에센셜 오일을 추출한다.

　㉡ 증기추출법 : 식물의 잎, 줄기, 뿌리 등에 수증기를 통과시켜 물 위에 뜨는 오일과 추출물을 얻는다.

　㉢ 용매를 이용한 추출방법 : 앱솔루트(Absolute), 온침법(Maceration), 냉침법(Enfleurage)

⑥ 에센셜 오일 사용 시 주의사항

　㉠ 희석 없이 직접 피부에 사용하지 않도록 한다.

　㉡ 정확한 용량을 지킨다. 지나치면 피부 염증, 두통, 메스꺼움, 감정 변화 등의 부작용이 발생할 수 있다.

　㉢ 임신 중이나 고혈압, 뇌전증 환자에게는 금지된 에센셜 오일을 사용하지 않도록 한다.

　㉣ 오일은 반드시 차광병에 뚜껑을 닫아 보관한다.

(2) 캐리어 오일(베이스 오일)

① 주로 식물의 씨앗에서 추출한 오일로 에센셜 오일을 희석시켜 피부에 자극 없이, 피부 깊숙이 전달해 주는 매개체이다.

② 대표 캐리어 오일은 호호바 오일, 아보카도 오일, 아몬드 오일 등이 있다.

핵심이론 06 | 기능성 화장품

(1) 주름 개선 화장품

피부의 주름을 완화 및 개선시키는 것이다.

(2) 미백 화장품

멜라닌 색소의 침착을 방지하고, 침착된 색소를 엷게 하여 피부 미백에 도움을 주는 것이다.

(3) 자외선 차단 화장품

① 차단제의 구성 성분은 자외선 산란제와 흡수제로 구분한다.

② 산란제는 차단 효과가 우수하나 불투명하고, 흡수제는 투명하나 접촉성 피부염을 유발시킬 수 있다.

③ 산란제는 물리적인 산란작용을 하고, 흡수제는 화학적인 흡수작용을 한다.

④ 시간이 경과하면 덧발라 준다.

⑤ SPF(Sun Protection Factor)

$$\text{① SPF} = \frac{\text{차단제를 바른 피부의 최소홍반량}}{\text{차단제를 바르지 않은 피부의 최소홍반량}}$$

ⓛ UV-B 방어효과를 나타내는 지수이다.

(4) 피부를 곱게 태워주는 화장품

자외선에 의한 홍반을 방지하고 멜라닌 색소의 양을 증가시켜 피부색을 건강한 갈색으로 태운다.

(5) 탈염제

염색으로 착색된 모발의 인공 색소를 제거하는 데 사용한다.

(6) 탈색제

기존 모발의 멜라닌 색소를 분해하여 모발을 밝게 만든다.

(7) 제모제

미용상의 목적으로 팔, 다리, 겨드랑이, 비키니라인 등의 털을 제거한다.

(8) 양모제(모발촉진제)

두피의 비듬·피지를 제거하고, 두피세포의 분열을 촉진시키며, 두피에 영양을 공급하여 발모를 촉진한다.

(9) 여드름용 화장품

살균·소독기능, 과다한 각질 제거, 피지분비 억제, 수렴효과기능을 한다.

(10) 아토피용 화장품

아토피 피부염은 유전적 요인과 환경적 요인으로 심한 가려움증을 일으키고 피부장벽을 파손시킨다. 아토피피부는 지속적으로 피부를 촉촉하게 해야 한다.

(11) 튼살용 화장품

튼살로 인한 붉은 선을 엷게 한다.

공중위생관리법

공중위생관리법은 공중이 이용하는 영업의 위생관리 등의 사항을 규정하고 있다. 이용업소, 이용업자는 이를 준수하여 고객 등에게 위생관리서비스를 제공할 수 있고 건강증진에 기여할 수 있다.

핵심이론 01 │ 목적 및 용어의 정의

(1) 목적(법 제1조)

이 법은 공중이 이용하는 영업의 위생관리 등에 관한 사항을 규정함으로써 위생수준을 향상시켜 국민의 건강증진에 기여함을 목적으로 한다.

(2) 정의(법 제2조)

① **공중위생영업** : 다수인을 대상으로 위생관리서비스를 제공하는 영업으로서 숙박업·목욕장업·이용업·미용업·세탁업·건물위생관리업을 말한다.

② **숙박업** : 손님이 잠을 자고 머물 수 있도록 시설 및 설비 등의 서비스를 제공하는 영업을 말한다. 다만, 농어촌에 소재하는 민박 등 대통령령이 정하는 경우를 제외한다.

③ **이용업** : 손님의 머리카락 또는 수염을 깎거나 다듬는 등의 방법으로 손님의 용모를 단정하게 하는 영업을 말한다.

④ **미용업** : 손님의 얼굴·머리·피부 및 손톱·발톱 등을 손질하여 손님의 외모를 아름답게 꾸미는 영업을 말한다.

⑤ **세탁업** : 의류 기타 섬유제품이나 피혁제품 등을 세탁하는 영업을 말한다.

⑥ **건물위생관리업** : 공중이 이용하는 건축물·시설물 등의 청결유지와 실내공기정화를 위한 청소 등을 대행하는 영업을 말한다.

10년간 자주 출제된 문제

공중위생관리법에서 규정하고 있는 공중위생영업의 종류에 해당되지 않는 것은?

① 이·미용업
② 건물위생관리업
③ 학원영업
④ 세탁업

|해설|

공중위생영업 : 숙박업·목욕장업·이용업·미용업·세탁업·건물위생관리업을 말한다.

정답 ③

(1) 공중위생영업의 신고 및 폐업신고(법 제3조)

① 공중위생영업을 하고자 하는 자는 공중위생영업의 종류별로 보건복지부령이 정하는 시설 및 설비를 갖추고 시장·군수·구청장(자치구의 구청장에 한한다)에게 신고하여야 한다. 보건복지부령이 정하는 중요사항을 변경하고자 하는 때에도 또한 같다.

② ①의 규정에 의하여 공중위생영업의 신고를 한 자(이하 "공중위생영업자"라 한다)는 공중위생영업을 폐업한 날부터 20일 이내에 시장·군수·구청장에게 신고하여야 한다. 다만, 제11조(공중위생영업소의 폐쇄 등)에 따른 영업정지 등의 기간 중에는 폐업신고를 할 수 없다.

③ ②에도 불구하고 이용업 또는 미용업의 신고를 한 자의 사망으로 제6조(이용사 및 미용사의 면허 등)에 따른 면허를 소지하지 아니한 자가 상속인이 된 경우에는 그 상속인은 상속받은 날부터 3개월 이내에 시장·군수·구청장에게 폐업신고를 하여야 한다.

④ 시장·군수·구청장은 공중위생영업자가 「부가가치세법」에 따라 관할 세무서장에게 폐업신고를 하거나 관할 세무서장이 사업자등록을 말소한 경우에는 보건복지부령으로 정하는 바에 따라 신고 사항을 직권으로 말소할 수 있다.

⑤ 시장·군수·구청장은 ④의 직권말소를 위하여 필요한 경우 관할 세무서장에게 공중위생영업자의 폐업 여부에 대한 정보 제공을 요청할 수 있다. 이 경우 요청을 받은 관할 세무서장은 공중위생영업자의 폐업 여부에 대한 정보를 제공하여야 한다.

⑥ ①부터 ③까지에 따른 신고의 방법 및 절차 등에 필요한 사항은 보건복지부령으로 정한다.

(2) 변경신고 대상(규칙 제3조의2)

① 영업소의 명칭 또는 상호

② 영업소의 주소

③ 신고한 영업장 면적의 3분의 1 이상의 증감

④ 대표자의 성명 또는 생년월일

⑤ 미용업 업종 간 변경 또는 업종의 추가

(3) 이용 또는 미용업의 변경신고(규칙 제3조의2)

① 변경신고를 하려는 자는 영업신고사항 변경신고서(전자문서로 된 신고서를 포함한다)에 다음의 서류를 첨부하여 시장·군수·구청장에게 제출하여야 한다.
 ㉠ 영업신고증(신고증을 분실하여 영업신고사항 변경신고서에 분실 사유를 기재하는 경우에는 첨부하지 아니한다)
 ㉡ 변경사항을 증명하는 서류

② ①에 따라 변경신고서를 제출받은 시장·군수·구청장은 「전자정부법」에 따른 행정정보의 공동이용을 통하여 다음의 서류를 확인해야 한다. 다만, ㉢·㉣, ㉤의 경우 신고인이 확인에 동의하지 않는 경우에는 그 서류를 첨부하도록 해야 한다.
 ㉠ 건축물대장(국유재산 사용허가서를 제출한 경우 제외)
 ㉡ 토지이용계획확인서(국유재산 사용허가서를 제출한 경우 제외)
 ㉢ 전기안전점검확인서(「전기안전관리법」에 따른 전기안전점검을 받아야 하는 경우에만 해당한다)
 ㉣ 액화석유가스 사용시설 완성검사증명서(「액화석유가스의 안전관리 및 사업법」에 따라 액화석유가스 사용시설의 완성검사를 받아야 하는 경우만 해당한다)
 ㉤ 면허증(이용업 및 미용업의 경우에만 해당한다)

③ ①에 따른 신고를 받은 시장·군수·구청장은 영업신고증을 고쳐 쓰거나 재교부해야 한다. 다만, 변경신고 사항이 영업소의 주소, 미용업 업종 간 변경 등에 해당하는 경우에는 변경신고한 영업소의 시설 및 설비 등을 변경신고를 받은 날부터 30일 이내에 확인해야 한다.

10년간 자주 출제된 문제

공중위생영업을 하고자 하는 자는 시설 및 설비를 갖추고 다음 중 누구에게 신고해야 하는가?

① 보건복지부장관
② 행정안전부장관
③ 시·도지사
④ 시장·군수·구청장

|해설|

공중위생영업의 신고 및 폐업신고(공중위생관리법 제3조제1항)
공중위생영업을 하고자 하는 자는 공중위생영업의 종류별로 보건복지부령이 정하는 시설 및 설비를 갖추고 시장·군수·구청장(자치구의 구청장에 한한다)에게 신고하여야 한다. 보건복지부령이 정하는 중요사항을 변경하고자 하는 때에도 또한 같다.

정답 ④

핵심이론 03 | 이·미용업 영업신고 신청

(1) 이·미용업 영업신고 신청 시 필요한 구비서류 등 (규칙 제3조)

① 영업시설 및 설비개요서
② 영업시설 및 설비의 사용에 관한 권리를 확보하였음을 증명하는 서류
③ 교육수료증(미리 교육을 받은 경우에만 해당한다)

(2) 면허증의 재발급 등(규칙 제10조)

① 이용사 또는 미용사는 면허증의 기재사항에 변경이 있는 때, 면허증을 잃어버린 때 또는 면허증이 헐어 못쓰게 된 때에는 면허증의 재발급을 신청할 수 있다.
② ①의 규정에 의한 면허증의 재발급신청을 하고자 하는 자는 신청서(전자문서로 된 신청서를 포함)에 다음의 서류를 첨부하여 시장·군수·구청장에게 제출하여야 한다.
ㄱ 면허증 원본(기재사항이 변경되거나 헐어 못쓰게 된 경우에 한한다)
ㄴ 사진 1장 또는 전자적 파일 형태의 사진

10년간 자주 출제된 문제

이·미용업 영업신고 신청 시 필요한 구비서류에 해당하는 것은?

① 이·미용사 자격증 원본
② 교육수료증
③ 호적등본 및 주민등록등본
④ 건축물 대장

정답 ②

---

(1) 공중위생영업의 승계(법 제3조의2)

① 공중위생영업자가 그 공중위생영업을 양도하거나 사망한 때 또는 법인의 합병이 있는 때에는 그 양수인·상속인 또는 합병 후 존속하는 법인이나 합병에 의하여 설립되는 법인은 그 공중위생영업자의 지위를 승계한다.

② 경매, 환가, 압류재산의 매각 그 밖에 이에 준하는 절차에 따라 공중위생영업 관련 시설 및 설비의 전부를 인수한 자는 그 공중위생영업자의 지위를 승계한다.

③ ① 또는 ②의 규정에 불구하고 이용업 또는 미용업의 경우에는 제6조(이용사 및 미용사의 면허 등)의 규정에 의한 면허를 소지한 자에 한하여 공중위생영업자의 지위를 승계할 수 있다.

④ ① 또는 ②의 규정에 의하여 공중위생영업자의 지위를 승계한 자는 1월 이내에 보건복지부령이 정하는 바에 따라 시장·군수 또는 구청장에게 신고하여야 한다.

(2) 행정제재처분효과의 승계(법 제11조의3)

① 공중위생영업자가 그 영업을 양도하거나 사망한 때 또는 법인의 합병이 있는 때에는 종전의 영업자에 대하여 제11조제1항(공중위생영업소의 폐쇄 등)의 위반을 사유로 행한 행정제재처분의 효과는 그 처분기간이 만료된 날부터 1년간 양수인·상속인 또는 합병 후 존속하는 법인에 승계된다.

② 공중위생영업자가 그 영업을 양도하거나 사망한 때 또는 법인의 합병이 있는 때에는 제11조제1항(공중위생영업소의 폐쇄 등)의 위반을 사유로 하여 종전의 영업자에 대하여 진행 중인 행정제재처분 절차를 양수인·상속인 또는 합병 후 존속하는 법인에 대하여 속행할 수 있다.

이·미용업을 승계받은 자는 누구에게 신고하여야 하는가?
① 보건복지부장관
② 시·도지사
③ 시장·군수·구청장
④ 읍·면·동장

| 해설 |

1월 이내에 보건복지부령이 정하는 바에 의하여 시장·군수·구청장에게 신고한다.

정답 ③

(1) 이용업자

① 이용기구 중 소독을 한 기구와 소독을 하지 아니한 기구는 각각 다른 용기에 넣어 보관하여야 한다.

② 1회용 면도날은 손님 1인에 한하여 사용하여야 한다.

③ 영업장 안의 조명도는 75럭스 이상이 되도록 유지하여야 한다.

④ 영업소 내부에 이용업 신고증 및 개설자의 면허증 원본을 게시하여야 한다.

⑤ 영업소 내부에 부가가치세, 재료비 및 봉사료 등이 포함된 요금표(이하 "최종지급요금표")를 게시 또는 부착하여야 한다.

⑥ ⑤에도 불구하고 신고한 영업장 면적이 66m^2 이상인 영업소의 경우 영업소 외부(출입문, 창문, 외벽면 등을 포함한다)에도 손님이 보기 쉬운 곳에 「옥외광고물 등 관리법」에 적합하게 최종지급요금표를 게시 또는 부착하여야 한다. 이 경우 최종지급요금표에는 일부 항목(3개 이상)만을 표시할 수 있다.

⑦ 3가지 이상의 이용서비스를 제공하는 경우에는 개별 이용서비스의 최종 지불가격 및 전체 이용서비스의 총액에 관한 내역서를 이용자에게 미리 제공하여야 한다. 이 경우 이용업자는 해당 내역서 사본을 1개월간 보관하여야 한다.

(2) 미용업자

① 점빼기·귓볼뚫기·쌍꺼풀수술·문신·박피술 그 밖에 이와 유사한 의료행위를 하여서는 아니 된다.

② 피부미용을 위하여 「약사법」에 따른 의약품 또는 「의료기기법」에 따른 의료기기를 사용하여서는 아니 된다.

③ 미용기구 중 소독을 한 기구와 소독을 하지 아니한 기구는 각각 다른 용기에 넣어 보관하여야 한다.

④ 1회용 면도날은 손님 1인에 한하여 사용하여야 한다.

⑤ 영업장 안의 조명도는 75럭스 이상이 되도록 유지하여야 한다.

⑥ 영업소 내부에 미용업 신고증 및 개설자의 면허증 원본을 게시하여야 한다.

⑦ 영업소 내부에 최종지급요금표를 게시 또는 부착하여야 한다.

⑧ ⑦에도 불구하고 신고한 영업장 면적이 66m^2 이상인 영업소의 경우 영업소 외부에도 손님이 보기 쉬운 곳에 「옥외광고물 등 관리법」에 적합하게 최종지급요금표를 게시 또는 부착하여야 한다. 이 경우 최종지급요금표에는 일부 항목(5개 이상)만을 표시할 수 있다.

⑨ 3가지 이상의 미용서비스를 제공하는 경우에는 개별 미용서비스의 최종 지불가격 및 전체 미용서비스의 총액에 관한 내역서를 이용자에게 미리 제공하여야 한다. 이 경우 미용업자는 해당 내역서 사본을 1개월간 보관하여야 한다.

10년간 자주 출제된 문제

이용업 또는 미용업의 영업장 실내조명 기준은?

① 30럭스 이상

② 50럭스 이상

③ 75럭스 이상

④ 120럭스 이상

|해설|

③ 영업장 안의 조명도는 75럭스 이상이 되도록 유지하여야 한다.

정답 ③

(1) 이용업

① 이용기구는 소독을 한 기구와 소독을 하지 아니한 기구를 구분하여 보관할 수 있는 용기를 비치하여야 한다.

② 소독기·자외선살균기 등 이용기구를 소독하는 장비를 갖추어야 한다.

③ 영업소 안에는 별실 그 밖에 이와 유사한 시설을 설치하여서는 아니 된다.

(2) 미용업

① 미용기구는 소독을 한 기구와 소독을 하지 아니한 기구를 구분하여 보관할 수 있는 용기를 비치하여야 한다.

② 소독기·자외선살균기 등 미용기구를 소독하는 장비를 갖추어야 한다.

10년간 자주 출제된 문제

이·미용업소의 시설 및 설비기준으로 적합한 것은?

① 소독을 한 기구와 소독을 하지 아니한 기구를 구분하여 보관할 수 있는 용기를 비치하여야 한다.

② 소독기, 적외선살균기 등 기구를 소독하는 장비를 갖추어야 한다.

③ 밀폐된 별실을 24개 이상 둘 수 있다.

④ 작업장소와 응접장소, 상담실, 탈의실 등을 분리하여 칸막이를 설치하여야 한다.

정답 ①

---

(1) 일반기준

① 자외선소독 : $1cm^2$당 $85\mu W$ 이상의 자외선을 20분 이상 쬐어 준다.

② 건열멸균소독 : 100℃ 이상의 건조한 열에 20분 이상 쬐어 준다.

③ 증기소독 : 100℃ 이상의 습한 열에 20분 이상 쬐어 준다.

④ 열탕소독 : 100℃ 이상의 물속에 10분 이상 끓여 준다.

⑤ 석탄산수소독 : 석탄산수(석탄산 3%, 물 97%의 수용액을 말한다)에 10분 이상 담가 둔다.

⑥ 크레졸소독 : 크레졸수(크레졸 3%, 물 97%의 수용액을 말한다)에 10분 이상 담가 둔다.

⑦ 에탄올소독 : 에탄올수용액(에탄올이 70%인 수용액을 말한다)에 10분 이상 담가 두거나 에탄올수용액을 머금은 면 또는 거즈로 기구의 표면을 닦아 준다.

(2) 개별기준

이용기구 및 미용기구의 종류·재질 및 용도에 따른 구체적인 소독기준 및 방법은 보건복지부장관이 정하여 고시한다.

10년간 자주 출제된 문제

공중위생관리법상 이·미용기구의 소독기준 및 방법으로 틀린 것은?

① 자외선소독 – $1cm^2$당 $85\mu W$ 이상의 자외선을 20분 이상 쬐어 준다.

② 건열멸균소독 – 100℃ 이상의 건조한 열에 20분 이상 쬐어 준다.

③ 열탕소독 – 100℃ 이상의 물속에 10분 이상 끓여 준다.

④ 증기소독 – 100℃ 이상의 습한 열에 10분 이상 쬐어 준다.

정답 ④

---

(1) 이용사 및 미용사의 면허 등

이용사 또는 미용사가 되고자 하는 자는 다음의 하나에 해당하는 자로서 보건복지부령이 정하는 바에 의하여 시장·군수·구청장의 면허를 받아야 한다.

① 전문대학 또는 이와 같은 수준 이상의 학력이 있다고 교육부장관이 인정하는 학교에서 이용 또는 미용에 관한 학과를 졸업한 자

② 「학점인정 등에 관한 법률」 제8조에 따라 대학 또는 전문대학을 졸업한 자와 같은 수준 이상의 학력이 있는 것으로 인정되어 같은 법 제9조에 따라 이용 또는 미용에 관한 학위를 취득한 자

③ 고등학교 또는 이와 같은 수준의 학력이 있다고 교육부장관이 인정하는 학교에서 이용 또는 미용에 관한 학과를 졸업한 자

④ 초·중등교육법령에 따른 특성화고등학교, 고등기술학교나 고등학교 또는 고등기술학교에 준하는 각종 학교에서 1년 이상 이용 또는 미용에 관한 소정의 과정을 이수한 자

⑤ 「국가기술자격법」에 의한 이용사 또는 미용사의 자격을 취득한 자

(2) 이·미용사의 면허를 받을 수 없는 자

① 피성년후견인

② 정신질환자. 다만, 전문의가 이용사 또는 미용사로서 적합하다고 인정하는 사람은 그러하지 아니하다.

③ 공중의 위생에 영향을 미칠 수 있는 감염병환자로서 보건복지부령이 정하는 자(비감염성인 경우를 제외한 결핵)

④ 마약 기타 대통령령으로 정하는 약물 중독자

⑤ 규정에 의한 명령에 위반하여 면허가 취소된 후 1년이 경과되지 아니한 자

(1) 이용사 및 미용사의 면허취소 등(법 제7조)

시장·군수·구청장은 이용사 또는 미용사가 다음의 하나에 해당하는 때에는 그 면허를 취소하거나 6월 이내의 기간을 정하여 그 면허의 정지를 명할 수 있다.

① 피성년후견인, 정신질환자, 감염병환자, 마약 기타 대통령령으로 정하는 약물 중독자(반드시 취소)
② 면허증을 다른 사람에게 대여한 때
③ 「국가기술자격법」에 따라 자격이 취소된 때(반드시 취소)
④ 「국가기술자격법」에 따라 자격정지처분을 받은 때(「국가기술자격법」에 따른 자격정지처분기간에 한정한다)
⑤ 이중으로 면허를 취득한 때(나중에 발급받은 면허를 말한다. 반드시 취소)
⑥ 면허정지처분을 받고도 그 정지 기간 중에 업무를 한 때(반드시 취소)
⑦ 「성매매알선 등 행위의 처벌에 관한 법률」이나 「풍속영업의 규제에 관한 법률」을 위반하여 관계 행정기관의 장으로부터 그 사실을 통보받은 때

(2) 면허증의 반납 등(규칙 제12조)

① 면허가 취소되거나 면허의 정지명령을 받은 자는 지체 없이 관할 시장·군수·구청장에게 면허증을 반납하여야 한다.
② 면허의 정지명령을 받은 자가 반납한 면허증은 그 면허정지기간 동안 관할 시장·군수·구청장이 이를 보관하여야 한다.

10년간 자주 출제된 문제

다음 중 이·미용사 면허취소의 사항이 아닌 것은?
① 심장질환자로 영업에 지장을 초래하는 사람일 경우
② 면허정지처분을 받고도 그 정지기간 중에 업무를 한 때
③ 마약, 기타 대통령령으로 정하는 약물 중독자일 경우
④ 면허증을 다른 사람에게 대여한 때

정답 ①

---

(1) 이용사 및 미용사의 업무범위 등(법 제8조)

① 이용사 또는 미용사의 면허를 받은 자가 아니면 이용업 또는 미용업을 개설하거나 그 업무에 종사할 수 없다. 다만, 이용사 또는 미용사의 감독을 받아 이용 또는 미용 업무의 보조를 행하는 경우에는 그러하지 아니하다.
② 이용 및 미용의 업무는 영업소 외의 장소에서 행할 수 없다. 다만, 보건복지부령이 정하는 특별한 사유가 있는 경우에는 그러하지 아니하다.

(2) 영업소 외에서의 이용 및 미용 업무(규칙 제13조)

① 질병·고령·장애나 그 밖의 사유로 영업소에 나올 수 없는 자에 대하여 이용 또는 미용을 하는 경우
② 혼례나 그 밖의 의식에 참여하는 자에 대하여 그 의식 직전에 이용 또는 미용을 하는 경우
③ 「사회복지사업법」에 따른 사회복지시설에서 봉사활동으로 이용 또는 미용을 하는 경우
④ 방송 등의 촬영에 참여하는 사람에 대하여 그 촬영 직전에 이용 또는 미용을 하는 경우
⑤ ①부터 ④까지의 경우 외에 특별한 사정이 있다고 시장·군수·구청장이 인정하는 경우

(3) 업무범위(규칙 제14조)

이용사의 업무범위는 이발, 아이론, 면도, 머리피부 손질, 머리카락 염색 및 머리감기로 한다.

10년간 자주 출제된 문제

이·미용의 업무를 영업소 외의 장소에서 행할 수 있도록 하는 특별한 사유를 규정한 법령은?
① 고용노동부령   ② 행정안전부령
③ 보건복지부령   ④ 대통령령

|해설|
영업소 외에서의 이용 및 미용업무를 할 수 있도록 특별한 사유를 규정한 법령은 보건복지부령이다.

정답 ③

---

(1) 보고 및 출입·검사(법 제9조)

① 특별시장·광역시장·도지사(이하 "시·도지사") 또는 시장·군수·구청장은 공중위생관리상 필요하다고 인정하는 때에는 공중위생영업자에 대하여 필요한 보고를 하게 하거나 소속공무원으로 하여금 영업소·사무소 등에 출입하여 공중위생영업자의 위생관리의무이행 등에 대하여 검사하게 하거나 필요에 따라 공중위생영업장부나 서류를 열람하게 할 수 있다.

② 시·도지사 또는 시장·군수·구청장은 공중위생영업자의 영업소에 제5조에 따라 설치가 금지되는 카메라나 기계장치가 설치되었는지를 검사할 수 있다. 이 경우 공중위생영업자는 특별한 사정이 없으면 검사에 따라야 한다.

(2) 위생지도 및 개선명령(법 제10조)

시·도지사 또는 시장·군수·구청장은 다음의 어느 하나에 해당하는 자에 대하여 즉시 또는 6개월의 범위에서 기간을 정하여 그 개선을 명할 수 있다.

① 제3조제1항(공중위생영업의 신고 및 폐업신고)의 규정에 의한 공중위생영업의 종류별 시설 및 설비기준을 위반한 공중위생영업자

② 제4조(공중위생영업자의 위생관리의무 등)의 규정에 의한 위생관리의무 등을 위반한 공중위생영업자

10년간 자주 출제된 문제

이용 또는 미용의 영업자에 대하여 공중위생관리상 필요하다고 인정하는 때에는 필요한 보고 및 출입·검사 등을 할 수 있게 하는 자가 아닌 것은?

① 보건소장
② 구청장
③ 도지사
④ 시 장

|해설|

시·도지사 또는 시장·군수·구청장이 공중위생관리상 필요하다고 인정할 때에 소속 공무원으로 하여금 보고 및 출입·검사 등을 하게 할 수 있다.

정답 ①

---

① 시장·군수·구청장은 공중위생영업자가 다음의 어느 하나에 해당하면 6월 이내의 기간을 정하여 영업의 정지 또는 일부 시설의 사용중지를 명하거나 영업소 폐쇄 등을 명할 수 있다. 다만, 관광숙박업의 경우에는 해당 관광숙박업의 관할행정기관의 장과 미리 협의하여야 한다.

⊙ 제3조제1항(공중위생영업의 신고 및 폐업신고) 전단에 따른 영업신고를 하지 아니하거나 시설과 설비기준을 위반한 경우

⊙ 제3조제1항(공중위생영업의 신고 및 폐업신고) 후단에 따른 변경신고를 하지 아니한 경우

⊙ 제3조의2제4항(공중위생영업의 승계)에 따른 지위승계신고를 하지 아니한 경우

② 제4조(공중위생영업자의 위생관리의무 등)에 따른 공중위생영업자의 위생관리의무 등을 지키지 아니한 경우

⊙ 제5조(공중위생영업자의 불법카메라 설치 금지)를 위반하여 카메라나 기계장치를 설치한 경우

⊙ 제8조제2항(이용사 및 미용사의 업무범위 등)을 위반하여 영업소 외의 장소에서 이용 또는 미용업무를 한 경우

⊙ 제9조(보고 및 출입·검사)에 따른 보고를 하지 아니하거나 거짓으로 보고한 경우 또는 관계 공무원의 출입, 검사 또는 공중위생영업 장부 또는 서류의 열람을 거부·방해하거나 기피한 경우

⊙ 제10조(위생지도 및 개선명령)에 따른 개선명령을 이행하지 아니한 경우

⊙ 「성매매알선 등 행위의 처벌에 관한 법률」, 「풍속영업의 규제에 관한 법률」, 「청소년 보호법」, 「아동·청소년의 성보호에 관한 법률」, 「의료법」 또는 「마약류 관리에 관한 법률」을 위반하여 관계 행정기관의 장으로부터 그 사실을 통보받은 경우

② 시장·군수·구청장은 ①에 따른 영업정지처분을 받고도 그 영업정지 기간에 영업을 한 경우에는 영업소 폐쇄를 명할 수 있다.

③ 시장·군수·구청장은 다음의 어느 하나에 해당하는 경우에는 영업소 폐쇄를 명할 수 있다.
  ㉠ 공중위생영업자가 정당한 사유 없이 6개월 이상 계속 휴업하는 경우
  ㉡ 공중위생영업자가 부가가치세법 제8조에 따라 관할 세무서장에게 폐업신고를 하거나 관할 세무서장이 사업자 등록을 말소한 경우
  ㉢ 공중위생영업자가 영업을 하지 아니하기 위하여 영업시설의 전부를 철거한 경우

④ ①에 따른 행정처분의 세부기준은 그 위반행위의 유형과 위반 정도 등을 고려하여 보건복지부령으로 정한다.

⑤ 시장·군수·구청장은 공중위생영업자가 ①의 규정에 의한 영업소 폐쇄명령을 받고도 계속하여 영업을 하는 때에는 관계공무원으로 하여금 해당 영업소를 폐쇄하기 위하여 다음의 조치를 하게 할 수 있다. 제3조제1항(공중위생영업의 신고 및 폐업신고) 전단을 위반하여 신고를 하지 아니하고 공중위생영업을 하는 경우에도 또한 같다.
  ㉠ 해당 영업소의 간판 기타 영업표지물의 제거
  ㉡ 해당 영업소가 위법한 영업소임을 알리는 게시물 등의 부착
  ㉢ 영업을 위하여 필수불가결한 기구 또는 시설물을 사용할 수 없게 하는 봉인

⑥ 시장·군수·구청장은 ⑤의 ㉢에 따른 봉인을 한 후 봉인을 계속할 필요가 없다고 인정되는 때와 영업자 등이나 그 대리인이 해당 영업소를 폐쇄할 것을 약속하는 때 및 정당한 사유를 들어 봉인의 해제를 요청하는 때에는 그 봉인을 해제할 수 있다. ⑤의 ㉡에 따른 게시물 등의 제거를 요청하는 경우에도 또한 같다.

(1) 과징금처분(법 제11조의2)

① 시장·군수·구청장은 영업정지가 이용자에게 심한 불편을 주거나 그 밖에 공익을 해할 우려가 있는 경우에는 영업정지 처분에 갈음하여 1억원 이하의 과징금을 부과할 수 있다. 다만, 제5조, 「성매매알선 등 행위의 처벌에 관한 법률」, 「아동·청소년의 성보호에 관한 법률」, 「풍속영업의 규제에 관한 법률」 제3조의 어느 하나, 「마약류 관리에 관한 법률」 또는 이에 상응하는 위반행위로 인하여 처분을 받게 되는 경우를 제외한다.

② ①의 규정에 의한 과징금을 부과하는 위반행위의 종별·정도 등에 따른 과징금의 금액 등에 관하여 필요한 사항은 대통령령으로 정한다.

(2) 청문(법 제12조)

보건복지부장관 또는 시장·군수·구청장은 다음 어느 하나에 해당하는 처분을 하려면 청문을 하여야 한다.

① 이용사와 미용사의 면허취소 또는 면허정지

② 영업정지명령, 일부 시설의 사용중지명령 또는 영업소 폐쇄명령

10년간 자주 출제된 문제

다음 중 청문의 대상이 아닌 것은?

① 면허를 취소하고자 할 때
② 면허를 정지하고자 할 때
③ 영업소 폐쇄명령을 하고자 할 때
④ 벌금을 책정하고자 할 때

정답 ④

---

(1) 위생서비스 수준의 평가(법 제13조)

① 시·도지사는 공중위생영업소(관광숙박업 제외)의 위생관리수준을 향상시키기 위하여 위생서비스 평가계획(이하 "평가계획"이라 한다)을 수립하여 시장·군수·구청장에게 통보하여야 한다.

② 시장·군수·구청장은 평가계획에 따라 관할지역별 세부평가계획을 수립한 후 공중위생영업소의 위생서비스 수준을 평가(이하 "위생서비스 평가"라 한다)하여야 한다.

③ 시장·군수·구청장은 위생서비스 평가의 전문성을 높이기 위하여 필요하다고 인정하는 경우에는 관련 전문기관 및 단체로 하여금 위생서비스 평가를 실시하게 할 수 있다.

④ ① 내지 ③의 규정에 의한 위생서비스 평가의 주기·방법, 위생관리등급의 기준 기타 평가에 관하여 필요한 사항은 보건복지부령으로 정한다.

(2) 위생서비스 수준의 평가(규칙 제20조)

공중위생영업소의 위생서비스 수준 평가는 2년마다 실시하되, 공중위생영업소의 보건·위생관리를 위하여 특히 필요한 경우에는 보건복지부장관이 정하여 고시하는 바에 따라 공중위생영업의 종류 또는 제21조(위생관리등급의 구분 등)의 규정에 의한 위생관리등급별로 평가주기를 달리할 수 있다. 다만, 공중위생영업자가 「부가가치세법」에 따른 휴업신고를 한 경우 해당 공중위생영업소에 대해서는 위생서비스 평가를 실시하지 않을 수 있다.

10년간 자주 출제된 문제

이·미용업소의 위생서비스 수준의 평가 시 평가주기는 몇 년인가?(단, 특별한 경우는 제외)

① 1년   ② 2년
③ 3년   ④ 4년

|해설|

공중위생영업소의 위생서비스 수준 평가는 2년마다 실시한다.

정답 ②

핵심이론 **15** | 위생관리등급 공표 등

(1) 위생관리등급 공표 등(법 제14조)

① 시장·군수·구청장은 보건복지부령이 정하는 바에 의하여 위생서비스 평가의 결과에 따른 위생관리등급을 해당공중위생영업자에게 통보하고 이를 공표하여야 한다.

② 공중위생영업자는 ①의 규정에 의하여 시장·군수·구청장으로부터 통보받은 위생관리등급의 표지를 영업소의 명칭과 함께 영업소의 출입구에 부착할 수 있다.

③ 시·도지사 또는 시장·군수·구청장은 위생서비스 평가의 결과 위생서비스의 수준이 우수하다고 인정되는 영업소에 대하여 포상을 실시할 수 있다.

④ 시·도지사 또는 시장·군수·구청장은 위생서비스 평가의 결과에 따른 위생관리등급별로 영업소에 대한 위생감시를 실시하여야 한다. 이 경우 영업소에 대한 출입·검사와 위생감시의 실시주기 및 횟수 등 위생관리등급별 위생감시기준은 보건복지부령으로 정한다.

(2) 위생관리등급의 구분 등(규칙 제21조)

① 최우수업소 : 녹색등급

② 우수업소 : 황색등급

③ 일반관리대상 업소 : 백색등급

핵심이론 16 | 공중위생감시원

(1) 공중위생감시원(법 제15조)

① 제3조(공중위생영업의 신고 및 폐업신고), 제3조의2 (공중위생영업의 승계), 제4조(공중위생영업자의 위 생관리의무 등) 또는 제8조 내지 제11조(이용사 및 미 용사의 업무범위 등, 보고 및 출입·검사, 영업의 제 한, 위생지도 및 개선명령, 공중위생영업소의 폐쇄 등) 규정에 의한 관계공무원의 업무를 행하게 하기 위하여 특별시·광역시·도 및 시·군·구(자치구에 한한다)에 공중위생감시원을 둔다.

② 공중위생감시원의 자격·임명·업무범위 기타 필요 한 사항은 대통령령으로 정한다.

(2) 공중위생감시원의 업무범위(영 제9조)

① 공중위생영업 관련 시설 및 설비의 확인

② 공중위생영업 관련 시설 및 설비의 위생상태 확인·검 사, 공중위생영업자의 위생관리의무 및 영업자준수사 항 이행 여부의 확인

③ 위생지도 및 개선명령 이행 여부의 확인

④ 공중위생영업소의 영업의 정지, 일부 시설의 사용중 지 또는 영업소 폐쇄명령 이행 여부의 확인

⑤ 위생교육 이행 여부의 확인

10년간 자주 출제된 문제

공중위생감시원을 두지 않아도 되는 곳은?

① 특별시·광역시　　　② 국립보건원

③ 시·군·구　　　　　④ 도

|해설|

공중위생감시원은 특별시·광역시·도 및 시·군·구(자치구에 한한다)에 둔다.

정답 ②

핵심이론 17 | 명예공중위생감시원

(1) 명예공중위생감시원(법 제15조의2)

① 시·도지사는 공중위생의 관리를 위한 지도·계몽 등을 행하게 하기 위하여 명예공중위생감시원을 둘 수 있다.

② 명예공중위생감시원의 자격 및 위촉방법, 업무범위 등에 관하여 필요한 사항은 대통령령으로 정한다.

(2) 명예공중위생감시원의 자격 등(영 제9조의2)

① 명예공중위생감시원(명예감시원)은 시·도지사가 다 음에 해당하는 자 중에서 위촉한다.
　㉠ 공중위생에 대한 지식과 관심이 있는 자
　㉡ 소비자단체, 공중위생 관련 협회 또는 단체의 소속 직원 중에서 해당 단체 등의 장이 추천하는 자

② 명예감시원의 업무
　㉠ 공중위생감시원이 행하는 검사대상물의 수거 지원
　㉡ 법령 위반행위에 대한 신고 및 자료 제공
　㉢ 그 밖에 공중위생에 관한 홍보·계몽 등 공중위생 관리업무와 관련하여 시·도지사가 따로 정하여 부여하는 업무

③ 시·도지사는 명예감시원의 활동지원을 위하여 예산 의 범위 안에서 시·도지사가 정하는 바에 따라 수당 등을 지급할 수 있다.

④ 명예감시원의 운영에 관하여 필요한 사항은 시·도지 사가 정한다.

10년간 자주 출제된 문제

공중위생관리법령상 명예공중위생감시원의 업무를 모두 짝지 은 것은?

ㄱ. 법령 위반행위에 대한 신고 및 자료 제공
ㄴ. 영업소 폐쇄명령 이행 여부 확인
ㄷ. 공중위생감시원이 행하는 검사대상물의 수거 지원
ㄹ. 위생교육 이행 여부 확인

① ㄱ, ㄴ, ㄷ　　　　　② ㄱ, ㄷ

③ ㄴ, ㄹ　　　　　　　④ ㄱ, ㄴ, ㄷ, ㄹ

정답 ②

(1) 위생교육(법 제17조)

① 공중위생영업자는 매년 위생교육을 받아야 한다.

② 공중위생영업의 신고를 하고자 하는 자는 미리 위생교육을 받아야 한다. 다만, 보건복지부령으로 정하는 부득이한 사유로 미리 교육을 받을 수 없는 경우에는 영업개시 후 6개월 이내에 위생교육을 받을 수 있다.

③ 위생교육을 받아야 하는 자 중 영업에 직접 종사하지 아니하거나 2 이상의 장소에서 영업을 하는 자는 종업원 중 영업장별로 공중위생에 관한 책임자를 지정하고 그 책임자로 하여금 위생교육을 받게 하여야 한다.

④ ①부터 ③까지의 규정에 따른 위생교육은 보건복지부장관이 허가한 단체 또는 공중위생 영업자단체가 실시할 수 있다.

⑤ ①부터 ④까지의 규정에 따른 위생교육의 방법·절차 등에 관하여 필요한 사항은 보건복지부령으로 정한다.

(2) 위생교육의 내용(규칙 제23조)

① 위생교육은 집합교육과 온라인 교육을 병행하여 실시하되, 교육시간은 3시간으로 한다.

② 위생교육의 내용은 공중위생관리법 및 관련 법규, 소양교육(친절 및 청결에 관한 사항을 포함한다), 기술교육, 그 밖에 공중위생에 관하여 필요한 내용으로 한다.

③ 동일한 공중위생영업자가 둘 이상의 미용업을 같은 장소에서 하는 경우에는 그 중 하나의 미용업에 대한 위생교육을 받으면 나머지 미용업에 대한 위생교육도 받은 것으로 본다.

④ 위생교육 대상자 중 보건복지부장관이 고시하는 섬·벽지지역에서 영업을 하고 있거나 하려는 자에 대하여는 ⑦에 따른 교육교재를 배부하여 이를 익히고 활용하도록 함으로써 교육에 갈음할 수 있다.

⑤ 위생교육 대상자 중 휴업신고를 한 자에 대해서는 휴업신고를 한 다음 해부터 영업을 재개하기 전까지 위생교육을 유예할 수 있다.

⑥ 영업신고 전에 위생교육을 받아야 하는 자 중 다음에 해당하는 자는 영업신고를 한 후 6개월 이내에 위생교육을 받을 수 있다.

　㉠ 천재지변, 본인의 질병·사고, 업무상 국외출장 등의 사유로 교육을 받을 수 없는 경우

　㉡ 교육을 실시하는 단체의 사정 등으로 미리 교육을 받기 불가능한 경우

⑦ 위생교육을 받은 자가 위생교육을 받은 날부터 2년 이내에 위생교육을 받은 업종과 같은 업종의 영업을 하려는 경우에는 해당 영업에 대한 위생교육을 받은 것으로 본다.

⑧ 위생교육을 실시하는 단체(위생교육 실시단체)는 보건복지부장관이 고시한다.

⑨ 위생교육 실시단체는 교육교재를 편찬하여 교육대상자에게 제공하여야 한다.

⑩ 위생교육 실시단체의 장은 위생교육을 수료한 자에게 수료증을 교부하고, 교육실시 결과를 교육 후 1개월 이내에 시장·군수·구청장에게 통보하여야 하며, 수료증 교부대장 등 교육에 관한 기록을 2년 이상 보관·관리하여야 한다.

⑪ ①부터 ⑧까지의 규정 외에 위생교육에 관하여 필요한 세부사항은 보건복지부장관이 정한다.

10년간 자주 출제된 문제

공중위생영업자가 매년 받아야 하는 위생교육 시간은?

① 2시간　　　　② 3시간
③ 6시간　　　　④ 8시간

정답 ②

(1) 1년 이하의 징역 또는 1천만원 이하의 벌금

① 공중위생영업의 신고를 하지 아니하고 공중위생영업(숙박업은 제외)을 한 자

② 영업정지명령 또는 일부 시설의 사용중지명령을 받고도 그 기간 중에 영업을 하거나 그 시설을 사용한 자 또는 영업소 폐쇄명령을 받고도 계속하여 영업을 한 자

(2) 6월 이하의 징역 또는 500만원 이하의 벌금

① 변경신고를 하지 아니한 자

② 공중위생영업자의 지위를 승계한 자로서 신고를 하지 아니한 자

③ 건전한 영업질서를 위하여 공중위생영업자가 준수하여야 할 사항을 준수하지 아니한 자

(3) 300만원 이하의 벌금

① 다른 사람에게 이용사 또는 미용사의 면허증을 빌려주거나 빌린 사람

② 이용사 또는 미용사의 면허증을 빌려주거나 빌리는 것을 알선한 사람

③ 면허의 취소 또는 정지 중에 이용업 또는 미용업을 한 사람

④ 면허를 받지 아니하고 이용업 또는 미용업을 개설하거나 그 업무에 종사한 사람

10년간 자주 출제된 문제

영업소 폐쇄명령을 받고도 그 기간 중에 영업을 한 경우에 받게 되는 벌칙기준은?

① 1년 이하의 징역 또는 500만원 이하의 벌금
② 1년 이하의 징역 또는 1천만원 이하의 벌금
③ 1년 이하의 징역 또는 500만원 이하의 과태료
④ 1년 이하의 징역 또는 1천만원 이하의 과태료

정답 ②

---

① 300만원 이하의 과태료

　㉠ 보고를 하지 아니하거나 관계공무원의 출입·검사 기타 조치를 거부·방해 또는 기피한 자

　㉡ 개선명령에 위반한 자

　㉢ 이용업 신고를 하지 아니하고 이용업소표시등을 설치한 자

② 200만원 이하의 과태료

　㉠ 이·미용업소의 위생관리 의무를 지키지 아니한 자

　㉡ 영업소 외의 장소에서 이용 또는 미용업무를 행한 자

　㉢ 위생교육을 받지 아니한 자

③ 과태료는 대통령령이 정하는 바에 따라 보건복지부장관 또는 시장·군수·구청장(처분권자)이 부과·징수한다.

10년간 자주 출제된 문제

보건복지부령으로 정하는 특별한 사유 없이 이용 또는 미용의 업무를 영업소 외의 장소에서 행하였을 때의 처벌기준은?

① 500만원 이하의 벌금
② 200만원 이하의 벌금
③ 200만원 이하의 과태료
④ 300만원 이하의 과태료

정답 ③

PART 02

과년도+최근 기출복원문제

01 다음 중 수축력이 강하고 잔주름 완화에 효과가 있는 것은?

① 오일팩

② 우유팩

③ 왁스 마스크팩

④ 에그팩

해설

① 오일팩 : 과도한 건조성 피부에 유분과 수분을 보충해 준다.

② 우유팩 : 지방보급, 보습, 표백작용을 한다.

④ 에그팩 : 흰자(세정작용 및 잔주름 예방), 노른자(영양보급, 건성피부의 영양투입)

02 우리나라 이용의 역사에 관한 내용 중 틀린 것은?

① 구한말 상투머리를 하던 남성들이 두발을 자른 계기가 된 것은 단발령이다.

② 고종황제의 어명을 받은 우리나라 최초의 이용사는 안종호이다.

③ 최초의 이용원은 1901년 서울 종로에 개설되었다.

④ 단발령은 죄인을 처벌하기 위한 목적이었으며 삭발하여 기르는 동안 죄를 뉘우치도록 하였다.

해설

'신체의 모든 부분은 부모로부터 받았으니 다치지 않는 것이 효도'라는 유교의 가르침 때문에 머리카락을 소중히 여겼던 우리 조상들은 대한제국 당시 고종의 '단발령'이 내려진 뒤에야 비로소 머리를 자르게 됐다.

03 아이론의 관리 방법으로 적합하지 않은 것은?

① 샌드페이퍼로 잘 다듬는다.

② 마무리 단계에서 기름으로 닦는다.

③ 보관 중에 녹슬지 않도록 한다.

④ 습도가 높은 곳에 보관한다.

04 블로 드라이 스타일링으로 정발 시술을 할 때 도구의 사용에 대한 설명 중 적합하지 않은 것은?

① 블로 드라이어와 빗이 항상 같이 움직여야 한다.

② 블로 드라이어는 열이 필요한 곳에 댄다.

③ 블로 드라이어는 빗으로 세울 만큼 세워서 그 부위에 드라이어를 댄다.

④ 블로 드라이어는 작품을 만든 다음 보정작업으로도 널리 사용된다.

05 탈모 증세 중 지루성 탈모증에 관한 설명으로 가장 적합한 것은?

① 동전처럼 무더기로 머리카락이 빠지는 증세

② 상처 또는 자극으로 머리카락이 빠지는 증세

③ 나이가 들어 이마 부분의 머리카락이 빠지는 증세

④ 두피 피지선의 분비물이 병적으로 많아 머리카락이 빠지는 증세

해설

①은 원형 탈모증, ②는 결발성 탈모증, ③은 남성형 탈모증을 말한다.

06 이용 기술 용어 중에서 라디안(Radian) 알(R)의 두 발 상태를 가장 잘 설명한 것은?

① 두발이 웨이브 모양으로 된 상태
② 두발이 원형으로 구부러진 상태
③ 두발이 반달 모양으로 구부러진 상태
④ 두발이 직선으로 펴진 상태

07 다음 중 인모가발에 대한 설명으로 틀린 것은?

① 실제 사람의 두발을 사용한다.
② 헤어스타일을 다양하게 변화시킬 수 있다.
③ 퍼머넌트 웨이브나 염색이 가능하다.
④ 가격이 저렴하다.

해설
④ 가격이 비싸다.

08 다음 중 일정 기간 염모를 피해야 할 때는?

① 면체 직후
② 세발 직후
③ 조발 직후
④ 펌 직후

09 정발 시술 시 일반적인 작업 순서로 가장 적합한 것은?

① 가르마의 반대쪽부터 시작한다.
② 가르마와 관계없이 좌측부터 시작한다.
③ 가르마가 좌측이면 좌측부터 우측이면 우측부터 시작한다.
④ 가르마와 관계없이 우측부터 시작한다.

10 다음 중 이용원 간판(사인보드)의 색으로 사용하지 않는 것은?

① 청 색
② 황 색
③ 백 색
④ 적 색

해설
이발소 입구마다 설치되어 있는 청색·적색·백색의 둥근 기둥은 이발소를 표시하는 세계 공통의 기호이다. 청색은 '정맥', 적색은 '동맥', 백색은 '붕대'를 나타낸다.

11 수정 커트 중 찔러 깎기 기법을 사용하는 가장 적합한 때는?

① 면체라인 수정 시
② 뭉쳐 있는 두발 숱 부분의 수정 시
③ 전두부 수정 시
④ 천정부 수정 시

해설
숱음 깎기와 찔러 깎기 : 가위 끝을 이용하여 모량을 감소하여 명암 처리를 하거나 부분적으로 깎고 싶을 때 사용하는 기법이다.

12 헤어컬러링 중 헤어매니큐어(Hair Manicure)에 대한 설명으로 옳은 것은?

① 모발의 멜라닌 색소를 탈색시키고 원하는 색상을 침투시켜 착색시킨다.
② 모발의 멜라닌 색소를 탈색시키고 원하는 색상을 표면에 착색시킨다.
③ 모발의 멜라닌 색소를 표백해서 모발을 밝게 하는 효과가 있다.
④ 블리치 작용이 없는 검은 모발에는 확실한 효과가 없으나 백모나 블리치된 모발에는 효과가 뛰어나다.

해설
헤어매니큐어는 모발 표면에 코팅을 해 주는 헤어톱코트로 모발에 윤기와 광택을 주는 역할을 한다.

13 일시적으로 복용한 약물의 영향으로 젊은 사람도 백발이 되는 경우가 있는데 이 경우 다음 중 가장 관계가 깊은 것은?

① 모유두의 병발
② 모낭의 퇴화
③ 모간의 영양 부족
④ 모피질 내의 색소 결핍

14 머리숱이 많은 두발을 조발할 때 머리숱을 줄이기 위해서 사용하는 것은?

① 시닝가위   ② 단발가위
③ 손톱가위   ④ 조발가위

15 다음 중 이용의 의의에 대한 설명으로 가장 적합한 것은?

① 이용은 기술 이전에 서비스이다.
② 이용은 문화의 변천에 전혀 영향을 받지 않는다.
③ 이용은 고객의 안면만을 단정하게 하는 것이다.
④ 복식 이외의 여러 가지 용모에 물리적 기교를 행하는 방법이다.

해설
이용이란 복식 이외의 여러 가지 용모에 물리적, 화학적 기교를 행하여 미적 아름다움을 추구하는 수단이다.

16 두부(頭部)의 부위 중 천정부의 가장 높은 곳은?

① 골든 포인트(G.P)

② 백 포인트(B.P)

③ 사이드 포인트(S.P)

④ 톱 포인트(T.P)

해설
① 골든 포인트(G.P) : 머리 꼭짓점
② 백 포인트(B.P) : 뒷지점
③ 사이드 포인트(S.P) : 옆쪽지점

17 세발 시술 시 드라이 샴푸의 종류로 틀린 것은?

① 파우더 드라이 샴푸

② 에그 파우더 샴푸

③ 플레인 샴푸

④ 리퀴드 드라이 샴푸

해설
플레인 샴푸 : 합성세제, 비누, 물을 이용한 보통 샴푸이다.

18 면체 시 면도기를 사용하는 기본적인 방법에 해당되지 않는 것은?

① 프리 핸드(기본 잡기)

② 백 핸드(뒤돌려 잡기)

③ 노멀 핸드(보통 잡기)

④ 스틱 핸드(지팡이 잡기)

19 고객의 머리숱이 유난히 많은 두발을 커트할 때 가장 적합하지 않은 커트 방법은?

① 레이저 커트

② 스컬프처 커트

③ 딥테이퍼

④ 블런트 커트

해설
블런트 커트는 모발에서 기장은 제거되지만 부피는 그대로 유지된다.

20 모발 염색제 중 일시적 염모제가 아닌 것은?

① 산성 컬러

② 컬러 젤

③ 컬러 파우더

④ 컬러 스프레이

해설
일시적 염모제 종류로는 컬러 린스, 컬러 파우더, 컬러 크레용(컬러 스틱), 컬러 스프레이, 컬러 마스카라, 컬러 젤 등이 있다.

21 대기 중의 고도가 상승함에 따라 기온도 상승하여 상부의 기온이 하부보다 높게 되는 현상을 무엇이라 하는가?

① 지구 온난화 　　② 오존층 파괴
③ 열섬 현상 　　　④ 기온 역전

해설
① 지구 온난화 : 지구 표면의 평균온도가 상승하는 현상
② 오존층 파괴 : 지상으로부터 15~30km 높이의 성층권에 있는 오존층의 오존이 파괴되어 그 밀도가 낮아지는 현상
③ 열섬 현상 : 일반적인 다른 지역보다 도심지의 온도가 높게 나타나는 현상

22 채소를 고온에서 요리할 때 가장 파괴되기 쉬운 비타민은?

① 비타민 A 　　　② 비타민 C
③ 비타민 D 　　　④ 비타민 K

23 다음 감염병 중 병후 면역이 가장 강하게 형성되는 것은?

① 홍 역 　　　　　② 인플루엔자
③ 이 질 　　　　　④ 성 병

해설
자연능동면역에 의해 영구면역이 잘되는 질병
홍역, 수두, 풍진, 백일해, 황열, 천연두 등

24 최근(2010년 기준) 우리나라에서 질병으로 인한 사망 원인 중 가장 높은 것은?

① 뇌혈관질환 　　　② 당뇨병
③ 암 　　　　　　　④ 심장질환

해설
우리나라 3대 사망 원인은 암, 심장질환, 폐렴이다(2022년 기준).

25 하수오염도를 측정하는 방법과 가장 먼 것은?

① 생물학적 산소요구량
② 화학적 산소요구량
③ 용존산소량
④ 일반세균수

해설
수질오염을 측정하는 방법
• 생물학적 방법 : 용존산소량(DO)과 생물학적 산소요구량(BOD), 지표생물을 이용하는 방법
• 화학적 방법 : 화학적 산소요구량(COD)이나 물속에 녹아 있는 질산, 인산의 농도에 의해 수질오염을 측정하는 방법

26 사람의 대장과 맹장에 기생하며 항문 주위에 알을 낳아 주로 어린이들에게 잘 감염되고 집단 감염이 잘 일어나는 기생충은?

① 요 충
② 말레이사상충
③ 간흡충
④ 무구조충

27 세계보건기구(WHO) 기준으로 저체중아는 출생 당시 체중이 몇 kg 이하를 말하는가?

① 2kg 이하
② 2.5kg 이하
③ 3.0kg 이하
④ 3.2kg 이하

해설

세계보건기구 기준 미숙아 등의 정의
• 미숙아 또는 조산아 : 임신기간 37주 미만 또는 최종 월경일로부터 259일 미만에 태어난 아기
• 저체중 출생아 : 재태 기간과 상관없이 출생 당시의 체중이 2,500g 미만인 경우

28 다음 중 진폐증 환자와 가장 거리가 먼 직업은?

① 광 부
② 채석공
③ 벽돌 제조공
④ 페인트공

해설

진폐증은 분진의 흡입과 관련이 있고, 페인트공은 납 중독으로 빈혈과 관련이 있다.

29 감염병의 예방 및 관리에 관한 법률상 제2군 감염병이 아닌 것은?

① 파상풍
② 일본뇌염
③ 후천성 면역결핍증
④ 홍 역

해설

파상풍·일본뇌염·후천성 면역결핍증은 제3급 감염병이고, 홍역은 제2급 감염병이다.
※「감염병의 예방 및 관리에 관한 법률」 개정에 따라 감염병 분류 체계는 군별 체계에서 급별 체계로 변경되었다.

30 군집독에 대한 설명으로 틀린 것은?

① 실내에 다수인이 밀집해 있을 때 공기의 물리적 화학적 조건이 문제가 된 것이다.
② 원인은 주로 실내공기를 통해 감염된 세균들의 활성화 작용으로 인한 것이다.
③ 생리적 현상으로 불쾌감, 두통, 권태, 현기증, 구토, 식욕저하 등을 일으킨다.
④ 예방은 적절한 환기를 통해 가능하다.

해설

군집독은 실내의 환기가 불량하여 공기의 화학적 조성이 달라지고 기온, 습도, 냄새, 먼지 등 물리적 성상이 변화되므로 구토, 권태, 현기증, 불쾌감 등의 증상을 일으키는 생리적 현상이다.

31 이·미용업소에서 사용하는 수건의 소독방법으로 적합하지 않은 것은?

① 건열소독　　② 자비소독

③ 역성비누소독　④ 증기소독

> **해설**
> 건열소독은 주로 유리기구 등과 같이 고온에 안전한 물체를 멸균할 때 사용하는 방법이다.

32 일반적으로 소독 약품의 구비 조건이 아닌 것은?

① 살균력이 강할 것

② 표백성이 강할 것

③ 안정성이 높을 것

④ 용해성이 높을 것

> **해설**
> ② 표백성과 부식성이 없을 것

33 자외선 살균에 대한 설명으로 가장 적절한 것은?

① 투과력이 강해서 매우 효과적인 살균법이다.

② 직접 쬐어 노출된 부위만 소독된다.

③ 짧은 시간에 충분히 소독된다.

④ 액체의 표면을 통과하지 못하고 반사한다.

34 다음 세균 중 공기의 건조에 견디는 힘이 가장 강한 것은?

① 장티푸스균

② 콜레라균

③ 결핵균

④ 페스트균

> **해설**
> 결핵균은 지방성분이 많은 세포벽에 둘러싸여 있어 건조한 상태에서도 오랫동안 생존한다.

35 콜레라 환자의 배설물 등을 처리하는 가장 적합한 방법은?

① 건조법　　② 건열법

③ 매몰법　　④ 소각법

> **해설**
> 대소변, 배설물, 토사물의 완전소독방법은 소각법이다.
> ※ 「감염병의 예방 및 관리에 관한 법률」 개정에 따라 감염병 분류 체계는 군별 체계에서 급별 체계로 변경되었다. 이에 '제1군 감염병'에서 '콜레라 환자'로 문제를 변형하였다.

36 다음 중 객담, 토사물, 배설물 소독에 쓰이는 소독제로 가장 적합한 것은?

① 석탄산   ② 알코올

③ 포르말린수   ④ 승홍수

37 소독제의 농도가 적합하지 않은 것은?

① 승홍 0.1%   ② 알코올 70%

③ 석탄산 0.3%   ④ 크레졸 3%

해설
석탄산은 3%의 농도가 적당하다.

38 다음 중 소독제에 해당되지 않는 것은?

① 알코올

② 디클로르보스

③ 과산화수소

④ 염 소

해설
디클로르보스는 유기인계 살충제이다.

39 물리적 살균 방법에 대한 설명으로 틀린 것은?

① 화염멸균 – 알코올램프 등을 이용하여 화염불꽃에 20초 이상 처리

② 건열멸균 – 160~180℃의 건열에 90분 이상 처리

③ 자비소독 – 100℃의 끓는 물속에 60분 이상 처리

④ 저온소독 – 62~63℃에서 30분 동안 처리

해설
자비소독 : 100℃의 끓는 물속에서 15~20분간 처리한다.

40 세균의 구조를 현미경으로 볼 때 관찰할 수 있는 특징이 아닌 것은?

① 세균의 크기

② 세균의 배열 상태

③ 세균의 색깔

④ 세균이 잘 증식하는 온도

41 표피와 진피의 활동에 영양을 공급하며 열의 발산을 막아 주는 곳은?

① 소한선   ② 대한선
③ 피하조직   ④ 각질층

42 피부에 나타나는 일차적 스트레스 증상이 아닌 것은?

① 두드러기   ② 소양감
③ 홍 반   ④ 결 절

> **해설**
> 피부와 스트레스와의 관계
> • 피부에 나타나는 1차적 스트레스 증상 : 두드러기, 작열감, 소양감, 봉소염, 홍반
> • 피부에 나타나는 2차적 스트레스 증상 : 스트레스성 여드름, 색소가 침착되는 증상

43 다음 중 2도 화상에 속하는 것은?

① 햇볕에 탄 피부
② 진피층까지 손상되어 수포가 발생한 피부
③ 피하 지방층까지 손상된 피부
④ 피하 지방층 아래의 근육까지 손상된 피부

> **해설**
> 화상의 증상에 따른 분류
> • 1도 화상 : 표피층만 손상
> • 2도 화상 : 표피 전 층과 진피의 상당 부분이 손상
> • 3도 화상 : 진피 전 층과 피하조직까지 손상

44 우리 몸에서 수분이 하는 일이 아닌 것은?

① 체조직의 구성 성분이다.
② 영양소와 노폐물을 운반한다.
③ 전해질 균형을 유지해 준다.
④ 에너지를 생산하는 기능을 한다.

> **해설**
> 물은 모든 조직의 기본 성분일 뿐 아니라 체조직을 구성하는 성분 중 가장 양이 많아 인체의 2/3가량을 차지한다. 수분은 몸의 대사를 돕고 산소나 독소를 운반하며 불필요해진 성분을 배설하고 체온 및 체액을 조절하는 역할을 한다.

45 인체에서 칼슘(Ca)대사와 가장 밀접한 관계를 가지고 있는 비타민은?

① 비타민 A   ② 비타민 C
③ 비타민 D   ④ 비타민 E

> **해설**
> 비타민 D의 주요 기능은 혈중 칼슘과 인의 수준을 정상범위로 조절하고 평형을 유지하는 것이다.

46 다음 중 모발의 화학 결합이 아닌 것은?

① 수소결합
② 시스틴결합
③ 펩타이드결합
④ 배위결합

> **해설**
> 모발의 화학 결합
> 수소결합, 시스틴결합(황결합), 펩타이드결합, 염결합(이온결합)

47 진피에 대한 설명으로 옳은 것은?

① 진피는 표피와 비슷한 두께를 가졌으며 두께는 약 2~3mm이다.

② 진피 조직은 비탄력적인 콜라겐 조직과 탄력적인 엘라스틴섬유 및 뮤코다당류로 구성되어 있다.

③ 진피 조직은 우리 신체의 체형을 결정짓는 역할을 한다.

④ 진피는 피부의 주체를 이루는 층으로 망상층과 유두층을 포함하여 5개의 층으로 나뉘어져 있다.

> **해설**
> ① 진피층은 약 2~3mm의 두께를 가지며 피부 부피의 대부분을 차지하고 있다. 표피의 평균 두께는 약 0.04~1.5mm이다.
> ③ 피하 조직은 우리 신체의 체형을 결정짓는 역할을 한다.
> ④ 진피는 표피 바로 밑층에 위치하여 피부의 주체를 이루는 층으로 망상층과 유두층으로 구분된다.

48 랑게르한스(Langerhans) 세포의 주 기능은?

① 팽 윤　　　　② 수분 방어

③ 면 역　　　　④ 새 세포 형성

> **해설**
> 랑게르한스(Langerhans) 세포는 표피에 존재하며 면역과 가장 관계가 깊다.

49 림프액의 기능과 가장 관계가 없는 것은?

① 동맥기능의 보호

② 항원반응

③ 면역반응

④ 체액이동

> **해설**
> 림프액은 항원과 항체반응을 통해 면역반응에 관여하고, 과도한 체액을 흡수하여 운반하는 기능을 한다.

50 물과 오일처럼 서로 녹지 않는 2개의 액체를 미세하게 분산시켜 놓은 상태는?

① 에멀션　　　　② 레이크

③ 아로마　　　　④ 왁 스

51 이·미용업소의 폐쇄명령을 받고도 계속하여 영업을 하는 때 관계공무원이 취할 수 있는 조치로 틀린 것은?

① 해당 영업소의 간판 기타 영업표지물의 제거

② 영업을 위하여 필수불가결한 기구 또는 시설물을 사용할 수 없게 하는 봉인

③ 해당 영업소가 위법한 영업소임을 알리는 게시물 등의 부착

④ 해당 영업소 시설 등의 개선명령

> **해설**
> 공중위생영업소의 폐쇄 등(공중위생관리법 제11조제5항)
> 시장·군수·구청장은 공중위생영업자가 영업소폐쇄명령을 받고도 계속하여 영업을 하는 때에는 관계공무원으로 하여금 해당 영업소를 폐쇄하기 위하여 다음의 조치를 하게 할 수 있다.
> • 해당 영업소의 간판 기타 영업표지물의 제거
> • 해당 영업소가 위법한 영업소임을 알리는 게시물 등의 부착
> • 영업을 위하여 필수불가결한 기구 또는 시설물을 사용할 수 없게 하는 봉인

52 이·미용 영업자가 준수하여야 하는 위생관리기준으로 틀린 것은?

① 손님이 보기 쉬운 곳에 준수사항을 게시하여야 한다.

② 이·미용기구 중 소독을 한 기구와 소독을 하지 아니한 기구는 각각 다른 용기에 넣어 보관하여야 한다.

③ 영업장 안의 조명도는 75럭스 이상이 되도록 유지하여야 한다.

④ 1회용 면도날은 손님 1인에 한하여 사용하여야 한다.

> **해설**
> **공중위생영업자가 준수하여야 하는 위생관리기준 등(공중위생관리법 시행규칙 [별표 4])**
> • 영업소 내부에 이·미용업 신고증 및 개설자의 면허증 원본을 게시하여야 한다.
> • 영업소 내부에 부가가치세, 재료비 및 봉사료 등이 포함된 요금표(최종지급요금표)를 게시 또는 부착하여야 한다.

53 다음 중 이·미용업은 어디에 속하는가?

① 위생접객업
② 공중위생영업
③ 건물위생관리업
④ 위생관련업

> **해설**
> **정의(공중위생관리법 제2조제1항제1호)**
> "공중위생영업"이라 함은 다수인을 대상으로 위생관리서비스를 제공하는 영업으로서 숙박업·목욕장업·이용업·미용업·세탁업·건물위생관리업을 말한다.

54 이·미용사의 면허증을 다른 사람에게 대여한 1차 위반 시의 행정처분기준은?

① 면허정지 2월
② 면허정지 3월
③ 면허취소
④ 면허정지 1월

> **해설**
> **행정처분기준(공중위생관리법 시행규칙 [별표 7])**
> 면허증을 다른 사람에게 대여한 경우
> • 1차 위반 : 면허정지 3개월
> • 2차 위반 : 면허정지 6개월
> • 3차 위반 : 면허취소

55 이·미용업의 업무를 영업소 이외의 장소에서 행할 수 없는 경우는?

① 질병이나 그 밖의 사유로 영업소에 나올 수 없는 자에 대하여 이용 또는 미용을 하는 경우

② 혼례나 그 밖의 의식에 참여하는 자에 대하여 그 의식 직전에 이용 또는 미용을 하는 경우

③ 이·미용사의 감독을 받아 이용 또는 미용 업무의 보조를 행하는 경우

④ 사회복지사업법에 따른 사회복지시설에서 봉사활동으로 이용 또는 미용을 하는 경우

> **해설**
> **영업소 외에서의 이용 및 미용 업무(공중위생관리법 시행규칙 제13조)**
> • 질병·고령·장애나 그 밖의 사유로 영업소에 나올 수 없는 자에 대하여 이용 또는 미용을 하는 경우
> • 혼례나 그 밖의 의식에 참여하는 자에 대하여 그 의식 직전에 이용 또는 미용을 하는 경우
> • 「사회복지사업법」에 따른 사회복지시설에서 봉사활동으로 이용 또는 미용을 하는 경우
> • 방송 등의 촬영에 참여하는 사람에 대하여 그 촬영 직전에 이용 또는 미용을 하는 경우
> • 이외에 특별한 사정이 있다고 시장·군수·구청장이 인정하는 경우

56 공중위생영업을 하고자 하는 자는 시설 및 설비를 갖추고 다음 중 누구에게 신고해야 하는가?

① 보건복지부장관
② 행정안전부장관
③ 시·도지사
④ 시장·군수·구청장

해설
공중위생영업의 신고 및 폐업신고(공중위생관리법 제3조제1항)
공중위생영업을 하고자 하는 자는 공중위생영업의 종류별로 보건복지부령이 정하는 시설 및 설비를 갖추고 시장·군수·구청장(자치구의 구청장에 한한다)에게 신고하여야 한다. 보건복지부령이 정하는 중요사항을 변경하고자 하는 때에도 또한 같다.

57 다음 중 이용사 또는 미용사의 면허를 받을 수 없는 자는?

① 전문대학 또는 이와 동등 이상의 학력이 있다고 교육부장관이 인정하는 학교에서 이용 또는 미용에 관한 학과를 졸업한 자
② 고등학교 또는 이와 동등의 학력이 있다고 교육부장관이 인정하는 학교에서 이용 또는 미용에 관한 학과를 졸업한 자
③ 교육부장관이 인정하는 고등기술학교에서 6개월간 이용 또는 미용에 관한 소정의 과정을 이수한 자
④ 국가기술자격법에 의한 이용사 또는 미용사의 자격을 취득한 자

해설
이용사 및 미용사의 면허 등(공중위생관리법 제6조제1항제3호)
초·중등교육법령에 따른 특성화고등학교, 고등기술학교나 고등학교 또는 고등기술학교에 준하는 각종 학교에서 1년 이상 이용 또는 미용에 관한 소정의 과정을 이수한 자

58 공중위생영업소의 위생관리등급 구분으로 옳은 것은?

① 위험관리대상 업소 - 적색등급
② 일반관리대상 업소 - 황색등급
③ 우수업소 - 백색등급
④ 최우수업소 - 녹색등급

해설
위생관리등급의 구분 등(공중위생관리법 시행규칙 제21조)
• 최우수업소 : 녹색등급
• 우수업소 : 황색등급
• 일반관리대상 업소 : 백색등급

59 이·미용업자가 위생교육을 받지 아니한 경우에 과태료 부과 기준은?

① 500만원 이하
② 300만원 이하
③ 200만원 이하
④ 100만원 이하

해설
과태료(공중위생관리법 제22조제2항)
다음 어느 하나에 해당하는 자는 200만원 이하의 과태료에 처한다.
• 이·미용업소의 위생관리 의무를 지키지 아니한 자
• 영업소 외의 장소에서 이용 또는 미용업무를 행한 자
• 위생교육을 받지 아니한 자

60 공중위생영업소를 개설하고자 하는 자는 원칙적으로 언제까지 위생교육을 받아야 하는가?

① 개설하기 전
② 개설 후 3개월 내
③ 개설 후 6개월 내
④ 개설 후 1년 내

해설
위생교육(공중위생관리법 제17조제2항)
공중위생영업의 신고를 하고자 하는 자는 미리 위생교육을 받아야 한다. 다만, 보건복지부령으로 정하는 부득이한 사유로 미리 교육을 받을 수 없는 경우에는 영업개시 후 6개월 이내에 위생교육을 받을 수 있다.

01 가발의 제작과정 중 "고객의 두상 즉, 개인별 형태에 따른 머리 모양을 만드는 작업으로 개인별로 머리 모양과 굴곡, 부위가 다르기 때문에 필수적인 항목"인 과정은?

① 제작과정 상담
② 가발착용 결정
③ 패턴제작
④ 가발제작

02 염모제 도포 후 더운 증기에 노출시켰을 때 일어날 수 있는 결과에 대한 설명으로 가장 적합한 것은?

① 염색에 아무런 영향이 없다.
② 염색에 얼룩이 질 수 있다.
③ 염색이 전혀 되지 않는다.
④ 염색 이후 피부에 이상이 온다.

03 클렌징 크림의 필수조건과 거리가 먼 것은?

① 체온에 의하여 액화되어야 한다.
② 완만한 표백작용을 가져야 한다.
③ 피부에서 즉시 흡수되는 약제가 함유되어야 한다.
④ 소량의 물을 함유한 유화성 크림이어야 한다.

해설
흡수 시 피부 트러블을 일으키므로 피부에 흡수되지 않아야 한다.

04 헤어스타일의 기본이 되는 두부를 구분한 명칭 중 옳은 것은?

① 크라운헤어 – 측두부
② 톱헤어 – 전두부
③ 네이프헤어 – 두정부
④ 사이드헤어 – 후두부

해설
① 크라운헤어 : 두정부
③ 네이프헤어 : 후두부
④ 사이드헤어 : 측두부

05 조선 시대 말 18세에 등과하여 정삼품의 벼슬로 대강원에 봉직하다 고종황제의 어명으로 우리나라에서 최초로 이용시술을 한 사람은?

① 안종호
② 김옥균
③ 서재필
④ 박영효

06 아이론을 선정할 때 주의하여야 할 설명으로 틀린 것은?

① 프롱, 그루브, 스크루 및 양쪽 핸들에 홈이나 갈라진 것이 없어야 한다.

② 프롱과 로드와 그루브의 접촉면이 매끄러우며 들쑥날쑥하거나 비틀어지지 않아야 한다.

③ 비틀림이 없고 프롱과 그루브가 바르게 겹쳐져야 한다.

④ 가늘고 둥근 아이론의 경우에는 그루브의 홈이 얕고 핸들을 닫아 끝이 밀착되었을 때 틈새가 전혀 없어야 한다.

07 정밀한 블런트 커트 시나 곱슬머리, 남성 퍼머넌트 머리를 커트할 때 주로 사용하는 것은?

① 미니가위   ② 시닝가위

③ 조발가위   ④ 막가위

08 면도기의 종류와 특징 중 칼 몸체의 핸들이 일자형으로 생긴 것은?

① 일 도   ② 양 도

③ 스틱 핸드   ④ 펜 슬

해설
면도기(레이저)는 일도와 양도(접이식)로 구분할 수 있다.

09 다음 중 이용 업무 행위에 해당되지 않는 것은?

① 커 트   ② 샴푸잉

③ 면 도   ④ 전신 마사지

해설
이용사의 업무범위는 이발·아이론·면도·머리피부 손질·머리카락 염색 및 머리감기로 한다.

10 두피 상태에 따른 트리트먼트의 종류 중 비듬을 제거하는 목적으로 적당한 것은?

① 플레인 스캘프 트리트먼트

② 오일리 스캘프 트리트먼트

③ 드라이 스캘프 트리트먼트

④ 댄드러프 스캘프 트리트먼트

해설
① 플레인 스캘프 트리트먼트 : 두피가 정상적일 때
② 오일리 스캘프 트리트먼트 : 두피에 피지 분비량이 많을 때
③ 드라이 스캘프 트리트먼트 : 두피에 피지가 부족하여 건조할 때

11 다음 중 영구적 염모제에 속하는 것은?

① 합성 염모제
② 컬러 린스
③ 컬러 파우더
④ 컬러 스프레이

염모제의 종류
• 일시적 염모제 : 컬러 파우더, 컬러 크레용(컬러 스틱), 컬러 크림, 컬러 스프레이
• 반영구 염모제 : 헤어매니큐어, 컬러 린스
• 영구적 염모제 : 식물성 염모제, 금속성 염모제, 합성 염모제(산화염모제)

12 다음 중 일반적인 두발의 아이론 정발 시 사용되는 아이론의 온도로 가장 적합한 것은?

① 70~90℃
② 120~140℃
③ 150~160℃
④ 160~180℃

13 2 : 8 가르마가 어울리는 얼굴형은?

① 각진 얼굴형
② 긴 얼굴형
③ 둥근 얼굴형
④ 삼각형 얼굴형

가르마의 기준
• 긴 얼굴 – 2 : 8
• 둥근 얼굴 – 3 : 7
• 사각형 얼굴 – 4 : 6
• 역삼각형 얼굴 – 5 : 5

14 산성 린스의 종류에 해당되지 않는 것은?

① 레 몬　　　　② 식 초
③ 구연산　　　④ 수산화나트륨

산성 린스의 종류 : 레몬, 비니거(식초), 구연산, 맥주 등

15 긴 두발(Long Hair)에서의 일반적인 조발 시술 순서에 대한 설명으로 틀린 것은?

① 가장 먼저 두발에 물을 고루 칠한다.
② 5 : 5 가르마는 두발을 자른 후 빗으로 가르마를 가른다.
③ 가르마를 탄 후 빗과 가위로 조발한다.
④ 전두부 두발을 자르기 전에 후두부 두발을 먼저 조발한다.

긴 두발의 일반적인 조발 시술 순서는 가르마 부분에서 시작하여 측두부, 천정부 순으로 한다.

16 이발기인 바리캉의 어원은 어느 나라에서 유래되었는가?

① 독 일 ② 미 국

③ 일 본 ④ 프랑스

해설
1871년 프랑스의 바리캉 마르(Bariquand et Marre)사에서 이용기구인 바리캉(Clipper)을 최초로 제작, 판매하였다.

17 레이저를 이용하여 커트 시 가장 적합한 두발 상태는?

① 젖은 상태의 두발

② 건조한 두발

③ 헤어크림을 바른 두발

④ 기름진 두발

해설
젖은 두발을 레이저 시술하면 두피에 당김을 덜 주며 정확한 길이로 자를 수 있다.

18 다음 중 지렛대의 원리를 이용하여 자르는 도구는?

① 시닝가위

② 레이저

③ 컬리 아이론

④ 일렉트릭 바리캉

해설
가위의 절단 원리는 지렛대 원리이다.

19 퍼머넌트 웨이브의 방법 중 아이론 웨이브와 같이 모선에서 모근 방향으로 모발을 감아서 웨이브를 만드는 방법은?

① 크로키놀식 와인딩

② 스파이럴 와인딩

③ 핀컬 와인딩

④ 핑거 웨이브

해설
① 크로키놀식 와인딩 : 모발 끝부터 모근 쪽으로 와인딩하는 기법
② 스파이럴 와인딩 : 모근부터 모발 끝 쪽으로 와인딩하는 기법
③ 핀컬 와인딩 : 머리를 조금씩 말아 핀으로 고정하여 와인딩하는 기법
④ 핑거 웨이브 : 세팅 로션 또는 물, 젤 등을 이용하여 세팅 빗과 손으로 만드는 웨이브

20 모발 미세구조에서 색소(Melanin) 함량이 가장 높은 부분은?

① 모 상 ② 모피질

③ 모수질 ④ 모표피

해설
모피질에는 멜라닌 색소가 있어서 모발의 색상을 결정지어 준다.

21 광우병(BSE)에 걸린 소고기의 위험 물질을 먹으면 걸릴 수 있는 것은?

① 신종 인플루엔자
② 변종 크로이츠펠트-야콥병(vCJD)
③ 중증급성호흡기증후군(SARS)
④ 동물인플루엔자(AI) 인체감염증

해설
광우병의 병원체인 프리온은 소에게는 광우병(BSE)을, 인간에게겐 변형크로이츠펠트-야콥병을, 양에게는 스크래피라는 질병을 일으킨다.

22 공기의 성분 중 그 용량이 가장 많은 것은?

① 산 소
② 탄산가스
③ 수 소
④ 질 소

해설
공기의 성분비
질소(78.1%), 산소(21%), 아르곤(약 1%), 이산화탄소(0.03%)

23 기생충과 인체 감염원인 식품과의 연결이 틀린 것은?

① 유구조충 - 쇠고기
② 광절열두조충 - 송어
③ 간흡충 - 민물고기
④ 폐흡충 - 가재

해설
① 유구조충 : 돼지고기

24 생산층 인구가 유출되는 인구 구성형은?

① 피라미드형
② 종형(鍾型)
③ 항아리형
④ 기타형

해설
기타형(호로형, 표주박형)
농촌형으로 생산층 인구가 전체 인구의 1/2 미만인 경우이며, 생산층 인구가 유출되는 인구 구성형이다.

25 보건행정의 특성과 가장 거리가 먼 것은?

① 공공성   ② 교육성
③ 정치성   ④ 과학성

해설
보건행정의 특성
• 공공성과 사회성
• 보건의료에 대한 가치의 상충
• 행정 대상의 양면성
• 과학성과 기술성
• 봉사성
• 조장성 및 교육성

26 하수의 오염지표로 주로 이용하는 것은?

① dB   ② BOD

③ 총 인   ④ 대장균

해설

오탁지표
- 실내오탁지표 : CO_2
- 대기오탁지표 : SO_2
- 수질오염지표 : 대장균
- 하수오염지표 : BOD

27 혈액의 주성분이나 체내 저장이 되지 않아 식품을 통해서 공급해야 하는 무기질은?

① 식 염

② 인

③ 칼 슘

④ 철 분

28 미나마타병과 관계가 가장 깊은 것은?

① 규 소

② 납

③ 수 은

④ 카드뮴

해설

수은은 미나마타병의 원인 물질로 언어장애, 지각이상, 보행곤란 등을 일으킨다.

29 감염에 의한 임상증상이 전혀 없으나, 관리가 가장 어려운 병원소 대상은?

① 만성 감염병 환자

② 병후 보균자

③ 잠복기 보균자

④ 건강보균자

해설

보균자의 종류
- 병후 보균자(회복기 보균자) : 감염성 질환에 이환하여 그 임상증상이 완전히 소실되었는데도 불구하고, 병원체를 배출하는 보균자로서 세균성 이질, 디프테리아 감염자 등이 있다.
- 잠복기 보균자 : 어떤 감염성 질환의 잠복기간 중에 병원체를 배출하는 감염자로서 디프테리아, 홍역, 백일해 등이 있다.
- 건강보균자 : 감염에 의한 임상증상이 전혀 없고, 건강자와 다름이 없지만 병원체를 보유하는 보균자로서 디프테리아, 폴리오, 일본뇌염 등에 감염된 보균자에서 볼 수 있다.
- 그 밖에 병원체가 숙주로부터 배출되는 지속기간에 따라 일시적 보균자, 영구적 보균자, 만성보균자 등으로 구분하기도 한다.

30 실내 적정 습도의 범위로 가장 적합한 것은?

① 30~50%

② 40~70%

③ 70~90%

④ 80~100%

31 일회용 의료기구나 면도날 등의 물품을 소독하는 데 가장 널리 이용되고 있는 방법은?

① E.O 가스법
② 석탄산법
③ 고압증기멸균법
④ 저온소독법

해설
E.O 가스멸균법은 38~60℃의 저온에서 가능하고, 비교적 값이 비싸다. 의료기구 등의 물품을 소독하는 데 사용한다.

32 병원에서 감염병 환자가 퇴원 시 환자가 사용한 물건에 실시하는 소독법은?

① 반복소독
② 수시소독
③ 지속소독
④ 종말소독

해설
종말소독법 : 감염 사례가 발생한 이후 바이러스를 소멸시킬 때 적용하는 방법이다. 환자가 완치 퇴원한 후나 사망 후 격리 수용된 감염원을 완전 제거하기 위한 소독법이다.

33 용질 2가 용액 300에 녹아 있을 때 이 용액은 몇 배수 희석 용액인가?

① 150배
② 200배
③ 250배
④ 300배

해설
희석배수 계산법

$$희석배수 = \frac{용질량}{용매량} = \frac{1}{배} \qquad \therefore \frac{2}{300} = \frac{1}{150}$$

('희석배수 = 용질의 양'으로 계산하여 분자수가 1일 때 분모수인 용액의 양이 희석배수가 된다)

34 바이러스에 의해 발병되는 질병은?

① 장티푸스
② 인플루엔자
③ 결 핵
④ 콜레라

해설
여러 바이러스가 원인인 감기와 달리 독감은 인플루엔자 바이러스에 의해서만 발병한다.

35 바이러스에 대한 설명으로 틀린 것은?

① 천연두균이 이에 속한다.
② 크기가 작아 세균여과기를 통과한다.
③ 살아 있는 세포 내에서만 증식이 가능하다.
④ 유전자는 DNA와 RNA 모두로 구성되어 있다.

해설
바이러스 유전자는 RNA 또는 DNA 중 한 가지로만 구성되어 있다.

36 고압증기멸균기 열원으로 수증기를 사용하는 이유
가 아닌 것은?

① 일정 온도에서 쉽게 열을 방출하기 때문
② 미세한 공기까지 침투성이 높기 때문
③ 열 발생에 소요되는 비용이 저렴하기 때문
④ 바셀린이나 분말 등도 쉽게 통과할 수 있기 때문

해설
바셀린이나 분말 등에는 수증기가 침투되기 어려워 건열멸균법을
이용한다.

37 석탄산 90배 희석액과 같은 조건하에서 어느 소독
제의 270배 희석액이 똑같은 소독효과를 나타냈다
면 이 소독제의 석탄산계수는?

① 0.5　　　　　② 2.0
③ 3.0　　　　　④ 4.0

해설
$$석탄산계수 = \frac{소독약의\ 희석배수}{석탄산의\ 희석배수} = \frac{270}{90} = 3$$

38 다음 중 혐기성 세균인 것은?

① 파상풍균
② 결핵균
③ 백일해균
④ 디프테리아균

해설
혐기성 세균은 산소가 없는 곳에서만 생활할 수 있는 세균으로
파상풍균·가스괴저균·클로스트리듐균 등이 이에 속한다.

39 이·미용기구 소독에 가장 부적합한 것은?

① 소각소독법
② 간헐멸균법
③ 자외선멸균법
④ 자비소독법

해설
소각소독법
• 미생물에 오염된 물체를 불에 태워 멸균하는 방법이다.
• 병원균에 오염된 휴지, 가운, 수건, 환자의 객담 등의 소독에
적합하다.

40 이·미용업소에서 비말감염을 방지하는 방법으로
1차적으로 취하여야 할 가장 적합한 것은?

① 자외선 살균
② 마스크의 착용
③ 훈증소독
④ 일광소독

해설
보균자가 기침이나 재채기 또는 말을 할 때 튀어나오는 작은 침방
울 속에 병원균이 포함되어 있어 감염이 되며 이와 같은 감염
방식을 비말감염이라고 부른다.

41 뼈와 치아를 보강해 주는 혈액을 알칼리화시키며
백혈구에 활력을 주어 식균 작용을 돕는 영양소는?

① 칼 슘　　　　② 철
③ 아이오딘　　　④ 나트륨

42 피부의 pH에 관한 설명 중 가장 옳은 것은?

① 피부의 pH의 상피 자체만의 pH치를 말한다.
② 피부의 pH는 피부 온도와 가장 밀접한 관계가 있다.
③ 피부의 pH는 대개 약알칼리성이다.
④ 피부의 pH는 인종, 성별, 연령, 인체 부위 등에 따라서 각기 다르다.

① 피부의 pH란 상피 자체의 pH가 아니고 피지막의 pH로서 피부 표면에 증류수를 미량 첨가하여 측정한다.
② 피부의 pH는 인종, 성별, 연령, 시기, 부위(部位), 온도 등에 따라 다르다.
③ 피부의 pH 4.5~6.5로 약산성이다.

43 비타민 C가 피부에 미치는 영향으로 틀린 것은?

① 멜라닌 색소 생성 억제
② 광선에 대한 저항력 약화
③ 모세혈관의 강화
④ 진피의 결체조직 강화

비타민 C가 피부에 미치는 영향
• 멜라닌 색소 증식을 억제
• 광선에 대한 저항력 증가
• 모세혈관의 벽을 튼튼하게 함
• 진피의 결체조직을 강화시키고 면역기능을 증진
• 활성산소에 의한 피부조직의 산화를 억제하며 피부의 노화를 예방

44 대상포진의 특징에 대한 설명으로 옳은 것은?

① 지각신경 분포를 따라 군집 수포성 발진이 생기며 통증이 동반된다.
② 바이러스를 갖고 있지 않다.
③ 비감염성 피부질환이다.
④ 목과 눈꺼풀에 나타나는 감염성 비대 증식 현상이다.

45 피지, 각질세포, 박테리아가 서로 엉겨서 모공이 막힌 상태를 무엇이라 하는가?

① 구 진   ② 면 포
③ 반 점   ④ 결 절

① 구진 : 피부 표면에 융기나 함몰이 없어 색조변화만 나타나고 단단한 발진이다.
③ 반점 : 돌출이나 침윤이 없는 피부색의 변화로 주근깨, 홍반, 기미, 백반, 몽고반점 등이 있다.
④ 결절 : 구진보다 크고 단단한 것으로 지름이 1cm 이상이다.

46 민감성 피부에 관한 내용으로 틀린 것은?

① 민감성 피부를 가진 사람은 극히 드물어 인구의 3% 미만이 이에 해당한다.
② 민감성 피부는 지루성 습진, 건선, 주사, 아토피, 피부염 등의 증상을 가지고 있는 사람에게 흔하다.
③ 눈에 보이는 염증 소견 없이 화학적 자극에 의해 피부에 화끈거림이나 따가움, 불편감 등을 느낄 수 있다.
④ 민감성 피부의 관리를 위해서는 먼저 사용하고 있는 화장품이나 피부 관리 제품을 검사하는 것이 필요하다.

오늘날 민감성 피부는 어떤 민족이나 인종, 지역을 불문하고 전체 성인인구의 4분의 1 또는 절반에 육박하는 사람들에게서 나타나고 있다.

47 다음 모발 염색제의 성분 중 가장 알레르기를 일으키기 쉬운 것은?

① 파라페닐렌다이아민(P–Phenylenediamine)

② 메타아미노페놀(M–Aminophenol)

③ 파라톨루엔다이아민(P–Toluenediamine)

④ 메타페닐렌다이아민(M–Phenylenediamine)

해설

산화염모제는 파라페닐렌다이아민을 전구체로 하여 제조되므로 피부에 알레르기를 유발할 수 있다.

48 기초 화장품의 사용 목적이 아닌 것은?

① 세 안　　　　② 색상 표현

③ 피부 보호　　④ 피부 정돈

해설

기초 화장품의 사용 목적 : 세안, 피부 보호, 피부 정돈

49 파장이 길어 피부 깊숙이 침투하여 피부의 탄력 감소를 유발하는 자외선은?

① UV–A　　　　② UV–B

③ UV–C　　　　④ UV–D

해설

자외선의 종류

• UV–A : 피부 깊숙이 진피까지 침투하여 선탠 시 피부색을 검게 하고 주름을 발생시킨다(멜라닌 증가와 노화촉진).

• UV–B : 표피에만 작용하며 세포분열을 증진시켜 각질층이 더욱 두꺼워지게 만든다. 이것은 기미를 생기게 하는 원인이 된다.

• UV–C : 염색체 변이를 일으키고 단세포 유기물을 죽이며, 눈의 각막을 해치는 등 생명체에 해로운 영향을 미친다.

50 기저세포가 각질형성세포로 변화하는 과정으로 틀린 것은?

① 세포의 모양이 각질층 가까이 갈수록 납작해진다.

② 세포 내의 작은 공간이 사라진다.

③ 세포 내에 수분량이 많아진다.

④ 각질세포는 미세한 비듬의 형태로 피부로부터 떨어져 나간다.

해설

기저세포가 각질형성세포로 변화하는 과정

• 세포의 모양이 각질층 가까이로 갈수록 납작해진다.

• 세포질 내의 작은 공간이 사라져 간다.

• 섬유성 단백질을 형성한다.

• 세포의 탈수현상이 일어난다.

• 세포막이 점차로 두꺼워진다.

• 각질세포는 미세한 비듬의 형태가 되어 피부로부터 자연스럽게 떨어져 나간다.

51 영업소 위생서비스 평가를 위탁받을 수 있는 기관은?

① 보건소

② 동주민센터

③ 소비자단체

④ 관련 전문기관 및 단체

해설

위생서비스 수준의 평가(공중위생관리법 제13조제3항)

시장·군수·구청장은 위생서비스 평가의 전문성을 높이기 위하여 필요하다고 인정하는 경우에는 관련 전문기관 및 단체로 하여금 위생서비스평가를 실시하게 할 수 있다.

52 이·미용사의 건강진단 결과 마약 중독자라고 판정될 때 취할 수 있는 조치 사항은?

① 자격정지

② 업소폐쇄

③ 면허취소

④ 1년 이상 업무정지

해설
이·미용사의 면허취소 등(공중위생관리법 제7조제1항)
시장·군수·구청장은 이용사 또는 미용사가 다음에 해당하는 때에는 그 면허를 취소하거나 6월 이내의 기간을 정하여 면허의 정지를 명할 수 있다.
• 피성년후견인(취소)
• 「정신건강증진 및 정신질환자 복지서비스 지원에 관한 법률」에 따른 정신질환자 내지 마약 기타 대통령령으로 정하는 약물 중독자(취소)
• 면허증을 다른 사람에게 대여한 때
• 「국가기술자격법」에 따라 자격이 취소된 때(취소)
• 「국가기술자격법」에 따라 자격정지처분을 받은 때(「국가기술자격법」에 따른 자격정지처분기간에 한정)
• 이중으로 면허를 취득한 때(나중에 발급받은 면허, 취소)
• 면허정지처분을 받고도 그 정지 기간 중에 업무를 한 때(취소)
• 「성매매알선 등 행위의 처벌에 관한 법률」이나 「풍속영업의 규제에 관한 법률」을 위반하여 관계 행정기관의 장으로부터 그 사실을 통보받은 때

53 공중위생영업자가 중요 사항을 변경하고자 할 때 시장·군수·구청장에게 어떤 절차를 취해야 하는가?

① 통 보

② 신 고

③ 허 가

④ 통 고

해설
공중위생영업의 신고 및 폐업신고(공중위생관리법 제3조제1항)
공중위생영업을 하고자 하는 자는 공중위생영업의 종류별로 보건복지부령이 정하는 시설 및 설비를 갖추고 시장·군수·구청장(자치구의 구청장에 한한다)에게 신고하여야 한다. 보건복지부령이 정하는 중요사항을 변경하고자 하는 때에도 또한 같다.

54 영업소 안에 면허증을 게시하도록 "위생관리의무 등"의 규정에 명시된 자는?

① 이·미용업을 하는 자

② 목욕장업을 하는 자

③ 세탁업을 하는 자

④ 건물위생관리업을 하는 자

해설
공중위생영업자가 준수하여야 하는 위생관리기준 등(공중위생관리법 시행규칙 [별표 4])
영업소 내부에 이·미용업 신고증 및 개설자의 면허증 원본을 게시하여야 한다.

55 공중위생영업자는 위생교육을 매년 몇 시간 받아야 하는가?

① 3시간

② 6시간

③ 8시간

④ 10시간

해설
위생교육(공중위생관리법 시행규칙 제23조제1항)
위생교육은 집합교육과 온라인 교육을 병행하여 실시하되, 교육시간은 3시간으로 한다.

56 과징금 산정기준에서 영업정지 1월은 며칠로 계산하는가?

① 역법(달력)에 의한 계산

② 29일

③ 30일

④ 31일

해설
과징금 산정기준(공중위생관리법 시행령 [별표 1])
영업정지 1개월은 30일을 기준으로 한다.

57 이·미용업소 안에 별실, 그 밖에 이와 유사한 시설을 설치한 때 1차 위반 시 행정처분 기준은?

① 개선명령
② 영업장 폐쇄명령
③ 영업정지 1월
④ 영업정지 2월

해설

행정처분기준(공중위생관리법 시행규칙 [별표 7])
이용업소 안에 별실 그 밖에 이와 유사한 시설을 설치한 경우
• 1차 위반 : 영업정지 1월
• 2차 위반 : 영업정지 2월
• 3차 위반 : 영업장 폐쇄명령

58 공중위생관리법령상 세분한 미용업에 해당하지 않는 것은?

① 미용업(일반)
② 미용업(메이크업)
③ 미용업(피부)
④ 미용업(이용)

해설

미용업의 세분(공중위생관리법 제2조제1항제5호)
• 미용업(일반) : 파마·머리카락 자르기·머리카락 모양내기·머리피부 손질·머리카락 염색·머리감기, 의료기기나 의약품을 사용하지 아니하는 눈썹손질을 하는 영업
• 미용업(피부) : 의료기기나 의약품을 사용하지 아니하는 피부상태분석·피부관리·제모(除毛)·눈썹손질을 하는 영업
• 미용업(네일) : 손톱과 발톱을 손질·화장(化粧)하는 영업
• 미용업(화장·분장) : 얼굴 등 신체의 화장, 분장 및 의료기기나 의약품을 사용하지 아니하는 눈썹손질을 하는 영업
• 미용업(종합) : 미용업(일반, 피부, 네일, 화장·분장)의 업무를 모두 하는 영업

59 이용 또는 미용의 영업자에 대하여 공중위생관리상 필요하다고 인정하는 때에는 필요한 보고 및 출입·검사 등을 할 수 있게 하는 자가 아닌 것은?

① 보건소장
② 구청장
③ 도지사
④ 시 장

해설

보고 및 출입·검사(공중위생관리법 제9조제1항)
특별시장·광역시장·도지사 또는 시장·군수·구청장은 공중위생관리상 필요하다고 인정하는 때에는 공중위생영업자에 대하여 필요한 보고를 하게 하거나 소속공무원으로 하여금 영업소·사무소 등에 출입하여 공중위생영업자의 위생관리의무이행 등에 대하여 검사하게 하거나 필요에 따라 공중위생영업장부나 서류를 열람하게 할 수 있다.

60 다음 중 영업소 외에서 이용 또는 미용 업무를 할 수 있는 경우는?

> ㄱ. 중병에 걸려 영업소에 나올 수 없는 자의 경우
> ㄴ. 혼례 등 기타 의식에 참여하는 자에 대한 경우
> ㄷ. 이용장의 감독을 받은 보조원이 업무를 하는 경우
> ㄹ. 미용사가 손님 유치를 위하여 통행이 빈번한 장소에서 업무를 하는 경우

① ㄱ
② ㄱ, ㄴ
③ ㄱ, ㄴ, ㄹ
④ ㄱ, ㄴ, ㄷ, ㄹ

해설

영업소 외에서의 이용 및 미용 업무(공중위생관리법 시행규칙 제13조)
• 질병·고령·장애나 그 밖의 사유로 영업소에 나올 수 없는 자에 대하여 이용 또는 미용을 하는 경우
• 혼례나 그 밖의 의식에 참여하는 자에 대하여 그 의식 직전에 이용 또는 미용을 하는 경우
• 「사회복지사업법」에 따른 사회복지시설에서 봉사활동으로 이용 또는 미용을 하는 경우
• 방송 등의 촬영에 참여하는 사람에 대하여 그 촬영 직전에 이용 또는 미용을 하는 경우
• 이외에 특별한 사정이 있다고 시장·군수·구청장이 인정하는 경우

01 얼굴이 둥근형일 경우 두발의 가르마 비율로 가장 적합한 것은?

① 8 : 2
② 7 : 3
③ 6 : 4
④ 5 : 5

해설
가르마의 기준
• 긴 얼굴 – 2 : 8
• 둥근 얼굴 – 3 : 7
• 사각형 얼굴 – 4 : 6
• 역삼각형 얼굴 – 5 : 5

02 다음 중 아이론기의 적정 온도는?

① 80~90℃
② 90~100℃
③ 100~110℃
④ 120~140℃

03 시닝가위를 사용하는 목적으로 가장 적합한 것은?

① 전체 모발을 잘라내기 위해서
② 윗머리를 짧게 자르기 위해서
③ 전체 머리숱의 양을 감소하거나 질감 처리 효과를 위해서
④ 아이론에 적합한 헤어를 만들기 위해서

해설
시닝가위는 머리숱이 많은 두발을 조발할 때 머리숱을 줄이기 위해서 사용한다.

04 다음 중 레이저(Razor) 커트 시술 후 테이퍼링하고자 하는 경우와 가장 거리가 먼 것은?

① 두발 끝부분의 단면을 1/3 상태로 만든다.
② 두발 끝부분의 단면을 1/2 상태로 만든다.
③ 두발 끝부분의 단면을 요철 상태로 만든다.
④ 두발 끝부분의 단면을 붓 끝처럼 만든다.

해설
테이퍼링 : 두발 끝부분의 단면을 붓 끝처럼 만든다.
• 엔드 테이퍼 : 두발 끝부분의 단면을 1/3 상태로 만든다.
• 노멀 테이퍼 : 두발 끝부분의 단면을 1/2 상태로 만든다.
• 딥 테이퍼 : 두발 끝부분의 단면을 2/3 상태로 만든다.

05 다음 중 정발술에 사용되는 브러시에 대한 내용으로 가장 적합한 것은?

① 나일론을 이용한 브러시만을 사용한다.
② 모발을 정발하기 위해 어느 정도 딱딱하고 탄력이 있어야 한다.
③ 브러시는 동물의 털로만 만들어져야 한다.
④ 털이 아주 부드러운 재질을 이용해야 한다.

06 퍼머넌트 웨이브 방법 중 아이론 웨이브와 같은 모션에서 모근 방향으로 모발을 감아서 웨이브를 만드는 방법은?

① 크로키놀식 와인딩
② 스파이럴 와인딩
③ 핀컬 와인딩
④ 핑거 웨이브

해설
① 크로키놀식 와인딩 : 모발 끝부터 모근 쪽으로 와인딩하는 기법
② 스파이럴 와인딩 : 모근부터 모발 끝쪽으로 와인딩하는 기법
③ 핀컬 와인딩 : 머리를 조금씩 말아 핀으로 고정하여 와인딩하는 기법
④ 핑거 웨이브 : 세팅 로션 또는 물, 젤 등을 이용하여 세팅 빗과 손으로 만드는 웨이브

07 조발에 사용되는 기구에 해당되지 않는 것은?

① 레이저(Razor)
② 가위(Scissors)
③ 페이스 브러시(Face Brush)
④ 빗(Comb)

해설
페이스 브러시는 얼굴에 바른 백분의 여분을 털어내거나, 얼굴이나 목에 붙은 잘린 머리카락이나 비듬을 털어내는 데 사용한다.

08 다음 중 다이 케이프(Dye Cape)란?

① 퍼머넌트 시 쓰는 모자를 말한다.
② 세발 시 사용하는 어깨보(앞장)를 말한다.
③ 조발 시 사용하는 어깨보를 말한다.
④ 염색 시 사용하는 어깨보를 말한다.

09 이용사가 지켜야 할 주의사항으로 가장 거리가 먼 것은?

① 항상 깨끗한 복장을 착용한다.
② 항상 손톱을 짧게 깎고 부드럽게 한다.
③ 이용사의 두발이나 용모를 화려하게 치장한다.
④ 항상 입 냄새나 암내 등이 나지 않도록 한다.

10 남성 두발의 일반적인 수명으로 가장 적합한 것은?

① 1~2년   ② 3~5년
③ 5~7년   ④ 7~9년

해설
모발의 성장주기
여성은 4~6년, 남성은 3~5년이다.

11 가발의 사용 및 착용 방법으로 가장 거리가 먼 것은?

① 가발의 스타일이 나타나도록 잘 빗는다.

② 투페(Toupee) 가발 중 클립형은 탈모된 주변의 가는 머리카락 쪽으로 탈착한다.

③ 가발을 착용할 위치와 가발의 용도에 맞추어 착용한다.

④ 가발과 기존 모발의 스타일을 연결한다.

해설
탈착식 가모는 특수 고정핀을 이용해 부착하는 방식의 가발로 앞머리와 뒷머리, 옆머리를 기존의 머리카락에 있는 부위에 클립을 이용해 고정시키고 앞머리가 없을 경우에는 가모의 앞부분을 테이프를 이용해 부착한다.

12 우리나라에서 단발령이 처음으로 내려진 시기는?

① 1880년 10월

② 1881년 8월

③ 1891년 8월

④ 1895년 11월

해설
우리나라에서 이발이 시작된 것은 단발령이 내려진 1895년 11월 이후부터이다.

13 장발로 조발할 때 가장 많이 사용하는 가위는?

① 시닝가위 ② 보통가위

③ 정발가위 ④ 단발가위

14 이용원의 사인보드 색에 대한 설명 중 틀린 것은?

① 청색 – 정맥

② 적색 – 동맥

③ 백색 – 붕대

④ 황색 – 피부

해설
이발소 입구마다 설치되어 있는 청색·적색·백색의 둥근 기둥은 이발소를 표시하는 세계 공통의 기호이다. 청색은 '정맥', 적색은 '동맥', 백색은 '붕대'를 나타낸다.

15 수렴작용과 표백작용에 가장 적합한 팩은?

① 오일팩

② 호르몬팩

③ 벌꿀팩

④ 머드팩

해설
벌꿀팩은 피부의 물질대사를 높이는 방법으로 비타민 C 등에 의한 수렴과 표백작용을 이용한 팩이다.
① 오일팩 : 과도한 건조성 피부나 건조 지루성일 경우에 적당하다.
② 호르몬팩 : 중년 이후의 건성피부에 적당하다.
④ 머드팩 : 지성피부에 적당하다.

16 염·탈색의 유형별 특징으로 가장 거리가 먼 것은?

① 일시적 컬러 – 산화제가 필요 없다.

② 반영구적 컬러 – 산성 컬러가 여기에 속한다.

③ 준영구적 컬러 – 염모제 1제만 사용한다.

④ 영구적 컬러 – 백모염색으로 새치 커버율이 100% 가능하다.

③ 준영구적 컬러 : 제1제와 제2제로 나눌 수 있다.
1제의 주성분은 알칼리제이며 2제의 주성분은 과산화수소이다.

17 린스의 목적이 바르게 설명되지 않은 것은?

① 정전기를 방지한다.

② 머리카락의 엉킴 방지 및 건조를 예방한다.

③ 윤기가 있게 한다.

④ 찌든 때를 제거한다.

린스의 목적
윤기의 보충, 촉감의 증진, 마무리 감의 향상, 보습성과 유연효과, 자연적인 광택 부여, 손질의 용이성, 대전방지 효과

18 다음 중 매뉴얼테크닉의 효능으로 가장 거리가 먼 것은?

① 혈액순환 증진　　② 미백효과

③ 신진대사 촉진　　④ 근육 이완

매뉴얼테크닉의 효과
• 조직의 노폐물을 제거하여 피부의 청정작용을 한다.
• 림프와 혈액순환 촉진으로 신진대사를 증진시킨다.
• 긴장된 근육의 이완효과가 있다.
• 피부조직의 탄력성을 증가시킨다.
• 기분 상승 등 심리적 안정을 가져오며, 신경을 진정시켜 긴장을 풀어 준다.
• 화장품의 흡수율을 높인다.

19 면체 시 면도기를 연필 잡듯이 쥐고 행하는 기법은?

① 백 핸드기법

② 스틱 핸드기법

③ 프리 핸드기법

④ 펜슬 핸드기법

① 백 핸드기법 : 뒤돌려 잡기
② 스틱 핸드기법 : 지팡이 잡기
③ 프리 핸드기법 : 기본 잡기

20 모피질(Cortex)에 대한 설명이 틀린 것은?

① 전체 모발 면적의 50~60%를 차지하고 있다.

② 멜라닌 색소를 함유하고 있어 모발의 색상을 결정한다.

③ 피질 세포와 세포 간 결합 물질(간충물질)로 구성되어 있다.

④ 실질적으로 퍼머넌트 웨이브나 염색 등 화학적 시술이 이루어지는 부분이다.

① 전체 모발 면적의 75~90%를 차지하고 있다.

21 위생적 매립 시 최종 복토의 범위로 가장 알맞은 것은?

① 복토 2m 이하
② 복토 2m 이상
③ 복토 1m 이하
④ 복토 0.6~1m

> **해설**
> 위생적 매립법 : 매립경사는 30° 정도가 좋고, 최종복토는 0.6~1m 이상 두께로 한다.

22 다음 중 부족 시 구순염, 설염의 발생 원인이 되는 것은?

① 비타민 A
② 비타민 B_1
③ 비타민 B_2
④ 비타민 C

> **해설**
> ① 비타민 A : 야맹증
> ② 비타민 B_1 : 정신장애, 심장장애, 순환계장애 등의 증세
> ④ 비타민 C : 괴혈병

23 산업피로의 대표적인 증상은?

① 체온 변화 – 호흡기 변화 – 순환기계 변화
② 체온 변화 – 호흡기 변화 – 근수축력 변화
③ 체온 변화 – 호흡기 변화 – 기억력 변화
④ 체온 변화 – 호흡기 변화 – 사회적 행동 변화

24 다음 중 노화현상에 속하지 않는 것은?

① 호흡할 때 잔기용량(Residual Volume) 감소
② 혈관의 탄력성 감퇴
③ 시력의 저하
④ 위산 분비량 감소

> **해설**
> 기능적 잔기용량은 나이가 듦에 따라 증가하지만, 폐확산능은 연령에 비례하여 감소한다.
> **잔기용량** : 일반적인 날숨 후 허파에 남아 있는 공기의 용량

25 우리나라에서 가장 높은 감염률을 나타내는 기생충은?

① 편 충
② 요 충
③ 회 충
④ 조 충

26 다음 중 하수에서 용존산소(DO)에 대한 설명으로 옳은 것은?

① 용존산소(DO)가 낮다는 것은 수생식물이 잘 자랄 수 있는 물의 환경임을 의미한다.

② 세균이 호기성 상태에서 유기물질을 20℃에서 5일간 안정화시키는 데 소비한 산소량을 의미한다.

③ 용존산소(DO)가 높으면 생물학적 산소요구량(BOD)은 낮다.

④ 온도가 높아지면 용존산소(DO)는 증가한다.

온도가 높아지면 산소 용해도가 낮아지므로 용존산소량(물에 녹아 있는 유리 산소)은 감소한다.

27 감염병을 관리하는 데 가장 어려운 대상은?

① 만성 감염병 환자

② 건강보균자

③ 급성 감염병 환자

④ 식중독 환자

② 건강보균자 : 감염에 의한 임상증상이 전혀 없고, 건강자와 다름이 없지만 병원체를 보유하는 보균자로서 디프테리아, 폴리오, 일본뇌염 등에 감염된 보균자에서 볼 수 있다.

28 다음 중 실내 공기의 오염지표로 쓰이는 것은?

① CO
② CO_2
③ SO_2
④ NO_2

오탁지표
• 실내오탁지표 : CO_2
• 대기오탁지표 : SO_2
• 수질오염지표 : 대장균
• 하수오염지표 : BOD

29 후천성 면역결핍증(AIDS)의 예방 대책에 해당하지 않는 것은?

① 수혈이나 주사 시 1회용품 사용

② 경구용 피임약 사용

③ 건전한 성생활 유지

④ 보건교육 강화

AIDS 감염경로는 감염된 사람과의 성접촉이므로 경구용(먹는) 피임약 사용은 예방대책이 될 수 없다.

30 시·군·구에 두는 보건행정의 최일선 조직으로 국민건강 증진 및 예방 등에 관한 사항을 실시하는 기관은?

① 복지관
② 보건소
③ 병·의원
④ 시·군·구청

31 여러 개의 편모가 균체의 주위에 둘러싸여 있는 것은?

① 단모균   ② 주모균
③ 양모균   ④ 총모균

해설
편모의 종류
• 단모균 : 한 극(極)에 1개의 편모를 가진 균
• 총모균 : 한 극에 여러 개의 편모를 가진 균
• 양모균 : 양 극에 편모가 있는 균
• 주모균 : 세포의 둘레에 여러 개의 편모가 있는 균

32 세균이 영양부족, 건조, 열 등의 증식 환경이 적합하지 않은 경우, 균의 저항력을 키우기 위해 형성하게 되는 형태는?

① 섬 모   ② 세포벽
③ 아 포   ④ 핵

33 일반적으로 소독작용에 영향을 주는 것이 아닌 것은?

① 시 간   ② 온 도
③ 농 도   ④ 대기압

해설
소독에 영향을 주는 요인
수질, 농도, 온도, 습도, 유기물의 존재, 노출시간, 병원체 종류, 길항작용 등

34 소독약의 살균력을 측정할 때 지표로 사용되는 것은?

① 석탄산   ② 크레졸
③ 알코올   ④ 승 홍

35 다음 중 간염을 일으키는 감염원은 주로 어디에 속하는가?

① 세 균   ② 바이러스
③ 리케차   ④ 진 균

해설
혈액을 통해 간염이 감염되는 것은 B형과 C형간염이다. 면도칼, 칫솔, 주사기 등으로 오염된 혈액으로 바이러스가 걸리게 된다.

36 혈청이나 당 등과 같이 열에 불안정한 액체의 멸균에 주로 이용되는 방법은?

① 여과멸균법
② 초음파멸균법
③ 습열멸균법
④ 간헐멸균법

해설
여과멸균법
• 바이러스는 여과장치를 통과하므로 제거되지 않는다.
• 열을 가할 수 없는 대상물을 소독할 때 사용한다(특수약품, 음료수, 도자기 등).

37 다음 중 감염병 환자의 분뇨 및 토사물 소독으로 가장 적절한 것은?

① 크레졸   ② 승홍수

③ 석회유   ④ 알코올

해설
- 감염병 환자의 분뇨 및 토사물 소독 : 크레졸수, 석탄산수, 생석회 분말 등
- 소독방법
  - 알코올(농도 70~80%) : 손이나 피부 및 기구(가위, 칼, 면도기 등) 소독
  - 역성비누 : 10%의 용액을 100~200배 희석(손 소독)
  - 크레졸 비누액 : 1% 수용액(손·피부 소독), 3~5%(객담, 분뇨 등의 소독)
  - 페놀(석탄산) : 3~5% 용액(실험기기, 의료용기, 오물 등), 2% (손 소독)
  - 승홍수 : 0.1~0.5% 수용액(손 소독)

38 소독방법을 결정 시 고려해야 할 조건으로 가장 거리가 먼 것은?

① 소독물의 표면 청결 정도

② 피소독물의 재질 변화

③ 병원체의 저항력

④ 병원균의 인체 침입 방법

39 다음 중 자외선 조사 멸균 시 살균력이 가장 강한 전자파 파장 범위는?

① 150~170nm

② 180~220nm

③ 230~250nm

④ 260~280nm

40 다음 중 이상적인 화학적 소독제의 구비 조건이 아닌 것은?

① 생물학적 작용을 충분히 발휘할 수 있는 것이어야 한다.

② 원액 혹은 희석된 상태에서 화학적으로 안정된 것이어야 한다.

③ 유기물질, 비누오염, 세제에 의한 오염, 물의 경도 및 산도 변화에 따라 변화가 있어야 한다.

④ 필요한 농도만큼 쉽게 수용액을 만들 수 있는 것이어야 한다.

해설
③ 유기물질, 비누오염, 세제에 의한 오염, 물의 경도 및 물의 산도에 따라서 효력저하가 없어야 한다.

41 다음 중 비타민 A와 깊은 관련이 있는 카로틴을 가장 많이 함유한 식품은?

① 사과, 배

② 감자, 고구마

③ 귤, 당근

④ 쇠고기, 돼지고기

42 콜라겐(Collagen)에 대한 설명으로 틀린 것은?

① 노화된 피부에는 콜라겐 함량이 낮다.
② 콜라겐이 부족하면 주름이 발생하기 쉽다.
③ 콜라겐은 피부의 표피에 주로 존재한다.
④ 콜라겐은 섬유아세포에서 생성된다.

해설
콜라겐은 진피층을 구성하는 결합조직섬유로, 진피의 약 70%를 차지한다.

43 세포원형질의 주요성분 및 구성소로서 신체의 발육 및 세포조직을 재생시키는 데 필수적인 영양소로 가장 적합한 것은?

① 비타민   ② 단백질
③ 지 방   ④ 탄수화물

44 돌출이나 침윤이 없는 피부색의 변화를 나타내는 것은?

① 반 점   ② 소수포
③ 낭 종   ④ 종 양

45 자외선 중 즉시 색소침착을 유발하여 인공선탠 시 주로 쓰이는 것은?

① UV-A   ② UV-B
③ UV-C   ④ UV-D

해설
태양광선에 의한 자연선탠은 UV-A와 B에 의해 진행되지만 인공선탠은 UV-A만으로 이루어진다.

46 오일에 대한 설명으로 옳은 것은?

① 식물성 오일 - 향은 좋으나 부패하기 쉽다.
② 동물성 오일 - 무색이며 투명하고 냄새가 없다.
③ 광물성 오일 - 색이 진하며 피부 흡수가 늦다.
④ 합성 오일 - 냄새가 나빠 정제한 것을 사용한다.

47 다음 중 기초화장품에 해당하는 것은?

① 파운데이션   ② 네일 에나멜
③ 볼치크   ④ 스킨토너

48 태양광선에 대한 설명으로 틀린 것은?

① UV-B는 피부에 홍반을 일으킨다.

② UV-A는 자연 색소침착을 일으킨다.

③ 태양광선 중 약 45%를 차지하는 적외선은 혈액 순환을 촉진해 피부를 탄력 있게 한다.

④ 오존층에 흡수되는 UV-C는 피부에 조사될 경우 피부암 등 심각한 질병을 일으킨다.

해설
적외선 : 열을 내는 빛으로 피부에 장시간 닿으면 노화가 촉진된다. 적외선 때문에 피부 온도가 과도하게 올라가면 피부 속 단백질 분해효소가 많아져 콜라겐 등이 줄고, 피부 탄력이 떨어진다.

49 진균에 의한 피부질환이 아닌 것은?

① 족부백선　　　② 대상포진

③ 무 좀　　　　④ 두부백선

해설
대상포진은 바이러스 감염에 의한 피부질환이다.

50 땀샘(한선)이 폐쇄되어 땀이 피부 내부로 흘러들어 병변을 일으키는 것은?

① 다한증　　　② 취한증

③ 한 진　　　④ 액취증

해설
한진은 흔히 땀띠라고도 하며, 땀이 분비되는 한관이 막혀서 발생하는 질환이다. 땀은 땀샘(한선)에서 생성되어 한관을 타고 피부 표면으로 분비되는데, 한관이 폐쇄되면 배출되지 못한 땀이 그 하부에 축적되고 결국은 한관이 파열되어 땀띠의 독특한 피부병변이 만들어진다.

51 부득이한 사유로 미리 위생교육을 받지 아니하고 공중위생영업소를 개설한 자는 영업 개시일부터 몇 개월 이내에 위생교육을 받아야 하는가?

① 1개월　　　② 2개월

③ 3개월　　　④ 6개월

해설
위생교육(공중위생관리법 시행규칙 제23조제6항)
영업신고 전에 위생교육을 받아야 하는 자 중 다음의 어느 하나에 해당하는 자는 영업신고를 한 후 6개월 이내에 위생교육을 받을 수 있다.
• 천재지변, 본인의 질병·사고, 업무상 국외출장 등의 사유로 교육을 받을 수 없는 경우
• 교육을 실시하는 단체의 사정 등으로 미리 교육을 받기 불가능한 경우

52 영업소 외에서의 장소에서 이·미용업무를 행할 수 있는 경우를 모두 고른 것은?

> ㄱ. 의식 참여자에 대한 직전 이·미용업무
> ㄴ. 질병으로 영업소에 나올 수 없는 자에 대한 이·미용업무
> ㄷ. 사회복지시설에서 봉사활동으로 하는 이·미용업무
> ㄹ. 소비자 요청에 의한 이·미용업무

① ㄱ, ㄴ, ㄷ　　　② ㄱ, ㄷ

③ ㄴ, ㄹ　　　　④ ㄱ, ㄴ, ㄷ, ㄹ

해설
영업소 외에서의 이용 및 미용 업무(공중위생관리법 시행규칙 제13조)
• 질병·고령·장애나 그 밖의 사유로 영업소에 나올 수 없는 자에 대하여 이용 또는 미용을 하는 경우
• 혼례나 그 밖의 의식에 참여하는 자에 대하여 그 의식 직전에 이용 또는 미용을 하는 경우
• 「사회복지사업법」 제2조제4호에 따른 사회복지시설에서 봉사활동으로 이용 또는 미용을 하는 경우
• 방송 등의 촬영에 참여하는 사람에 대하여 그 촬영 직전에 이용 또는 미용을 하는 경우
• 이외에 특별한 사정이 있다고 시장·군수·구청장이 인정하는 경우

53 과태료에 대한 설명 중 옳은 것은?

① 과태료는 대통령령으로 정하는 바에 따라 보건복지부장관 또는 시장·군수·구청장이 부과·징수한다.

② 과태료처분에 불복이 있는 자는 그 처분을 고지받은 날부터 30일 이내에 처분권자에게 이의를 제기할 수 있다.

③ 기간 내에 이의를 제기하지 아니하고 과태료를 납부하지 아니한 때에는 지방세 체납처분의 예에 의하여 과태료를 징수한다.

④ 과태료에 대한 이의 제기가 있을 경우 청문을 실시한다.

해설
과태료는 대통령령으로 정하는 바에 따라 보건복지부장관 또는 시장·군수·구청장이 부과·징수한다(공중위생관리법 제22조 제4항).

54 다음 중 이·미용업은 누구에게 신고하는가?

① 보건복지부장관
② 환경부장관
③ 시·도지사
④ 시장·군수·구청장

해설
공중위생영업의 신고 및 폐업신고(공중위생관리법 제3조제1항)
공중위생영업을 하고자 하는 자는 공중위생영업의 종류별로 보건복지부령이 정하는 시설 및 설비를 갖추고 시장·군수·구청장(자치구의 구청장에 한한다)에게 신고하여야 한다. 보건복지부령이 정하는 중요사항을 변경하고자 하는 때에도 또한 같다.

55 1회용 면도날을 2인 이상의 손님에게 사용한 때의 1차 위반 행정처분기준은?

① 경 고
② 영업정지 5일
③ 영업정지 10일
④ 영업정지 1월

해설
행정처분기준(공중위생관리법 시행규칙 [별표 7])
소독을 한 기구와 소독을 하지 않은 기구를 각각 다른 용기에 넣어 보관하지 않거나 1회용 면도날을 2인 이상의 손님에게 사용한 경우
• 1차 위반 : 경고
• 2차 위반 : 영업정지 5일
• 3차 위반 : 영업정지 10일
• 4차 이상 위반 : 영업장 폐쇄명령

56 공중위생관리법상 공중위생영업에 해당되지 않는 것은?

① 숙박업
② 이용업
③ 미용업
④ 안전관리용역업

해설
정의(공중위생관리법 제2조제1항제1호)
"공중위생영업"이라 함은 다수인을 대상으로 위생관리서비스를 제공하는 영업으로서 숙박업·목욕장업·이용업·미용업·세탁업·건물위생관리업을 말한다.

57 이용업 또는 미용업의 영업장 실내조명 기준은?

① 30럭스 이상

② 50럭스 이상

③ 75럭스 이상

④ 120럭스 이상

59 위생관리등급의 구분에 해당하지 않는 것은?

① 녹색등급   ② 황색등급

③ 백색등급   ④ 청색등급

60 공중위생업소의 폐쇄 조치 사항으로 옳은 것을 모두 고른 것은?

> ㄱ. 영업소 간판 제거
> ㄴ. 영업을 위한 시설물을 사용할 수 없게 봉인
> ㄷ. 위법한 영업소임을 알리는 게시물 부착
> ㄹ. 영업을 위한 필수 불가결한 기구 회수

① ㄱ, ㄴ, ㄷ

② ㄱ, ㄷ

③ ㄴ, ㄹ

④ ㄱ, ㄴ, ㄷ, ㄹ

58 이용사 또는 미용사의 면허증 재교부 신청 사유가 아닌 것은?

① 면허증의 기재사항에 변경이 있는 때

② 면허증을 잃어버린 때

③ 면허증을 타인이 보관하고 있을 때

④ 면허증이 헐어 못쓰게 된 때

01 조선 말기의 단발령과 관련이 없는 사람은?

① 순종황제　　　　② 안종호
③ 김홍집　　　　　④ 유길준

해설
우리나라 이용원은 1895년(고종 32년) 고종황제의 단발령을 시발로 당시 김홍집 내각의 내무대신 유길준과 정병하, 안종호 등이 직접 가위를 들고 상감과 세자의 두발을 이발했다고 하며 최초의 이용사인 안종호는 18세에 전라도 완주군수를 역임했고 세종로와 태평로 어구에 우리나라 최초의 이용원을 경영하였다.

02 면체시술 방법 중 틀린 것은?

① 부드럽게 수염이 난 방향으로 한다.
② 스팀 타월을 자주 사용하여 수염을 부드럽게 한다.
③ 피부를 깨끗이 하기 위하여 깊이 파도록 한다.
④ 피부에 자극을 주지 않기 위해서 칼을 가볍게 사용한다.

03 퍼머넌트 웨이브 1제의 주성분이 아닌 것은?

① 티오글라이콜산
② L-시스테인
③ 시스테아민
④ 브로민산염

해설
퍼머넌트 웨이브 1제의 주성분
티오글라이콜산, L-시스테인, DI-시스테인, 염산 시스테인, 시스테아민

04 정발술의 시술 순서로 가장 적합한 것은?

① 좌측 가르마선(7 : 3) → 좌측 두부 → 후두부 → 우측 두부 → 두정부 → 전두부
② 좌측 가르마선(7 : 3) → 우측 두부 → 후두부 → 좌측 두부 → 전두부 → 두정부
③ 우측 두부 → 좌측 가르마선(7 : 3) → 좌측 두부 → 후두부 → 두정부 → 전두부
④ 좌측 두부 → 좌측 가르마선(7 : 3) → 후두부 → 우측 두부 → 전두부 → 두정부

05 염발제품의 보관은 어느 곳이 가장 좋은가?

① 습도가 많은 곳
② 일광을 받는 밝은 곳
③ 보온시설이 잘된 밝은 곳
④ 차고 어두운 곳

해설
보관은 직사광선이 들지 않는 냉암소(온도가 낮고 어두운 곳)에서 보관한다.

06 브로스(Brosse) 커트의 형태를 표현한 것은?

① 장발형 조발

② 상고형 조발

③ 스포츠형 조발

④ 레이어형 조발

해설
브로스 커트는 스포츠형 스타일로 스퀘어형, 원형 등이 있으며 머리카락 기장이 가장 짧은 스타일이다.

07 이용사의 이용작업 자세와 가장 거리가 먼 것은?

① 고객의 의견과 심리를 존중해 우선 고객의 의사에 맞춰 시술한다.

② 청결한 의복을 갖추고 작업한다.

③ 작업 중 반지나 팔찌 등 액세서리를 착용하여 최대한 아름답게 꾸미고 시술한다.

④ 작업장을 깨끗하게 관리한다.

해설
작업 중에 시계나 반지, 팔찌 등을 착용하지 않는다.

08 체계적인 드라이어 정발 순서로서 가장 먼저 시술해야 할 두부 부위는?

① 가르마 부분

② 측두부

③ 두정부

④ 뒷머리 부분

09 두부의 명칭 중 크라운(Crown)은 어느 부위를 말하는가?

① 전두부   ② 후두부

③ 측두부   ④ 두정부

해설
두부(Head) 내 각부 명칭
• 전두부 : 프런트(Front)
• 두정부 : 크라운(Crown)
• 후두부 : 네이프(Nape)
• 측두부 : 사이드(Side)

10 표백된 두발이나 잘 엉키는 두발에 가장 효과적인 린스는?

① 플레인 린스

② 크림 린스

③ 구연산 린스

④ 레몬 린스

해설
① 플레인 린스는 가장 일반적인 린스이다.
③ · ④ 구연산 린스, 레몬 린스는 산성 린스로 알칼리 성분을 중화시킨다.

11 염색할 때 주의사항 중 가장 거리가 먼 것은?

① 염모제 1제와 2제를 혼합 후 바로 사용한다.
② 머리카락이 젖은 상태에서만 시술을 한다.
③ 금속용기나 금속 빗을 사용해서는 안 된다.
④ 두피질환이나 상처가 있으면 염색을 하지 않는다.

해설
머리카락이 젖은 상태에서는 염색을 하지 않는다.

12 아이론 시술 시 톱이나 크라운 부분에 강한 볼륨을 만들 때 모발의 각도는?

① 45°   ② 90°
③ 100°   ④ 130°

13 두발의 결절 열모증에 대한 설명으로 맞는 것은?

① 머리카락의 끝부분이 많은 가닥으로 갈라지는 증세이다.
② 두발에 영양이 과다할 때 발생한다.
③ 수분과 피지의 분비가 많을 때 발생한다.
④ 두피에 있는 기생충에 의해 발생한다.

해설
결절 열모증은 두발이 세로(길이)방향으로 갈라지는 현상이다.

14 사인볼의 유래와 관계가 가장 먼 것은?

① 해부가위   ② 정 맥
③ 동 맥   ④ 붕 대

해설
청색은 '정맥', 적색은 '동맥', 백색은 '붕대'를 나타낸다.

15 정상 두피의 특징 및 판독법으로 맞는 것은?

① 두피의 톤 - 청백색의 투명 톤으로 연한 살색을 띤다.
② 모공상태 - 선명한 모공 라인이 보이며 닫혀 있다.
③ 모단위수 - 모든 모공 내에 모발이 3~4개 존재한다.
④ 수분 함량 - 15% 이상이다.

해설
② 모공상태 : 모공이 열려 있고 각질, 비듬이 없다.
③ 모단위수 : 한 모공당 2~3개 존재한다.
④ 수분 함량 : 10~15% 정도이다.

16 손님의 얼굴형이 긴 얼굴형(장방형)이라면 가르마는 어떤 형이 가장 평범하고 적절한가?

① 2 : 8 가르마

② 3 : 7 가르마

③ 4 : 6 가르마

④ 5 : 5 가르마

해설

가르마의 기준

• 긴 얼굴 – 2 : 8

• 둥근 얼굴 – 3 : 7

• 사각형 얼굴 – 4 : 6

• 역삼각형 얼굴 – 5 : 5

17 정발술 시 사용하는 아이론 도구 중 홈이 들어간 부분의 명칭은?

① 프 롱　　② 로 드

③ 그루브　　④ 핸 들

해설

③ 그루브 : 홈이 파져 있는 부분으로서 모발을 프롱과 그루브 사이에 끼워 고정시킨다.

① 프롱 : 로드 형상으로 모발을 위에서 눌러주는 역할을 한다.

② 로드 : 와인딩에 사용하는 도구로 크기와 형태가 다양하다.

④ 핸들 : 그루브에 연결된 손잡이와 프롱에 연결된 손잡이가 있다.

18 면체 시술 시 면도기 잡는 방법으로 붓이나 펜을 잡듯이 하는 것은?

① 프리 핸드

② 백 핸드

③ 푸시 핸드

④ 펜슬 핸드

19 클리퍼(바리캉)를 사용하는 조발 시 일반적으로 클리퍼를 가장 먼저 사용하는 부위는?

① 좌·우측 두부

② 전두부

③ 후두부

④ 두정부

20 이용기구의 부분 명칭으로 정도, 동도, 약지공 등이 쓰이는 기구는?

① 브러시　　② 가 위

③ 드라이어　　④ 빗

21 장발형 남성 고객이 장교스타일을 원할 때 일반적으로 먼저 시작하는 커트 부위와 방법으로 가장 적합한 것은?

① 후두부에서부터 바리캉으로 끌어올린다.
② 후두부에서부터 끌어 깎기로 자른다.
③ 전두부에서부터 지간 깎기로 자른다.
④ 측두부에서부터 밀어 깎기로 자른다.

22 피부에 강한 긴장력을 주며 잔주름을 없애는 데 쓰이는 팩 재료는?

① 파라핀   ② 오 일
③ 달 걀   ④ 오 이

23 스포츠형 커트 시술 시 고객 후면에 섰을 때 가장 안정된 자세는?

① 30cm 뒤에 선 상태에서 한발을 앞으로 내민다.
② 30cm 뒤에 선 상태에서 한발을 우측 옆으로 10cm 벌린다.
③ 30cm 뒤 중앙에 선 상태에서 한발을 뒤로 후진한다.
④ 30cm 뒤 중앙에 선 상태에서 한발을 좌측 옆으로 10cm 벌린다.

24 탈모된 부위의 경계가 정확하고 동전 크기 정도의 둥근 모양으로 털이 빠지는 질환은?

① 결절성 탈모증
② 건성 탈모증
③ 원형 탈모증
④ 지루성 탈모증

25 가발 제작 과정 중 가발 커트 시 커트된 부위가 뭉쳐 있거나 숱이 많은 부분을 자연스럽게 커트하는 기구로 톱니형으로 생긴 가위는?

① 일반가위   ② 시닝가위
③ 레이저   ④ 헤어 클리퍼

26 자외선이 피부에 미치는 긍정적 영향은?

① 홍반반응　　　② 살균효과
③ 일광화상　　　④ 색소침착

해설
자외선이 피부에 미치는 작용
• 긍정적 측면 : 살균, 소독, 비타민 D 합성 유도와 혈액순환 촉진
• 부정인 측면 : 일광화상, 색소침착, 홍반반응 유발, 광과민, 광독성, 광노화와 피부암 등을 촉진

27 피부의 부속기관에 대한 설명으로 옳은 것은?

① 유백색, 무취의 분비물인 독립 소한선은 모공을 통해 개구하여 체온을 조절한다.
② 전신에 분포하는 에크린선은 사춘기 이후 활발해진다.
③ 면역의 기능을 하는 모발은 성장, 퇴행, 휴지기의 주기를 갖는다.
④ 땀은 피지와 혼합되어 피부 표면에 보호막을 형성한다.

해설
① 약산성인 무색, 무취의 액체를 분비하는 소한선(에크린선)은 피부에 직접 연결되어 개구하여 체온을 조절한다.
② 아포크린선은 사춘기 이후 활발해지고 귀 주변, 겨드랑이 등 특정 부위에만 존재한다.
③ 모발의 주기(모주기)는 성장기, 퇴행기, 휴지기, 발생기로 나누어진다.

28 민감성 피부로 인해 발생하는 피부질환과 거리가 가장 먼 것은?

① 어린선
② 지루성 습진
③ 접촉성 피부염
④ 아토피 피부염

해설
어린선은 선천성 전신 유전성 피부질환이나, 후천적으로 생기는 경우도 있다.

29 지성피부의 특징에 대한 설명 중 틀린 것은?

① 과다한 피지분비로 문제성 피부가 되기 쉽다.
② 여성보다 남성 피부에 많다.
③ 모공이 매우 크며 번들거린다.
④ 피부결이 섬세하고 곱다.

해설
피부결이 거칠고 두꺼워 보인다.

30 피부질환의 초기 병변으로 건강한 피부에서 발생하지만 질병으로 간주되지 않는 피부의 변화는?

① 알레르기　　　② 속발진
③ 원발진　　　④ 발진열

31 다음 중 부족하면 모발이 부서지고 갈라지기 쉬운 것은?

① 비타민 A ② 비타민 B

③ 비타민 C ④ 탄수화물

해설

비타민 A(Retinol)의 기능
- 피부 점막의 건강 유지
- 피부재생 및 노화방지
- 상피조직의 신진대사에 관여
- 두발의 건조함과 부스러짐 방지

32 다음 중 눈 주위 피부의 특징이 아닌 것은?

① 하부에 골격조직이 없어서 늘어지기 쉽다.

② 콜라겐 섬유, 엘라스틴 섬유 등의 결체조직이 두껍다.

③ 움직임이 많아 다른 피부 부위보다 자극이 많다.

④ 눈 주위 혈관 확장에 의해 다크서클이 발생할 수 있다.

해설

눈가 피부조직의 특징
- 눈가는 피부에 비해 세포층이 3분의 1 정도 얇다.
- 눈가는 피지선, 한선이 거의 분포되어 있지 않고 눈꺼풀과 눈 주위에 모공이 적게 분포하여 흡수력이 떨어진다.
- 콜라겐, 엘라스틴 결체조직이 얇고 엉성하며 지지대인 하부 골격 조직이 없어서 늘어지기 쉽다.
- 혈관, 신경의 분포가 많아 예민한 부위이며, 움직임이 많은 부위로 쉽게 피로를 느끼기 쉽다(눈 주위 혈관 확장에 의해 다크서클 발생).
- 멜라닌이 부족하여 자극 시 과도하게 세포손상이 일어나기 쉬운 부위이다.

33 일반적인 미생물의 번식에 가장 중요한 요소로만 나열된 것은?

① 온도 – 적외선 – pH

② 온도 – 습도 – 자외선

③ 온도 – 습도 – 영양분

④ 온도 – 습도 – 시간

34 감염병의 예방 및 관리에 관한 법률상 제1군 감염병에 속하는 것은?

① 풍 진

② 후천성 면역결핍증

③ B형간염

④ A형간염

해설

풍진·A형간염은 제2급 감염병이고, 후천성 면역결핍증·B형간염은 제3급 감염병이다.

※ 「감염병의 예방 및 관리에 관한 법률」 개정에 따라 감염병 분류 체계는 군별 체계에서 급별 체계로 변경되었다.

35 물속의 온도가 내려가면 용존산소(DO)는?

① 감소한다.

② 변화가 없다.

③ 증가한다.

④ 증가하다가 감소한다.

해설

물의 온도가 높아지면 산소 용해도가 낮아지므로 용존산소량(물에 녹아 있는 유리산소)은 감소하고, 물의 온도가 낮아지면 용존산소는 높아진다.

36 인구 구성 중 14세 이하가 65세 이상 인구의 2배 정도이며, 출생률과 사망률이 모두 낮은 형은?

① 피라미드형(Pyramid Form)

② 종형(Bell Form)

③ 항아리형(Pot Form)

④ 별형(Accessive Form)

해설

인구 구성 형태

피라미드형	• 출생률, 사망률이 모두 높은 형 • 인구증가형, 후진국형
종 형	• 출생률, 사망률이 모두 낮은 형 • 인구정지형, 가장 이상적인 형
항아리형	• 출생률이 사망률보다 낮은 형 • 인구감소형, 선진국형
별 형	• 청 · 장년층의 전입인구가 많은 형 • 도시형, 유입형
표주박형	• 청 · 장년층의 전출인구가 많은 형 • 농촌형, 유출형

37 수인성 감염병의 특징이 아닌 것은?

① 유행지역과 음용수 사용지역이 일치한다.

② 절지동물 매개로 전파된다.

③ 폭발적으로 발생한다.

④ 발생률이 높고 유병률이 낮다.

해설

② 오염된 식수나 음식물에 의해 전파된다.

38 다음 감염병 중에서 파리나 바퀴벌레가 전파할 수 없는 것은?

① 폴리오

② 폐흡충증

③ 회 충

④ 콜레라

해설

② 폐흡충증 : 가재

바퀴벌레가 전파하는 감염병에는 살모넬라증, 장티푸스, 이질, 콜레라, 디프테리아, 소아마비, 파상풍, 폴리오 등이 있다.

39 다음 중 인구 증가를 가장 적합하게 표현한 것은?

① 출생인구 – 사망인구

② 전입인구 – 전출인구

③ 연초인구 – 연말인구

④ 자연증가 + 사회증가

해설

인구의 증가

자연증가(조출생률 – 조사망률) + 사회증가(전입률 – 전출률)

40 다음 중 아주 작은 병원체인 바이러스에 의하여 발생하는 질병이 아닌 것은?

① 장티푸스

② 광견병

③ 일본뇌염

④ 소아마비

해설

장티푸스는 살모넬라 타이피균에 감염된 환자나 보균자의 소변 또는 대변에 오염된 음식이나 물을 섭취할 때 감염될 수 있다.

41 소독약의 구비조건으로 가장 거리가 먼 것은?

① 사용방법이 간편하여야 한다.

② 인체에 해가 없어야 한다.

③ 소독대상물이 손상을 입지 않아야 한다.

④ 장시간 후에 확실한 효과가 나타나야 한다.

해설
빨리 효과를 내고 살균 소요시간이 짧을수록 좋다.

42 고압증기멸균에 적절한 압력, 온도, 시간은?

① 5파운드(lbs), 100℃, 60분

② 10파운드(lbs), 100℃, 30분

③ 15파운드(lbs), 121℃, 20분

④ 20파운드(lbs), 121℃, 60분

해설
고압증기멸균법 : 고압증기솥(Autoclave)을 사용해 121℃, 2기압 (15파운드), 15~20분의 조건에서 증기열에 의해 멸균한다.

43 다음 중 크레졸로 미용사의 손을 소독할 때 가장 적합한 농도는?

① 1%   ② 5%

③ 10%   ④ 30%

44 다음의 병원균 중 보통 자비소독으로 사멸되지 않는 것은?

① 아메바성 이질

② 살모넬라균

③ 유행성 간염

④ 결핵균

해설
자비소독법은 열저항성 아포, B형간염 바이러스, 원충(포낭형)을 제외한 미생물을 제거시킨다.

45 다음 중 산화작용에 의한 소독법에 속하는 것은?

① 알코올   ② 오 존

③ 자외선   ④ 끓는 물

해설
산화작용에 의한 소독법 : 차아염소산, 염소, 표백분, 오존, 과산화 수소, 과망가니즈산칼륨 등

46 다음 중 가열살균을 할 경우 내성이 가장 강한 병원 균을 가진 질병은?

① 뇌 염   ② 콜레라

③ 간 염   ④ 소아마비

47 공중위생영업자의 지위를 승계한 자가 시장, 군수 또는 구청장에게 신고해야 하는 기간은?

① 15일 이내   ② 1월 이내

③ 3월 이내   ④ 6월 이내

해설
공중위생영업의 승계(공중위생관리법 제3조의2제4항)
공중위생영업자의 지위를 승계한 자는 1월 이내에 보건복지부령이 정하는 바에 따라 시장·군수 또는 구청장에게 신고하여야 한다.

48 공중위생관리법상 이·미용 기구의 소독기준으로 틀린 것은?

① 크레졸소독 – 크레졸수(크레졸 3%, 물 97%의 수용액)에 10분 이상 담가 둔다.

② 석탄산소독 – 석탄산수(석탄산 3%, 물 97%의 수용액)에 10분 이상 담가 둔다.

③ 증기소독 – 100℃ 이상의 습한 열에 10분 이상 쐬어 준다.

④ 열탕소독 – 100℃ 이상의 물속에 10분 이상 끓여 준다.

해설
이용기구 및 미용기구의 소독기준 및 방법(공중위생관리법 시행규칙 [별표 3])
증기소독 : 100℃ 이상의 습한 열에 20분 이상 쐬어 준다.

49 영업소에서 무자격 안마사로 하여금 손님에게 안마행위를 하게 하였을 때 1차 위반 시 행정처분은?

① 경 고   ② 영업정지 15일

③ 영업정지 1월   ④ 영업정지 폐쇄

해설
행정처분기준(공중위생관리법 시행규칙 [별표 7])
무자격 안마사로 하여금 안마사의 업무에 관한 행위를 하게 한 경우
• 1차 위반 : 영업정지 1월
• 2차 위반 : 영업정지 2월
• 3차 위반 : 영업장 폐쇄명령

50 다음 중 위생교육에 관한 설명으로 틀린 것은?

① 위생교육을 받아야 하는 자 중 영업에 직접 종사하지 아니하거나 2 이상의 장소에서 영업을 하는 자는 종업원 중 영업장별로 공중위생에 관한 책임자를 지정하고 그 책임자로 하여금 위생교육을 받게 하여야 한다.

② 위생교육의 내용은 「공중위생관리법」 및 관련 법규, 소양교육(친절 및 청결에 관한 사항을 포함한다), 기술교육, 그 밖에 공중위생에 관하여 필요한 내용으로 한다.

③ 위생교육 대상자 중 보건복지부장관이 고시하는 섬·벽지지역에서 영업을 하고 있거나 하려는 자에 대하여는 위생교육 실시단체가 편찬한 교육교재를 배부하여 이를 익히고 활용하도록 함으로써 교육에 갈음할 수 있다.

④ 위생교육 실시단체의 장은 위생교육을 수료한 자에게 수료증을 교부하고, 교육실시 결과를 교육 후 즉시 시장, 군수, 구청장에게 통보하여야 하며, 수료증 교부대장 등 교육에 관한 기록을 1년 이상 보관·관리하여야 한다.

해설
위생교육(공중위생관리법 시행규칙 제23조제10항)
위생교육 실시단체의 장은 위생교육을 수료한 자에게 수료증을 교부하고, 교육실시 결과를 교육 후 1개월 이내에 시장·군수·구청장에게 통보하여야 하며, 수료증 교부대장 등 교육에 관한 기록을 2년 이상 보관·관리하여야 한다.
① 공중위생관리법 제17조제3항
② 공중위생관리법 시행규칙 제23조제2항
③ 공중위생관리법 시행규칙 제23조제4항

51 공중위생감시원의 업무범위에 해당하는 것은?

① 위생서비스 수준의 평가계획 수립

② 공중위생 영업자와 소비자 간의 분쟁조정

③ 공중이용시설의 위생관리 상태의 확인, 검사

④ 위생서비스 수준의 평가에 따른 포상실시

해설

해당 법 개정으로 ③의 내용은 삭제되었다.
공중위생감시원의 업무범위(공중위생관리법 시행령 제9조)

• 시설 및 설비의 확인

• 공중위생영업 관련 시설 및 설비의 위생상태 확인·검사, 공중위생영업자의 위생관리의무 및 영업자준수사항 이행 여부의 확인

• 위생지도 및 개선명령 이행 여부의 확인

• 공중위생영업소의 영업의 정지, 일부 시설의 사용중지 또는 영업소 폐쇄명령 이행 여부의 확인

• 위생교육 이행 여부의 확인

52 이·미용영업소에서 영업정지 처분을 받고 그 정지 기간 중에 영업을 한 때의 1차 위반 행정처분 내용은?

① 영업정지 1월

② 영업정지 2월

③ 영업정지 3월

④ 영업장 폐쇄명령

해설

행정처분기준(공중위생관리법 시행규칙 [별표 7])
영업정지처분을 받고도 그 영업정지 기간에 영업을 한 경우

• 1차 위반 : 영업장 폐쇄명령

53 다음 중 이·미용사의 면허를 받을 수 있는 자는?

① 피성년후견인

② 정신질환자

③ 당뇨병 환자

④ 면허가 취소된 후 6개월이 경과된 자

해설

이용사 및 미용사의 면허 등(공중위생관리법 제6조제2항)
다음의 어느 하나에 해당하는 자는 이·미용사의 면허를 받을 수 없다.

• 피성년후견인

• 「정신건강증진 및 정신질환자 복지서비스 지원에 관한 법률」 제3조제1호에 따른 정신질환자. 다만, 전문의가 이용사 또는 미용사로서 적합하다고 인정하는 사람은 그러하지 아니하다.

• 공중의 위생에 영향을 미칠 수 있는 감염병 환자로서 보건복지부령이 정하는 자(비감염성인 경우는 제외한 결핵)

• 마약 기타 대통령령으로 정하는 약물 중독자(대마 또는 향정신성의약품의 중독자)

• 면허가 취소된 후 1년이 경과되지 아니한 자

54 향수의 구비 요건으로 가장 거리가 먼 것은?

① 향에 특징이 있어야 한다.

② 향은 적당히 강하고 지속성이 좋아야 한다.

③ 향은 확산성이 낮아야 한다.

④ 시대성에 부합되는 향이어야 한다.

해설

확산성이 좋아야 하고 향의 조화가 잘 이루어져야 한다.

55 진피에 함유되어 있는 성분으로 우수한 보습능력을 지니어 피부관리 제품에도 많이 함유되어 있는 것은?

① 알코올　　　② 콜라겐

③ 판테놀　　　④ 글리세린

56 화장품 원료로 심해 상어의 간유에서 추출한 성분은?

① 레시틴　　　　② 라놀린
③ 스콸렌　　　　④ 파라핀

57 화장품 제조, 판매 시 품질의 특성이 아닌 것은?

① 효과성　　　　② 유효성
③ 안전성　　　　④ 안정성

해설
화장품 품질 특성 : 안전성, 안정성, 사용성, 유효성

58 기초화장품에 대한 설명으로 가장 거리가 먼 것은?

① 피부를 청결히 한다.
② 피부의 모이스처 밸런스를 유지시킨다.
③ 피부의 신진대사를 활발하게 한다.
④ 피부의 결점을 보완하고 개성을 표현한다.

해설
기초화장품은 피부를 가꾸어주는 화장품으로서 피부를 청결하게 해 주고 수분과 유분을 적절히 공급해 주는 역할을 한다.

59 클렌징 제품에 대한 설명 중 틀린 것은?

① 클렌징 워터는 포인트 메이크업의 클렌징 시 많이 사용되고 있다.
② 클렌징 오일은 건성피부에 적합하다.
③ 클렌징 크림은 지성피부에 적합하다.
④ 클렌징 폼은 클렌징 크림이나 클렌징 로션으로 1차 클렌징 후에 사용하면 좋다.

해설
클렌징 크림은 건성피부나 예민성 피부, 노화피부에 적합하다.

60 비누에 대한 설명으로 틀린 것은?

① 비누의 세정작용은 비누 수용액이 오염과 피부 사이에 침투하여 부착을 약화시켜 떨어지기 쉽게 하는 것이다.
② 비누는 거품이 풍성하고 잘 헹구어져야 한다.
③ pH가 중성인 비누는 세정작용뿐만 아니라 살균, 소독효과가 뛰어나다.
④ 메디케이티드(Medicated) 비누는 소염제를 배합한 제품으로 여드름, 면도 상처 및 피부 거칠음 방지 효과가 있다.

해설
사람의 피부 산도는 pH 4.5~5.5의 약산성이며, 비누의 경우 pH 9~11인 알칼리성이다. 알칼리 비누는 세정작용이 크며, 살균과 소독효과도 뛰어나다.

01 다음 중 면도기 종류에서 세이프티 레이저(Safety Razor)에 해당되는 것은?

① 칼집양도기　　② 잘루일도기
③ 안전면도기　　④ 전기면도기

02 헤어토닉의 작용에 대한 설명 중 틀린 것은?

① 두피를 청결하게 한다.
② 두피의 혈액순환이 좋아진다.
③ 비듬의 발생을 예방한다.
④ 모근이 약해진다.

해설
헤어토닉은 알코올을 주성분으로 한 양모제로 두피에 영양을 주고 모근을 튼튼하게 해 주는 효과를 가지고 있다.

03 두개피(두피 및 모발) 상태에 따른 피지가 부족하여 건조할 때 쓰이는 트리트먼트는?

① 오일리 스캘프 트리트먼트
② 플레인 스캘프 트리트먼트
③ 댄드러프 스캘프 트리트먼트
④ 드라이 스캘프 트리트먼트

해설
① 오일리 스캘프 트리트먼트 : 두피에 피지 분비량이 많을 때
② 플레인 스캘프 트리트먼트 : 두피가 정상적일 때
③ 댄드러프 스캘프 트리트먼트 : 비듬 제거를 목적으로 할 때

04 이용사가 지켜야 할 사항으로 가장 거리가 먼 것은?

① 항상 친절하게 하고, 구강 위생을 철저히 유지한다.
② 손님의 의견과 상관없이 소신껏 시술한다.
③ 매일 샤워와 목욕을 하며, 깨끗한 복장을 착용한다.
④ 건강에 유의하면서, 적당한 휴식을 취한다.

해설
우선적으로 고객의 의견과 심리를 존중한다.

05 두발 커팅 시 기본적인 자세가 아닌 것은?

① 상향자세　　② 수직자세
③ 좌경자세　　④ 우경자세

해설
조발 시 기본자세 : 수직자세, 우경자세(중심이 우측), 좌경자세(중심이 좌측)

06 갈바닉 전류를 이용한 기기 시술의 특성과 효과에 관한 내용 중 틀린 것은?

① 갈바닉은 지속적이고 규칙적인 흐름을 가진 전류이다.
② 영양성분의 침투를 효율적으로 돕는다.
③ 피부 내부에 있는 물질이나 노폐물을 배출한다.
④ 양극에서는 알칼리성 피부층을 단단하게 해준다.

> **해설**
> 양극에서는 산성 피부층을 단단하게 해 준다.

07 플레인 샴푸(Plain Shampoo)를 할 때 시술상의 주의사항이 아닌 것은?

① 샴푸용 물의 온도는 약 38℃ 전후가 적당하다.
② 두발을 쥐고 비벼서 샴푸를 하면 모표피를 상하게 할 수 있다.
③ 비듬이 심한 고객의 샴푸 시 손톱을 이용하여 샴푸한다.
④ 손님의 눈과 귀에 샴푸제가 들어가지 않도록 주의한다.

> **해설**
> 비듬이 심한 고객의 샴푸 시 두피는 손끝으로 꼼꼼하게 마사지하듯 문질러서 씻는다.

08 정발 시 두발에 포마드를 바르는 방법에 대한 설명으로 가장 적합한 것은?

① 손가락 끝으로만 발라야 한다.
② 두발의 표면만을 바르도록 해야 한다.
③ 시술 순서는 우측 두부, 좌측 두부, 후두부 순으로 한다.
④ 머리(두부)가 흔들리지 않도록 발라야 한다.

> **해설**
> 포마드 바르는 법
> • 포마드를 바를 때는 두발의 뿌리부터 바른다.
> • 손가락에 남아 있는 포마드를 모발 끝 쪽에 바른다.
> • 나머지 손바닥에 남아 있는 것은 양옆 짧은 머리에 바른다.

09 염·탈색의 원리에 대한 내용으로 틀린 것은?

① 염모제 1제의 알칼리 성분은 모발의 모표피를 팽윤·연화시킨다.
② 모표피를 통해 염모제 1제와 2제의 혼합액이 침투한다.
③ 산화제 2제인 과산화수소는 멜라닌을 파괴하고 이산화탄소를 발생한다.
④ 염모제 1제의 염료는 중합반응을 일으켜 고분자의 염색분자가 된다.

> **해설**
> 산화제 2제인 과산화수소는 멜라닌을 파괴하고 산소를 발생한다.

10 이용 기술용어 중에서 약 57°를 나타내는 기호는?

① A
② C
③ D
④ R

> **해설**
> 각도의 단위인 라디안(Radian)을 R로 표기한 것이다. 1R은 약 57°를 나타낸다.

11 세계 이용 역사상 초기 이용사는 주로 어떤 신분 출신이었는가?

① 농 민
② 평 민
③ 천 민
④ 귀 족

12 가발의 제작과정 중 "고객의 두상 즉, 개인별 형태에 따라 머리 모양을 만드는 작업으로 개인별로 머리 모양과 굴곡, 부위가 다르기 때문에 필수적인 항목"인 과정은?

① 제작과정 상담
② 가발착용 결정
③ 패턴제작
④ 가발제작

13 클리퍼(Clipper)에 관한 내용과 관계가 가장 먼 것은?

① 1910년 프랑스로부터 수입에 의해 보급되었다.
② 클리퍼는 밑날의 두께에 따라서 보통 7종으로 분류된다.
③ 1871년 프랑스의 '바리캉 마르'에 의해 발명되었다.
④ 가위보다 단번에 많은 모발을 자를 수 있도록 고안된 기계이다.

> **해설**
> 이발기(바리캉, 클리퍼)는 1871년 프랑스의 'Bariquand et Marre' 제작소에서 발명하였다. 우리나라는 1910년경 일본에서 수입되어 사용되었으며, 창시자의 이름에서 유래되어 오늘날까지도 바리캉이란 명칭을 많이 사용하고 있다.

14 다음 중 일상용 레이저로 헤어 커트를 할 때의 단점은?

① 시간이 비효율적이다.
② 세밀한 작업이 불가능하다.
③ 지나치게 자를 우려가 있다.
④ 자연스럽게 커트를 할 수 없다.

> **해설**
> 일상용 레이저로 헤어 커트를 할 때, 시간상 능률적이고 세밀한 작업은 쉬운 반면 지나치게 자를 위험이 있어 초보자에게는 적당하지 않다.

15 이용 사인보드에 대한 설명으로 옳은 것은?

① 청, 백, 적, 황의 네 가지 색으로 구분한다.
② 이용실은 사인보드를 반드시 사용하도록 법으로 규제되어 있다.
③ 미국에서의 이용사 직무의 변천에서 유래한다.
④ 전 세계를 통용하여 사용한다.

> **해설**
> 이발소 입구마다 설치되어 있는 청색·적색·백색의 둥근 기둥은 이발소를 표시하는 세계 공통의 기호이다. 청색은 '정맥', 적색은 '동맥', 백색은 '붕대'를 나타낸다.

16 정발술에서 드라이어보다 아이론을 사용하는 것이 더 적당한 두발은?

① 흰 머리카락
② 곱슬 머리카락
③ 부드러운 머리카락
④ 짧고 뻣뻣한 머리카락

17 염·탈색의 유형별 특징이 틀린 것은?

① 일시적 컬러 – 산화제가 필요 없다.
② 반영구적 컬러 – 산성 컬러가 여기에 속한다.
③ 준영구적 – 염모제 1제만 사용한다.
④ 영구적 컬러 – 백모염색으로 새치 커버율이 100% 가능

해설
③ 준영구적 컬러 : 제1제와 제2제로 나눌 수 있다.
1제의 주성분은 알칼리제이며 2제의 주성분은 과산화수소이다.

18 인모 가발의 세발 방법으로 가장 옳은 것은?

① 보통 샴푸제를 사용하여 선풍기 바람으로 말린다.
② 물에 한참 담가두었다가 세발하는 것이 좋다.
③ 벤젠, 알코올 등의 휘발성 용제를 사용하여 세발하고, 그늘에서 말린다.
④ 세척력이 강한 비누로 사용하고 뜨거운 열로 말린다.

19 브로스(Brosse) 커트의 일반적인 형은?

① 아동 조발
② 여학생 조발
③ 스포츠형의 조발
④ 롱 스타일의 조발

20 면도기를 잡는 방법 중 붓이나 펜을 쥐는 듯한 자세를 취하는 것은?

① 프리 핸드
② 백 핸드
③ 푸시 핸드
④ 펜슬 핸드

해설
① 프리 핸드 : 가장 기본적인 면도 자루를 쥐는 방법
② 백 핸드 : 면도기를 프리 핸드로 잡은 자세에서 날을 반대로 운행하는 기법
③ 푸시 핸드 : 프리 핸드의 쥐는 방식으로 면도날을 앞쪽으로 향하게 쥐고 깎아서 밀어내는 방법

21 흔히 말하는 면도 독에 대한 설명이 가장 적절한 것은?

① 면도하다가 상처를 내는 일
② 수염의 모낭에 화농균이 감염되어 만성염증 증상이 나타나는 것
③ 마른 피부의 상태에서 칼을 운행할 때 일어나는 것
④ 칼날의 소독을 충분히 한 경우 체질적으로 일어나는 것

23 이용 시술 시 작업 자세로서 적당하지 않은 것은?

① 무릎을 심하게 구부린 낮춘 자세
② 등이나 허리를 알맞게 낮춘 자세
③ 힘의 배분이 잘된 자세
④ 명시 거리가 적당한 위치

24 모발의 성장 속도에 대한 설명 중 틀린 것은?

① 길게 깎을 때보다 짧게 깎을 때 더 빨리 자란다.
② 하루 중 낮보다 밤에 빨리 자란다.
③ 연령별로는 대개 20대가 가장 빨리 자란다.
④ 1년 중 일반적으로 5~6월경에 빨리 자란다.

22 정발 시 머리모양을 만드는 데 필요한 이용기구로서 가장 적합한 것은?

① 핸드 푸셔
② 핸드 드라이어
③ 스탠드 드라이어
④ 헤어 스티머

25 정발술을 시술하는 과정에서 헤어스타일을 단단하게 만들기 위한 올바른 방법은?

① 모근부터 열을 가하여 상부로 향하면서 구부린다.
② 머리 끝부분부터 구부려 내려간다.
③ 빗으로 계속적으로 반복한다.
④ 드라이어의 열을 매우 높여 준다.

26 다음 중 감염성 피부질환인 두부 백선의 병원체는?

① 리케차
② 바이러스
③ 사상균
④ 원생동물

두부 백선은 두피와 모낭에 피부사상균 감염으로 발생한다.

27 흡연에 관해 바르지 않은 내용은?

① 간접흡연은 인체에 해롭지 않다.
② 흡연은 암을 유발할 수 있다.
③ 흡연은 피부의 표피를 얇아지게 해서 피부의 잔주름 생성을 증가시킨다.
④ 흡연은 비타민 C를 파괴한다.

간접흡연도 인체에 해롭다.

28 우리 몸에서 수분의 역할과 가장 거리가 먼 것은?

① 체조직의 구성성분이다.
② 영양소와 노폐물을 운반한다.
③ 전해질 균형을 유지해 준다.
④ 에너지를 생산하는 기능을 한다.

물은 모든 조직의 기본 성분일 뿐 아니라 체조직을 구성하는 성분 중 가장 양이 많아 인체의 2/3가량을 차지한다. 수분은 몸의 대사를 돕고 산소나 독소를 운반하며 불필요해진 성분을 배설하고 체온 및 체액을 조절하는 역할을 한다.

29 다음의 피지선 중 독립 피지선이 있는 곳은?

① 눈꺼풀
② 손바닥
③ 이 마
④ 코 주위

피지선의 분포
• 큰 피지선 : 얼굴의 T-zone, 두피, 가슴 등의 중앙 부위에 많이 분포
• 작은 피지선 : 손, 발바닥을 제외한 신체의 모든 부위에 분포
• 독립 피지선 : 모낭과 관계없이 존재하는 것으로 윗입술, 구강점막, 유두, 눈꺼풀 등에 분포

30 다음의 ( ) 안에 알맞은 것은?

세포는 세포분열이 일어날 때마다 ( )가 조금씩 짧아지고 일정 길이 이하로 짧아지면 세포는 더 이상 분열하지 못하고 수명을 다하여 노화가 진행된다.

① 독 소
② 신 경
③ 활성산소
④ 텔로미어

텔로미어(말단소립, Telomere)는 세포시계의 역할을 담당하는 DNA 말단의 조각들이다.

31 생명력이 없는 죽은 세포층으로서 피부의 가장 바깥에 위치하는 것은?

① 유극층
② 기저층
③ 각질층
④ 망상층

해설
표피 구성층
- 각질층 : 피부의 가장 겉면에 위치하였으며 생명력이 없는 죽은 세포들로 되어 있다.
- 투명층 : 각질층 아래에 있는 얇고 투명한 층으로, 세포질 내에 엘레이딘이라는 반유동성 물질이 들어 있어 수분 침투를 방지한다.
- 과립층 : 각질화 과정이 실제로 일어나는 층으로 각질효소인 케라토하이알린(Keratohyaline) 과립이 많이 생성되어 과립세포에서 각질세포로 변화하게 된다.
- 유극층 : 약 6~8개의 세포층으로 이루어져 있는 다층으로 표피 중에서 가장 두터운 층이며 표피의 대부분을 차지한다.
- 기저층 : 표피의 가장 깊은 곳에 위치한 세포층이며 진피와 경계를 이루는 물결모양의 단층이다.

32 접촉 피부염에 관한 설명으로 옳은 것은?

① 알레르기성 접촉 피부염은 일정 농도의 자극을 주면 거의 모든 사람에게 피부염을 일으킬 수 있는 피부염을 말한다.
② 일반적으로 알레르기성 접촉 피부염이 원발성 접촉 피부염보다 발생 빈도가 높다.
③ 알레르기성 접촉 피부염으로 제일 흔한 원인 금속은 니켈이다.
④ 산, 알칼리에 의한 피부염, 주부습진 등은 알레르기성 접촉 피부염에 속한다.

해설
접촉성 피부염의 주된 알레르기 유발요인은 니켈, 고무, 크로뮴 등이다.

33 감염병의 예방 및 관리에 관한 법률상 제1군 감염병인 것은?

① 유행성 이하선염
② 수 두
③ B형간염
④ 콜레라

해설
유행성 이하선염·수두·콜레라는 제2급 감염병이고, B형간염은 제3급 감염병이다.
※ 「감염병의 예방 및 관리에 관한 법률」 개정에 따라 감염병 분류 체계는 군별 체계에서 급별 체계로 변경되었다.

34 다음 감염병 중 기본 예방접종의 시기가 가장 늦은 것은?

① 폴리오
② 일본뇌염
③ 디프테리아
④ 백일해

해설
예방접종 시기
- 폴리오 : 생후 2개월
- 일본뇌염 : 생후 12개월
- 디프테리아 : 생후 2개월
- 백일해 : 생후 2개월

35 다음 중 수질검사에서 대장균 지수가 의미하는 것은?

① 병원성 세균이나 분변의 오염 추측
② 부패성을 추측
③ 해수오염의 지표
④ 가스를 형성

해설
대장균은 음용수로 사용할 상수의 수질오염 지표 미생물로 주로 사용되며, 병원성 세균이나 분변의 오염을 추측한다. 분변오염을 추정하는 지표로는 암모니아성 질소화합물이 있다.

31 ③ 32 ③ 33 정답없음 34 ② 35 ① **정답**

36 인구에서 부양비란?

① 생산층인구 ÷ 비생산층인구
② 비생산층인구 ÷ 생산층인구
③ 생산층인구 − 비생산층인구
④ 비생산층인구 − 생산층인구

해설

$$부양비(율) = \frac{비생산층인구(15세\ 미만과\ 65세\ 이상)}{생산층인구(15\sim64세)} \times 100$$

37 다음 중 의료보호대상자가 아닌 것은?

① 성병감염자
② 국민기초생활보장법에 준한 자활 대상자
③ 해외근로자 중 질병으로 후송된 자
④ 의상자 및 의사자 유족

38 다음 중 갑상선의 기능 장애와 관계가 가장 있는 것은?

① 칼 슘
② 아이오딘
③ 철 분
④ 나트륨

해설

아이오딘은 갑상선 호르몬인 티록신의 구성 성분으로 결핍 시 갑상선종, 대사율 저하 등이 나타난다.

39 군집독의 가장 큰 원인은?

① 저기압
② 공기의 이화학적 조성 변화
③ 대기오염
④ 질소화합물의 증가

해설

군집독은 실내의 환기가 불량하여 공기의 화학적 조성이 달라지고 기온, 습도, 냄새, 먼지 등 물리적 성상이 변화되므로 구토, 권태, 현기증, 불쾌감 등의 증상을 일으키는 생리적 현상이다.

40 다음 중 화장실 및 배설물 소독에 가장 적당한 소독 제는?

① 크레졸   ② 오 존
③ 염 소   ④ 승 홍

해설

• 감염병 환자의 분뇨 및 토사물 소독 : 크레졸수, 석탄산수, 생석회 분말 등
• 소독방법
 − 알코올(농도 70~80%) : 손이나 피부 및 기구(가위, 칼, 면도기 등) 소독
 − 역성비누 : 10%의 용액을 100~200배 희석(손 소독)
 − 크레졸 비누액 : 1% 수용액(손·피부 소독), 3~5%(객담, 분뇨 등의 소독)
 − 페놀(석탄산) : 3~5% 용액(실험기기, 의료용기, 오물 등), 2%(손 소독)
 − 승홍수 : 0.1~0.5% 수용액(손 소독)

41 가위 등을 끓이거나 증기소독을 할 경우 날이 상하는 것을 방지하기 위해 첨가할 수 있는 것은?

① 염화나트륨　　② 탄산나트륨
③ 식 초　　　　　④ 알코올

해설
물에 탄산나트륨을 가하여 끓이면 살균력이 높아지며, 동시에 금속이 녹스는 것을 방지한다.

42 다음 중 소독의 강도를 옳게 표시한 것은?

① 소독 < 방부 < 멸균
② 방부 < 멸균 < 소독
③ 소독 = 멸균 > 방부
④ 멸균 > 소독 > 방부

해설
• 멸균 : 병원성 또는 비병원성 미생물 및 포자를 가진 것을 전부 사멸 또는 제거하는 것
• 소독 : 병원성 미생물의 생활력을 파괴시켜서 감염력을 없애는 것
• 방부 : 병원성 미생물의 발육과 그 작용을 제거하거나 정지시켜서 음식물의 부패와 발효를 방지하는 것

43 다음 중 수지, 의류, 실내 내부 등에 소독제로서 가장 적당한 것은?

① 약용비누　　　② 석탄산수
③ 알코올　　　　④ 과산화수소

44 다음 중 금속제 기구 소독에 적합하지 않은 것은?

① 승홍수　　　　② 알코올
③ 크레졸　　　　④ 역성비누액

해설
승홍수는 독성이 강하고 금속을 부식시키므로 점막이나 금속기구를 소독하기에는 부적합하다.

45 과산화수소에 대한 설명으로 옳지 않은 것은?

① 침투성과 지속성이 매우 우수하다.
② 표백, 탈취, 살균 등의 작용이 있다.
③ 발생기 산소가 강력한 산화력을 나타낸다.
④ 발포 작용에 의해 상처의 표면을 소독한다.

해설
과산화수소는 피부조직 내 생체 촉매에 의해 분해되어 생성된 산소가 피부 소독작용을 한다. 강한 산화력이 있는 반면, 침투성과 지속성이 약하다.

46 자비소독에서 일반적으로 물이 끓기 시작하여 최소 몇 분 동안을 유지시키는 것이 적당한가?

① 3~5분

② 5~10분

③ 15~20분

④ 0~60분

> **해설**
> 자비소독법은 물체를 100℃의 끓는 물속에 20분간 직접 담가 소독하는 방법이다.

47 공중위생관리법규상 위생관리등급의 구분이 아닌 것은?

① 녹색등급

② 황색등급

③ 적색등급

④ 백색등급

> **해설**
> 위생관리등급의 구분 등(공중위생관리법 시행규칙 제21조)
> • 최우수소 : 녹색등급
> • 우수업소 : 황색등급
> • 일반관리대상 업소 : 백색등급

48 이·미용사의 면허가 취소된 후 계속하여 업무를 행한 자에 대한 벌칙은?

① 1년 이하 징역 또는 1,000만원 이하 벌금

② 6월 이하 징역 또는 500만원 이하 벌금

③ 500만원 이하 벌금

④ 300만원 이하 벌금

> **해설**
> 벌칙(공중위생관리법 제20조제4항)
> 다음의 어느 하나에 해당하는 자는 300만원 이하의 벌금에 처한다.
> • 면허의 취소 또는 정지 중에 이용업 또는 미용업을 한 사람
> • 면허를 받지 아니하고 이용업 또는 미용업을 개설하거나 그 업무에 종사한 사람

49 공중위생관리법령상 명예공중위생감시원의 업무를 모두 짝지은 것은?

> ㄱ. 법령 위반행위에 대한 신고 및 자료 제공
> ㄴ. 영업소 폐쇄명령 이행 여부 확인
> ㄷ. 공중위생감시원이 행하는 검사대상물의 수거 지원
> ㄹ. 위생교육 이행 여부 확인

① ㄱ, ㄴ, ㄷ

② ㄱ, ㄷ

③ ㄴ, ㄹ

④ ㄱ, ㄴ, ㄷ, ㄹ

> **해설**
> 명예공중위생감시원의 자격 등(공중위생관리법 시행령 제9조의2 제2항)
> 명예감시원의 업무는 다음과 같다.
> • 공중위생감시원이 행하는 검사대상물의 수거 지원
> • 법령 위반행위에 대한 신고 및 자료 제공
> • 그 밖에 공중위생에 관한 홍보·계몽 등 공중위생관리업무와 관련하여 시·도지사가 따로 정하여 부여하는 업무

50 이·미용업소에서 손님에게 음란행위를 알선·제공한 때의 영업소에 대한 1차 위반 행정처분기준은?

① 영업정지 1월

② 영업정지 3월

③ 면허정지 2월

④ 영업장 폐쇄명령

해설

행정처분기준(공중위생관리법 시행규칙 [별표 7])

손님에게 성매매알선 등 행위 또는 음란행위를 하게 하거나 이를 알선 또는 제공한 경우

• 1차 위반 : 영업소(영업정지 3월), 이용사(면허정지 3월)

• 2차 위반 : 영업소(영업장 폐쇄명령), 이용사(면허취소)

51 이·미용업에 있어 영업자의 지위를 승계한 자는 그 사실을 누구에게 신고하여야 하는가?

① 시·도지사

② 시장·군수·구청장

③ 보건소장·협회장

④ 보건복지부장관

해설

공중위생영업의 승계(공중위생관리법 제3조의2제4항)

공중위생영업자의 지위를 승계한 자는 1월 이내에 보건복지부령이 정하는 바에 따라 시장·군수 또는 구청장에게 신고하여야 한다.

52 이·미용업자가 준수하여야 하는 위생관리기준 등이 아닌 것은?

① 이·미용 기구 중 소독을 한 기구와 소독을 하지 아니한 기구를 각각 다른 용기에 넣어 보관하여야 한다.

② 1회용 면도날은 손님 1인에 한하여 사용하여야 한다.

③ 영업소 내에 최종지급요금표를 게시 또는 부착하여야 한다.

④ 영업소 내에 화장실을 갖추어야 한다.

해설

④ 업소 내에 화장실을 갖추어야 할 의무는 없다.

이용업자의 위생관리기준(공중위생관리법 시행규칙 [별표 4])

• 이용기구 중 소독을 한 기구와 소독을 하지 아니한 기구는 각각 다른 용기에 넣어 보관하여야 한다.

• 1회용 면도날은 손님 1인에 한하여 사용하여야 한다.

• 영업소 내부에 부가가치세, 재료비 및 봉사료 등이 포함된 요금표를 게시 또는 부착하여야 한다.

53 이·미용업소 이외의 장소에서 이·미용을 할 수 있는 경우는?

① 일반가정에서 초청이 있을 때

② 학교 등 단체의 인원을 대상으로 할 때

③ 혼례에 참석하는 자에 대하여 그 직전에 행할 때

④ 영업상 특별한 서비스가 필요할 때

해설

영업소 외에서의 이용 및 미용 업무(공중위생관리법 시행규칙 제13조)

• 질병·고령·장애나 그 밖의 사유로 영업소에 나올 수 없는 자에 대하여 이용 또는 미용을 하는 경우

• 혼례나 그 밖의 의식에 참여하는 자에 대하여 그 의식 직전에 이용 또는 미용을 하는 경우

• 사회복지사업법에 따른 사회복지시설에서 봉사활동으로 이용 또는 미용을 하는 경우

• 방송 등의 촬영에 참여하는 사람에 대하여 그 촬영 직전에 이용 또는 미용을 하는 경우

• 이외에 특별한 사정이 있다고 시장·군수·구청장이 인정하는 경우

54 현행 화장품법상 기능성 화장품의 범위에 해당하지 않는 것은?

① 화이트닝 화장품

② 슬리밍 젤

③ 자외선차단 크림

④ 주름개선 크림

해설

기능성 화장품의 범위(화장품법 시행규칙 제2조)
- 피부에 멜라닌 색소가 침착하는 것을 방지하여 기미·주근깨 등의 생성을 억제함으로써 피부의 미백에 도움을 주는 기능을 가진 화장품
- 피부에 침착된 멜라닌 색소의 색을 엷게 하여 피부의 미백에 도움을 주는 기능을 가진 화장품
- 피부에 탄력을 주어 피부의 주름을 완화 또는 개선하는 기능을 가진 화장품
- 강한 햇볕을 방지하여 피부를 곱게 태워주는 기능을 가진 화장품
- 자외선을 차단 또는 산란시켜 자외선으로부터 피부를 보호하는 기능을 가진 화장품
- 모발의 색상을 변화[탈염(脫染)·탈색(脫色)을 포함한다]시키는 기능을 가진 화장품. 다만, 일시적으로 모발의 색상을 변화시키는 제품은 제외한다.
- 체모를 제거하는 기능을 가진 화장품. 다만, 물리적으로 체모를 제거하는 제품은 제외한다.
- 탈모 증상의 완화에 도움을 주는 화장품. 다만, 코팅 등 물리적으로 모발을 굵게 보이게 하는 제품은 제외한다.
- 여드름성 피부를 완화하는 데 도움을 주는 화장품. 다만, 인체세정용 제품류로 한정한다.
- 피부장벽(피부의 가장 바깥쪽에 존재하는 각질층의 표피를 말한다)의 기능을 회복하여 가려움 등의 개선에 도움을 주는 화장품
- 튼살로 인한 붉은 선을 엷게 하는 데 도움을 주는 화장품

55 다음에서 설명하는 것은?

> 콜라겐 합성촉진, 피부미백 등의 효과가 있으며 쉽게 산화되고 분해되며 수용성으로 체내에 잘 저장되지 않는다.

① 비타민 A   ② 비타민 B₂

③ 비타민 C   ④ 비타민 E

56 향수의 기본 조건으로 틀린 것은?

① 향에 특징이 있어야 한다.

② 강하고 지속성이 짧아야 한다.

③ 확산성이 좋아야 한다.

④ 시대성에 부합되어야 한다.

해설

향은 적당히 강하고 지속성이 좋아야 한다.

57 화장품의 제형에 따른 특징의 설명으로 틀린 것은?

① 유화제품 – 물에 오일 성분이 계면활성제에 의해 우유빛으로 백탁화된 상태의 제품

② 유용화제품 – 물에 다량의 오일 성분이 계면활성제에 의해 현탁하게 혼합된 상태의 제품

③ 분산제품 – 물 또는 오일 성분에 미세한 고체입자가 계면활성제에 의해 균일하게 혼합된 상태의 제품

④ 가용화제품 – 물에 소량의 오일 성분이 계면활성제에 의해 투명하게 용해되어 있는 상태의 제품

해설

② 분산제품을 말한다.

58 화장품의 4대 요건으로 적합하지 않은 것은?

① 안전성

② 사용성

③ 유효성

④ 보호성

해설
화장품 품질 특성 : 안전성, 안정성, 사용성, 유효성

60 여드름 피부용 화장품에 사용되는 성분과 가장 거리가 먼 것은?

① 살리실산

② 글리시리진산

③ 아줄렌

④ 알부틴

해설
살리실산(BHA), 글리시리진산, 아줄렌 등은 여드름 피부용의 화장품에 사용되는 지성용 성분이고, 알부틴은 미백용에 쓰는 성분이다.

59 다음 화장수의 기능 중 수렴화장수에 대한 설명으로 틀린 것은?

① 미생물의 발육 억제

② 발한 억제

③ 모공 표면의 수축작용

④ 피부 표면의 알칼리성 유지

해설
수렴화장수
• 각질층에 수분을 공급하고 발한을 억제한다.
• 피부의 모공이나 땀샘에 작용하여 일시적으로 피부 단백질을 수축시켜 과잉 피지나 땀 등의 분비물을 억제한다.
• 피부에 부착되기 쉬운 세균으로부터 피부를 보호, 소독한다.

01 다음 중 강질이 연한 가위의 정비 시 숫돌면과 가위 날면의 각도로 가장 이상적인 것은?

① 15°　　　　　② 25°

③ 35°　　　　　④ 45°

02 우리나라 최초로 이용원을 개설한 사람은?

① 성왕복

② 이의상

③ 안종호

④ 박인수

03 컬리 아이론 펌(Curly Iron Perm)을 이용한 컬의 효과와 관련된 내용으로 가장 거리가 먼 것은?

① 형성된 컬에 의해 머리 형태를 보완시키는 효과가 있다.

② 컬 형성 시 모발에 손상을 주지 않으므로 두발에 광택과 윤기를 부여하는 효과가 있다.

③ 전문지식과 기술이 요구되는 이용사 직무로서 고부가가치의 효과가 있다.

④ 모량과 기술에 따라서 모발 양이 많아 보이게 하거나 적어 보이게 하는 효과가 있다.

04 정발 시 손님의 얼굴형이 둥근 얼굴일 때 가장 적합한 가르마는?

① 7 : 3　　　　② 8 : 2

③ 9 : 1　　　　④ 5 : 5

해설
가르마의 기준
• 긴 얼굴 − 2 : 8
• 둥근 얼굴 − 3 : 7
• 사각형 얼굴 − 4 : 6
• 역삼각형 얼굴 − 5 : 5

05 이용기술에 해당되지 않는 것은?

① 삭 발　　　　② 귀청소

③ 면 도　　　　④ 조 발

해설
이용사의 업무범위는 이발·아이론·면도·머리피부 손질·머리카락 염색 및 머리감기로 한다. 귀청소, 전신마사지, 피부미용 등은 해당되지 않는다.

06 두발이 빠진 곳에 새로운 두발이 나올 수 있는 사람은?

① 장티푸스 질병으로 탈모된 사람
② 병적으로 모근이 죽어 있는 사람
③ 화상으로 탈모된 사람
④ 깊은 찰과상으로 모낭이 손상된 사람

해설
대부분의 질병에 의한 탈모 원인들은 일시적인 것으로 신체의 균형을 되찾은 후에는 정상적으로 회복된다.

07 정발을 위한 블로 드라이 스타일링(Blow Dry Styling)에 대한 내용 중 틀린 것은?

① 가르마 부분에서 시작하여 측두부, 천정부 순으로 시술한다.
② 이용의 마무리 작업으로써 정발이라 하며 스타일링 기술에 속한다.
③ 빗과 블로 드라이어 열의 조작기술에 의해 모근의 높낮이를 조절할 수 있다.
④ 블로 드라이어를 이용한 정발술은 모발 내 주쇄결합을 일시적으로 절단시키는 기술이다.

08 모발색을 결정하는 멜라닌 중 검정과 갈색 색조와 같은 모발의 어두운 색을 결정하는 것은?

① 유멜라닌
② 페오멜라닌
③ 헤 나
④ 도파크로뮴

해설
멜라닌 색소에는 두 가지가 있다. 유멜라닌은 검은색과 갈색을 띠고, 페오멜라닌은 노란색과 오렌지색을 띤다.

09 면체시술 시 면도 잡는 법 중 마치 붓이나 펜을 잡는 듯한 방법은?

① 프리 핸드
② 백 핸드
③ 푸시 핸드
④ 펜슬 핸드

10 조발시술 시 머리모양의 기준이 되는 부위로 가장 적합한 것은?

① 귀쪽 부분
② 이마 부분
③ 후두부 부분
④ 정수리 부분

11 다음에서 설명하는 미안기는?

> 양극에서의 반응은 산성으로 살균 효과가 있으며 신경을 완화시키고 혈액의 공급을 감소시키며 피부조직을 단단하게 한다.
> 음극에서의 반응은 알칼리성으로 신경을 자극하고 혈액의 공급을 증가시키며 피부조직을 부드럽게 한다.

① 오존기
② 우드램프
③ 패러딕 전류기
④ 갈바닉 전류기

13 단발형 조발은 어느 부분부터 커트를 하는 것이 가장 이상적인가?

① 정수리 부분(두정부)
② 앞머리 부분(전두부)
③ 옆머리 부분(측두부)
④ 뒷머리 부분(후두부)

14 외과와 이용원을 완전 분리시켜 세계 최초의 이용원을 창설한 사람은?

① 나폴레옹   ② 바리캉
③ 장 바버   ④ 마 샬

12 연마도구인 숫돌 중 천연 숫돌에 해당되는 것은?

① 금강사 숫돌
② 막 숫돌
③ 금반 숫돌
④ 자도사 숫돌

해설
숫돌의 종류
• 천연 숫돌 : 막 숫돌, 중 숫돌, 고운 숫돌
• 인조 숫돌 : 금강사, 자도사, 금속사

15 다음 중 샴푸 시술 시 가장 적합한 물의 온도는?

① 28℃   ② 32℃
③ 45℃   ④ 38℃

16 모발 구성 물질 중 가장 많은 성분은?

① 수 분   ② 단백질

③ 미량원소   ④ 멜라닌 색소

> **해설**
> 모(毛)는 동물성 단백질인 케라틴으로 구성되어 있다.

17 안면에서 일반적으로 모단위의 수염밀도 단위가 가장 높은 곳은?

① 하악골 부위

② 안골 부위

③ 이골 부위

④ 비골 부위

18 두피 매뉴얼테크닉(마사지)의 방법이 아닌 것은?

① 경찰법(문지르기)

② 유연법(주무르기)

③ 진동법(떨기)

④ 회전법(돌리기)

> **해설**
> 두피 매뉴얼테크닉(마사지)의 방법
> 경찰법, 유연법, 고타법, 강찰법, 압박법, 진동법 등

19 커팅 과정에서 커트 방법에 대한 설명으로 적합하지 않은 것은?

① 끌어 깎기 – 가위 날 끝을 왼손가락에 고정하여 당기면서 커팅한다.

② 밀어 깎기 – 빗살 끝을 두피 면에 대고 깎아 나가는 기법이다.

③ 찔러 깎기 – 주로 스포츠형에서 기초 깎기에 해당한다.

④ 수정 깎기 – 모든 컷의 마지막 마무리 기법이다.

> **해설**
> ③ 거칠게 깎기이다.

20 아이론 퍼머넌트 웨이브와 관련한 내용으로 가장 거리가 먼 것은?

① 콜드 퍼머넌트의 방법과 동일한 방법을 사용한다.

② 아이론의 직경에 따라 다양한 크기의 컬을 만들 수 있다.

③ 아이론 퍼머넌트제는 1제와 2제로 구분된다.

④ 열을 가하여 고온으로 시술한다.

> **해설**
> 콜드 퍼머넌트는 실온에서 약품만으로 처리하는 파마이며, 아이론 퍼머넌트는 열을 가하여 고온으로 시술한다.

21 가발 착용 방법과 관련한 내용으로 옳지 않은 것은?

① 가발의 스타일을 정리·정돈한다.
② 착탈식 가발은 탈모가 심한 사람들이 주로 착용한다.
③ 가발을 착용할 위치와 가발의 용도에 따라 착용한다.
④ 가발과 기존 모발의 스타일을 연결한다.

해설
착탈식은 주로 장년층이 많이 착용하는 방식으로 늘 가발을 착용하는 사람이 아니거나 제모에 대한 거부감이 강한 사람이 착용하게 된다.

22 긴 얼굴형에 가장 어울리는 조발시술은?

① 후두부에 두발의 양이 많이 보이도록 양감을 준다.
② 두정부 부위에 두발의 양이 많아 보이도록 양감을 준다.
③ 좌·우측 부위에 두발의 양이 적어 보이도록 한다.
④ 좌·우측 부위에 두발의 양이 많아 보이도록 양감을 준다.

23 모발색채이론 중 보색에 대한 내용으로 틀린 것은?

① 보색이란 색상환에서 서로의 반대색이다.
② 빨간색과 청록색은 보색관계이다.
③ 보색을 혼합하면 명도가 높아진다.
④ 보색은 1차색과 2차색의 관계이다.

해설
물감의 혼합(감산혼합, 색료의 혼합) : 보색을 혼합하면 명도가 낮아지므로 마이너스 혼합이라고 한다.

24 면도 시 스팀타월(안면습포, 물수건)에 관련한 내용으로 옳지 않은 것은?

① 피부에 온열을 주어 쾌감을 주는 동시에 모공을 수축시킨다.
② 피부 및 털의 유연성을 주어 면도날에 의한 자극을 감소시킨다.
③ 피부의 노폐물, 먼지 등의 제거에 도움을 준다.
④ 스팀타월의 효과를 높이기 위해 피부와 잘 밀착시켜야 한다.

해설
피부에 온열을 주어 쾌감을 주는 동시에 모공을 확장시킨다.

25 이용 시술 중에서 봄바쥬(Bombage) 세트를 할 수 있는 것은?

① 아이론 세팅술
② 브러시 세팅술
③ 컬러링 세팅술
④ 올백 세팅술

해설
봄바쥬(Bombage)
유리판 등에 열을 가해서 모발에 형을 붙여 주는 것으로 드라이어, 아이론 등에 의한 열처리에 의해서 행하는 브러시 사용 정발술이다.

26 신진대사의 기능을 도와주는 조절영양소인 무기질이 아닌 것은?

① 비타민
② 나트륨
③ 철 분
④ 아이오딘

해설
무기질에는 칼슘, 인, 마그네슘, 칼륨, 나트륨, 황, 철, 구리, 아이오딘, 망가니즈, 아연 등이 있다.

27 다음 중 바이러스에 의한 피부질환은?

① 대상포진
② 식중독
③ 족부백선
④ 농가진

해설
바이러스에 의한 피부질환
단순포진, 대상포진, 사마귀, 수두, 홍역, 풍진 등

28 주사(Rosacea)에 관한 내용 중 틀린 것은?

① 주로 얼굴의 가장자리에 발생한다.
② 유전적 원인, 내분비 이상과 관련이 있다고 알려져 있다.
③ 과도한 음주와 관련이 있다고 알려져 있다.
④ 지속적인 홍반과 모세혈관 확장, 구진을 동반한다.

해설
주사(Rosacea)는 얼굴의 중앙 부위에 발생하는 만성 피지선 염증이다.

29 땀샘에 대한 설명으로 틀린 것은?

① 에크린선은 입술, 점막 부분뿐만 아니라 전신피부에 분포되어 있다.
② 에크린선에서 분비되는 땀은 냄새가 거의 없다.
③ 아포크린선에서 분비되는 땀은 분비량은 소량이나 나쁜 냄새의 요인이 된다.
④ 아포크린선에서 분비되는 땀 자체는 무취, 무색, 무균성이나 표피에 배출된 후 세균의 작용을 받아 부패하여 냄새를 유발한다.

해설
에크린선(소한선)은 입술, 음부, 손톱 제외한 전신 특히 손바닥, 발바닥에 가장 많이 분포되어 있다.

30 다음 중 진피의 탄탄한 조직을 결정짓는 요인으로 가장 적합한 것은?

① 유극섬유
② 망상섬유
③ 탄력섬유와 교원섬유
④ 망상섬유와 탄력섬유

해설
탄력섬유(콜라겐)와 교원섬유(엘라스틴)는 그물모양으로 서로 짜여 있어 피부에 탄력성과 신축성을 부여한다.

31 피부 부속기관의 기원이 되는 것은?

① 진 피 ② 표 피
③ 근 육 ④ 피하조직

32 피부노화의 원인으로 틀린 것은?

① 적당한 운동
② 자외선
③ 공해물질
④ 피부건조

33 BCG 접종은 어떤 질병을 위한 예방법인가?

① 천연두 ② 소아마비
③ 홍 역 ④ 결 핵

34 감염병 관리상 색출이 어려워 그 관리가 가장 어려운 대상은?

① 만성감염병 환자
② 급성감염병 환자
③ 건강보균자
④ 감염병에 의한 사망자

35 공기의 조성 성분 농도를 높은 것부터 낮은 순으로 바르게 나열한 것은?

① 산소 → 이산화탄소 → 질소 → 아르곤
② 산소 → 질소 → 이산화탄소 → 아르곤
③ 질소 → 이산화탄소 → 산소 → 아르곤
④ 질소 → 산소 → 아르곤 → 이산화탄소

36 생산연령 인구가 많이 유입되는 도시지역의 인구 구성으로 생산층 인구가 전체 인구의 50% 이상을 차지하는 것은?

① 피라미드형　　② 종 형

③ 별 형　　④ 항아리형

해설

인구 구성 형태

피라미드형	• 출생률, 사망률이 모두 높은 형 • 인구증가형, 후진국형
종 형	• 출생률, 사망률이 모두 낮은 형 • 인구정지형, 가장 이상적인 형
항아리형	• 출생률이 사망률보다 낮은 형 • 인구감소형, 선진국형
별 형	• 청·장년층의 전입인구가 많은 형 • 도시형, 유입형
표주박형	• 청·장년층의 전출인구가 많은 형 • 농촌형, 유출형

37 영양소 중 지방과 관계없는 설명은?

① 지방 1g당 열량은 9kcal이다.

② 버터, 식물성 기름, 동물성 기름 등에 있다.

③ 식품 중의 지방은 체내에서 아미노산 형태로 흡수된다.

④ 부족 시 체중감소, 원기쇠약, 발육부진 등을 초래한다.

해설

식품 중의 단백질은 체내에서 아미노산 형태로 흡수된다.

38 다음 중 바퀴벌레가 전파하는 감염병이 아닌 것은?

① 이 질　　② 일본뇌염

③ 콜레라　　④ 장티푸스

해설

모기가 매개하는 감염병 : 일본뇌염, 말라리아, 사상충증 등

39 생명표의 작성에 사용되는 인자들을 모두 나열한 것은?

㉠ 생존수	㉡ 사망수
㉢ 생존율	㉣ 평균여명

① ㉠, ㉡, ㉢

② ㉠, ㉢

③ ㉡, ㉣

④ ㉠, ㉡, ㉢, ㉣

해설

생명표 : 생존수, 사망수, 생존율, 사망률, 평균여명 등으로 표현한 것

40 세균 측정은 마이크로미터(μm, Micrometer)로 측정한다. 1μm는 어느 정도의 길이인가?

① 1만분의 1미터(Meter)

② 10만분의 1미터(Meter)

③ 100만분의 1미터(Meter)

④ 1,000만분의 1미터(Meter)

41 이·미용실에서 사용하는 가위 등의 금속제품 소독으로 적합하지 않은 것은?

① 에탄올
② 승홍수
③ 석탄산수
④ 역성비누액

해설
승홍수는 독성이 강하고 금속을 부식시키므로 점막이나 금속기구를 소독하기에는 부적합하다.

42 다음 중 소독용 알코올의 가장 적합한 사용 농도는?

① 30% ② 50%
③ 70% ④ 95%

43 저온살균법을 처음 고안한 세균학자는?

① 레벤후크(Leeuwenhoek)
② 파스퇴르(Pasteur)
③ 틴달(Tyndall)
④ 코흐(Koch)

44 산소가 있어야만 잘 성장할 수 있는 균은?

① 호기성균
② 혐기성균
③ 통성혐기성균
④ 호혐기성균

해설
호기성균이란 산소가 있어야만 살 수 있는 세균이다.

45 소독 시 일반적인 주의사항에 해당되지 않는 것은?

① 제재에 따라 밀폐해서 냉암소에 보관한다.
② 소독제는 사용할 때마다 조금씩 새로 만들어서 쓰는 것이 좋다.
③ 소독할 물건의 성질과 병원미생물의 종류 등을 염두에 두고 소독방법을 결정한다.
④ 소독제의 보관용기에는 별도의 라벨을 붙여서 다른 것과 구별할 필요는 없다.

46 내열성 유리제품의 소독방법으로 가장 적합한 것은?

① 끓는 물에 넣고 10분간 가열하여 소독한다.

② 건열멸균기에 넣고 소독한다.

③ 약 100℃의 끓는 물속에 소독할 물품을 직접 담가 가열하여 소독한다.

④ 찬물에 넣고 75℃까지만 가열하여 소독한다.

> **해설**
> 건열멸균법은 유리제품이나 주사기 등에 적합하다.

47 건전한 영업질서를 위하여 이·미용업 영업자가 준수하여야 할 사항을 준수하지 아니한 자에 대한 벌칙은?

① 1년 이하의 징역 또는 1천만원 이하의 벌금

② 6월 이하의 징역 또는 500만원 이하의 벌금

③ 3월 이하의 징역 또는 500만원 이하의 벌금

④ 3월 이하의 징역 또는 300만원 이하의 벌금

> **해설**
> 벌칙(공중위생관리법 제20조제3항)
> 다음의 어느 하나에 해당하는 자는 6월 이하의 징역 또는 500만원 이하의 벌금에 처한다.
> • 변경신고를 하지 아니한 자
> • 공중위생영업자의 지위를 승계한 자로서 규정에 의한 신고를 하지 아니한 자
> • 건전한 영업질서를 위하여 공중위생영업자가 준수하여야 할 사항을 준수하지 아니한 자

48 면허 정지명령을 받은 자가 반납한 이·미용 면허 증은 면허정지기간 동안 누가 보관하는가?

① 보건복지부장관

② 고용노동부장관

③ 시·도지사

④ 시장·군수·구청장

> **해설**
> 면허증의 반납 등(공중위생관리법 시행규칙 제12조제2항)
> 면허의 정지명령을 받은 자가 규정에 의하여 반납한 면허증은 그 면허정지기간 동안 관할 시장·군수·구청장이 이를 보관하여야 한다.

49 손님에게 음란행위를 알선·제공하거나 손님의 요청에 응한 때의 영업소에 대한 1차 위반 행정처분 기준은?

① 영업정지 1월 ② 영업정지 3월

③ 면허정지 3월 ④ 영업장 폐쇄명령

> **해설**
> 행정처분기준(공중위생관리법 시행규칙 [별표 7])
> 손님에게 성매매알선 등 행위 또는 음란행위를 하게 하거나 이를 알선 또는 제공한 경우
> • 1차 위반 : 영업소(영업정지 3월), 이용사(면허정지 3월)
> • 2차 위반 : 영업소(영업장 폐쇄명령), 이용사(면허취소)

50 이·미용의 시설 및 설비의 개선명령에 위반한 자의 과태료 기준은?

① 500만원 이하 ② 300만원 이하

③ 200만원 이하 ④ 100만원 이하

> **해설**
> 과태료(공중위생관리법 제22조제1항)
> 다음의 어느 하나에 해당하는 자는 300만원 이하의 과태료에 처한다.
> • 규정에 의한 보고를 하지 아니하거나 관계공무원의 출입·검사 기타 조치를 거부·방해 또는 기피한 자
> • 규정에 의한 개선명령에 위반한 자
> • 이용업 신고를 하지 아니하고 이용업소표시 등을 설치한 자

51 다음 중 이·미용업자가 갖추어야 할 시설 및 설비, 위생관리기준에 관련된 사항으로 틀린 것은?

① 이·미용사 및 보조원은 깨끗한 위생복을 착용해야 한다.
② 소독기, 자외선 살균기 등 미용기구 소독장비를 갖춘다.
③ 면도기는 1회용 면도날만을 손님 1인에 한하여 사용한다.
④ 영업장 안의 조명도는 75럭스 이상이 되도록 유지한다.

해설
② 공중위생관리법 시행규칙 [별표 1]
③·④ 공중위생관리법 시행규칙 [별표 4]

52 공중위생 영업신고증의 재교부 요건으로 옳은 것을 모두 고른 것은?

> ⊙ 잃어버렸을 때
> ⓒ 헐어 못쓰게 된 때
> ⓒ 신고인의 주민등록번호가 변경된 때
> ⓔ 신고인의 주소가 변경된 때

① ⓒ, ⓔ　　　　　② ⊙, ⓒ
③ ⊙, ⓒ, ⓒ　　　④ ⊙, ⓒ, ⓒ, ⓔ

해설
면허증의 재발급 등(공중위생관리법 시행규칙 제10조제1항)
이용사 또는 미용사는 면허증의 기재사항에 변경이 있는 때, 면허증을 잃어버린 때 또는 면허증이 헐어 못쓰게 된 때에는 면허증의 재발급을 신청할 수 있다.

53 공중위생관리 법규상 일반관리대상 업소의 위생관리등급으로 옳은 것은?

① 녹색등급
② 백색등급
③ 황색등급
④ 적색등급

해설
위생관리등급의 구분 등(공중위생관리법 시행규칙 제21조)
• 최우수업소 : 녹색등급
• 우수업소 : 황색등급
• 일반관리대상 업소 : 백색등급

54 모발화장품 중 양이온성 계면활성제를 주로 사용하는 것은?

① 헤어샴푸
② 헤어린스
③ 반영구 염모제
④ 퍼머넌트 웨이브제

해설
계면활성제의 종류
• 양이온성 계면활성제 : 헤어린스, 헤어트리트먼트(살균, 소독작용)
• 음이온성 계면활성제 : 비누, 샴푸, 클렌징 폼(세정, 기포형성 작용)
• 비이온성 계면활성제 : 화장수, 크림, 클렌징 크림(피부자극 적음)
• 양쪽성 계면활성제 : 저자극성 샴푸, 베이비 샴푸(피부자극 적음, 세정작용)

55 클렌징 제품의 설명 중 틀린 것은?

① 클렌징 크림은 주로 O/W 타입으로 두꺼운 화장을 지울 때 사용하면 좋다.
② 클렌징 젤의 종류로는 오일 타입과 워터 타입이 있다.
③ 클렌징 폼(Foam)의 경우 비누와 같이 거품이 형성되지만 약산성 상태로 비누와 달리 자극이 없으며 피부의 건조함을 방지한다.
④ 클렌징 로션은 클렌징 크림에 비해 수분을 많이 함유하고 있어 사용 시 느낌이 가볍고 산뜻하다.

> **해설**
> 클렌징 크림은 W/O(친유성) 타입으로 두껍고 진한 화장 제거에 사용하면 좋다.

56 피부에 적당한 수분을 보충하여 보습효과를 높여 피부를 매끈하고 촉촉하게 하는데 가장 적합한 화장수는?

① 수렴화장수 ② 소염화장수
③ 세정용화장수 ④ 유연화장수

> **해설**
> 화장수의 종류
> • 유연화장수 : 피부 각질층에 수분을 공급하고 유연하게 한다.
> • 수렴화장수 : 수렴작용과 피지분비 억제작용을 한다.
> • 세정화장수 : 세정작용을 한다.

57 캐리어 오일로서 부적합한 것은?

① 미네랄 오일
② 살구씨 오일
③ 아보카도 오일
④ 포도씨 오일

> **해설**
> ① 미네랄 오일은 광물성 오일이다.
> 캐리어 오일은 살구씨, 아보카도, 포도씨, 올리브, 카놀라처럼 씨앗에서 추출되는 모든 식물성 오일이다.

58 자외선 차단제에 대한 설명으로 가장 적합한 것은?

① 일광에 노출된 후에 바르는 것이 효과적이다.
② 피부 병변이 있는 부위에 사용해 자외선을 막아준다.
③ 사용 후 시간이 경과하여 다시 덧바르면 효과가 떨어진다.
④ 민감한 피부는 SPF가 낮은 제품을 사용하는 것이 좋다.

> **해설**
> SPF는 자외선 B(UV-B)의 차단효과를 표시하는 단위이다.

59 화장품을 사용하는 이유로 틀린 것은?

① 인체를 청결하게 하기 위해
② 용모를 아름답게 하기 위해
③ 피부의 질병을 치료하기 위해
④ 모발과 피부의 건강을 유지하기 위해

60 비타민 A와 관련된 화합물의 총칭으로서 피부세포 분화와 증식에 영향을 주고 손상된 콜라겐과 엘라스틴의 회복을 촉진하는 것은?

① 레티노이드
② 알부틴
③ 폴리페놀
④ 피토스핑고신

> **해설**
> 레티노이드는 비타민 A에서 파생된 수많은 성분들이며, 피부 깊은 곳에서 세포들이 형성되는 과정에 좋은 영향을 미친다.

55 ① 56 ④ 57 ① 58 ④ 59 ③ 60 ① **정답**

01 자루면도기(일도)의 손질법 및 사용에 관한 설명 중 틀린 것은?

① 정비는 예리한 날을 지니도록 한다.

② 한 면을 연마하여 사용한다.

③ 녹슬지 않도록 기름으로 닦는다.

④ 면체용으로 사용하지 않는다.

해설
일자형으로서 칼날이 좁고 칼자루가 칼날에 연결되어 단단하면서 가벼워 사용하기에는 편리하지만 날이 빨리 무디어지는 단점이 있다. 또한 수염이 세고 많은 사람에게 아프지 않고 신속하게 면도할 수 있다.

02 분할선의 한 종류인 7 : 3 가르마 방법에 대한 설명으로 가장 적합한 것은?

① 눈 안쪽을 기준으로 나눈 가르마(Parting)를 일컫는다.

② 안구의 중심을 기준으로 나눈 가르마를 일컫는다.

③ 눈꼬리를 기준으로 나눈 가르마를 일컫는다.

④ 안면의 정중선을 기준으로 나눈 가르마를 일컫는다.

해설
①은 6 : 4, ③은 8 : 2, ④는 5 : 5 가르마 방법이다.

03 다음 중 댄드러프 스캘프 트리트먼트(Dandruff Scalp Treatment)를 시술해야 하는 경우는?

① 두피가 보통 상태일 때

② 두피의 지방이 부족할 때

③ 두피가 너무 건조할 때

④ 두피의 비듬을 제거할 때

해설
① 두피가 보통 상태일 때 : 플레인 스캘프 트리트먼트
③ 두피가 너무 건조할 때 : 드라이 스캘프 트리트먼트

04 다음 중 정발 시 일반적인 아이론 사용 온도로서 가장 적합한 것은?

① 60~80℃

② 90~100℃

③ 120~140℃

④ 160~180℃

05 이용기구인 레이저(Razor)에 대한 설명 중 틀린 것은?

① 날과 칼등이 동일한 강도를 가진 재질이어야 한다.

② 레이저는 일도와 양도를 구분할 수 있다.

③ 레이저는 특별한 소독 없이 불순물을 제거한 후 계속 사용하면 된다.

④ 면도용이나 조발용으로 사용한다.

해설
레이저는 재사용해서는 안 되며, 매 고객마다 새로 소독된 면도날을 사용해야 한다. 레이저 날이 한 몸체로 분리가 안 되는 경우 70% 알코올을 적신 솜으로 반드시 소독한 후 사용한다.

06 커트 시 이미 형태가 이루어진 상태에서 다듬고 정돈하는 방법은?

① 슬라이싱
② 페더링
③ 테이퍼링
④ 트리밍

해설
① 슬라이싱 : 가위로 두발 숱을 감소시키는 방법
② · ③ 테이퍼링(페더링) : 레이저로 모발의 끝을 붓끝처럼 점점 가늘어지게 하는 커트 방법

07 정발 시 시술을 위한 자세로 가장 적당한 것은?

① 가슴높이
② 어깨높이
③ 눈높이
④ 배꼽높이

해설
정발 시 이발의자를 세운 상태에서 시술을 위한 자세는 눈높이이다.

08 모발에 대한 설명 중 맞는 것은?

① 밤보다 낮에 잘 자란다.
② 봄과 여름보다 가을과 겨울에 잘 자란다.
③ 모발의 주기(모주기)는 성장기, 퇴행기, 휴지기, 발생기로 나누어진다.
④ 개인차가 있을 수 있지만 평균 한 달에 5cm 정도 자란다.

해설
① 하루 중에는 낮보다 밤에 잘 자란다.
② 1년 중에는 봄과 여름에 성장이 빠르다.
④ 한 달에 1~1.5cm 정도 자란다.

09 안면의 면체술 시술 시 각 부위별 레이저(Face Razor) 사용방법으로 틀린 것은?

① 우측의 볼, 위턱, 구각, 아래턱 부위 – 백 핸드 (Back Hand)
② 좌측 볼의 인중, 위턱, 구각, 아래턱 부위 – 펜슬 핸드(Pencil Hand)
③ 우측의 귀밑 턱 부분에서 볼 아래턱의 각 부위 – 프리 핸드(Free Hand)
④ 좌측의 볼부터 귀부분의 늘어진 선 부위 – 푸시 핸드(Push Hand)

해설
② 프리 핸드를 말한다.

10 사인 보드(Sign Board)는 무엇을 의미하는가?

① 정맥, 동맥, 피부
② 정맥, 동맥, 붕대
③ 정맥, 동맥, 머리
④ 적혈구, 백혈구, 동맥

해설
이발소 입구마다 설치되어 있는 청색·적색·백색의 둥근 기둥은 이발소를 표시하는 세계 공통의 기호이다. 청색은 '정맥', 적색은 '동맥', 백색은 '붕대'를 나타낸다.

11 이용작품의 시술과정 순서로 옳은 것은?

① 소재 → 구상 → 제작 → 마무리
② 구상 → 소재 → 제작 → 마무리
③ 제작 → 마무리 → 소재 → 구상
④ 마무리 → 소재 → 구상 → 제작

해설
커트 시술 시 작업 순서는 소재 → 구상 → 제작 → 마무리 순으로 한다.

12 다음 중 명칭이 잘못 연결된 것은?

① 후두부 – 네이프
② 측두부 – 톱
③ 전두부 – 프런트
④ 두정부 – 크라운

해설
• 측두부 : 사이드(Side)
• 두정부 : 톱(Top)

13 스컬프처 커트(Sculpture Cut)에 관한 설명 중 틀린 것은?

① 가위와 레이저로 커팅하고 브러시로 세팅한다.
② 시닝 가위로 커팅하고 브러시로 세팅한다.
③ 클리퍼로 커팅하고 빗으로 세팅한다.
④ 레이저로 커트하고 브러시로 세팅한다.

해설
스컬프처 커트 : 가위와 스컬프처 레이저로 커팅하고 브러시로 세팅한다.

14 우리나라 최초로 현대적 의미의 이용이 보급된 시기는?

① 일제 식민지 말기
② 일제 식민지 초기
③ 조선왕조 말엽
④ 조선왕조 중엽

15 갈바닉 전류를 이용한 기기와 관리 방법의 내용 중 틀린 것은?

① 갈바닉은 지속적이고 규칙적인 흐름을 가진 전류이다.
② 영양성분의 침투를 효율적으로 돕는다.
③ 피부 내부에 있는 물질이나 노폐물을 배출한다.
④ 양극에서는 알칼리성 피부층을 단단하게 해준다.

해설
양극에서는 산성 피부층을 단단하게 해 준다.

16 다음 중 일반적으로 남성의 경우 수염이 가장 많이 나는 부위는?

① 상악골 부위

② 관골 부위

③ 정골 부위

④ 두정골 부위

17 얼굴 인중 부분을 면체할 때의 면도 사용 방법으로 가장 이상적인 것은?

① 면도날 안쪽으로 조심스럽게 한다.

② 면도날 끝으로 조심스럽게 한다.

③ 편리한 대로 하여도 관계없다.

④ 면도날 중앙으로 조심스럽게 한다.

18 정발 시술 시 포마드를 바르는 방법으로 가장 적합한 것은?

① 두발 표면에만 포마드를 바른다.

② 두발의 속부터 표면까지 포마드를 고루 바른다.

③ 손님의 두부를 반드시 동요시키면서 포마드를 바른다.

④ 포마드를 바를 때 특별히 지켜야 할 순서는 없으므로 자유롭게 바르면 된다.

해설
포마드를 바를 때는 두발의 뿌리부터 바른다.

19 다음 중 드라이 샴푸 방법이 아닌 것은?

① 리퀴드 드라이 샴푸

② 파우더 드라이 샴푸

③ 핫 오일 샴푸

④ 에그 파우더 샴푸

해설
핫 오일 샴푸잉 : 화학약품으로 인해 건조된 두발에 지방공급과 모근강화를 위해 고급 식물성유와 트리트먼트 크림을 두피와 두발에 발라 마사지한다.

20 모발 탈색제의 종류가 아닌 것은?

① 액상 탈색제

② 크림상 탈색제

③ 분말상 탈색제

④ 고상 탈색제

해설
탈색제의 종류 : 액상 탈색제, 크림 탈색제, 분말 탈색제, 오일 탈색제

16 ① 17 ④ 18 ② 19 ③ 20 ④ **정답**

21 모발색을 결정하는 멜라닌 중 검정과 갈색 색조와 같은 모발의 어두운 색을 결정하는 것은?

① 유멜라닌　　　② 페오멜라닌
③ 헤 나　　　　④ 도파크로뮴

해설
멜라닌 색소에는 두 가지가 있다. 유멜라닌은 검은색과 갈색을 띠고, 페오멜라닌은 노란색과 오렌지색을 띤다.

22 아이론 시술에 관한 내용으로 옳지 않은 것은?

① 열을 이용한 시술로 모발의 손상에 주의하여야 한다.
② 뚜렷한 C컬과 S컬을 표현할 수 있다.
③ 모발이 가늘고 부드러운 경우 평균 시술온도보다 높게 시술해야 한다.
④ 부분적으로 뻣뻣한 모발의 방향성을 잡는 데 용이하다.

해설
지나친 열을 줄 경우 모발이 손상될 수 있으므로 강한 열은 주지 않는다.

23 두부(Head) 내 모량을 조절하는 데 가장 효과적인 것은?

① 시닝가위　　　② 전자식 바리캉
③ 레이저(Razor)　④ 미니가위

해설
시닝가위는 일명 숱가위로 모발의 뭉친 부분이나 자연스럽지 못한 부분을 커트하여 모발을 가벼운 느낌으로 만들어 주위의 모발과 조화롭게 만든다.

24 퍼머넌트 웨이브 1제의 주성분이 아닌 것은?

① 티오글라이콜산
② L-시스테인
③ 시스테아민
④ 브로민산염

해설
퍼머넌트 웨이브 1제의 주성분
티오글라이콜산, L-시스테인, DI-시스테인, 염산 시스테인, 시스테아민

25 표피(Epidermis)에 존재하지 않는 세포는?

① 각질형성세포(Keratinocyte)
② 멜라닌형성세포(Melanocyte)
③ 랑게르한스 세포(Langerhans Cell)
④ 섬유아세포(Fibroblast)

해설
표피 구성세포
각질형성세포, 멜라닌생성세포, 랑게르한스 세포, 메르켈 세포

정답 21 ① 22 ③ 23 ① 24 ④ 25 ④

26 사람의 피부색과 관련이 없는 것은?

① 카로틴 색소

② 헤모글로빈 색소

③ 클로로필 색소

④ 멜라닌 색소

해설

피부의 색을 결정하는 색소

• 멜라닌 색소 : 피부 속에 존재하는 흑색 계통

• 헤모글로빈 색소 : 혈액 속에 존재하는 적색 계통

• 카로틴 색소 : 과립에서 옮겨 오는 황색 계통

27 마른버짐(건선)에 대한 원인과 특징에 대한 설명 중 틀린 것은?

① 마른버짐은 피부가 두꺼워지고 하얀 비늘이 일어나는 것이 특징이다.

② 마른버짐이 발에서 발병하면 무좀이 된다.

③ 마른버짐은 얼굴뿐 아니라 몸 전체에도 생긴다.

④ 손톱의 마른버짐은 손톱모양을 기형으로 만든다.

28 다음 중 필수지방산에 속하지 않는 것은?

① 리놀레산(Linoleic Acid)

② 리놀렌산(Linolenic Acid)

③ 아라키돈산(Arachidonic Acid)

④ 타르타르산(Tartaric Acid)

해설

필수지방산

영양을 유지하기 위해 섭취하지 않으면 안 되는 지방산을 말한다. 필요량은 미량이므로, 보통 비타민의 개념으로 취급되어 비타민 F라고 불리는 일이 많다. 이러한 지방산으로는 리놀레산, 리놀렌산 및 아라키돈산의 3종류를 들 수 있다.

29 흑갈색의 반점으로 표면이 매끈하며 가장자리의 경계가 분명하고 중년 이후에 손등이나 얼굴 등에 생기는 것은?

① 기 미   ② 주근깨

③ 오타씨모반   ④ 노인성 반점

30 피부는 주로 어떠한 방식으로 외부의 미생물 침입으로부터 몸을 보호하는가?

① 산성막 생성

② 체온 저하

③ 혈액순환 증진

④ 림프순환 증진

31 다음 중 무핵층이 아닌 것은?

① 과립층   ② 투명층

③ 각질층   ④ 기저층

해설

표피는 무핵층(각질층, 투명층, 과립층)과 유핵층(유극층, 기저층)으로도 구분할 수 있다.

32 다음 중 가장 쾌적한 습도 범위는?

① 10~20%   ② 20~40%

③ 40~70%   ④ 70~90%

33 대변에 오염된 물이나 음식 등을 섭취하여 경구를 통해 감염되는 간염 바이러스는?

① A형간염   ② B형간염

③ C형간염   ④ D형간염

34 다음 중 감염병 관리상 가장 관리하기 어려운 자는?

① 회복기 보균자

② 잠복기 보균자

③ 건강보균자

④ 만성보균자

> **해설**
> **보균자의 종류**
> • 병후 보균자(회복기 보균자) : 감염성 질환에 이환하여 그 임상증상이 완전히 소실되었는데도 불구하고, 병원체를 배출하는 보균자로서 세균성 이질, 디프테리아 감염자 등이 있다.
> • 잠복기 보균자 : 어떤 감염성 질환의 잠복기간 중에 병원체를 배출하는 감염자로서 디프테리아, 홍역, 백일해 등이 있다.
> • 건강보균자 : 감염에 의한 임상증상이 전혀 없고, 건강자와 다름이 없지만 병원체를 보유하는 보균자로서 디프테리아, 폴리오, 일본뇌염 등에 감염된 보균자에서 볼 수 있다.
> • 그 밖에 병원체가 숙주로부터 배출되는 지속기간에 따라 일시적 보균자, 영구적 보균자, 만성보균자 등으로 구분하기도 한다.

35 식중독 발생에 대한 특성을 모두 고른 것은?

> ㉠ 급격히 집단적으로 발생한다.
> ㉡ 발생지역은 국한되어 있다.
> ㉢ 연령적 특성이 없다.
> ㉣ 환절기인 3월에 다발한다.

① ㉠, ㉡, ㉢

② ㉠, ㉢

③ ㉡, ㉣

④ ㉠, ㉡, ㉢, ㉣

36 상수도 소독에 주로 사용되는 소독방법은?

① 활성오니법   ② 침전법

③ 염소소독법   ④ 여과법

> **해설**
> 물을 소독하는 방법으로는 가열법, 자외선법, 화학적 소독법(염소소독법) 등이 있다.

37 우리나라 보건행정조직의 중앙조직은?

① 보건복지부   ② 고용노동부

③ 교육부   ④ 행정안전부

> **해설**
> 중앙보건행정조직은 보건복지부이며, 지방보건행정조직으로는 각 시·도의 보건복지 관련국이 있으며, 명칭은 보건복지국, 보건환경국, 복지건강국 등 다양하다. 그리고 시·군·구에는 보건소가 있다.

38 유엔(UN)이 규정한 '고령화 사회(Aging Society)'에서 65세 이상의 노인 인구가 전체 인구에 차지하는 비율로 맞는 것은?

① 4% 미만

② 4% 이상~7% 미만

③ 14% 이상~20% 미만

④ 7% 이상~14% 미만

해설
고령화 사회(Aging Society, 高齡化社會)란 UN 규정에 따라 65세 이상의 인구가 전체 인구의 7% 이상인 사회를 의미한다. UN은 7% 이상~14% 미만을 고령화 사회, 14% 이상을 고령사회(Aged Society), 20% 이상을 초고령 사회(Post-aged Society, 후기 고령사회)로 규정한다.

39 건열멸균법에 대한 설명 중 틀린 것은?

① 유리기구, 주사침, 유지, 분말 등에 이용된다.

② 건열멸균기를 사용한다.

③ 화염을 대상에 직접 접하여 멸균하는 방식이다.

④ 물리적 소독법에 속한다.

해설
③ 화염멸균법을 말한다.

40 다음 중 이·미용 업소의 실내 바닥을 닦을 때 가장 적합한 소독제는?

① 크레졸수

② 과산화수소

③ 알코올

④ 염 소

41 강한 살균력을 지녔으며 이·미용업소에서 이·미용사의 손 전체를 소독하는 데 일반적으로 가장 좋은 소독제는?

① 메틸알코올 　　② 역성비누액

③ 과산화수소 　　④ 크레졸수

42 병원성 미생물의 증식이 가장 잘되는 pH 범위는?

① 3.5~4.0 　　② 4.5~5.5

③ 5.5~6.0 　　④ 6.5~7.5

43 세균의 형태가 S자형 혹은 가늘고 길게 만곡되어 있는 것은?

① 구 균   ② 간 균
③ 포도상구균   ④ 나선균

44 에탄올 70% 용액을 35%, 100mL 용액으로 만들기 위해서 필요한 에탄올의 양은?

① 약 15mL   ② 약 25mL
③ 약 35mL   ④ 약 50mL

$70 : 100 = 35 : x$
$\therefore \ x = 50\text{mL}$

45 다음 중 아이오딘화합물에 대한 설명으로 옳은 것은?

① 세균, 곰팡이에 대한 살균력을 가지나 바이러스나 포자에 대한 살균력은 없다.
② 알칼리성 용액에서는 살균력을 거의 잃어버린다.
③ 살균력은 pH가 높을수록 커진다.
④ 페놀에 비해 살균력과 독성이 훨씬 높다.

아이오딘화합물
• 염소화합물보다 침투성과 살균력이 강하다.
• 포자, 결핵균, 바이러스도 신속하게 죽인다.

46 공중위생업소의 위생서비스 수준의 평가는 원칙적으로 몇 년마다 실시해야 하는가?

① 매 년   ② 2년
③ 3년   ④ 4년

위생서비스 수준의 평가(공중위생관리법 시행규칙 제20조)
공중위생영업소의 위생서비스 수준 평가는 2년마다 실시하되, 공중위생영업소의 보건·위생관리를 위하여 특히 필요한 경우에는 보건복지부장관이 정하여 고시하는 바에 따라 공중위생영업의 종류 또는 제21조에 따른 위생관리등급별로 평가주기를 달리할 수 있다.

47 위법사항에 대하여 청문을 시행할 수 없는 기관장은?

① 경찰서장   ② 구청장
③ 군 수   ④ 시 장

청문(공중위생관리법 제12조)
보건복지부장관 또는 시장·군수·구청장은 다음의 어느 하나에 해당하는 처분을 하려면 청문을 하여야 한다.
• 이용사와 미용사의 면허취소 또는 면허정지
• 영업정지명령, 일부 시설의 사용중지명령 또는 영업소 폐쇄명령

48 영업소 폐쇄명령을 받고도 계속하여 영업을 한 자에게 적용되는 벌칙 기준은?

① 1년 이하의 징역 또는 1천만원 이하의 벌금

② 6월 이하의 징역 또는 1천만원 이하의 벌금

③ 3월 이하의 징역 또는 500만원 이하의 벌금

④ 3월 이하의 징역 또는 300만원 이하의 벌금

> **해설**
> **벌칙(공중위생관리법 제20조제2항)**
> 다음의 어느 하나에 해당하는 자는 1년 이하의 징역 또는 1천만원 이하의 벌금에 처한다.
> • 공중위생영업의 신고를 하지 아니하고 공중위생영업(숙박업은 제외)을 한 자
> • 영업정지명령 또는 일부 시설의 사용중지명령을 받고도 그 기간 중에 영업을 하거나 그 시설을 사용한 자 또는 영업소 폐쇄명령을 받고도 계속하여 영업을 한 자

49 이·미용업을 하는 자가 준수해야 하는 위생관리기준으로 틀린 것은?

① 업소 내에 신고증, 개설자의 면허증 원본 및 요금표를 게시하여야 한다.

② 1회용 면도날은 손님 1인에 한하여 사용하여야 한다.

③ 영업장 내 조명도는 75럭스 이상이 되도록 유지하여야 한다.

④ 점 빼기·귓불 뚫기·쌍꺼풀수술·문신·박피술과 같은 간단한 의료행위는 하여도 무방하다.

> **해설**
> **공중위생영업자가 준수하여야 하는 위생관리기준 등(공중위생관리법 시행규칙 [별표 4])**
> 점 빼기·귓불 뚫기·쌍꺼풀수술·문신·박피술 그 밖에 이와 유사한 의료행위를 하여서는 아니 된다.

50 이·미용업을 하는 자가 변경신고를 해야 하는 중요사항에 해당하는 것은?

① 영업소의 주소   ② 업소 내 바닥공사

③ 업소 내 전기공사   ④ 종사자 수의 변동사항

> **해설**
> **변경신고 대상(공중위생관리법 시행규칙 제3조의2제1항)**
> • 영업소의 명칭 또는 상호
> • 영업소의 주소
> • 신고한 영업장 면적의 3분의 1 이상의 증감
> • 대표자의 성명 또는 생년월일
> • 미용업 업종 간 변경 또는 업종의 추가
> ※ 공중위생관리법 개정(2020. 6. 4. 시행)으로 '영업소 소재지 → 영업소 주소'로 변경되었다.

51 이·미용사의 면허를 받기 위한 자격요건으로 틀린 것은?

① 교육부장관이 인정하는 고등기술학교에서 1년 이상 이·미용에 관한 소정의 과정을 이수한 자

② 이·미용에 관한 업무에 3년 이상 종사한 경험이 있는 자

③ 「국가기술자격법」에 의한 이·미용사의 자격을 취득한 자

④ 전문대학에서 이·미용에 관한 학과를 졸업한 자

> **해설**
> **이용사 및 미용사의 면허 등(공중위생관리법 제6조제1항)**
> 이용사 또는 미용사가 되고자 하는 자는 다음의 어느 하나에 해당하는 자로서 보건복지부령이 정하는 바에 의하여 시장·군수·구청장의 면허를 받아야 한다.
> • 전문대학 또는 이와 같은 수준 이상의 학력이 있다고 교육부장관이 인정하는 학교에서 이용 또는 미용에 관한 학과를 졸업한 자
> • 「학점인정 등에 관한 법률」 제8조에 따라 대학 또는 전문대학을 졸업한 자와 같은 수준 이상의 학력이 있는 것으로 인정되어 같은 법 제9조에 따라 이용 또는 미용에 관한 학위를 취득한 자
> • 고등학교 또는 이와 같은 수준의 학력이 있다고 교육부장관이 인정하는 학교에서 이용 또는 미용에 관한 학과를 졸업한 자
> • 초·중등교육법령에 따른 특성화고등학교, 고등기술학교나 고등학교 또는 고등기술학교에 준하는 각종 학교에서 1년 이상 이용 또는 미용에 관한 소정의 과정을 이수한 자
> • 「국가기술자격법」에 의한 이용사 또는 미용사 자격을 취득한 자

52 과태료의 부과·징수절차에 관한 설명으로 옳은 것은?

① 과태료는 대통령령으로 정하는 바에 따라 보건복지부장관 또는 시장·군수·구청장이 부과·징수한다.

② 과태료처분을 받은 자가 이의를 제기한 때에는 처분권자는 지체 없이 보건복지부에 그 사실을 통보하여야 한다.

③ 과태료처분에 불복이 있는 자는 그 처분의 고지를 받은 날부터 30일 이내에 처분권자에게 이의를 제기할 수 있다.

④ 기간 내에 과태료 처분의 이의를 제기하지 아니하고 과태료를 납부하지 아니한 때에는 지방세체납처분의 예에 의하여 이를 징수한다.

해설
과태료는 대통령령으로 정하는 바에 따라 보건복지부장관 또는 시장·군수·구청장이 부과·징수한다(공중위생관리법 제22조 제4항).

53 다음 중 광물성 오일에 속하는 것은?

① 올리브유
② 스쿠알렌
③ 라놀린
④ 바셀린

해설
광물성 오일 : 바셀린, 세레신, 마이크로크리스탈린왁스, 파라핀

54 화장품의 4대 요건에 대한 설명으로 맞는 것은?

① 사용성 – 피부에 사용 시 손놀림이 쉽고 잘 스며들 것

② 안정성 – 미생물 오염만 없을 것

③ 안전성 – 피부에 대한 독성만 없을 것

④ 유효성 – 피부에 보습, 노화억제, 자외선 차단, 미백효과 등이 없어도 될 것

해설
화장품의 4대 요건
• 사용성 : 사용이 용이하며 피부에 잘 스며들 것
• 안정성 : 보관에 따른 변색, 변질, 변취가 없어야 하며, 미생물의 오염이 없을 것
• 안전성 : 피부에 대한 트러블이 없어야 하고 독성이 없을 것
• 유효성 : 적절한 보습, 노화억제, 자외선차단, 미백, 세정 등의 효과를 부여할 것

55 큐티클 오일(Cuticle Oil)의 역할은?

① 상조피를 유연하게 하여 제거를 돕는다.
② 손톱에 광택이 나게 돕는다.
③ 네일 폴리시(Nail Polish)의 제거를 돕는다.
④ 천연손톱이 상하지 않게 보호해 준다.

56 화학적 구조가 피지와 유사하여 모공을 막지 않으므로 여드름 피부에도 안심하고 사용할 수 있는 캐리어 오일은?

① 호호바 오일
② 살구씨 오일
③ 아보카도 오일
④ 올리브 오일

57 피부보습 및 유연 기능의 역할을 하는 것은?

① 영양 크림
② 마사지 크림
③ 클렌징 크림
④ 선크림

해설
마사지 크림은 피부정돈, 클렌징 크림은 세정, 선크림은 피부보호의 역할을 한다.

59 자외선 차단제에 대한 설명 중 틀린 것은?

① 자외선 차단제의 구성성분은 크게 자외선 산란제와 자외선 흡수제로 구분된다.
② 자외선 차단제 중 미네랄이 주성분인 흡수제는 투명하고 가벼운 성상이다.
③ 자외선 산란제는 물리적인 산란작용을 이용한 제품이다.
④ 자외선 흡수제는 화학적인 흡수작용을 이용한 제품이다.

해설
자외선 산란제는 주로 광물 성분의 미네랄 차단제를 사용한다. 타이타늄다이옥사이드, 징크 옥사이드, 카오린 등의 성분은 입자가 굵어 피부에 흡수되지 않고 표면에 막을 형성하는데, 이것이 자외선을 반사시켜 피부를 보호한다.

58 두피에 영양을 주는 트리트먼트제로서 모발에 좋은 효과를 주는 것은?

① 정발제
② 양모제
③ 염모제
④ 세정제

해설
양모제는 모근을 자극하여 털의 성장을 돕고, 그 탈락을 막을 목적으로 사용하는 의약품으로 털을 더 나게 하기보다는 털의 성장을 돕는 약이다.

60 가발의 숱이 많아 숱을 줄이려고 한다. 숱가위로 어느 부위를 커트해야 표시나지 않고 자연스러운가?

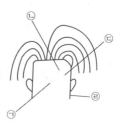

① ㉠   ② ㉡
③ ㉢   ④ ㉣

해설
머리숱이 많아 숱을 줄이려고 할 때에는 시닝가위(숱가위)로 머리 뒷부분을 커트해야 표시나지 않고 자연스럽다.

01 이용업무와 가장 거리가 먼 것은?

① 조발술　　　② 면체술

③ 정발술　　　④ 소제술

> **해설**
> 이용사의 업무범위
> • 이발(조발술)
> • 아이론(정발술)
> • 면도(면체술)
> • 머리피부 손질
> • 머리카락 염색 및 머리감기(세면술)

02 레이저를 이용하여 모발을 자를 때 가장 적합한 날의 각도는?

① 25°　　　　② 35°

③ 45°　　　　④ 55°

> **해설**
> 레이저(Razor, 면도칼)를 이용하여 모발을 자를 때에는 45°의 각도가 적합하다.

03 두피손질 중 화학적인 방법이 아닌 것은?

① 양모제를 바르고 손질한다.

② 헤어크림을 바르고 손질한다.

③ 헤어로션을 바르고 손질한다.

④ 빗과 브러시로 손질한다.

> **해설**
> **물리적 방법** : 두피에 빗과 브러시 등으로 물리적 자극을 주어 두피 및 두발의 생리기능을 건강하게 유지하는 방법

04 피부의 비타민 D 합성과 가장 관계가 있는 것은?

① 갈바닉 전류 미안기

② 자외선등

③ 적외선등

④ 패러딕 전류 미안기

> **해설**
> 자외선이 피부에 미치는 긍정적 측면
> 살균, 소독, 비타민 D 합성 유도와 혈액순환 촉진

05 다음 중 두발의 볼륨을 살릴 때의 아이론 각도로 가장 이상적인 것은?

① 15°　　　　② 45°

③ 90°　　　　④ 120°

> **해설**
> 탑이나 크라운 부분에 강한 볼륨을 만들 때 모발의 각도는 110~130°가 알맞다.

06 정발 시술 시 컬리 아이론을 사용하는 주목적은?

① 경모를 연모로 변화시키기 위해서
② 두발의 질을 좋게 하기 위해서
③ 손님의 기분을 좋게 하기 위해서
④ 두발의 흐름과 볼륨을 주기 위해서

해설
아이론(Iron)은 컬리 아이론(Curly Iron)이라 하며 120~140℃의 일정한 열을 가함으로써 웨이브(Wave)나 컬(Curl)을 만들 수 있다.

07 다음 중 셰이핑 레이저와 관계가 있는 것은?

① 사용자의 숙련도가 높아야 한다.
② 사용상 안전도는 있으나 시간적으로 효율이 떨어진다.
③ 세밀한 작업이 용이하다.
④ 지나치게 자를 우려가 있다.

해설
'셰이핑 레이저'는 헤어스타일을 만들 때 사용하는 레이저(면도칼)를 말한다. 날이 톱니식으로 돼 있어서 초보자에게 적합하고 안전하게 사용할 수 있으나 시간적으로 오래 걸려 비능률적이다.

08 부족 시 모발이 건조해지고 부스러지는 것은?

① 비타민 A
② 비타민 B_2
③ 비타민 C
④ 비타민 E

해설
결핍 시 증상
• 비타민 B_2 : 구순염, 설염 등을 유발
• 비타민 C : 괴혈병
• 비타민 E : 불임증, 근육마비

09 면도 시 스티밍(찜타월)의 방법 및 효과에 대한 설명 중 틀린 것은?

① 찜타월과 안면과의 사이에 밀착이 되지 않도록 한다.
② 수염을 유연하게 한다.
③ 면도날에 의한 자극을 줄여 준다.
④ 피부의 먼지와 이물질 등을 비눗물과 함께 닦아 낸다.

해설
찜타월의 효과를 높이기 위해서 찜타월과 안면과의 사이에 공간이 없도록 밀착시켜야 한다.

10 염모제 도포 시 실내온도가 적정 온도보다 낮을 때 취하는 조치로 가장 거리가 먼 것은?

① 블로 드라이어의 바람을 온풍으로 쐬어 준다.
② 염모제 도포량을 줄여서 발라 준다.
③ 염모제 도포량을 늘려서 충분히 발라 준다.
④ 비닐 캡 등으로 두발을 싸서 보온하여 준다.

6 ④ 7 ② 8 ① 9 ① 10 ② **정답**

11 퍼머넌트웨이브의 역사로 틀린 것은?

① 고대 로마인들은 나일강 유역의 산성성분 진흙을 가는 막대를 이용하여 웨이브를 만들었다.

② 그리스, 로마는 불로 가열한 철막대기를 이용하여 웨이브를 만들었다.

③ 19세기에는 석유램프를 이용하여 웨이브를 만들었다.

④ 1875년에 마샬 그라또가 고안한 헤어 아이론을 이용하여 웨이브를 만들었다.

해설
퍼머넌트 웨이브의 역사는 B.C. 3000년경 이집트인들이 나일강 유역의 알칼리 토양 진흙을 모발에 바른 후 나무 봉에 감아 태양열에 건조시켜 웨이브를 만든 것이 기원이 되었다.

12 염발 및 가발을 처음 사용하여 유행하던 시대는?

① 르네상스 시대

② 중세 시대

③ 로마 시대

④ 고대 이집트 시대

해설
가발은 기원전 4500년 무렵 고대 이집트에서 처음 사용되었다.

13 이용업소에서의 면도날 사용에 대한 다음 설명 중 가장 적합한 것은?

① 면도날은 면체술 외에는 일체 사용할 수 없다.

② 반드시 1회용 면도기를 1인에게 1회만 사용하고 사용 직후 폐기처리한다.

③ 면도날은 한 번 사용한 후 깨끗이 소독하여 손님에게 계속 사용해도 무방하다.

④ 일자 면도날(일도)은 계속해서 매번 재사용하고 1회용 면도기날은 1회에 한해서 사용한다.

해설
공중위생영업자가 준수하여야 하는 위생관리기준 등(공중위생관리법 시행규칙 [별표 4])
1회용 면도날은 손님 1인에 한하여 사용하여야 한다.

14 덧돌에 대한 설명 중 가장 적합한 것은?

① 덧돌에는 천연석과 인조석이 있다.

② 덧돌은 숫돌보다 약 2배 정도 크다.

③ 덧돌은 주로 가위를 연마할 때 사용한다.

④ 덧돌은 숫돌이 깨졌을 때 쓰는 비상용이다.

해설
덧돌은 천연석과 인조석으로 된 가장 작은 돌로서 숫돌의 1/4 혹은 1/6 정도로 만든 것이다. 성분은 숫돌의 성분이지만 숫돌에 비하여 비교적 단단한 편이다. 숫돌을 오래 사용하면 평면이 유지되지 않으므로 덧돌로 골고루 문질러서 숫돌의 평면을 유지시키고 숫돌물을 내기 위한 일종의 숫돌 정비용으로 사용된다.

15 아이론의 구조 중 모발이 감기거나 모발의 컬 형을 만드는 부분의 명칭은?

① 프 롱   ② 그루브

③ 핸 들   ④ 피봇 스크루

해설
① 프롱은 두발을 위에서 누르는 작용을 한다.

16 우리나라에 단발령이 내려진 시기는?

① 조선 중엽부터

② 해방 후부터

③ 6.25 후부터

④ 1895년부터

해설
단발령
김홍집(金弘集) 내각이 1895년(고종 32) 11월 성년남자의 상투를 자르도록 내린 명령이다.

17 이용사의 조발과 정발시술에 필요한 능력 중 가장 기본적으로 갖추어야 하는 것은?

① 빗 사용 능력

② 드라이어 사용 능력

③ 바리캉 사용 능력

④ 레이저 사용 능력

18 두피를 가볍게 문지르면서 왕복운동, 원운동을 하는 매뉴얼테크닉 방법은?

① 경찰법　　　　② 강찰법

③ 유연법　　　　④ 고타법

해설
손 마사지(매뉴얼테크닉의 방법)
• 경찰법(스트로킹) : 손 전체로 부드럽게 쓰다듬기
• 강찰법(프릭션) : 손으로 피부를 강하게 문지르는 방법
• 유연법(니딩) : 손으로 주무르는 방법
• 고타법(퍼커션) : 손으로 두드리는 방법

19 드라이 샴푸(Dry Shampoo)에 관한 설명으로 가장 거리가 먼 것은?

① 주로 거동이 어려운 환자에게 사용되는 샴푸 방법이다.

② 가발에도 사용할 수 있는 샴푸 방법이다.

③ 건조한 타월과 브러시를 이용하여 닦아낸다.

④ 일반적으로 이용업소에서 가장 많이 사용하고 있는 샴푸 방법이다.

해설
드라이 샴푸잉은 거동이 불편한 환자나 임산부에 가장 적당하다.

20 면체 후 또는 세발 후 사용되는 화장수(Skin Lotion)는 안면에 주로 어떤 작용을 하는가?

① 세정작용

② 수렴(수축)작용

③ 탈수작용

④ 침윤작용

해설
수렴작용이란 피부를 수축시키는 것을 말한다.

16 ④　17 ①　18 ①　19 ④　20 ②　정답

21 레이저(Razor) 커트를 할 수 있는 헤어스타일로 가장 적합한 것은?

① 블런트 커트(Blunt Cut)

② 스컬프처 커트(Sculpture Cut)

③ 베이비 커트(Baby Cut)

④ 브로스 커트(Brosse Cut)

스컬프처 커트(Sculpture Cut)
• 두발을 각각 세분하여 커트한다.
• 가위와 스컬프처 전용레이저로 커팅하고 브러시로 세팅한다.
• 남성클래식 커트(Classical Cut)에 해당하는 커트 유형이다.

22 다음 중 정발술에 사용하는 브러시에 대한 설명으로 가장 적절한 것은?

① 동물의 털이면 브러시로 가능하다.

② 딱딱하고 탄력이 있어야 한다.

③ 부드러워야 한다.

④ 나일론 브러시면 아무거나 상관없다.

브러시 선택방법
• 브러시용은 비교적 뻣뻣하고 탄력 있는 것이 좋고 양질의 자연강모가 좋다.
• 나일론이나 비닐계 강모는 헤어 드레싱이나 블로 드라이 스타일링에 적당하다.

23 이용사를 바버(Barber)라고 한다. 이용사의 어원은 어디에서 유래된 것인가?

① 사람 이름

② 병원 이름

③ 화장품 회사 이름

④ 가위 이름

세계 최초의 이용사(이발사)는 프랑스의 장 바버(Jean Barber)이다.

24 이용기술의 기본이 되는 두부를 구분한 명칭 중 옳은 것은?

① 크라운 – 측두부

② 톱 – 전두부

③ 네이프 – 두정부

④ 사이드 – 후두부

① 크라운 : 두정부
③ 네이프 : 후두부
④ 사이드 : 측두부

25 가발의 샴푸에 관한 설명으로 가장 적합한 것은?

① 가발은 매일 샴푸하는 것이 가발 수명에 좋다.

② 가발은 미지근한 물로 샴푸해야 한다.

③ 가발은 물로 샴푸해서는 안 된다.

④ 가발은 락스로 샴푸하는 것이 좋다.

26 감염성 피부병변으로서 바이러스가 원인이 아닌 것은?

① 건 선 ② 사마귀
③ 단순포진 ④ 대상포진

해설
건선은 피부 세포가 너무 빠르게 증식하여 발생하는 질환으로 면역계에서 보내는 잘못된 신호로 인해, 일반적으로 몇 주에 걸쳐 형성되는 새로운 피부세포가 며칠 만에 형성되는 것이다.
바이러스에 의한 피부질환 : 단순포진, 대상포진, 사마귀, 수두, 홍역, 풍진 등

27 열에 의한 피부손상으로 하부조직까지 파괴되는 피부병변은?

① 동 상 ② 수 포
③ 화 상 ④ 결 절

28 다음 중 피부에 주름이 생기는 주요 원인은?

① 표피가 위축되어 얇게 되므로 탄성섬유가 변화되기 때문이다.
② 표피가 얇게 되어 케라틴의 생산이 증가되며 피부의 부드러움과 탄력성이 소실된 까닭이다.
③ 진피의 교원 탄성섬유 기질이 변화되어 그 작용이 활발해지기 때문이다.
④ 수분의 함유량이 증가하기 때문이며 피부색은 황색으로 변한다.

해설
② 표피가 얇게 되어 콜라겐의 생산이 감소되며 피부의 부드러움과 탄력성이 소실된 까닭이다.
③ 진피의 교원 탄성섬유 기질이 변화되어 그 작용이 감소하기 때문이다.
④ 수분의 함유량이 감소하기 때문이며 피부색은 칙칙해진다.

29 피부탄력 증진과 주름 개선용 화장품에 주로 사용되는 것은?

① 비타민 A
② 비타민 B
③ 비타민 C
④ 비타민 D

해설
주름 개선용 화장품에 주로 쓰이는 비타민 A는 피부 재생을 촉진하여 피부의 진피층과 표피층의 세포사멸을 막아 주름을 예방하며, 탄력 있고 매끄러운 피부 유지에 도움을 준다.

30 피부노화의 내적 원인이 아닌 것은?

① 유 전
② 호르몬
③ 내장기능의 이상과 장애
④ 공 해

해설
공해는 외적 원인에 속한다.

31 다음 중 피부색을 결정짓는 요인으로 가장 적합한 것은?

① 멜라닌의 분포
② 카로틴의 분포
③ 털의 분포
④ 케라토하이알린의 분포

멜라닌 세포의 수보다는 각각의 멜라닌 세포가 멜라닌 색소를 만들어내는 능력에 따라 피부색이 결정된다.

32 피부 각질형성세포의 일반적 각화 주기는?

① 약 1주
② 약 2주
③ 약 3주
④ 약 4주

33 다음 중 수인성 감염병에 속하지 않는 것은?

① 발진티푸스
② 장티푸스
③ 콜레라
④ 세균성 이질

수인성 감염병은 환자나 보균자의 대변으로 배설된 병원체가 음식물이나 식수에 오염되어 경구적으로 침입하는 것이다. 발진티푸스는 환자의 피를 빨아먹은 이(louse)에 의해 발생한다.
수인성 감염병의 종류 : 장티푸스, 파라티푸스, 세균성 이질, 콜레라, 유행성 간염, 소아마비 등이 있다.

34 위생해충의 구제방법으로 가장 효과적이고 근본적인 방법은?

① 성충 구제
② 살충제 사용
③ 유충 구제
④ 발생원 제거

35 먹는 물의 수질기준에서 위생조건으로 가장 거리가 먼 것은?

① 무색투명할 것
② 이취, 이미(異味)가 없을 것
③ 유해 물질이 없을 것
④ 물맛이 좋을 것

36 보건행정기획 방법 중 PPBS를 맞게 설명한 것은?

① 기획개발과 소요자원에 대한 예산을 하나로 통합하여 동시에 고려하는 방법

② 해당 환경 아래에서 살아 있는 생물체와 같이 체계·사업·봉사·집행·운영 등의 전부 또는 일부를 조사·연구하는 방법

③ 활동들을 순차적으로 배열하고 그 활동에 필요한 소요시간을 추정하여 빠른 방법으로 접근하는 방법

④ 정책결정권자에게 이용 가능한 대책을 알려주고 평가할 수 있도록 하는 것

> **해설**
> ② OR, ③ PERT, ④ SA

38 화상의 응급처치에 대한 설명으로 가장 적합한 것은?

① 옷 속에 화상을 입은 경우는 옷을 벗겨내어 준다.

② 화상을 입은 사람이 의식이 있고, 토하지 않으면 생리식염수를 공급하는 것이 좋다.

③ 화상으로 생긴 물집은 터트려 주어 화상부위를 깨끗하게 해 준다.

④ 화상의 정도가 심하면 기름이나 바셀린 등을 바른 후에 이송한다.

> **해설**
> **화상 시 응급처치법**
> • 즉시 화상부위를 찬물로 식힌다. 화상부위를 제거하고 보온하여 저체온을 방지한다.
> • 옷이나 양말은 먼저 물을 끼얹은 후 벗기고, 벗기기 힘들면 가위로 자른다.
> • 1도 화상인 경우 바셀린 거즈나 윤활유를 바른다.
> • 수포는 절대 터트리지 않는다.
> • 수포가 생긴 범위가 넓으면 환부를 냉각만 하고 즉시 병원에 가서 치료를 받는다.
> • 호흡유지와 쇼크 예방조치가 가능한 전문차량으로 화상전문병원에 이송한다.

37 공중보건학의 범위 중에서 질병관리 분야로 가장 적합한 것은?

① 역 학
② 환경위생
③ 보건행정
④ 산업보건

> **해설**
> 역학의 궁극적인 목표는 감염병 관리, 감염병의 전파양식 파악, 질병발생 양상과 원인 규명 및 예방·관리이다.

39 다음 중 독소형 식중독은?

① 살모넬라 식중독
② 비브리오 식중독
③ 병원성 대장균 식중독
④ 포도상구균 식중독

> **해설**
> **세균성 식중독**
> • 감염형 식중독 : 살모넬라 식중독, 장염 비브리오 식중독, 병원성 대장균 식중독, 여시니아 식중독, 캠필로박터 식중독
> • 독소형 식중독 : 포도상구균 식중독, 보툴리누스 식중독

40 햇볕을 이용한 자연소독에서 주된 살균 작용을 하는 것은?

① 열 선   ② 적외선

③ 가시광선   ④ 자외선

41 다음 중 피부소독에 가장 적합한 소독제는?

① 승 홍

② 석탄산(6%)

③ 에탄올

④ 폼알데하이드

해설
알코올(농도 70~80%) : 손이나 피부 및 기구(가위, 칼, 면도기 등) 소독에 가장 적합하다.

42 금속제품을 자비소독할 경우 언제 물에 넣는 것이 가장 좋은가?

① 가열 시작 전

② 가열 시작 직후

③ 끓기 시작한 후

④ 수온이 미지근할 때

해설
자비소독법
가위 등 금속, 의류(수건), 도자기 등을 대상으로 물체를 20분 이상 100℃의 끓는 물속에 직접 담그는 방법이며, 끓는 물에 완전히 잠기게 하여 소독한다. 끓기 전에 넣으면 반점이 생기므로 주의한다.

43 다음 중 화학적 소독법에 해당하는 것은?

① 자외선 소독법

② 크레졸 소독법

③ 고압증기멸균법

④ 건열멸균법

해설
①, ③, ④는 물리적 소독법이다.

44 소독제의 구비조건이라고 할 수 없는 것은?

① 살균력이 강할 것

② 부식성이 없을 것

③ 표백성이 있을 것

④ 용해성이 높을 것

해설
③ 표백성이 없을 것

45 용액 600mL에 용질 3g이 녹아 있을 때 이 용액은 몇 배수로 희석된 용액인가?

① 100배 용액

② 200배 용액

③ 300배 용액

④ 600배 용액

해설

희석배수 계산법

$$희석배수 = \frac{용질량}{용매량} = \frac{1}{배} \qquad \therefore \frac{3}{600} = \frac{1}{200}$$

('희석배수 = 용질의 양'으로 계산하여 분자수가 1일 때 분모수인 용액의 양이 희석배수가 된다)

46 내열성이 강해서 자비소독으로 멸균이 되지 않는 것은?

① 장티푸스균

② 결핵균

③ 아포형성균

④ 이질 아메바

해설

자비소독법은 열저항성 아포, B형간염 바이러스, 원충(포낭형)을 제외한 미생물을 제거시킨다.

47 영업정지처분에 갈음하여 부과할 수 있는 과징금의 최대 한도는 얼마인가?

① 1천만원 이하

② 2천만원 이하

③ 3천만원 이하

④ 5천만원 이하

해설

과징금처분(공중위생관리법 제11조의2제1항)

시장·군수·구청장은 영업정지가 이용자에게 심한 불편을 주거나 그 밖에 공익을 해할 우려가 있는 경우에는 영업정지 처분에 갈음하여 1억원 이하의 과징금을 부과할 수 있다.

※ 해당 법령 개정으로 정답이 없다.

48 이·미용업 영업자가 영업소 폐쇄명령을 받고도 계속하여 영업을 하는 때에는 해당 영업소에 대하여 어떤 조치를 할 수 있는가?

① 폐쇄 행정처분 내용을 재통보한다.

② 언제든지 폐쇄 여부를 확인만 한다.

③ 해당 영업소 출입문을 폐쇄하고 벌금을 부과한다.

④ 해당 영업소가 위법한 영업소임을 알리는 게시물 등을 부착한다.

해설

공중위생영업소의 폐쇄 등(공중위생관리법 제11조제5항)

시장·군수·구청장은 공중위생영업자가 영업소 폐쇄명령을 받고도 계속하여 영업을 하는 때에는 관계공무원으로 하여금 해당 영업소를 폐쇄하기 위하여 다음의 조치를 하게 할 수 있다.

• 해당 영업소의 간판 기타 영업표지물의 제거

• 해당 영업소가 위법한 영업소임을 알리는 게시물 등의 부착

• 영업을 위하여 필수불가결한 기구 또는 시설물을 사용할 수 없게 하는 봉인

49 다음 ( ) 안에 알맞은 것은?

> 공중위생영업을 하고자 하는 자는 공중위생영업의 종류별로 보건복지부령이 정하는 시설 및 설비를 갖추고 ( )에게 신고하여야 한다.

① 세무서장
② 시장·군수·구청장
③ 보건복지부장관
④ 고용노동부장관

해설
공중위생영업의 신고 및 폐업신고(공중위생관리법 제3조제1항)
공중위생영업을 하고자 하는 자는 공중위생영업의 종류별로 보건복지부령이 정하는 시설 및 설비를 갖추고 시장·군수·구청장(자치구의 구청장에 한한다)에게 신고하여야 한다. 보건복지부령이 정하는 중요사항을 변경하고자 하는 때에도 또한 같다.

50 이·미용사가 피성년후견인이 된 때에 해당하는 행정처분은 무엇인가?

① 이환기간 동안 휴식하도록 명한다.
② 3개월 이내의 기간을 정하여 면허의 정지를 명한다.
③ 6개월 이내의 기간을 정하여 면허의 정지를 명한다.
④ 면허를 취소한다.

해설
시장·군수·구청장은 이용사 또는 미용사가 피성년후견인에 해당하는 때에는 그 면허를 취소하여야 한다(공중위생관리법 제7조제1항).

51 공중위생영업을 하고자 하는 자가 영업신고를 하지 아니하고 영업을 한 경우 받게 되는 벌칙기준은?

① 3년 이하의 징역 또는 500만원 이하의 벌금
② 1년 이하의 징역 또는 1천만원 이하의 벌금
③ 3년 이하의 징역 또는 1천만원 이하의 벌금
④ 1년 이하의 징역 또는 500만원 이하의 벌금

해설
벌칙(공중위생관리법 제20조제2항)
다음의 어느 하나에 해당하는 자는 1년 이하의 징역 또는 1천만원 이하의 벌금에 처한다.
• 공중위생영업의 신고를 하지 아니하고 공중위생영업(숙박업은 제외)을 한 자
• 영업정지명령 또는 일부 시설의 사용중지명령을 받고도 그 기간 중에 영업을 하거나 그 시설을 사용한 자 또는 영업소 폐쇄명령을 받고도 계속하여 영업을 한 자

52 공중위생관리법상 명시된 청문을 실시하여야 할 행정처분 내용은?

① 시설개수
② 경 고
③ 시정명령
④ 영업정지

해설
청문(공중위생관리법 제12조)
보건복지부장관 또는 시장·군수·구청장은 다음의 어느 하나에 해당하는 처분을 하려면 청문을 하여야 한다.
• 이용사와 미용사의 면허취소 또는 면허정지
• 영업정지명령, 일부 시설의 사용중지명령 또는 영업소 폐쇄명령

53 이·미용업소의 시설 및 설비기준에 대한 사항 중 틀린 것은?

① 자외선 살균기 등 소독장비를 갖추어야 한다.

② 소독을 한 기구와 소독을 안 한 기구를 따로 보관하는 용기를 비치하여야 한다.

③ 이·미용업소 모두 영업소 내의 장소 간의 구분을 위해서 칸막이를 설치할 수 있다.

④ 영업장 안의 조명도는 75럭스 이상이 되도록 유지하여야 한다.

해설

공중위생영업의 종류별 시설 및 설비기준(공중위생관리법 시행규칙 [별표 1])

응접장소와 작업장소 또는 의자와 의자를 구획하는 커튼·칸막이 그 밖에 이와 유사한 장애물을 설치하여서는 아니 된다.

※ 해당 법령 내용은 삭제되었다.

54 화장수의 원료로 사용되는 글리세린의 주작용은?

① 소독작용　　　　② 방부작용

③ 보습작용　　　　④ 탈수작용

해설

글리세린은 수분유지와 보습작용을 한다.

55 화장품에서 요구되는 4대 품질 특성에 대한 내용으로 옳은 것은?

① 안전성 – 미생물 오염이 없을 것

② 안정성 – 독성이 없을 것

③ 보습성 – 피부 표면의 건조함을 막아줄 것

④ 사용성 – 사용이 편리해야 할 것

해설

화장품의 4대 요건

• 안전성 : 피부에 대한 트러블이 없어야 하고 독성이 없을 것
• 안정성 : 보관에 따른 변색, 변질, 변취가 없어야 하며, 미생물의 오염이 없을 것
• 유효성 : 적절한 보습, 노화억제, 자외선차단, 미백, 세정 등의 효과를 부여할 것
• 사용성 : 사용이 용이하며 피부에 잘 스며들 것

56 계면활성제에 대한 설명 중 옳지 않은 것은?

① 계면을 활성화시키는 물질이다.

② 친수성기와 친유성기를 모두 소유하고 있다.

③ 표면장력을 높이고 기름을 유화시키는 등의 특성을 지니고 있다.

④ 표면활성제라고도 한다.

해설

③ 물의 표면장력을 약하게 해서 기름과 섞이게 한다.

57 비누에 대한 일반적인 설명으로 틀린 것은?

① 알칼리성으로 피부의 pH를 높인다.

② 사용 후 피부가 당기는 느낌을 주는 경우가 있다.

③ 경수(Hard Water)에서 거품 생성이 잘 되지 않는다.

④ 경수에서 물때(Scum)를 만들지 않는다.

해설

계면활성제의 종류별 특징

구 분	비 누	중성세제
장 점	• 거품이 풍성하게 생긴다. • 사용할 때 뽀득뽀득한 감촉을 주고 잘 헹구어진다.	• pH가 대부분 중성~약산성이다. • 경수에도 거품이 잘 일어난다. • 물때(Scum)를 형성하지 않는다.
단 점	• 알칼리성으로 피부의 pH를 높인다. • 경수에서 거품 생성이 나쁘다. • 사용 후 피부가 당기는 느낌을 준다.	• 사용 후 미끌거리는 감촉을 준다. • 비누에 비해 잘 헹구어지지 않는다.

58 시트러스 계열 정유가 아닌 것은?

① 레 몬

② 그레이프프루트

③ 라벤더

④ 오렌지

해설

시트러스(감귤) 계열에는 레몬, 버가못, 오렌지 스위트, 라임, 그레이프프루트(자몽), 만다린 등이 있다.

59 다음 중 타이로시네이스(Tyrosinase)의 작용을 억제하여 피부의 미백효과를 나타내는 것은?

① 알부틴(Arbutin)

② 판테놀(Panthenol)

③ 비오틴(Biotin)

④ 멘톨(Menthol)

해설

알부틴은 미백에 관여하는 원료로 타이로시네이스(Tyrosinase)에 직접 작용하여 멜라닌 생성을 억제한다.

60 다음 중 기능성 화장품이 아닌 것은?

① 여드름 개선 화장품

② 셀프 태닝 화장품

③ 미백 화장품

④ 주름개선 화장품

해설

해당 법 개정으로 ① 여드름 개선 화장품은 기능성 화장품에 포함된다.

기능성 화장품의 범위(화장품법 시행규칙 제2조)

• 피부에 멜라닌 색소가 침착하는 것을 방지하여 기미・주근깨 등의 생성을 억제함으로써 피부의 미백에 도움을 주는 기능을 가진 화장품

• 피부에 침착된 멜라닌 색소의 색을 엷게 하여 피부의 미백에 도움을 주는 기능을 가진 화장품

• 피부에 탄력을 주어 피부의 주름을 완화 또는 개선하는 기능을 가진 화장품

• 강한 햇볕을 방지하여 피부를 곱게 태워주는 기능을 가진 화장품

• 자외선을 차단 또는 산란시켜 자외선으로부터 피부를 보호하는 기능을 가진 화장품

• 모발의 색상을 변화시키는 기능을 가진 화장품. 다만, 일시적으로 모발의 색상을 변화시키는 제품은 제외한다.

• 체모를 제거하는 기능을 가진 화장품. 다만, 물리적으로 체모를 제거하는 제품은 제외한다.

• 탈모 증상의 완화에 도움을 주는 화장품. 다만, 코팅 등 물리적으로 모발을 굵게 보이게 하는 제품은 제외한다.

• 여드름성 피부를 완화하는 데 도움을 주는 화장품. 다만, 인체세정용 제품류로 한정한다.

• 피부장벽(피부의 가장 바깥쪽에 존재하는 각질층의 표피를 말한다)의 기능을 회복하여 가려움 등의 개선에 도움을 주는 화장품

• 튼살로 인한 붉은 선을 엷게 하는 데 도움을 주는 화장품

01 조발용 가위에 대한 설명 중 틀린 것은?

① 날의 견고함이 양쪽 골고루 같아야 한다.
② 시술 시 떨어지지 않도록 손가락을 넣는 구멍이 작아야 한다.
③ 날의 두께가 얇고 허리부분이 강한 것이 좋다.
④ 잠금 나사가 느슨하지 않아야 한다.

해설
② 손가락 넣는 구멍 크기가 적합해야 한다.

02 비듬 질환이 있는 두피에 가장 적합한 스캘프 트리트먼트는?

① 플레인 스캘프 트리트먼트
② 드라이 스캘프 트리트먼트
③ 댄드러프 스캘프 트리트먼트
④ 오일리 스캘프 트리트먼트

해설
① 플레인 스캘프 트리트먼트 : 두피가 정상적일 때
② 드라이 스캘프 트리트먼트 : 두피에 피지가 부족하여 건조할 때
④ 오일리 스캘프 트리트먼트 : 두피에 피지 분비량이 많을 때

03 영구적인 염모제(Permanent Color)의 설명으로 틀린 것은?

① 염모 제1제와 산화 제2제를 혼합하여 사용한다.
② 지속력은 다른 종류의 염모제보다 영구적이다.
③ 백모 커버율은 100%이다.
④ 로 라이트(Low Light)만 가능하다.

해설
④ 로 라이트(Low Light)는 부분적으로 선택한 모발을 어둡게 염색하는 것으로, 로 라이트만 가능한 것은 아니다.

04 스퀘어 스포츠형의 조발술로서 틀린 내용은?

① 천정부 커트 시에는 샴푸 후 젖은 상태에서 머리카락을 일으켜서 자른다.
② 먼저 거칠게 깎기를 한 후 모델의 좌측 전방에서 45°로 서서 자른다.
③ 스퀘어 스포츠는 천정부의 평평한 커트 면이 약간 넓은 듯한 느낌이 들도록 자른다.
④ 천정부 커트 시 가능하면 머리카락 끝에 약간의 포마드를 묻히면 운행이 매끄럽게 된다.

05 탈색제의 종류가 아닌 것은?

① 액체 탈색제(Liquid Lighteners)
② 크림 탈색제(Cream Lighteners)
③ 분말 탈색제(Powder Lighteners)
④ 금속성 탈색제(Metal Lighteners)

해설
탈색제의 종류 : 액상 탈색제, 크림 탈색제, 분말 탈색제, 오일 탈색제

06 직사각형 얼굴에 가장 조화를 잘 이룰 수 있는 조발 시술은?

① 좌·우측 부위의 두발 양을 많은 듯하게 양감(量感)을 준다.

② 좌·우측 부위의 두발 양을 적게 한다.

③ 두정부 부위의 두발 양을 많은 듯하게 양감을 준다.

④ 후두부 부위의 두발 양을 많은 듯하게 양감을 준다.

07 바리캉의 밑날판을 1분기로 사용한 후, 두발의 길이는?

① 1mm 정도 남는다.

② 2mm 정도 남는다.

③ 3mm 정도 남는다.

④ 5mm 정도 남는다.

해설

바리캉 기계의 날판은 모두 그 형태가 비슷하나 그 날판의 부피에 따라 5리기, 1분기, 2분기, 3분기 등으로 구분한다.

• 5리기 : 바리캉 중 날판의 끝부분이 가장 얇은 것으로서 머리에 남아 있는 머리카락의 길이는 1mm 정도이다(두피에 상처가 있거나 피부병이 생겼을 때, 노인이나 유아들의 삭발에 간혹 사용).

• 1분기 : 일반적으로 가장 많이 사용되는 조발기법으로 머리카락의 길이는 약 2mm 정도이다.

• 2분기 및 3분기 : 군인이나, 중·고등학교 학생을 위한 조발 방법에 많이 이용되는 기계이다.

08 웨이브 아이론술의 사용 목적에 대한 설명으로 틀린 것은?

① 웨이브를 형성시키므로 자연스럽고 오래도록 머리모양을 지속시키기 위해 사용한다.

② 머리모양을 쉽게 변형시키기 위하여 사용한다.

③ 머리숱이 많아 보이고 손질하기가 간편하여 사용한다.

④ 머리숱이 적은 특수 정발형에만 사용한다.

09 두피 관리의 근원적 목적으로 가장 적합한 것은?

① 두피의 세균 감염을 예방하기 위하여

② 두피의 생리 기능을 정상적으로 유지하기 위하여

③ 아름다워 보이기 위하여

④ 먼지와 때를 완전히 제거하기 위하여

해설

두피관리의 목적은 피부와 모발에 건강과 아름다움을 유지하기 위해서이다.

10 이용 기술용어 중에서 라디안(Radian) 알(R)의 두발 상태를 가장 잘 설명한 것은?

① 두발이 웨이브 모양으로 된 상태

② 두발이 원형으로 구부려진 상태

③ 두발이 반달 모양으로 구부려진 상태

④ 두발이 직선으로 펴진 상태

해설

알(R ; Radian)은 하나의 각도를 나타내는 단위이다. 이것은 모발이 반달 모양으로 구부려진 상태의 머리 각도이다.

11 고객의 구렛나루, 콧수염, 턱수염을 정리·정돈하는 과정은?

① 정발술
② 매뉴얼테크닉
③ 면체술
④ 조발술

해설
① 정발술 : 헤어스타일링
② 매뉴얼테크닉 : 마사지
④ 조발술 : 커트

12 가모의 조건으로 틀린 것은?

① 통풍이 잘되어 땀 등에서 자유로워야 한다.
② 착용감이 가벼워 산뜻해야 한다.
③ 장기간 착용에도 두피에 피부염 등 이상이 없어야 한다.
④ 색상이 잘 퇴색이 되어야 한다.

해설
가모의 모발이 색깔이 쉽게 퇴색되는 현상은 일어나지 않아야 한다.

13 면체 시술 시 마스크를 사용하는 주목적은?

① 불필요한 대화의 방지를 위하여 사용한다.
② 호흡기 질병 및 감염병 예방을 위하여 사용한다.
③ 손님의 입김을 방지하기 위하여 사용한다.
④ 상대방의 악취를 예방하기 위하여 사용한다.

해설
면체(면도) : 시술 시 마스크를 사용하는 주목적은 호흡기 질병 및 감염병 예방을 위하여 사용한다.

14 드라이어를 사용한 정발에서 올백스타일을 하고자 할 때 시술 체계상 가장 먼저 시술할 곳은?

① 전두부에서 후두부 상단
② 우측 두부에서 후두부 상단
③ 후두부에서 후두부 하단
④ 좌측 두부에서 후두부 상단

15 이용의 역사에서 이용업은 누가 겸하던 것인가?

① 치과의사
② 외과의사
③ 내과의사
④ 피부과의사

해설
서양에서 중세기의 이발사는 대개 외과의사를 부업으로 하거나 욕탕업을 부업으로 하였다.

11 ③   12 ④   13 ②   14 ①   15 ②   **정답**

16 헤어 아이론에 대한 일반적인 설명으로 틀린 것은?

① 일시적으로 두발에 열과 물리적인 힘을 가하여 웨이브를 형성한다.

② 모발이 가늘고 부드러운 경우나 백발인 경우 평균 시술 온도보다 낮게 시술해야 두발의 항변을 막을 수 있다.

③ 그루브가 위로, 프롱이 밑으로 가도록 잡는다.

④ 아이론 선택 시 프롱과 핸들의 길이가 균등한 것을 선택한다.

해설
③ 프롱이 위로, 그루브가 밑으로 가도록 잡는다.

17 각진(사각형) 얼굴형의 고객에게 가장 알맞은 가르마 비율은?

① 8 : 2
② 7 : 3
③ 6 : 4
④ 5 : 5

해설
가르마의 기준
• 긴 얼굴 − 2 : 8
• 둥근 얼굴 − 3 : 7
• 사각형 얼굴 − 4 : 6
• 역삼각형 얼굴 − 5 : 5

18 에그(흰자)팩의 효과에 대한 설명으로 가장 적합한 것은?

① 수렴 및 표백작용
② 영양공급 작용
③ 지방공급 및 보습작용
④ 세정작용 및 잔주름예방

해설
에그팩
• 흰자 : 세정작용 및 잔주름 예방
• 노른자 : 영양보급, 건성피부의 영양투입

19 시닝가위(Thinning Scissors)를 사용하여 커트할 경우, 모발 겉모습이 주는 가장 두드러지는 미적 표현은?

① 고전미
② 자연미
③ 고정미
④ 조각미

해설
시닝가위
• 커트 시 커트된 부위가 뭉쳐 있거나 숱이 많은 부분을 자연스럽게 커트하는 기구로 톱니형으로 생긴 가위이다.
• 두발의 길이는 자르지 않고 질감처리만 한다.
• 전체 머리숱을 고르기 위해서 사용한다.

20 이용사가 지켜야 할 사항이 아닌 것은?

① 항상 친절하고, 구강 위생 등에 철저해야 한다.
② 손님의 의견과 심리를 존중한다.
③ 이용사 본인의 건강에 유의하면서 감염병 등에 주의한다.
④ 이용 도구는 특별한 경우에만 소독을 한다.

해설
공중위생영업자가 준수하여야 하는 위생관리기준 등(공중위생관리법 시행규칙 [별표 4])
이용기구 중 소독을 한 기구와 소독을 하지 아니한 기구는 각각 다른 용기에 넣어 보관하여야 한다.

21 다음 중 두피 및 두발의 생리 기능을 높여 주는 데 가장 적합한 샴푸는?

① 드라이 샴푸
② 토닉 샴푸
③ 리퀴드 샴푸
④ 오일 샴푸

해설
② 토닉 샴푸 : 헤어 토닉을 사용해 두발을 세정하며, 두피 및 두발의 생리기능을 높여 주는 리퀴드 드라이 샴푸의 일종이다.

22 우리나라 이용의 역사에 대한 설명 중 옳은 것은?

① 우리나라 이용의 발달은 대원군이 섭정할 때 이루어졌다.
② 우리나라에 이용이 시작된 것은 1895년 김홍집 내각 때이다.
③ 우리나라에 이용이 시작된 것은 해방 이후이다.
④ 우리나라에 이용이 시작된 것은 한일합방 이후이다.

해설
단발령
김홍집(金弘集) 내각이 1895년(고종 32) 11월 성년남자의 상투를 자르도록 내린 명령이다.

23 탈모증세 중 지루성 탈모증에 관한 설명으로 가장 적합한 것은?

① 동전처럼 무더기로 머리카락이 빠지는 증세
② 상처 또는 자극으로 머리카락이 빠지는 증세
③ 나이가 들어 이마 부분의 머리카락이 빠지는 증세
④ 두피 피지선의 분비물이 병적으로 많아 머리카락이 빠지는 증세

해설
①은 원형 탈모증, ②는 결발성 탈모증, ③은 남성형 탈모증을 말한다.

24 알칼리제로 붕사와 열을 이용하여 열펌 시술을 개발한 사람은?

① 마샬 그라또   ② 찰스 네슬러
③ 아스트 버리   ④ 스피크먼

해설
② 찰스 네슬러(영국) : 1905년 히트퍼머넌트 웨이빙 창안(스파이럴법)
① 마샬 그라또(프랑스) : 1875년 아이론을 이용하여 웨이브를 창안
④ J. B. 스피크먼(영국) : 1936년 콜드퍼머넌트 웨이빙(열을 가하지 않고 약품만으로 웨이브가 나오도록 하는 방법) 창안

25 두부(頭部) 부위 중 천정부의 가장 높은 곳은?

① 골든 포인트(G.P)
② 백 포인트(B.P)
③ 사이드 포인트(S.P)
④ 톱 포인트(T.P)

해설
① 골든 포인트(G.P) : 머리 꼭짓점
② 백 포인트(B.P) : 뒷지점
③ 사이드 포인트(S.P) : 옆쪽지점

26 단순 지성피부에 관한 설명으로 틀린 것은?

① 일반적으로 외부의 자극에 영향이 많아 관리가 어려운 편이다.

② 다른 지방성분에는 영향을 주지 않으면서 과도한 피지를 제거하는 것이 원칙이다.

③ 지성피부에서는 여드름이 쉽게 발생할 수 있다.

④ 세안 후에는 충분하게 헹구어 주는 것이 좋다.

해설
일반적으로 외부의 자극에 영향이 적으며, 비교적 피부관리가 용이한 편이므로 피부 위생에 중점을 두어서 관리를 해야 된다.

27 표피에만 화상을 입은 것으로 홍반 및 통증을 수반하고 부기가 생기는 경우가 있으나 흉터 없이 치유되는 것은?

① 1도 화상　　② 2도 화상

③ 3도 화상　　④ 4도 화상

해설
화상의 증상에 따른 분류
• 1도 화상 : 표피층만 손상
• 2도 화상 : 표피 전 층과 진피의 상당 부분이 손상
• 3도 화상 : 진피 전 층과 피하조직까지 손상

28 갑상선의 기능과 관계있으며 모세혈관 기능을 정상화시키는 것은?

① 칼 슘　　② 인

③ 철 분　　④ 아이오딘

해설
아이오딘은 갑상선호르몬의 원료이며, 해조류에 많고 두발의 발모를 돕는 성분이다.

29 비듬이나 때처럼 박리현상을 일으키는 피부층은?

① 표피의 기저층

② 표피의 과립층

③ 표피의 각질층

④ 진피의 유두층

해설
표피 구성층
• 각질층 : 피부의 가장 겉면에 위치하였으며 생명력이 없는 죽은 세포들로 되어 있다.
• 투명층 : 각질층 아래에 있는 얇고 투명한 층으로, 세포질 내에 엘레이딘이라는 반유동성 물질이 들어 있어 수분 침투를 방지한다.
• 과립층 : 각질화 과정이 실제로 일어나는 층으로 각질효소인 케라토하이알린 과립이 많이 생성되어 과립세포에서 각질세포로 변화하게 된다.
• 유극층 : 약 6~8개의 세포층으로 이루어져 있는 다층으로 표피 중에서 가장 두터운 층이며 표피의 대부분을 차지한다.
• 기저층 : 표피의 가장 깊은 곳에 위치한 세포층이며 진피와 경계를 이루는 물결모양의 단층이다.

30 피부발진 중 일시적인 증상으로 가려움증을 동반하며 불규칙적인 모양을 한 피부현상은?

① 농 포　　② 팽 진

③ 구 진　　④ 결 절

해설
② 팽진 : 부종성의 평평하게 올라온 것으로 히스타민의 분비 증가로 인해 생긴다(두드러기, 모기 등에 물린 자국).
① 농포 : 구진이 화농성으로 진행된 것이다.
③ 구진 : 속이 단단하고 볼록 나온 병변(여드름, 사마귀, 뾰루지)이며, 표피성과 진피성으로 나뉜다.
④ 결절 : 만지면 단단한 덩어리처럼 느껴지며 구진보다는 크고 깊으며 일반적으로 지속되는 경향이 있다(섬유종, 황색종).

31 모발의 생장주기에서 모발이 제거되는 휴지기의 기간은?

① 3주   ② 3개월

③ 3년   ④ 6년

32 다음 중 오존층에 전혀 흡수되지 않는 광선은?

① X선   ② 자외선 B

③ 자외선 C   ④ 자외선 A

해설
자외선의 종류
- UV-A : 에너지 강도가 UV-B의 1/1,000 정도이나 지구에 도달하는 양은 UV-B의 약 100배 정도로 오존층에 흡수되지 않는다. 일반적으로 생활자외선이라 불리며 파장이 길어 유리를 통과할 수 있기 때문에 차 안이나 실내에서도 피부에 영향을 준다. 흐린 날씨와 오후 늦은 시각에도 영향을 미치고 UV-B와는 달리 연중 광량의 변화가 거의 없으므로 사계절 내내 조심해야 한다. UV-A는 표피, 진피, 피하지방층까지 깊숙이 투과되어 콜라겐을 손상시켜 주름을 유발하고, 색소침착과 흑화현상을 일으키므로 주의해야 한다.
- UV-B : UV-B 대부분은 오존층에 흡수되지만, 일부는 지표면에 도달한다. 지구에 도달하는 자외선 6% 중 0.5%에 불과하나 그 강도가 UV-A보다 훨씬 강하여 피부에 즉시적이고 격하게 영향을 준다. 이것은 비타민 D의 합성을 촉진하는 장점이 있지만 단시간에 표피와 진피의 유두층의 혈관 부위까지 침투하여 홍반, 일광화상을 일으키는 등 피부에 광 손상을 일으키는 주된 원인으로 꼽히고 있다. 하지만 파장이 짧아 유리를 통과하지 못하므로 실내에서는 안전하며 조사량이 많은 오전 10시~오후 3시까지 자외선에의 노출을 삼가하면 영향을 적게 받을 수 있다.
- UV-C : UV-C는 오존층에서 완전히 흡수되어 생물학적으로 큰 의미는 없지만 환경오염으로 인한 오존층 파괴가 심각해져 지상까지 도달하면 그 피해는 심각해질 수 있다. UV-C는 피부 표피의 과립층까지 통과하며 세포와 세균을 파괴하는 힘이 매우 강하고 피부암의 원인이 된다.

33 단체활동을 통한 보건교육방법 중 브레인스토밍 (Brainstorming)을 바르게 설명한 것은?

① 여러 사람의 전문가가 자기 입장에서 어떤 일정 주제에 관하여 발표하는 방법

② 제한된 연사가 제한된 시간에 발표를 하게 하여 짧은 시간과 적은 인원으로 진행하는 방법

③ 몇 명의 전문가가 청중 앞에서 자기들끼리 대화를 진행하는 형식으로 사회자가 이야기를 진행, 정리해 감으로써 내용을 파악, 이해할 수 있게 하는 방법

④ 특별한 문제를 해결하기 위한 단체의 협동적 토의방법으로 문제점을 중심으로 폭넓게 검토하여 구성원 스스로 해결해 감으로써 최선책을 강구해 가는 방법

해설
① 심포지엄
② 버즈세션(6-6법)
③ 패널 토론

34 음용수로 사용할 상수의 수질오염 지표 미생물로 주로 사용되는 것은?

① 일반세균   ② 중금속

③ 대장균   ④ COD

해설
오탁지표
- 실내오탁지표 : CO_2
- 대기오탁지표 : SO_2
- 수질오염지표 : 대장균
- 하수오염지표 : BOD

35 혈액의 구성성분으로 적혈구 속의 헤모글로빈에 많이 들어 있으며, 체내 저장이 되지 않아 식품을 통해서 공급해야 하는 무기질은?

① 식 염　　　　　② 인
③ 칼 슘　　　　　④ 철 분

해설
철분은 헤모글로빈을 구성하는 매우 중요한 물질로 피부의 혈색과도 밀접한 관계에 있으며 결핍되면 빈혈이 일어나는 영양소이다.

36 생활주변에 있는 위생 해충 또는 동물과 그로 인해 유발되는 질병과의 연결이 틀린 것은?

① 쥐 – 페스트, 쯔쯔가무시병
② 벼룩 – 발진열, 재귀열
③ 모기 – 황열, 렙토스피라증
④ 파리 – 콜레라, 장티푸스

해설
• 쥐 : 렙토스피라증
• 원숭이 : 황열

37 시·군·구에 두는 보건행정의 최일선 조직으로 국민건강 증진 및 예방 등에 관한 사항을 실시하는 기관은?

① 복지관
② 보건소
③ 병·의원
④ 시·군·구청

38 다음 감염병 중 환경위생의 개선과 관계가 가장 적은 것은?

① 콜레라
② 장티푸스
③ 유행성 이하선염
④ 세균성 이질

해설
유행성 이하선염은 파라믹소바이러스(Paramyxovirus)과의 멈프스 바이러스가 원인균으로 기침, 재채기, 침뿐만 아니라 오염된 물건과 표면(사용한 휴지, 나눠 쓰는 물 잔, 콧물을 만진 더러운 손 등)과의 접촉을 통해 사람으로부터 사람으로 전파된다.

39 인공능동면역의 특성 설명으로 옳은 것은?

① 각종 감염병 감염 후 형성되는 면역
② 생균백신, 사균백신 및 순화독소(Toxoid)의 접종으로 형성되는 면역
③ 모체로부터 태반이나 수유를 통해 형성되는 면역
④ 항독소(Antitoxin) 등 인공제제를 접종하여 형성되는 면역

해설
인공능동면역은 예방접종에 의해 형성된 면역이다.

40 다음 중 물리적인 살균방법은?

① 건열멸균
② 알코올 소독
③ E.O가스멸균
④ 무기염소화합물 소독

41 다음 중 세제를 푼 미온수로 세척한 후 자외선 소독기를 이용하여 소독하는 방법이 가장 적절한 것은?

① 족집게, 핀셋
② 커트보, 샴푸보
③ 헤어 클리퍼
④ 팩 붓(Pack Brush)

42 우유나 포도주 등에 활용하는 저온살균법을 고안한 사람은?

① 코 흐
② 리스터
③ 파스퇴르
④ 렌트겐

43 바이러스에 의해 발병되는 질병은?

① 장티푸스
② 인플루엔자
③ 결 핵
④ 콜레라

44 자비소독 시 살균력을 강하게 하고 금속기자재가 녹스는 것을 방지하기 위하여 첨가하는 물질이 아닌 것은?

① 2% 중조
② 2% 크레졸 비누액
③ 5% 승홍수
④ 5% 석탄산

45 에탄올로 소독을 하려고 할 때 일반적으로 가장 많이 사용되는 적정 농도는?

① 30~40% ② 50~60%

③ 70~80% ④ 100%

해설

에탄올 소독 : 에탄올수용액(에탄올이 70%인 수용액)에 10분 이상 담가두거나 에탄올수용액을 머금은 면 또는 거즈로 기구의 표면을 닦아준다.

46 석탄산의 소독작용과 관계가 가장 먼 것은?

① 균체 단백질 응고작용

② 균체 효소의 불활성화 작용

③ 균체의 삼투압 변화작용

④ 균체의 가수분해 작용

해설

소독법의 살균작용

소독방법의 결정 시 감염병의 종류, 전파 방법, 병원체의 종류, 소독대상의 종류와 양을 파악하여 살균방법을 통해 소독이 이루어진다.

• 산화작용 : 과산화수소, 염소, 과망가니즈산칼륨, 생석회

• 균체 단백 응고작용 : 석탄산, 알코올, 크레졸, 포르말린, 승홍수

• 균체 효소 불활성화 작용 : 알코올, 석탄산, 중금속염

• 가수분해 작용 : 강한 산성과 알칼리성, 열탕

• 탈수작용 : 식염, 설탕, 알코올

• 중금속염의 형성 : 승홍수, 머큐롬, 질산은

• 핵산에 작용 : 자외선, 방사선, 포르말린

• 세포막의 삼투압 변화작용 : 석탄산, 중금속염, 역성비누

47 영업소 폐쇄명령을 받고도 계속하여 영업을 하는 경우 관계공무원으로 하여금 해당 영업소를 폐쇄하기 위하여 할 수 있는 조치가 아닌 것은?

① 해당 영업소의 간판 기타 영업표지물을 제거한다.

② 해당 영업소가 위법한 것임을 알리는 게시물 등을 부착한다.

③ 영업을 위하여 필수불가결한 기구 또는 시설물을 사용할 수 없게 봉인한다.

④ 영업시설물을 철거한다.

해설

공중위생영업소의 폐쇄 등(공중위생관리법 제11조제5항)

시장·군수·구청장은 공중위생영업자가 영업소폐쇄명령을 받고도 계속하여 영업을 하는 때에는 관계공무원으로 하여금 해당 영업소를 폐쇄하기 위하여 다음의 조치를 하게 할 수 있다.

• 해당 영업소의 간판 기타 영업표지물의 제거

• 해당 영업소가 위법한 영업소임을 알리는 게시물 등의 부착

• 영업을 위하여 필수불가결한 기구 또는 시설물을 사용할 수 없게 하는 봉인

48 미용업 신고증 및 면허증 원본을 게시하지 아니하거나 업소 내 조명도를 준수하지 아니한 때, 1차 위반에 대한 행정처분기준은?

① 경 고 ② 영업정지 5일

③ 영업정지 10일 ④ 영업장 폐쇄명령

해설

행정처분기준(공중위생관리법 시행규칙 [별표 7])

이용업 신고증 및 면허증 원본을 게시하지 않거나 업소 내 조명도를 준수하지 않은 경우

• 1차 위반 : 경고 또는 개선명령

• 2차 위반 : 영업정지 5일

• 3차 위반 : 영업정지 10일

• 4차 이상 위반 : 영업장 폐쇄명령

49 위생서비스 평가의 결과에 따른 조치에 해당되지 않는 것은?

① 이·미용업자는 통보받은 위생관리등급 표지를 영업소의 출입구에 부착할 수 있다.
② 시·도지사는 위생서비스의 수준이 우수하다고 인정되는 영업소에 대하여 포상을 실시할 수 있다.
③ 시·도지사는 위생관리등급별로 영업소에 대한 위생감시를 실시하여야 한다.
④ 구청장은 위생관리 등급의 결과를 세무서장에게 통보할 수 있다.

해설
위생관리등급 공표 등(공중위생관리법 제14조)
• 시장·군수·구청장은 보건복지부령이 정하는 바에 의하여 위생서비스 평가의 결과에 따른 위생관리등급을 해당공중위생영업자에게 통보하고 이를 공표하여야 한다.
• 공중위생영업자는 시장·군수·구청장으로부터 통보받은 위생관리등급의 표지를 영업소의 명칭과 함께 영업소의 출입구에 부착할 수 있다.
• 시·도지사 또는 시장·군수·구청장은 위생서비스 평가의 결과 위생서비스의 수준이 우수하다고 인정되는 영업소에 대하여 포상을 실시할 수 있다.
• 시·도지사 또는 시장·군수·구청장은 위생서비스 평가의 결과에 따른 위생관리등급별로 영업소에 대한 위생감시를 실시하여야 한다. 이 경우 영업소에 대한 출입·검사와 위생감시의 실시주기 및 횟수 등 위생관리등급별 위생감시기준은 보건복지부령으로 정한다.

50 오염허용기준을 지키지 아니한 이·미용업 영업자가 개선명령을 따르지 않았을 때에 대한 벌칙은?

① 300만원 이하의 벌금
② 500만원 이하의 과태료
③ 6월 이하의 징역 또는 500만원 이하의 벌금
④ 1년 이하의 징역 또는 1천만원 이하의 벌금

해설
해당 법 개정으로 삭제되었다(2015. 12. 22).

51 이·미용업의 영업장소를 이전하고자 하는 경우에 관한 사항으로 옳은 것은?

① 교육필증과 영업시설 및 설비개요서를 첨부하여 신고한다.
② 관할 시장·군수·구청장에게 구두로 보고한다.
③ 영업소의 소재지 변경허가를 받는다.
④ 영업소의 소재지 변경신고를 한다.

해설
공중위생영업의 신고 및 폐업신고(공중위생관리법 제3조제1항)
공중위생영업을 하고자 하는 자는 공중위생영업의 종류별로 보건복지부령이 정하는 시설 및 설비를 갖추고 시장·군수·구청장에게 신고하여야 한다. 보건복지부령이 정하는 중요사항을 변경하고자 하는 때에도 또한 같다.

52 이·미용업무의 보조를 할 수 있는 자는?

① 이·미용사의 감독을 받는 자
② 이·미용사 국가기술자격 응시자
③ 이·미용학원 수강자
④ 시·도지사가 인정한 자

해설
이용사 및 미용사의 업무범위 등(공중위생관리법 제8조제1항)
이용사 또는 미용사의 면허를 받은 자가 아니면 이용업 또는 미용업을 개설하거나 그 업무에 종사할 수 없다. 다만, 이용사 또는 미용사의 감독을 받아 이용 또는 미용 업무의 보조를 행하는 경우에는 그러하지 아니하다.

53 이용업자 혹은 미용업자가 준수하여야 하는 위생 관리기준에 해당하지 않는 것은?

① 발한실 안에는 온도계를 비치하고 주의사항을 게시하여야 한다.

② 영업소 내부에 개설자의 면허증 원본을 게시하여야 한다.

③ 피부미용을 위하여 약사법에 따른 의약품을 사용하여서는 아니 된다.

④ 영업장 안의 조명도는 75럭스 이상이 되도록 유지하여야 한다.

해설
①의 사항은 목욕장업자가 준수하여야 하는 위생관리기준이다(공중위생관리법 시행규칙 [별표 4]).

54 다음 중 여드름을 유발하지 않는(Noncomedogenic) 화장품 성분은?

① 소비톨

② 올레인산

③ 라우르산

④ 올리브 오일

55 화장품법상 기능성 화장품에 대한 설명으로 옳은 것은?

① 자외선에 의해 피부가 심하게 그을리거나 일광화상이 생기는 것을 지연해 준다.

② 피부 표면에 더러움이나 노폐물을 제거하여 피부를 청결하게 해 준다.

③ 피부 표면의 건조를 방지해 주고 피부를 매끄럽게 한다.

④ 비누 세안에 의해 손상된 피부의 pH를 정상적인 상태로 빨리 돌아오게 한다.

해설
① 자외선을 차단 또는 산란시켜 자외선으로부터 피부를 보호하는 기능을 가진 화장품(화장품법 시행규칙 제2조)

56 유연화장수의 작용이 아닌 것은?

① 피부에 유연작용을 한다.

② 피부에 수축작용을 한다.

③ 약산성이다.

④ 피부에 거침을 방지하고 부드럽게 한다.

해설
화장수의 종류
• 유연화장수는 피부 각질층에 수분을 공급하고 유연하게 한다.
• 수렴화장수는 수렴작용과 피지분비 억제작용을 한다.
• 세정화장수는 세정작용을 한다.

57 헤어 린스제의 기능이 아닌 것은?

① 대전방지 효과와 빗질이 잘되게 한다.
② 오염된 두피 및 모발을 세정한다.
③ 모발의 표면을 보호한다.
④ 샴푸 후 양이온성 계면활성제를 공급함으로써 모발 손상을 억제한다.

해설
린스의 목적
윤기의 보충, 촉감의 증진, 마무리감의 향상, 보습성과 유연효과, 자연적인 광택 부여, 손질의 용이성, 대전방지 효과

59 염료에 대한 설명으로 옳지 않은 것은?

① 광물에서 얻어지는 것으로 커버력에 우수한 색소이다.
② 물 또는 오일에 녹는 색소로 화장품 자체에 색을 부여하기 위해 사용한다.
③ 유용성 염료는 헤어오일 등의 색 착색에 사용한다.
④ 저렴하고 안정성 있는 합성색소인 타르를 주로 사용한다.

해설
염 료
• 천연염료는 식물성 염료, 동물성 염료 및 광물성 염료로 분류한다.
• 합성염료는 천연염료에 비하여 가격도 저렴하고 색상이 다양하며 사용방법이 간단한 특징을 가지고 있다.

60 다음의 설명에 해당되는 캐리어 오일은?

> 액상 왁스에 속하며, 인체피지와 지방산의 조성이 유사하므로 피부친화력이 좋다. 다른 식물성 오일에 비해 쉽게 산화되지 않으므로 보존, 안정성이 높으며 독소배출, 노폐물배출, 림프배출 등의 효과가 있다.

① 아몬드 오일
② 맥아 오일
③ 호호바 오일
④ 아보카도 오일

58 화장품의 품질 특성의 4대 조건은?

① 안전성, 안정성, 사용성, 유용성
② 안전성, 방부성, 방향성, 유용성
③ 발림성, 안정성, 방부성, 사용성
④ 방향성, 안전성, 발림성, 사용성

01 블로 드라이 스타일링으로 정발 시술을 할 때 도구의 사용에 대한 설명 중 적합하지 않은 것은?

① 블로 드라이어와 빗이 항상 같이 움직여야 한다.

② 블로 드라이어는 열이 필요한 곳에 댄다.

③ 블로 드라이어는 빗으로 세울 만큼 세워서 그 부위에 드라이어를 댄다.

④ 블로 드라이어는 작품을 만든 다음 보정작업으로도 널리 사용된다.

해설
블로 드라이어와 빗이 항상 같이 움직이면, 고데기를 사용하는 원리와 같이 빗이 가열되어 머리카락이 녹을 수 있다.

02 면도 작업 후 스킨(토너)을 사용하는 주목적은?

① 안면부를 부드럽게 하기 위하여

② 안면부의 소독과 피부 수렴을 위하여

③ 안면부를 건강하게 하기 위하여

④ 안면부의 화장을 하기 위하여

해설
면도 후 또는 세발 후 사용되는 화장수는 주로 안면에 수렴작용(피부 수축)을 한다.

03 염모시술 후 피부에 이상 현상이 발생했을 경우 조치해야 할 사항은?

① 백반을 용해한 물로 씻는다.

② 달걀로 이상이 발생한 부위에 마사지한다.

③ 피부과 의사에게 진찰을 받는다.

④ 2~3일 기다려 본다.

해설
피부의 이상반응이 발생한 경우 염증 부위를 손으로 긁거나 비비지 말고 바로 피부과 전문의의 진찰을 받는다.

04 일반적인 매뉴얼테크닉 방법이 아닌 것은?

① 경찰법   ② 유연법

③ 진동법   ④ 구강법

해설
손 마사지(매뉴얼테크닉의 방법)
• 경찰법(스트로킹) : 손 전체로 부드럽게 쓰다듬는 방법
• 유연법(니딩) : 손으로 주무르는 방법
• 진동법(바이브레이션) : 손으로 진동하는 방법
• 강찰법(프릭션) : 손으로 피부를 강하게 문지르는 방법
• 고타법(퍼커션) : 손으로 두드리는 방법

05 가발 사용 시 주의사항으로 틀린 것은?

① 샴푸 시 강하게 빗질하거나 거칠게 비비지 않는다.

② 정전기를 발생시키거나 손으로 자주 만지지 않는다.

③ 가발 빗질 시 자연스럽게 힘을 적게 주고 빗질한다.

④ 가발 보관 시에는 습기와 온도와 상관없이 보관한다.

해설
가발은 습기가 없고 온도가 높지 않으며 통풍이 잘되는 곳에 보관하는 것이 좋다.

06 이발기인 바리캉의 어원은 어느 나라에서 유래되었는가?

① 독 일 　　　② 미 국

③ 일 본 　　　④ 프랑스

해설
1871년 프랑스의 바리캉 마르 회사에서 이용기구인 바리캉(Clipper)을 최초로 제작·판매하였다.

07 스캘프 트리트먼트 목적이 아닌 것은?

① 먼지나 비듬을 제거한다.

② 두피나 두발에 영양을 공급하고 염증을 치료한다.

③ 두발에 지방을 공급하고 윤택함을 준다.

④ 혈액순환과 두피 생리기능을 원활하게 한다.

해설
② 스캘프 트리트먼트의 목적은 두피의 청결 및 두피의 생육을 건강하게 유지하는 것이며, 염증을 치료하는 것은 아니다.

08 2 : 8 가르마가 어울리는 얼굴형은?

① 각진 얼굴형

② 긴 얼굴형

③ 둥근 얼굴형

④ 삼각형 얼굴형

해설
가르마의 기준
• 긴 얼굴형(2 : 8 가르마)
• 둥근 얼굴(7 : 3 가르마)
• 사각형 얼굴(4 : 6 가르마)
• 역삼각형 얼굴(5 : 5 가르마)

09 전기바리캉(Clipper) 선택 시 고려해야 할 사항에 대한 설명으로 틀린 것은?

① 작동 시 소음이 적은 것

② 전기에 감전이 안 되고 열이 없는 것

③ 평면으로 보았을 때 윗날의 동요가 없는 것

④ 위에서 보았을 때 아랫날, 윗날이 똑바로 겹치는 것

10 두발 염색 시 주의사항에 대한 설명으로 틀린 것은?

① 두피에 상처나 질환이 있을 때는 염색을 해서는 안 된다.

② 퍼머넌트 웨이브와 두발 염색을 하여야 할 경우 두발 염색부터 반드시 먼저 해야 한다.

③ 유기합성 염모제를 사용할 때에는 패치 테스트를 해야 한다.

④ 시술 시 이용사는 반드시 보호 장갑을 착용해야 한다.

해설
파마와 염색을 시술할 경우는 파마를 먼저 행한다.

11 이용이 의료업에서 분리 독립된 때는?

① 미합중국 독립 시기

② 나폴레옹 시대

③ 로마 시대

④ 르네상스 시대

해설
이전에는 이용사와 의사를 겸직하던 것이 1804년 나폴레옹 시대에 인구증가, 사회구조의 다양화 등으로 외과의사인 장 바버(귀족)가 외과와 이용을 완전 분리시켜 세계 최초의 이용원을 창설하였다.

12 가모 패턴제작에서 "고객에게 적합하도록 고객의 모발과 매치, 인모색상, 재질, 컬 등을 고려"하는 과정은?

① 가모 피팅

② 가모 린싱

③ 테이핑

④ 가모 커트

13 "목덜미"와 가장 관련이 있는 두상 포인트는?

① Cape Point

② Gate Point

③ Nape Point

④ Safe Point

해설
N.P(Nape Point) : 네이프 포인트(목 중심점)

14 일반적인 와식 세발 시 문지르기(Manipulation) 순서로 가장 적합한 것은?

① 두정부 → 전두부 → 측두부 → 후두부

② 전두부 → 두정부 → 측두부 → 후두부

③ 후두부 → 전두부 → 두정부 → 측두부

④ 두정부 → 측두부 → 후두부 → 전두부

15 이용기구의 부분 명칭 중 모지공, 소지걸이, 다리 등의 명칭이 쓰이는 기구는?

① 가 위 　　　　　② 빗
③ 면 도 　　　　　④ 아이론

해설
• 가위 : 모지공, 소지걸이, 다리 등
• 빗 : 빗살, 빗살 끝, 빗살 뿌리, 빗 몸
• 아이론 : 프롱, 그루브

16 조발 시술 전 두발에 물을 충분히 뿌리는 근본적인 이유는?

① 조발을 편하게 하기 위해서
② 두발 손상을 방지하기 위해서
③ 두발을 부드럽게 하기 위해서
④ 기구의 손상을 방지하기 위해서

17 뒷머리 부분이 도면과 같이 제비초리이다. 장교 조발로 자르려고 하면 어떻게 작업하는 것이 좋은가?

① 고객의 머리를 숙이게 하고 뒷부분을 짧게 조발한다.
② 고객의 머리를 좌측 어깨 쪽으로만 돌려놓고 조발한다.
③ 고객의 머리를 우측 어깨 쪽으로만 돌려놓고 조발한다.
④ 고객의 머리를 좌측 어깨 쪽과 우측 어깨 쪽으로 돌려놓고 조발한다.

18 블로 드라이 스타일링 후 스프레이를 도포하는 주된 이유는?

① 모발의 질을 강화시키기 위하여
② 모발의 향기를 오래 지속시키기 위하여
③ 두발의 질을 부드럽게 하기 위하여
④ 스타일을 고정시키고 유지시간을 연장시키기 위하여

19 일반적으로 건강한 사람의 1일 평균 탈모의 개수는?

① 약 50~60개
② 약 70~80개
③ 약 80~90개
④ 약 90~100개

해설
건강한 사람의 머리카락은 보통 하루에 50~60개 정도 자연스럽게 빠진다.

20 모량을 감소시키는 도구는?

① 세팅기　　　　② 컬링 아이론
③ 시닝가위　　　　④ 와인더

해설
시닝가위 : 가발 제작 과정 중 가발 커트 시 커트된 부위가 뭉쳐 있거나 숱이 많은 부분을 자연스럽게 커트하는 기구로 톱니형으로 생긴 가위

21 장발형 고객이 각진 스포츠 머리 형태를 원할 때 조발 시 가이드 설정 지점으로 가장 적합한 곳은?

① 센터 포인트
② 탑 포인트
③ 골든 포인트
④ 백 포인트

해설
T.P(Top Point) : 두상의 상부 중앙의 가장 높은 부분에 위치한 점으로 각진 스포츠 머리 형태를 조발 시 가이드 설정 지점으로 이용된다.

22 두부의 명칭 중 크라운(Crown)은 어느 부위를 말하는가?

① 전두부　　　　② 후두하부
③ 측두부　　　　④ 두정부

해설
두부(Head) 내 각부 명칭
• 전두부 : 프런트(Front)
• 후두부 : 네이프(Nape)
• 측두부 : 사이드(Side)
• 두정부 : 크라운(Crown)

23 두꺼운 비듬이 1mm 두께로 두피에 누적되어 있다면 어떤 방법으로 세발하는 것이 가장 적합한가?

① 샴푸 후 올리브유를 발라준다.
② 45℃의 물로 20분간 불려서 샴푸한다.
③ 두피에 상처가 나지 않도록 빗으로 비듬을 제거한 다음 샴푸한다.
④ 두피에 올리브유를 발라 매뉴얼테크닉을 행하고 스팀 타월로 찜질을 한 다음 샴푸한다.

해설
비듬이 심한 고객의 샴푸 시 두피는 손끝으로 꼼꼼하게 마사지하듯 문질러서 씻는다.

24 둥근 얼굴에 가장 알맞은 두발 가르마의 기준선은?

① 5 : 5　　　　② 6 : 4
③ 7 : 3　　　　④ 8 : 2

해설
① 역삼각형 얼굴
② 사각형 얼굴
④ 긴 얼굴

25 면도기의 종류와 특징 중 칼 몸체의 핸들이 일자형으로 생긴 것은?

① 일 도   ② 양 도

③ 스틱 핸드   ④ 펜 슬

해설
• 일도 : 칼 몸체의 핸들이 일자형으로 생긴 것
• 양도 : 접이식 면도기

26 경피 흡수의 경로가 아닌 것은?

① 각질층을 통과하는 경로
② 세포와 세포 사이를 통과하는 경로
③ 모공이나 한공을 통과하는 경로
④ 모세혈관을 통과하는 경로

해설
피부를 통한 흡수경로
• 각질층 흡수 : 가장 중요한 흡수경로로서 피부 내/외부 농도 차에 의함
• 에크린한선을 통한 흡수
• 모공을 통한 흡수

27 항산화 비타민으로 아스코브산(Ascorbic Acid)으로 불리는 것은?

① 비타민 A   ② 비타민 B

③ 비타민 C   ④ 비타민 D

해설
비타민 C는 아스코브산이라는 수용성 항산화 성분이다.

28 다음 중 표피층에서 핵을 포함하고 있는 층은?

① 유극층   ② 과립층

③ 각질층   ④ 투명층

해설
표피는 무핵층(각질층, 투명층, 과립층)과 유핵층(유극층, 기저층)으로 구분할 수 있다.

29 다음 중 표피의 노화현상을 초래하는 외적인 요인은?

① 자외선 조사
② 교원섬유 퇴행
③ 탄력섬유 퇴행
④ 광물질 침착

해설
피부노화

내적 요인	외적 요인
• 체내 신진대사 기능저하	• 자외선
• 피지선 및 한선기능 저하	• 유해산소
• 탄력섬유의 변성	

30 민감성 피부에 대한 설명으로 가장 적합한 것은?

① 피지의 분비가 적어서 거친 피부
② 어떤 물질이나 자극에 즉시 반응을 일으키는 피부
③ 땀이 많이 나는 피부
④ 멜라닌 색소가 많은 피부

해설
민감성 피부(Sensitive Skin)란 비누, 일광차단제, 화장품 등을 사용한 후에 과민하게 반응하는 피부를 말한다.

31 바이러스 감염에 의한 피부병변이 아닌 것은?

① 단순포진
② 사마귀
③ 홍 반
④ 대상포진

해설
바이러스에 의한 피부질환 : 단순포진, 대상포진, 사마귀, 수두, 홍역, 풍진 등

32 원발진에 속하지 않는 것은?

① 구 진   ② 농 포
③ 반 흔   ④ 종 양

해설
속발진은 종류가 다양하며, 인설, 찰상, 균열, 미란, 궤양, 반흔, 태선화, 가피 등이 있다.

33 모유수유에 대한 설명으로 옳지 않은 것은?

① 미숙아로 빠는 힘이 약할 경우에는 모유수유가 좋다.
② 급성감염증이 있을 경우에는 모유수유를 피해야 한다.
③ 모유수유를 하면 배란을 억제하여 임신을 예방하는 효과가 있다.
④ 모유수유를 하면 자궁수축이 잘되어서 산욕기가 단축된다.

해설
미숙아로 빠는 힘이 약할 경우에는 모유수유가 어렵다.

34 다음 중 겨울철에 가장 적당한 감각온도(Optimum Effective Temperature)는?

① 5~8℃
② 9~12℃
③ 13~16℃
④ 18~20℃

해설
겨울철 최적 감각온도(Optimum Effective Temperature) : 18.8℃

35 다음 중 일본뇌염의 중간숙주가 되는 것은?

① 돼 지　　　　　② 쥐
③ 소　　　　　　④ 벼 룩

해설

바이러스의 자연계 보유 숙주는 조류이고, 돼지, 닭 등의 가축은 증폭성 중간숙주이며, 사람에게 전파하는 매개체는 뇌염모기이다.

36 공중보건학에서 가장 널리 통용되고 있는 Winslow의 공중보건 정의에 해당하지 않는 것은?

① 감염성 질병예방
② 개인위생에 대한 보건교육
③ 환경위생 관리
④ 유전자 치료 연구

해설

C. E. Winslow의 **공중보건학의 정의** : "공중보건학이란 조직적인 지역사회의 노력을 통해서 질병을 예방하고, 생명을 연장시킴과 동시에 신체적·정신적 효율을 증진시키는 기술과학이다."

37 간헐적으로 유행할 가능성이 있어 지속적으로 그 발생을 감시하고 방역대책의 수립이 필요한 감염병은?

① 말라리아
② 콜레라
③ 디프테리아
④ 유행성 이하선염

해설

※ 「감염병의 예방 및 관리에 관한 법률」 개정에 따라 감염병 분류 체계는 군별 체계에서 급별 체계로 변경되었다. 문제는 제3군 감염병에 관한 내용이다.

38 통조림이나 밀봉식품이 주로 원인이 되는 식중독은?

① 포도상구균 식중독
② 무스카린 식중독
③ 비브리오 식중독
④ 보툴리누스 식중독

해설

보툴리누스 식중독은 신경마비를 일으키며 높은 치명률을 가지고 있는 독소형의 식중독이다.

39 하수의 오염지표로 주로 이용하는 것은?

① dB　　　　　　② BOD
③ CO_2　　　　　④ 염 소

해설

BOD(Biochemical Oxygen Demand)

생물학적 산소 요구량으로 수중의 유기물이 호기성 세균에 의해 산화 분해될 때 소비되는 산소량을 말하며, 수질오염의 지표로 주로 이용된다.

40 음식물을 냉장하는 이유로 거리가 가장 먼 것은?

① 미생물의 증식 억제

② 자기소화의 억제

③ 신선도 유지

④ 멸 균

해설
음식물을 냉장고에 넣는다고 해서 식중독균이 사멸되는 것은 아니고 그 증식과 성장만 억제된다.

41 석탄산, 알코올, 포르말린 등의 소독제가 가지는 소독의 주된 원리는?

① 균체 원형질 중의 탄수화물 변성

② 균체 원형질 중의 지방질 변성

③ 균체 원형질 중의 단백질 변성

④ 균체 원형질 중의 수분 변성

해설
소독제는 다음 두 가지 이상 살균기전의 복합작용에 의해 소독이 이루어진다.
• 산화작용 : 염소, 염소유도체, 과산화수소, 과망가니즈산칼륨, 오존
• 균체 단백 응고작용 : 석탄산, 알코올, 크레졸, 승홍, 포르말린 등
• 가수분해 작용 : 강산, 강알칼리, 끓는 물 등
• 균체 효소계의 침투작용 : 석탄산, 알코올
• 탈수작용 : 식염, 설탕, 알코올, 포르말린 등
• 중금속염의 형성작용 : 중금속염, 승홍, 질산은
• 균체막의 삼투성 변화작용 : 석탄산, 중금속염

42 소독약품 사용 시 주의사항이 아닌 것은?

① 소독약품의 사용 허용 농도를 정확히 확인한다.

② 소독약품의 유효기간을 확인한다.

③ 소독력을 상승시키기 위해 농도를 기준 이상 올린다.

④ 소독약품의 환경오염 문제를 확인한다.

해설
소독액의 농도가 높다고 해서 유리한 것이 아니므로 반드시 제품의 사용설명서에 예시된 희석배수에 따라 적정한 농도로 사용하는 것이 바람직하다.

43 소독액의 농도 표시법에 있어서 소독액 1,000mL 중에 포함되어 있는 소독약의 양(g)을 나타낸 단위는?

① 퍼센트(%)

② 퍼밀리(‰)

③ 피피엠(ppm)

④ 푼

해설
Permilliage(퍼밀리, ‰) : 용액 1,000mL 중에 포함되어 있는 소독약의 양이다. 다만, 환경분야에서는 퍼밀리보다도 훨씬 작은 단위인 ppm(parts per million)을 더 많이 쓴다. 또 만분율을 나타내는 ‰(퍼밀리아드)도 있다.

44 열을 가하지 않는 살균방법은?

① 고압증기멸균법
② 유통증기멸균법
③ 건열멸균법
④ 초음파멸균법

해설
초음파 소독법 : 초음파 발생기를 10분 정도 사용하여 세균파괴를 한다.

45 에탄올 소독에 가장 적합하지 않은 대상은?

① 빗(Comb)
② 가 위
③ 레이저(Razor)
④ 핀, 클립

해설
크레졸수, 석탄산수, 포르말린, 자외선, 역성비누액 등으로 소독하고 물기 제거 후 보관한다. 자비나 증기소독은 피한다. 빗을 소독약에 오래 담가두면 휘어질 우려가 있다.

46 이·미용 도구의 올바른 소독 방법이 아닌 것은?

① 가위 – 70% 에탄올에 적신 솜으로 닦는다.
② 면도날 – 염소계 소독제는 부식시킬 수 있으므로 주의한다.
③ 빗 – 미온수에 0.5% 역성비누액 또는 세제액에 담근 후 세척한다.
④ 에머리보드 – 차아염소산나트륨으로 닦는다.

해설
에머리보드는 소독이나 살균처리가 불가능한 일회용 소모품이므로 사용 후 고객에게 주거나 절반으로 꺾어서 폐기처리해야 한다.

47 다음 중 가장 무거운 벌칙기준에 해당하는 경우는?

① 신고를 하지 아니하고 영업한 자
② 변경신고를 하지 아니하고 영업한 자
③ 면허의 정지 중에 이·미용업을 한 자
④ 면허를 받지 아니하고 이·미용업을 개설한 자

해설
① 신고를 하지 아니하고 영업한 자 : 1년 이하의 징역 또는 1천만원 이하의 벌금
② 변경신고를 하지 아니하고 영업한 자 : 6월 이하의 징역 또는 500만원 이하의 벌금
③ 면허의 정지 중에 이·미용업을 한 자 : 300만원 이하의 벌금
④ 면허를 받지 아니하고 이·미용업을 개설한 자 : 300만원 이하의 벌금

48 면허증을 다른 사람에게 대여한 때의 2차 위반 행정처분기준은?

① 면허정지 6월
② 면허정지 3월
③ 영업정지 3월
④ 영업정지 6월

해설
행정처분기준(공중위생관리법 시행규칙 [별표 7])
면허증을 다른 사람에게 대여한 경우
• 1차 위반 : 면허정지 3월
• 2차 위반 : 면허정지 6월
• 3차 위반 : 면허취소

49 청문을 실시하여야 하는 사항과 거리가 먼 것은?

① 이·미용사의 면허취소 또는 면허정지

② 영업정지명령

③ 영업소 폐쇄명령

④ 과태료 징수

해설
청문(공중위생관리법 제12조)
보건복지부장관 또는 시장·군수·구청장은 다음의 어느 하나에
해당하는 처분을 하려면 청문을 하여야 한다.
• 이용사와 미용사의 면허취소 또는 면허정지
• 영업정지명령, 일부 시설의 사용중지명령 또는 영업소 폐쇄명령

50 이·미용사 면허정지에 해당하는 사유가 아닌
것은?

① 공중위생관리법에 의한 명령에 위반한 때

② 공중위생관리법의 규정에 의한 명령에 위반
한 때

③ 피성년후견인에 해당한 때

④ 면허증을 다른 사람에게 대여한 때

해설
이용사 및 미용사의 면허취소 등(공중위생관리법 제7조제1항)
시장·군수·구청장은 이용사 또는 미용사가 다음에 해당하는
때에는 그 면허를 취소하거나 6월 이내의 기간을 정하여 그 면허의
정지를 명할 수 있다.
• 피성년후견인(취소)
• 「정신건강증진 및 정신질환자 복지서비스 지원에 관한 법률」에
따른 정신질환자 내지 마약 기타 대통령령으로 정하는 약물 중독
자(취소)
• 면허증을 다른 사람에게 대여한 때
• 「국가기술자격법」에 따라 자격이 취소된 때(취소)
• 「국가기술자격법」에 따라 자격정지처분을 받은 때(「국가기술자
격법」에 따른 자격정지처분 기간에 한정한다)
• 이중으로 면허를 취득한 때(나중에 발급받은 면허, 취소)
• 면허정지처분을 받고도 그 정지 기간 중에 업무를 한 때(취소)
• 「성매매알선 등 행위의 처벌에 관한 법률」이나 「풍속영업의 규
제에 관한 법률」을 위반하여 관계 행정기관의 장으로부터 그
사실을 통보받은 때

51 이용업의 시설 및 설비기준 중 틀린 것은?

① 이용업의 경우, 응접장소와 작업장소를 구획하
는 커튼·칸막이를 설치할 수 있다.

② 소독기·자외선 살균기 등 기구를 소독하는 장비
를 갖추어야 한다.

③ 소독을 한 기구와 소독을 하지 아니한 기구를
구분하여 보관할 수 있는 용기를 비치하여야
한다.

④ 미용업(종합)의 경우, 피부미용업무에 필요한 베
드(온열장치포함), 미용기구, 화장품, 수건, 온
장고, 사물함 등을 갖추어야 한다.

해설
**공중위생영업의 종류별 시설 및 설비기준(공중위생관리법 시행규
칙 [별표 1])**
응접장소와 작업장소 또는 의자와 의자를 구획하는 커튼·칸막이
그 밖에 이와 유사한 장애물을 설치하여서는 아니 된다.
※ 해당 법령 및 ④의 내용은 삭제되었다.

52 영업신고 전에 위생교육을 받아야 하는 자 중에서
영업신고 후에 위생교육을 받을 수 있는 경우에 해
당하지 않는 것은?

① 천재지변으로 위생교육을 받을 수 없는 경우

② 본인의 질병·사고로 위생교육을 받을 수 없는
경우

③ 업무상 국외출장으로 위생교육을 받을 수 없는
경우

④ 교육장소와의 거리가 멀어서 위생교육을 받을
수 없는 경우

해설
위생교육(공중위생관리법 시행규칙 제23조제6항)
영업신고 전에 위생교육을 받아야 하는 자 중 다음의 어느 하나에
해당하는 자는 영업신고를 한 후 6개월 이내에 위생교육을 받을
수 있다.
• 천재지변, 본인의 질병·사고, 업무상 국외출장 등의 사유로 교
육을 받을 수 없는 경우
• 교육을 실시하는 단체의 사정 등으로 미리 교육을 받기 불가능한
경우

53 공중이용시설의 소유자가 지켜야 하는 위생관리 의무에 해당하는 것은?

① 시설이용자의 건강을 해할 우려가 있는 오염물질이 발생되지 않도록 한다.
② 실내공기는 환경부령이 정하는 위생관리기준에 적합하도록 유지한다.
③ 공중이용시설에 대하여 위생관리를 하여야 하지만 화장실은 대상에서 제외한다.
④ 오염물질의 종류와 오염허용기준은 대통령령으로 정한다.

> **해설**
> 해당 법령은 개정으로 인하여 삭제되었다.

54 기능성 화장품에 대한 설명 중 틀린 것은?

① 기능성 주성분을 표시할 의무가 있다.
② 식약처의 허가가 필요하다.
③ 기능성 효능을 광고할 수 있다.
④ 항목 중 표시 및 기재사항에 기능성 화장품이라 표기가 가능하다.

> **해설**
> 기능성 화장품으로 인정받아 판매 등을 하려는 화장품제조업자, 화장품책임판매업자 또는 총리령으로 정하는 대학·연구소 등은 품목별로 안전성 및 유효성에 관하여 식품의약품안전처장의 심사를 받거나 식품의약품안전처장에게 보고서를 제출하여야 한다. 제출한 보고서나 심사받은 사항을 변경할 때에도 또한 같다(화장품법 제4조제1항).

55 아로마 오일을 피부에 효과적으로 침투시키기 위해 사용하는 식물성 오일은?

① 에센셜 오일　　② 캐리어 오일
③ 트랜스 오일　　④ 미네랄 오일

> **해설**
> 캐리어 오일은 호호바 오일, 아보카도 오일, 아몬드 오일 등 주로 식물의 씨앗에서 추출한 오일로 에센셜 오일을 희석시켜 피부에 자극 없이, 피부 깊숙이 전달해 주는 매개체이다.

56 기능성 화장품의 종류와 그 범위에 대한 설명으로 틀린 것은?

① 주름개선 제품 – 피부탄력 강화와 표피의 신진대사를 촉진한다.
② 미백 제품 – 피부 색소침착을 방지하고 멜라닌 생성 및 산화를 방지한다.
③ 자외선차단 제품 – 자외선을 차단 및 산란시켜 피부를 보호한다.
④ 보습 제품 – 피부에 유·수분을 공급하여 피부의 탄력을 강화한다.

> **해설**
> **기능성 화장품의 범위(화장품법 시행규칙 제2조)**
> • 피부에 멜라닌 색소가 침착하는 것을 방지하여 기미·주근깨 등의 생성을 억제함으로써 피부의 미백에 도움을 주는 기능을 가진 화장품
> • 피부에 침착된 멜라닌 색소의 색을 엷게 하여 피부의 미백에 도움을 주는 기능을 가진 화장품
> • 피부에 탄력을 주어 피부의 주름을 완화 또는 개선하는 기능을 가진 화장품
> • 강한 햇볕을 방지하여 피부를 곱게 태워주는 기능을 가진 화장품
> • 자외선을 차단 또는 산란시켜 자외선으로부터 피부를 보호하는 기능을 가진 화장품
> • 모발의 색상을 변화시키는 기능을 가진 화장품
> • 체모를 제거하는 기능을 가진 화장품
> • 탈모 증상의 완화에 도움을 주는 화장품
> • 여드름성 피부를 완화하는 데 도움을 주는 화장품
> • 피부장벽의 기능을 회복하여 가려움 등의 개선에 도움을 주는 화장품
> • 튼살로 인한 붉은 선을 엷게 하는 데 도움을 주는 화장품

57 기초화장품의 사용 목적이 아닌 것은?

① 세 안

② 색상표현

③ 피부보호

④ 피부정돈

기초화장품은 피부를 가꾸어주는 화장품으로서 피부를 청결하게 해 주고 수분과 유분을 적절히 공급해 주는 역할을 한다.

58 팩의 주요 기능이 아닌 것은?

① 보습작용

② 청정작용

③ 혈행 촉진작용

④ 얼굴 축소작용

팩의 주요 기능
• 보습작용 : 팩제에 들어 있는 수분, 보습제, 유연제, 팩의 차폐효과에 따라 피부 내부로부터 올라오는 수분에 의해 각질층이 수화되고 유연해진다.
• 청정작용 : 팩제의 흡착기능이 피부의 오염을 제거하여 청정효과가 우수하다.
• 혈행 촉진작용 : 피막제와 분말의 건조과정에서 피부에 적당한 긴장감을 부여하며, 건조과정 또는 건조 후 일시적으로 피부온도를 높여주어 혈행을 촉진시킨다.

59 다음에서 설명하는 화장품 성분은?

> 오일, 지방, 당의 분해에 의해 형성되는 단맛·무색·무향의 시럽상 피부유연제이며, 큐티클 오일, 크림, 로션의 주요 성분이다.

① 에센셜 오일(Essential Oil)

② 콜라겐(Collagen)

③ 글리세린(Glycerin)

④ 윤활제(Lubricants)

③ 글리세린(Glycerin) : 계면활성제, 유화제로, 식물성 오일과 당분 효소 분해에서 얻어지는 시럽과 같은 액체 비누 제조의 부산물로 피부를 매끄럽게 하고 제품의 퍼짐성을 높여준다.
① 에센셜 오일(Essential Oil) : 향료 자연식물의 추출 오일
② 콜라겐(Collagen) : 동물의 연골조직 및 다른 연결조직에서 발견되는 단백질

60 다음 중 모발 디자인용 화장품이 아닌 것은?

① 세트 로션

② 포마드

③ 헤어 린스

④ 헤어 스프레이

모발 화장품
• 세발용 : 헤어 샴푸, 헤어 린스
• 정발용
 – 유성타입 : 헤어 오일, 포마드
 – 유화타입 : 헤어 로션, 헤어 크림
 – 고분자피막타입 : 헤어 스프레이, 헤어 무스, 세트 로션, 헤어 젤
 – 액체타입 : 헤어 리퀴드
• 트리트먼트용 : 헤어 트리트먼트 크림, 헤어 팩, 헤어 블로, 헤어 코트
• 양모용 : 헤어 토닉
• 염모용 : 영구 염모제, 반영구 염모제, 일시 염모제
• 퍼머용 : 퍼머넌트 웨이브 로션
• 탈모, 제모용 : 탈모제, 제모제

2017년 제4회 과년도 기출복원문제

※ 2017년부터는 CBT(컴퓨터 기반 시험)로 진행되어 수험자의 기억에 의해 문제를 복원하였습니다. 실제 시행문제와 일부 상이할 수 있음을 알려드립니다.

01 다음 중 공중위생감시원의 직무에 해당되지 않는 것은?

① 시설 및 설비의 확인

② 위생교육 이행 여부의 확인

③ 위생지도 및 개선명령 이행 여부의 확인

④ 시설 및 종업원에 대한 위생관리 이행 여부의 확인

> **해설**
> 공중위생감시원의 업무범위(공중위생관리법 시행령 제9조)
> • 공중위생영업 관련 시설 및 설비의 확인
> • 공중위생영업 관련 시설 및 설비의 위생상태 확인·검사, 공중위생영업자의 위생관리의무 및 영업자준수사항 이행 여부의 확인
> • 위생지도 및 개선명령 이행 여부의 확인
> • 공중위생영업소의 영업의 정지, 일부 시설의 사용중지 또는 영업소 폐쇄명령 이행 여부의 확인
> • 위생교육 이행 여부의 확인

02 이용사의 위생관리기준이 아닌 것은?

① 소독한 기구와 하지 아니한 기구는 각각 다른 용기에 넣어 보관할 것

② 조명은 75럭스 이상 유지되도록 할 것

③ 신고증과 함께 면허증 사본을 게시할 것

④ 1회용 면도날은 손님 1인에 한하여 사용할 것

> **해설**
> 공중위생영업자가 준수하여야 하는 위생관리기준 등(공중위생관리법 시행규칙 [별표 4])
> 영업소 내부에 이·미용업 신고증 및 개설자의 면허증 원본을 게시하여야 한다.

03 두피관리 중 헤어 토닉을 두피에 바르면 시원한 감을 느끼는데 이것은 주로 어느 성분 때문인가?

① 붕 산   ② 알코올

③ 캠 퍼   ④ 글리세린

> **해설**
> 헤어 토닉은 알코올을 주성분으로 한 양모제로 두피에 영양을 주고 모근을 튼튼하게 해 주는 효과를 가지고 있다.

04 보건행정에 대한 설명으로 가장 올바른 것은?

① 공중보건의 목적을 달성하기 위해 공공의 책임하에 수행하는 행정활동

② 개인보건의 목적을 달성하기 위해 공공의 책임하에 수행하는 행정활동

③ 국가 간의 질병 교류를 막기 위해 책임 하에 수행하는 행정활동

④ 공중보건의 목적을 달성하기 위해 개인의 책임하에 수행하는 행정활동

> **해설**
> 보건행정은 국민 보건 향상과 증진에 관한 모든 사항을 통괄하는 행정적 수단을 말한다.

정답 1 ④ 2 ③ 3 ② 4 ①

05 둥근 얼굴형에 가장 잘 조화를 이루는 가르마는?

① 8 : 2 가르마

② 7 : 3 가르마

③ 9 : 1 가르마

④ 5 : 5 가르마

해설
- 긴 얼굴 – 2 : 8
- 둥근 얼굴 – 3 : 7
- 사각형 얼굴 – 4 : 6
- 역삼각형 얼굴 – 5 : 5

06 고종황제의 어명으로 우리나라 최초의 이용시술을 한 이용사는?

① 안종호   ② 서재필

③ 김홍집   ④ 김옥균

해설
고종황제의 어명으로 우리나라에서 최초로 이용시술을 한 사람은 안종호이다.

07 다음 기생충 중 산란과 동시에 감염능력이 있으며 저항성이 커서 집단감염이 가장 잘되는 기생충은?

① 회 충

② 십이지장충

③ 광절열두조충

④ 요 충

해설
요충은 사람의 대장과 맹장에 기생하며 항문 주위에 알을 낳아 주로 어린이들에게 잘 감염되고 집단감염이 잘 일어나는 기생충이다.

08 위생교육을 받아야 하는 대상자가 아닌 것은?

① 공중위생영업의 승계를 받은 자

② 공중위생영업자

③ 면허증 취득 예정자

④ 공중위생영업의 신고를 하고자 하는 자

해설
위생교육(공중위생관리법 제17조)
- 공중위생영업자는 매년 위생교육을 받아야 한다.
- 공중위생영업의 신고를 하고자 하는 자는 미리 위생교육을 받아야 한다. 다만, 보건복지부령으로 정하는 부득이한 사유로 미리 교육을 받을 수 없는 경우에는 영업개시 후 6개월 이내에 위생교육을 받을 수 있다.
- 위생교육을 받아야 하는 자 중 영업에 직접 종사하지 아니하거나 2 이상의 장소에서 영업을 하는 자는 종업원 중 영업장별로 공중위생에 관한 책임자를 지정하고 그 책임자로 하여금 위생교육을 받게 하여야 한다.

09 염모제의 보관 장소로 가장 적합한 곳은?

① 습기가 높고 어두운 곳

② 온도가 낮고 어두운 곳

③ 온도가 높고 어두운 곳

④ 건조하고 일광이 잘 드는 밝은 곳

해설
염모제의 보관은 직사광선이 들지 않는 냉암소(온도가 낮고 어두운 곳)에 한다.

10 제1급 감염병에 속하는 것은?

① 말라리아　　② 페스트

③ 성홍열　　　④ 파상풍

해설
말라리아 · 파상풍은 제3급 감염병이고, 성홍열은 제2급 감염병이다.

11 면도 시 면도날을 잡는 기본적인 방법이 아닌 것은?

① 프리 핸드(Free Hand)

② 백 핸드(Back Hand)

③ 스타트 핸드(Start Hand)

④ 펜슬 핸드(Pencil Hand)

해설
면도날을 잡는 방법 : 프리 핸드, 백 핸드, 푸시 핸드, 펜슬 핸드, 스틱 핸드 등

12 탈모를 방지하기 위해 올바른 세발 방법은?

① 손톱 끝을 이용하여 두피에 자극을 주며 샴푸를 헹군다.

② 먼지 제거 정도로만 머리를 헹군다.

③ 손 끝을 사용하여 두피를 부드럽게 문지르며 헹군다.

④ 샴푸를 할 때 브러시로 빗질을 하며 헹군다.

13 다음 중 영구적 염모제에 속하는 것은?

① 합성 염모제

② 컬러 린스

③ 컬러 파우더

④ 컬러 스프레이

해설
염모제의 종류
• 일시적 염모제 : 컬러 파우더, 컬러 크레용(컬러 스틱), 컬러 크림, 컬러 스프레이
• 반영구 염모제 : 헤어매니큐어, 컬러 린스
• 영구적 염모제 : 식물성 염모제, 금속성 염모제, 유기합성 염모제(산화염모제)

14 인체에서 칼슘(Ca)대사와 가장 밀접한 관계를 가지고 있는 비타민은?

① 비타민 A

② 비타민 C

③ 비타민 D

④ 비타민 E

해설
비타민 D의 주요 기능은 혈중 칼슘과 인의 수준을 정상 범위로 조절하고 평형을 유지하는 것이다.

15 바이러스에 의해 발병되는 질병은?

① 장티푸스

② 인플루엔자

③ 결 핵

④ 콜레라

해설

여러 바이러스가 원인인 감기와 달리 독감은 인플루엔자 바이러스에 의해서만 발병한다.

17 매뉴얼테크닉 기법 중 피부를 강하게 문지르면서 가볍게 원운동을 하는 동작은?

① 에플라지(Effleurage)

② 프릭션(Friction)

③ 페트리사지(Petrissage)

④ 타포트먼트(Tapotement)

해설

① 에플라지(Effleurage) : 손바닥을 이용해 부드럽게 쓰다듬는 동작

③ 페트리사지(Petrissage) : 근육을 횡단하듯 반죽하는 동작

④ 타포트먼트(Tapotement) : 손가락을 이용하여 두드리는 동작

18 아이론 시술 시 톱이나 크라운 부분에 강한 볼륨을 만들 때 모발의 각도는?

① 45°

② 90°

③ 100°

④ 130°

16 이용사가 지켜야 할 주의사항으로 가장 거리가 먼 것은?

① 항상 깨끗한 복장을 착용한다.

② 항상 손톱을 짧게 깎고 부드럽게 한다.

③ 이용사의 두발이나 용모를 화려하게 치장한다.

④ 고객의 의견이나 심리 등을 잘 파악해야 한다.

해설

이용사는 두발이나 용모를 화려하게 치장하기보다는 깔끔하게 정돈해야 한다.

19 클리퍼(바리캉)를 사용하는 조발 시 일반적으로 클리퍼를 가장 먼저 사용하는 부위는?

① 전두부

② 후두부

③ 좌·우측 두부

④ 두정부

해설

조발 시 일반적으로 클리퍼를 가장 먼저 사용하는 부위는 후두부이다.

20 정발술에서 드라이어보다 아이론을 사용하는 것이 더 적당한 두발은?

① 흰 머리카락
② 곱슬 머리카락
③ 부드러운 머리카락
④ 짧고 뻣뻣한 머리카락

21 다음 중 O/W형(수중유형) 제품으로 맞는 것은?

① 헤어 크림
② 클렌징 크림
③ 모이스처라이징 로션
④ 나이트 크림

해설
• O/W형(수중유형) : 물에 오일이 섞여 있는 에멀션 형태
  예 밀크로션
• W/O형(유중수형) : 오일에 물성분이 섞여 있는 에멀션 형태
  예 클렌징크림, 영양크림, 수분크림 등

22 화장품의 4대 요건으로 적합하지 않은 것은?

① 안전성   ② 사용성
③ 유효성   ④ 치유성

해설
화장품 품질 특성 : 안전성, 안정성, 사용성, 유효성

23 가발의 샴푸에 관한 설명으로 가장 적합한 것은?

① 가발은 매일 샴푸하는 것이 가발 수명에 좋다.
② 가발은 미지근한 물로 샴푸해야 한다.
③ 가발은 물로 샴푸해서는 안 된다.
④ 가발은 락스로 샴푸하는 것이 좋다.

24 우리나라에 단발령이 내려진 시기는?

① 조선 중엽부터
② 해방 후부터
③ 1895년부터
④ 1990년부터

해설
단발령
김홍집(金弘集) 내각이 1895년(고종 32년) 11월 성년남자의 상투를 자르도록 내린 명령이다.

25 가모의 조건으로 틀린 것은?

① 통풍이 잘되어 땀 등에서 자유로워야 한다.

② 착용감이 가벼워 산뜻해야 한다.

③ 색상의 퇴색이 잘되어야 한다.

④ 장기간 착용에도 두피에 피부염 등 이상이 없어야 한다.

26 다음 중 두피 및 두발의 생리 기능을 높여 주는 데 가장 적합한 샴푸는?

① 드라이 샴푸

② 토닉 샴푸

③ 리퀴드 샴푸

④ 오일 샴푸

27 관계 공무원의 출입, 검사 또는 공중위생영업 장부 또는 서류의 열람을 거부·방해하거나 기피한 경우 1차 위반 시 행정처분기준은?

① 영업정지 10일

② 영업정지 20일

③ 경고 또는 개선명령

④ 영업장 폐쇄명령

28 다음 중 공중위생영업자의 변경신고를 해야 되는 경우를 모두 고른 것은?

> ㄱ. 영업소의 주소
> ㄴ. 신고한 영업장 면적의 3분의 1 이상의 증감
> ㄷ. 재산변동사항
> ㄹ. 영업소의 명칭 또는 상호

① ㄱ, ㄷ   ② ㄱ, ㄴ, ㄹ

③ ㄱ, ㄴ, ㄷ, ㄹ   ④ ㄱ, ㄴ

29 지체 없이 시장·군수·구청장에게 면허증을 반납해야 하는 경우가 아닌 것은?

① 잃어버린 면허증을 찾은 때
② 면허가 취소된 때
③ 이·미용 면허의 정지명령을 받은 때
④ 기재사항에 변경이 있는 때

해설
면허증의 반납 등(공중위생관리법 시행규칙 제12조제1항)
면허가 취소되거나 면허의 정지명령을 받은 자는 지체없이 관할 시장·군수·구청장에게 면허증을 반납하여야 한다.

30 자비소독의 방법으로 옳은 것은?

① 20분 이상 100℃의 끓는 물속에 직접 담그는 방법
② 100℃ 끓는 물에 승홍수(3%)를 첨가하여 소독하는 방법
③ 끓는 물에 10분 이상 담그는 방법
④ 10분 이하 120℃의 건조한 열에 접촉하는 방법

해설
자비소독은 일반적으로 물이 끓기 시작하여 최소 15~20분 동안을 유지시키는 것이 적당하다.

31 스컬프처 커트 스타일(Sculpture Cut Style)에 대한 설명으로 틀린 것은?

① 스컬프처 전용 레이저(Razor) 커트를 한다.
② 두발을 각각 세분하여 커트한다.
③ 두발을 각각 조각하듯 커트한다.
④ 두발 전체를 굴곡 있게 커트한다.

해설
스컬프처 커트(Sculpture Cut)
• 두발을 각각 세분하여 커트한다.
• 가위와 스컬프처 전용 레이저로 커팅하고 브러시로 세팅한다.
• 남성 클래식 커트(Classical Cut)에 해당하는 커트 유형이다.

32 두발 1/2 길이 선에 노멀 테이퍼링 질감처리를 하려고 한다. 남성 조발 시 시닝가위의 발 수는?

① 10~11발
② 20~25발
③ 50~70발
④ 40~45발

해설
• 20발 이하 : 테크닉용으로 질감처리를 할 때 사용
• 20~30발 : 보편적인 질감처리를 할 때 사용
• 40발 이상 : 세밀한 질감처리를 할 때 사용

33 다음 중 중온성균의 최적 증식온도로 가장 적당한 것은?

① 10~15℃
② 15~25℃
③ 25~37℃
④ 40~60℃

해설
미생물의 최적 증식온도
• 저온균 : 15~20℃
• 중온균 : 25~37℃
• 고온균 : 50~60℃

34 이 · 미용사 면허가 취소된 후 계속하여 업무를 행한 자에 대한 벌칙은?

① 100만원 이하의 벌금

② 200만원 이하의 벌금

③ 300만원 이하의 벌금

④ 500만원 이하의 벌금

해설

벌칙(공중위생관리법 제20조제4항)

다음의 어느 하나에 해당하는 자는 300만원 이하의 벌금에 처한다.

• 면허의 취소 또는 정지 중에 이용업 또는 미용업을 한 사람

• 면허를 받지 아니하고 이용업 또는 미용업을 개설하거나 그 업무에 종사한 사람

35 다음 감염병 중 병원체가 기생충인 것은?

① 결 핵

② 백일해

③ 말라리아

④ 일본뇌염

해설

말라리아 병원체는 '말라리아 원충(原蟲)'이라 불리며, 인체 기생충으로 취급하기도 한다.

36 자외선 차단제에 대한 설명으로 옳은 것은?

① 일광의 노출 전에 바르는 것이 효과적이다.

② 피부 병변이 있는 부위에 사용하여도 무관하다.

③ 사용 후 시간이 경과하여도 다시 덧바르지 않는다.

④ SPF지수가 높을수록 민감한 피부에 적합하다.

해설

② 피부 병변이 있는 부위에는 사용을 자제해야 한다.

③ 3~4시간 간격으로 덧바르는 것이 좋다.

④ 민감한 피부라면 SPF 지수 25~30이 적당하다.

37 피부의 신진대사를 활발하게 함으로서 세포의 재생을 돕고 머리비듬, 입술 및 구강의 질병치료에도 좋으며 지루 및 민감한 염증성 피부에 관여하는 비타민은?

① 비타민 C

② 비타민 B₂

③ 비타민 P

④ 비타민 D

해설

비타민 B₂ 부족 시 구순염, 설염의 발생 원인이 된다.

38 미생물의 발육을 정지시켜 음식물이 부패되거나 발효되는 것을 방지하는 작용은?

① 멸 균

② 소 독

③ 방 부

④ 세 척

해설

① 멸균 : 병원성 또는 비병원성 미생물 및 포자를 가진 것을 전부 사멸 또는 제거하는 것을 말한다.

② 소독 : 병원성 미생물의 생활력을 파괴시켜서 감염력을 없애는 것을 말한다.

39 피지선에 대한 내용으로 틀린 것은?

① 진피층에 놓여 있다.

② 손바닥과 발바닥, 얼굴, 이마 등에 많다.

③ 사춘기 남성에게 집중적으로 분비된다.

④ 입술, 성기, 유두, 귀두 등에 독립피지선이 있다.

> **해설**
> 피지선은 손바닥과 발바닥을 제외한 신체의 대부분에 분포한다.

40 체내에 부족하면 괴혈병을 유발시키고, 피부와 잇몸에서 피가 나오며 빈혈을 일으켜 피부를 창백하게 하는 것은?

① 비타민 A　　② 비타민 D

③ 비타민 C　　④ 비타민 K

> **해설**
> ③ 비타민 C : 노화방지, 색소침착 방지 기능을 하며 결핍 시 괴혈병을 일으킨다.
> ① 비타민 A : 결핍 시 야맹증, 결막건조증을 일으킨다.
> ② 비타민 D : 결핍 시 구루병, 골연화증, 골다공증을 일으킨다.
> ④ 비타민 K : 결핍 시 출혈을 일으킨다.

41 진달래과의 월귤나무의 잎에서 추출한 하이드로퀴논 배당체로 멜라닌 활성을 도와주는 타이로시네이스 효소의 작용을 억제하는 미백화장품의 성분은?

① 감마-오리자놀　　② 알부틴

③ AHA　　④ 비타민 C

> **해설**
> 알부틴은 진달래과의 월귤나무 잎에서 추출한 하이드로퀴논 배당체로 타이로시네이스의 활성을 저해하여 멜라닌 색소의 형성을 억제한다.

42 표피에서 촉감을 감지하는 세포는?

① 멜라닌 세포

② 메르켈 세포

③ 각질형성세포

④ 랑게르한스 세포

> **해설**
> ① 멜라닌 세포 : 피부에 색을 결정하는 세포로, 전체 표피의 13% 정도이다.
> ③ 각질형성세포 : 표피의 95%를 차지하며 면역기능에 관여한다.
> ④ 랑게르한스 세포 : 표피의 약 2~4%를 차지하고 기저층에 위치하며, 면역기능에 관여한다.

43 이용기술의 기본이 되는 두부를 구분한 명칭 중 옳은 것은?

① 크라운 - 측두부

② 톱 - 전두부

③ 네이프 - 두정부

④ 사이드 - 후두부

> **해설**
> ① 크라운 : 두정부
> ③ 네이프 : 후두부
> ④ 사이드 : 측두부

44 노화피부의 특징이 아닌 것은?

① 노화피부는 탄력이 없고, 수분이 많다.
② 피지분비가 원활하지 못하다.
③ 색소침착 불균형이 나타난다.
④ 주름이 형성되어 있다.

45 헤어컬러링 중 헤어매니큐어(Hair Manicure)에 대한 설명으로 옳은 것은?

① 모발의 멜라닌 색소를 표백해서 모발을 밝게 하는 효과가 있다.
② 모발의 멜라닌 색소를 탈색시키고 원하는 색상을 표면에 착색시킨다.
③ 모발의 멜라닌 색소를 탈색시키고 원하는 색상을 침투시켜 착색시킨다.
④ 블리치 작용이 없는 검은 모발에는 확실한 효과가 없으나 백모나 블리치된 모발에는 효과가 뛰어나다.

46 향수의 기본 조건으로 틀린 것은?

① 확산성이 좋아야 한다.
② 향은 강하고 지속성이 짧아야 한다.
③ 향에 특징이 있어야 한다.
④ 시대성에 부합되어야 한다.

47 아이론 퍼머넌트 웨이브와 관련한 내용으로 가장 거리가 먼 것은?

① 콜드 퍼머넌트의 방법과 동일한 방법을 사용한다.
② 열을 가하여 고온으로 시술한다.
③ 아이론 퍼머넌트제는 1제와 2제로 구분된다.
④ 아이론의 직경에 따라 다양한 크기의 컬을 만들 수 있다.

48 이·미용업 영업신고를 하지 않고 영업을 한 자에 해당하는 벌칙기준은?

① 6월 이하의 징역 또는 100만원 이하의 벌금
② 6월 이하의 징역 또는 300만원 이하의 벌금
③ 1년 이하의 징역 또는 500만원 이하의 벌금
④ 1년 이하의 징역 또는 1천만원 이하의 벌금

해설
벌칙(공중위생관리법 제20조제2항)
다음의 어느 하나에 해당하는 자는 1년 이하의 징역 또는 1천만원 이하의 벌금에 처한다.
• 공중위생영업의 신고를 하지 아니하고 공중위생영업(숙박업은 제외)을 한 자
• 영업정지명령 또는 일부 시설의 사용중지명령을 받고도 그 기간 중에 영업을 하거나 그 시설을 사용한 자 또는 영업소 폐쇄명령을 받고도 계속하여 영업을 한 자

49 대기오염으로 인한 건강장애로 대표적인 것은?

① 위장질환
② 신경질환
③ 호흡기질환
④ 발육저하

50 아로마 오일을 피부에 효과적으로 침투시키기 위해 사용하는 식물성 오일은?

① 에센셜 오일
② 트랜스 오일
③ 캐리어 오일
④ 미네랄 오일

해설
캐리어 오일은 살구씨, 아보카도, 포도씨, 올리브, 카놀라처럼 씨앗에서 추출되는 모든 식물성 오일이다.

51 에그(흰자)팩의 효과에 대한 설명으로 가장 적합한 것은?

① 수렴, 표백작용
② 미백 및 보습작용
③ 영양 공급작용
④ 세정작용 및 잔주름 예방

해설
에그팩(흰자)은 단백질의 교착작용을 이용해서 피부에 세정효과를 주어 잔주름을 없애주고 건조성 피부와 중년기의 쇠퇴한 피부에 효과적이다.

52 기초 화장품의 사용 목적이 아닌 것은?

① 세 안
② 잡티 제거
③ 피부 정돈
④ 피부 보호

해설
기초 화장품의 사용 목적 : 세안, 피부 보호, 피부 정돈

53 소독에 필요한 인자와 가장 거리가 먼 것은?

① 물 ② 온 도

③ 산 소 ④ 자외선

소독에 필요한 인자
• 물리적 인자 : 열, 수분, 자외선
• 화학적 인자 : 물, 온도, 농도, 시간

54 다음 과거에의 현성 또는 불현성 감염에 의하여 획득한 면역은?

① 자연능동면역

② 자연수동면역

③ 인공능동면역

④ 인공수동면역

② 자연수동면역 : 태반 또는 모유에 의하여 어머니로부터 면역항체를 받는 상태이다.
③ 인공능동면역 : 사균 또는 약독화한 병원체 등의 접종에 의하여 획득한 면역이다(장티푸스, 결핵, 파상풍 등).
④ 인공수동면역 : 성인 또는 회복기 환자의 혈청, γ-globulin, 양친의 혈청, 태반축출물의 주사에 의해서 면역체를 받는 상태이다.

55 지성피부의 특징에 대한 설명 중 틀린 것은?

① 과다한 피지분비로 문제성 피부가 되기 쉽다.

② 여성보다 남성 피부에 많다.

③ 모공이 매우 크며 유분이 걸돌아 번들거린다.

④ 피부결이 섬세하고 곱다.

피부결이 거칠고 두꺼워 보인다.

56 블로 드라이 스타일링으로 정발 시술을 할 때 도구의 사용에 대한 설명 중 적합하지 않은 것은?

① 블로 드라이어와 빗이 항상 같이 움직여야 한다.

② 블로 드라이어는 열이 필요한 곳에 댄다.

③ 블로 드라이어는 작품을 만든 다음 보정작업으로도 널리 사용된다.

④ 블로 드라이어는 빗으로 세울 만큼 세워서 그 부위에 드라이어를 댄다.

블로 드라이어와 빗이 항상 같이 움직이면, 고데기를 사용하는 원리와 같이 빗이 가열되어 머리카락이 녹을 수 있다.

57 음용수로 사용할 상수의 수질오염 지표 미생물로 주로 사용되는 것은?

① 중금속　　　　② 일반세균
③ 대장균　　　　④ COD

오탁지표
• 실내오탁지표 : CO_2
• 대기오탁지표 : SO_2
• 수질오염지표 : 대장균
• 하수오염지표 : BOD

58 고객의 머리숱이 유난히 많은 두발을 커트할 때 가장 적합하지 않은 커트 방법은?

① 딥 테이퍼
② 스컬프처 커트
③ 레이저 커트
④ 블런트 커트

블런트 커트는 모발에서 기장은 제거되지만 부피는 그대로 유지된다.

59 다음 중 갑상선의 기능 장애와 가장 관계가 있는 것은?

① 칼 슘
② 철 분
③ 아이오딘
④ 나트륨

아이오딘
• 갑상선 호르몬인 타이록신의 구성 성분이다.
• 해조류에 많고 두발의 발모를 돕는다.
• 과잉 : 바세도우씨병
• 결핍 : 갑상선종, 대사율 저하

60 인체에 발생하는 사마귀의 원인은?

① 박테리아
② 곰팡이
③ 악성증식
④ 바이러스

사마귀는 인유두종 바이러스(HPV)에 감염되면서 발생하는 피부 질환이다.

01 블로 드라이 스타일링으로 정발 시술을 할 때 도구의 사용에 대한 설명 중 적합하지 않은 것은?

① 블로 드라이어와 빗이 항상 같이 움직여야 한다.
② 블로 드라이어는 열이 필요한 곳에 댄다.
③ 블로 드라이어는 작품을 만든 다음 보정작업으로도 널리 사용된다.
④ 블로 드라이어는 빗으로 세울 만큼 세워서 그 부위에 드라이어를 댄다.

해설
블로 드라이어와 빗이 항상 같이 움직이면, 고데기를 사용하는 원리와 같이 빗이 가열되어 머리카락이 녹을 수 있다.

02 시트러스 계열 정유가 아닌 것은?

① 레 몬
② 그레이프프루트
③ 라벤더
④ 오렌지

해설
시트러스(감귤) 계열에는 레몬, 버가못, 오렌지 스위트, 라임, 그레이프프루트(자몽), 만다린 등이 있다.

03 탈모를 방지하기 위해 올바른 세발 방법은?

① 손톱 끝을 이용하여 두피에 자극을 주며 샴푸를 헹군다.
② 먼지 제거 정도로만 머리를 헹군다.
③ 손 끝을 사용하여 두피를 부드럽게 문지르며 헹군다.
④ 샴푸를 할 때 브러시로 빗질을 하며 헹군다.

04 매뉴얼테크닉 기법 중 피부를 강하게 문지르면서 가볍게 원운동을 하는 동작은?

① 에플라지(Effleurage)
② 프릭션(Friction)
③ 페트리사지(Petrissage)
④ 타포트먼트(Tapotement)

해설
① 에플라지(Effleurage) : 손바닥을 이용해 부드럽게 쓰다듬는 동작
③ 페트리사지(Petrissage) : 근육을 횡단하듯 반죽하는 동작
④ 타포트먼트(Tapotement) : 손가락을 이용하여 두드리는 동작

05 공중위생영업자는 위생교육을 매년 몇 시간 받아야 하는가?

① 3시간
② 6시간
③ 8시간
④ 10시간

해설
위생교육(공중위생관리법 시행규칙 제23조제1항)
위생교육은 집합교육과 온라인 교육을 병행하여 실시하되, 교육시간은 3시간으로 한다.

정답 1 ① 2 ③ 3 ③ 4 ② 5 ①

06 공중위생관리법상 이·미용업소에서 유지하여야 하는 조명도의 기준은?

① 50럭스 이상

② 75럭스 이상

③ 100럭스 이상

④ 125럭스 이상

해설

공중위생영업자가 준수하여야 하는 위생관리기준 등(공중위생관리법 시행규칙 [별표 4])
영업장 안의 조명도는 75럭스 이상이 되도록 유지하여야 한다.

07 이·미용사의 건강진단 결과 마약 중독자라고 판정될 때 취할 수 있는 조치 사항은?

① 자격정지

② 업소폐쇄

③ 면허취소

④ 1년 이상 업무정지

해설

이·미용사의 면허취소 등(공중위생관리법 제7조제1항)
시장·군수·구청장은 이용사 또는 미용사가 다음에 해당하는 때에는 그 면허를 취소하거나 6월 이내의 기간을 정하여 면허의 정지를 명할 수 있다.
• 피성년후견인(취소)
• 「정신건강증진 및 정신질환자 복지서비스 지원에 관한 법률」에 따른 정신질환자 내지 마약 기타 대통령령으로 정하는 약물 중독자(취소)
• 면허증을 다른 사람에게 대여한 때
• 「국가기술자격법」에 따라 자격이 취소된 때(취소)
• 「국가기술자격법」에 따라 자격정지처분을 받은 때(「국가기술자격법」에 따른 자격정지처분기간에 한정)
• 이중으로 면허를 취득한 때(나중에 발급받은 면허, 취소)
• 면허정지처분을 받고도 그 정지 기간 중에 업무를 한 때(취소)
• 「성매매알선 등 행위의 처벌에 관한 법률」이나 「풍속영업의 규제에 관한 법률」을 위반하여 관계 행정기관의 장으로부터 그 사실을 통보받은 때

08 다음 샴푸법 중 거동이 불편한 환자나 임산부에 가장 적당한 것은?

① 플레인 샴푸(Plain Shampoo)

② 핫 오일(Hot Oil Shampoo)

③ 에그 샴푸(Egg Shampoo)

④ 드라이 샴푸(Dry Shampoo)

해설

드라이 샴푸는 물 없이 머리를 감을 수 있는 샴푸이다.

09 커트용 가위의 선정방법에 대한 설명 중 틀린 것은?

① 날의 두께가 얇고 회전축이 강한 것이 좋다.

② 도금된 것이 좋다.

③ 날의 견고함이 양쪽 골고루 똑같아야 한다.

④ 손가락 넣는 구멍이 적합해야 한다.

해설

② 가위가 도금된 것은 피하는 것이 좋다.

10 가위소독의 방법으로 가장 적합한 것은?

① 소독포에 싸서 자외선 소독기에 넣는다.

② 차아염소산소다액에 30분 정도 담근다.

③ 가위 날을 벌려 고압증기멸균기에 넣는다.

④ 70% 알코올에 20분 이상 담근다.

11 이용용 가위에 대한 설명으로 가장 거리가 먼 것은?

① 날의 견고함이 양쪽 골고루 똑같아야 한다.

② 날의 두께가 얇고 허리가 강한 것이 좋다.

③ 가위는 기본적으로 엄지만의 움직임에 따라 개폐 조작을 행한다.

④ 가위의 날 몸 부분 전체가 동일한 재질로 만들어져 있는 가위를 착강가위라고 한다.

해설
착강가위의 날은 특수강철이고 협신부는 연철로 된 가위이다.

12 다음 중 이·미용 업소의 실내 바닥을 닦을 때 가장 적합한 소독제는?

① 크레졸수

② 과산화수소

③ 알코올

④ 염 소

13 머리숱이 많은 두발을 조발할 때 머리숱을 줄이기 위해서 사용하는 것은?

① 시닝가위

② 단발가위

③ 손톱가위

④ 조발가위

14 정발 시술 시 포마드를 바르는 방법으로 가장 적합한 것은?

① 두발 표면에만 포마드를 바른다.

② 두발의 속부터 표면까지 포마드를 고루 바른다.

③ 손님의 두부를 반드시 동요시키면서 포마드를 바른다.

④ 포마드를 바를 때 특별히 지켜야 할 순서는 없으므로 자유롭게 바르면 된다.

해설
포마드를 바를 때는 두발의 뿌리부터 바른다.

15 피지선에 대한 내용으로 틀린 것은?

① 진피층에 놓여 있다.

② 손바닥과 발바닥, 얼굴, 이마 등에 많다.

③ 사춘기 남성에게 집중적으로 분비된다.

④ 입술, 성기, 유두, 귀두 등에 독립피지선이 있다.

해설
피지선은 손바닥과 발바닥을 제외한 신체의 대부분에 분포한다.

16 면도 시술 시 마스크를 사용하는 주목적은?

① 불필요한 대화의 방지를 위하여 사용한다.
② 호흡기 질병 및 감염병 예방을 위하여 사용한다.
③ 손님의 입김을 방지하기 위하여 사용한다.
④ 상대방의 악취를 예방하기 위하여 사용한다.

> **해설**
> 면도 시술 시 마스크를 사용하는 주목적은 호흡기 질병 및 감염병 예방을 위하여 사용한다.

17 탈모증 종류에서 유전성 탈모증인 것은?

① 원형 탈모
② 남성형 탈모
③ 반흔성 탈모
④ 휴지기성 탈모

> **해설**
> 남성형 탈모는 안드로젠과 유전적 소인이 주원인이나 나이가 들면서 안드로젠에 대한 감수성이 증가하면서 탈모가 발생한다.

18 탈모를 방지하기 위해 올바른 세발 방법은?

① 손톱 끝을 이용하여 두피에 자극을 주며 샴푸를 헹군다.
② 먼지 제거 정도로만 머리를 헹군다.
③ 손 끝을 사용하여 두피를 부드럽게 문지르며 헹군다.
④ 샴푸를 할 때 브러시로 빗질을 하며 헹군다.

19 원발진에 의하여 생기는 피부변화에 해당되는 것은?

① 비 듬   ② 가 피
③ 미 란   ④ 팽 진

> **해설**
> 원발진에 의하여 생기는 피부변화
> 면포, 구진, 농포, 결절, 반점, 팽진, 소수포, 수포, 낭종, 종양 등이 있다.

20 직업병과 직업종사자와의 연결이 옳게 된 것은?

① 잠함병 – 수영선수
② 열사병 – 비만자
③ 고산병 – 항공기조종사
④ 백내장 – 인쇄공

21 다음 중 이용원 간판(사인보드)의 색으로 사용하지 않는 것은?

① 청 색   ② 황 색

③ 백 색   ④ 적 색

해설
이발소 입구마다 설치되어 있는 청색·적색·백색의 둥근 기둥은 이발소를 표시하는 세계 공통의 기호이다. 청색은 '정맥', 적색은 '동맥', 백색은 '붕대'를 나타낸다.

22 영업자의 지위를 승계한 자로서 신고를 하지 아니하였을 경우 해당하는 처벌기준은?

① 1년 이하의 징역 또는 1,000만원 이하의 벌금

② 6월 이하의 징역 또는 500만원 이하의 벌금

③ 200만원 이하의 벌금

④ 100만원 이하의 벌금

해설
벌칙(공중위생관리법 제20조제3항)
다음의 어느 하나에 해당하는 자는 6월 이하의 징역 또는 500만원 이하의 벌금에 처한다.
• 변경신고를 하지 아니한 자
• 공중위생영업자의 지위를 승계한 자로서 규정에 의한 신고를 하지 아니한 자
• 건전한 영업질서를 위하여 공중위생영업자가 준수하여야 할 사항을 준수하지 아니한 자

23 커트 시술 시 작업 순서를 바르게 나열한 것은?

① 구상 – 제작 – 소재 – 보정

② 소재 – 구상 – 보정 – 제작

③ 구상 – 소재 – 제작 – 보정

④ 소재 – 구상 – 제작 – 보정

24 화장품법상 기능성 화장품에 대한 설명으로 옳은 것은?

① 자외선에 의해 피부가 심하게 그을리거나 일광화상이 생기는 것을 지연해 준다.

② 피부 표면에 더러움이나 노폐물을 제거하여 피부를 청결하게 해 준다.

③ 피부 표면의 건조를 방지해 주고 피부를 매끄럽게 한다.

④ 비누 세안에 의해 손상된 피부의 pH를 정상적인 상태로 빨리 돌아오게 한다.

25 화장품의 제형에 따른 특징의 설명으로 틀린 것은?

① 유화제품 – 물에 오일 성분이 계면활성제에 의해 우유빛으로 백탁화된 상태의 제품

② 유용화제품 – 물에 다량의 오일 성분이 계면활성제에 의해 현탁하게 혼합된 상태의 제품

③ 분산제품 – 물 또는 오일 성분에 미세한 고체입자가 계면활성제에 의해 균일하게 혼합된 상태의 제품

④ 가용화제품 – 물에 소량의 오일 성분이 계면활성제에 의해 투명하게 용해되어 있는 상태의 제품

해설
② 분산제품을 말한다.

26 모발에 대한 설명 중 맞는 것은?

① 밤보다 낮에 잘 자란다.

② 봄과 여름보다 가을과 겨울에 잘 자란다.

③ 모발의 주기(모주기)는 성장기, 퇴행기, 휴지기, 발생기로 나누어진다.

④ 개인차가 있을 수 있지만 평균 한 달에 5cm 정도 자란다.

해설
① 하루 중에는 낮보다 밤에 잘 자란다.
② 1년 중에는 봄과 여름에 성장이 빠르다.
④ 한 달에 1~1.5cm 정도 자란다.

27 표피에 습윤 효과를 목적으로 널리 사용되는 화장품 원료는?

① 라놀린

② 글리세린

③ 과붕산나트륨

④ 과산화수소

해설
글리세린은 수분유지와 보습작용을 한다.

28 바이러스에 의해 발병되는 질병은?

① 장티푸스

② 인플루엔자

③ 결 핵

④ 콜레라

해설
여러 바이러스가 원인인 감기와 달리 독감은 인플루엔자 바이러스에 의해서만 발병한다.

29 쥐로 인하여 발생할 수 있는 감염병은?

① 유행성 출혈열, 페스트, 살모넬라증

② 발진티푸스, 재귀열, 유행성 간염

③ 일본뇌염, 말라리아, 사상충염

④ 장티푸스, 콜레라, 폴리오

해설
쥐가 매개하는 감염병 : 페스트, 살모넬라증, 서교증, 재귀열, 발진열, 유행성 출혈열, 쯔쯔가무시병, 렙토스피라증 등

30 자외선 차단지수를 나타내는 약어는?

① FDA   ② UV-C

③ SPF   ④ WHO

해설
자외선 차단지수라고 하는 SPF는 자외선B(UV-B)의 차단효과를 표시하는 단위이다.

26 ③ 27 ② 28 ② 29 ① 30 ③ **정답**

31 두부(Head) 내 각부 명칭의 연결이 잘못된 것은?

① 전두부 – 프런트(Front)

② 두정부 – 크라운(Crown)

③ 후두부 – 톱(Top)

④ 측두부 – 사이드(Side)

• 후두부 : 네이프(Nape)

• 두정부 : 톱(Top)

32 항산화 비타민으로 아스코브산(Ascorbic Acid)으로 불리는 것은?

① 비타민 A

② 비타민 B

③ 비타민 C

④ 비타민 D

비타민 C는 아스코브산이라는 수용성 항산화 성분이다.

33 다음 중 일정 기간 염모를 피해야 할 때는?

① 면체 직후

② 세발 직후

③ 조발 직후

④ 펌 직후

34 이 · 미용사의 면허증을 다른 사람에게 대여한 1차 위반 시의 행정처분기준은?

① 면허정지 2월

② 면허정지 3월

③ 면허취소

④ 면허정지 1월

행정처분기준(공중위생관리법 시행규칙 [별표 7])

면허증을 다른 사람에게 대여한 경우

• 1차 위반 : 면허정지 3개월

• 2차 위반 : 면허정지 6개월

• 3차 위반 : 면허취소

35 프랑스 이용고등기술연맹에서 1966년도에 발표한 작품명은?

① 엠파이어 라인(Empire Line)

② 댄디 라인(Dandy Line)

③ 장티욤 라인(Gentihome Line)

④ 안티브 라인(Antibes Line)

② 댄디 라인(Dandy Line) : 1965년

③ 장티욤 라인(Gentihome Line) : 1955년

④ 안티브 라인(Antibes Line) : 1954년

36 다음 커트 중 젖은 두발 상태, 즉, 웨트 커트(Wet Cut)가 아닌 것은?

① 레이저 이용 커트
② 수정 커트
③ 스포츠형 커트
④ 퍼머넌트 모발 커트

해설
수정 깎기 : 모든 컷의 마지막 마무리 기법이다.

37 아이론 퍼머넌트 웨이브(Permament Wave)에 관한 설명으로 틀린 것은?

① 두발에 물리적, 화학적 방법으로 파도(물결)상의 웨이브를 지니도록 한다.
② 두발에 인위적으로 변화를 주어 임의의 형태를 만들 수 있다.
③ 모발의 양이 많아 보이게 할 수 있다.
④ 콜드 웨이브(Cold Wave)는 열을 가하여 컬을 만드는 것이다.

해설
콜드 웨이브(Cold Wave)는 실온 40℃ 정도의 온도에서 펌 웨이브를 얻을 수 있다.

38 콜드 퍼머넌트를 하고 난 다음 최소 얼마 후에 염색을 하면 가장 적합한가?

① 퍼머넌트 시술 후 즉시
② 약 6시간 후
③ 약 12시간 후
④ 약 1주일 후

39 아이론 시술 시 주의사항으로 가장 적합한 것은?

① 아이론의 핸들이 무겁고 녹슨 것을 사용한다.
② 아이론의 온도는 120~140℃를 일정하게 유지하도록 한다.
③ 모발에 수분이 충분히 젖은 상태에서 시술해야 손상이 적다.
④ 1905년 영국 찰스 네슬러가 창안하여 발표하였다.

해설
아이론 스타일링 시 아이론의 온도는 120~140℃ 정도가 적당하다.

40 가모 패턴제작에서 "고객에게 적합하도록 고객의 모발과 매치, 인모색상, 재질, 컬 등을 고려"하는 과정은?

① 가모 피팅   ② 가모 린싱
③ 테이핑   ④ 가모 커트

41 웨트 커트(Wet Cut)를 하는 이유로 가장 적합한 것은?

① 시간을 단축하기 위해서이다.

② 깎기 편하기 때문이다.

③ 가위의 손상이 적기 때문이다.

④ 두피에 당김을 덜 주며 정확한 길이로 자를 수 있기 때문이다.

42 안면의 면도 시술 시 각 부위별 레이저(Face Razor) 사용방법으로 틀린 것은?

① 우측의 볼, 위턱, 구각, 아래턱 부위 – 백 핸드 (Back Hand)

② 좌측 볼의 인중, 위턱, 구각, 아래턱 부위 – 펜슬 핸드(Pencil Hand)

③ 우측의 귀밑 턱 부분에서 볼 아래턱의 각 부위 – 프리 핸드(Free Hand)

④ 좌측의 볼부터 귀부분의 늘어진 선 부위 – 푸시 핸드(Push Hand)

해설
② 프리 핸드를 말한다.

43 이용 또는 미용영업을 하고자 하는 자가 소정의 법정시설 및 설비를 갖춘 후 영업신고를 하지 아니하고 영업을 한 때의 벌칙은?

① 300만원 이하의 과태료

② 300만원 이하의 벌금

③ 6월 이하의 징역 또는 500만원 이하의 벌금

④ 1년 이하의 징역 또는 1천만원 이하의 벌금

해설
벌칙(공중위생관리법 제20조제2항)
다음의 어느 하나에 해당하는 자는 1년 이하의 징역 또는 1천만원 이하의 벌금에 처한다.
• 공중위생영업의 신고를 하지 아니하고 공중위생영업(숙박업은 제외)을 한 자
• 영업정지명령 또는 일부 시설의 사용중지명령을 받고도 그 기간 중에 영업을 하거나 그 시설을 사용한 자 또는 영업소 폐쇄명령을 받고도 계속하여 영업을 한 자

44 레이저를 이용하여 천정부 커팅 시 두발 길이를 일정하게 만들기 위한 날(Blade)의 사용기법으로 가장 적합한 것은?

① 모발 끝을 하나씩 잡고 절단하듯 커트한다.

② 빗날 위로 나온 부분을 면도하듯 커트한다.

③ 모발 끝을 정렬시키고 날은 오른손 엄지 면에 대고 절단하듯 커트한다.

④ 빗날 위에 나온 부분을 날과 몸체를 이용하여 커트한다.

45 얼굴형이 둥근 경우 가르마의 기준으로 맞는 것은?

① 5 : 5 가르마

② 4 : 6 가르마

③ 7 : 3 가르마

④ 8 : 2 가르마

해설

가르마의 기준

• 긴 얼굴 – 2 : 8

• 둥근 얼굴 – 3 : 7

• 사각형 얼굴 – 4 : 6

• 역삼각형 얼굴 – 5 : 5

47 면도기를 잡는 방법 중 칼 몸체와 핸들이 일직선이 되게 똑바로 펴서 마치 막대기를 쥐는 듯한 방법은?

① 프리 핸드(Free Hand)

② 백 핸드(Back Hand)

③ 스틱 핸드(Stick Hand)

④ 펜슬 핸드(Pencil Hand)

해설

① 프리 핸드 : 가장 기본적인 면도 자루를 쥐는 방법

② 백 핸드 : 면도기를 프리 핸드로 잡은 자세에서 날을 반대로 운행하는 기법

④ 펜슬 핸드 : 면도기를 연필 잡듯이 쥐고 행하는 기법

46 광물성 포마드에 대한 내용으로 가장 거리가 먼 것은?

① 두발의 때를 잘 제거하며, 두발에 영양을 준다.

② 고형 파라핀이 함유되어 있다.

③ 바셀린이 함유되어 있다.

④ 오래 사용하면 두발이 붉게 탈색된다.

해설

광물성 포마드는 모발에서 쉽게 세척이 되지 않는 물질이다.

48 두발 자율화가 시행된 연도는?

① 1980년

② 1982년

③ 1985년

④ 1990년

해설

두발 자율화(1982년), 교복 자율화(1983년)가 시행되면서 스타일이 다양화되었다.

49 자외선 차단제에 대한 설명으로 가장 적합한 것은?

① 일광에 노출된 후에 바르는 것이 효과적이다.
② 피부 병변이 있는 부위에 사용해 자외선을 막아 준다.
③ 사용 후 시간이 경과하여 다시 덧바르면 효과가 떨어진다.
④ 민감한 피부는 SPF가 낮은 제품을 사용하는 것이 좋다.

해설
SPF는 자외선 B(UV−B)의 차단효과를 표시하는 단위이다.

50 긴 얼굴형에 가장 어울리는 조발시술은?

① 후두부에 두발의 양이 많이 보이도록 양감을 준다.
② 두정부 부위에 두발의 양이 많아 보이도록 양감을 준다.
③ 좌·우측 부위에 두발의 양이 적어 보이도록 한다.
④ 좌·우측 부위에 두발의 양이 많아 보이도록 양감을 준다.

51 두피 매뉴얼테크닉(마사지)의 방법이 아닌 것은?

① 경찰법(문지르기)
② 유연법(주무르기)
③ 진동법(떨기)
④ 회전법(돌리기)

해설
두피 매뉴얼테크닉(마사지)의 방법
경찰법, 유연법, 고타법, 강찰법, 압박법, 진동법 등

52 정발을 위한 블로 드라이 스타일링(Blow Dry Styling)에 대한 내용 중 틀린 것은?

① 가르마 부분에서 시작하여 측두부, 천정부 순으로 시술한다.
② 이용의 마무리 작업으로써 정발이라 하며 스타일링 기술에 속한다.
③ 빗과 블로 드라이어 열의 조작기술에 의해 모근의 높낮이를 조절할 수 있다.
④ 블로 드라이어를 이용한 정발술은 모발 내 주쇄결합을 일시적으로 절단시키는 기술이다.

53 이·미용업자가 준수하여야 하는 위생관리기준 등이 아닌 것은?

① 이·미용 기구 중 소독을 한 기구와 소독을 하지 아니한 기구를 각각 다른 용기에 넣어 보관하여야 한다.

② 1회용 면도날은 손님 1인에 한하여 사용하여야 한다.

③ 영업소 내에 최종지급요금표를 게시 또는 부착하여야 한다.

④ 영업소 내에 화장실을 갖추어야 한다.

해설
이용업자 위생관리기준(공중위생관리법 시행규칙 [별표 4])
• 이용기구 중 소독을 한 기구와 소독을 하지 아니한 기구는 각각 다른 용기에 넣어 보관하여야 한다.
• 1회용 면도날은 손님 1인에 한하여 사용하여야 한다.
• 영업장 안의 조명도는 75럭스 이상이 되도록 유지하여야 한다.
• 영업소 내부에 이용업 신고증 및 개설자의 면허증 원본을 게시하여야 한다.
• 영업소 내부에 부가가치세, 재료비 및 봉사료 등이 포함된 요금표(이하 "최종지급요금표"라 한다)를 게시 또는 부착하여야 한다.
• 신고한 영업장 면적이 66m² 이상인 영업소의 경우 영업소 외부(출입문, 창문, 외벽면 등을 포함한다)에도 손님이 보기 쉬운 곳에 「옥외광고물 등 관리법」에 적합하게 최종지급요금표를 게시 또는 부착하여야 한다. 이 경우 최종지급요금표에는 일부 항목(3개 이상)만을 표시 할 수 있다.
• 3가지 이상의 이용서비스를 제공하는 경우에는 개별 이용서비스의 최종 지불가격 및 전체 이용서비스의 총액에 관한 내역서를 이용자에게 미리 제공하여야 한다. 이 경우 이용업자는 해당 내역서 사본을 1개월간 보관하여야 한다.

54 피부의 생물학적 노화현상과 거리가 먼 것은?

① 표피 두께가 줄어든다.

② 엘라스틴의 양이 늘어난다.

③ 피부의 색소침착이 증가된다.

④ 피부의 저항력이 떨어진다.

해설
나이가 들면 콜라겐과 엘라스틴이 줄어들어 피부는 탄력성을 잃고 늘어지며, 혈액순환도 잘 안 된다.

55 다음 중 표피에 존재하며 면역과 가장 관계가 깊은 세포는?

① 멜라닌 세포

② 랑게르한스 세포

③ 메르켈 세포

④ 섬유아세포

해설
인체 면역력이 떨어지면 피부의 면역기능을 담당하는 랑게르한스 세포의 기능이 저하되어 피부의 면역력까지 떨어질 수 있다.

56 사람의 피부색과 관련이 없는 것은?

① 카로틴 색소

② 헤모글로빈 색소

③ 클로로필 색소

④ 멜라닌 색소

해설
피부의 색을 결정하는 색소
• 멜라닌 색소 : 피부 속에 존재하는 흑색계통
• 헤모글로빈 색소 : 혈액 속에 존재하는 적색계통
• 카로틴 색소 : 과립에서 옮겨 오는 황색계통

57 고객의 머리숱이 유난히 많은 두발을 커트할 때 가장 적합하지 않은 커트 방법은?

① 레이저 커트
② 스컬프처 커트
③ 딥 테이퍼
④ 블런트 커트

해설
블런트 커트는 모발에서 기장은 제거되지만 부피는 그대로 유지된다.

58 세발 시술 시 드라이 샴푸의 종류로 틀린 것은?

① 파우더 드라이 샴푸
② 에그 파우더 샴푸
③ 플레인 샴푸
④ 리퀴드 드라이 샴푸

해설
플레인 샴푸 : 합성세제, 비누, 물을 이용한 보통 샴푸이다.

59 다음 중 수축력이 강하고 잔주름 완화에 효과가 있는 것은?

① 오일팩
② 우유팩
③ 왁스 마스크팩
④ 에그팩

해설
① 오일팩 : 과도한 건조성 피부에 유분과 수분을 보충해 준다.
② 우유팩 : 지방보급, 보습, 표백작용을 한다.
④ 에그팩 : 흰자(세정작용 및 잔주름 예방), 노른자(영양보급, 건성피부의 영양투입)

60 이용 시술을 위한 이용사의 작업을 설명한 내용으로 가장 거리가 먼 것은?

① 고객의 용모에 대한 특성을 신속·정확하게 파악한다.
② 시술에 대한 구상을 하기 전에 고객의 요구사항을 파악한다.
③ 이용사 자신의 개성미를 우선적으로 표현한다.
④ 시술 후에는 전체적인 조화를 종합적으로 검토한다.

해설
고객이 만족하는 개성미를 표현해야 한다.

01 우리나라에서 단발령이 처음으로 내려진 시기는?

① 1880년 10월   ② 1881년 8월

③ 1891년 8월   ④ 1895년 11월

해설

단발령

김홍집 내각이 1895년(고종 32년) 11월 성년 남자의 상투를 자르도록 내린 명령이다.

02 면도기를 잡는 방법 중 칼 몸체와 핸들이 일직선이 되게 똑바로 펴서 마치 막대기를 쥐는 듯한 방법은?

① 프리 핸드(Free Hand)

② 백 핸드(Back Hand)

③ 스틱 핸드(Stick Hand)

④ 펜슬 핸드(Pencil Hand)

해설

① 프리 핸드 : 면도기의 자루를 쥐는 가장 기본적인 방법

② 백 핸드 : 면도기를 프리 핸드로 잡은 자세에서 날을 반대로 운행하는 기법

④ 펜슬 핸드 : 면도기를 연필 잡듯이 쥐고 행하는 기법

03 손님의 얼굴형이 긴 얼굴형(장방형)이라면 가르마는 어떤 형이 가장 평범하고 적절한가?

① 2 : 8 가르마   ② 3 : 7 가르마

③ 4 : 6 가르마   ④ 5 : 5 가르마

해설

가르마의 기준

• 긴 얼굴 – 2 : 8

• 둥근 얼굴 – 3 : 7

• 사각형 얼굴 – 4 : 6

• 역삼각형 얼굴 – 5 : 5

04 면도 전 스팀타월을 사용하는 이유로 틀린 것은?

① 피부의 상처를 예방한다.

② 수염과 피부를 유연하게 한다.

③ 피부에 온열 효과를 주어 모공을 수축시킨다.

④ 지각 신경의 감수성을 조절함으로써 면도날에 의한 자극을 줄이는 효과가 있다.

해설

면도 시 스팀타월을 이용하는 이유

• 면도를 쉽게 한다.

• 피부의 상처를 예방한다.

• 피부에 온열 효과를 주어 쾌감을 주는 동시에 모공을 확장시킨다.

• 수염과 피부를 유연하게 한다.

• 피부의 노폐물, 먼지 등의 제거에 도움을 준다.

• 지각 신경의 감수성을 조절함으로써 면도날에 의한 자극을 줄이는 효과가 있다.

05 감각온도(Effective Temperature)를 측정하는 요소로 옳지 않은 것은?

① 온 도   ② 습 도

③ 기 류   ④ 산소량

해설

감각온도의 3요소는 기온, 기류, 습도이다.

06 다음 중 산란과 동시에 감염능력이 있으며 저항성이 커서 집단감염이 가장 잘되는 기생충은?

① 회 충 ② 십이지장충
③ 광절열두조충 ④ 요 충

해설
요충은 사람의 대장과 맹장에 기생하며 항문 주위에 알을 낳아 주로 어린이들에게 잘 감염되고 집단감염이 잘 일어나는 기생충이다.

07 다음 중 위생교육에 관한 설명으로 틀린 것은?

① 위생교육을 받아야 하는 자 중 영업에 직접 종사하지 아니하거나 2 이상의 장소에서 영업을 하는 자는 종업원 중 영업장별로 공중위생에 관한 책임자를 지정하고 그 책임자로 하여금 위생교육을 받게 하여야 한다.
② 위생교육의 내용은 「공중위생관리법」 및 관련 법규, 소양교육, 기술교육, 그 밖에 공중위생에 관하여 필요한 내용으로 한다.
③ 위생교육 대상자 중 보건복지부장관이 고시하는 섬, 벽지지역에서 영업을 하고 있거나 하려는 자에 대하여는 위생교육 실시단체가 편찬한 교육교재를 배부하여 이를 익히고 활용하도록 함으로써 교육에 갈음할 수 있다.
④ 위생교육 실시단체의 장은 위생교육을 수료한 자에게 수료증을 교부하고, 교육실시 결과를 교육 후 즉시 시장, 군수, 구청장에게 통보하여야 하며, 수료증 교부대장 등 교육에 관한 기록을 1년 이상 보관·관리하여야 한다.

해설
위생교육(공중위생관리법 시행규칙 제23조제10항)
위생교육 실시단체의 장은 위생교육을 수료한 자에게 수료증을 교부하고, 교육실시 결과를 교육 후 1개월 이내에 시장·군수·구청장에게 통보하여야 하며, 수료증 교부대장 등 교육에 관한 기록을 2년 이상 보관·관리하여야 한다.

08 기생충의 인체 내 기생부위 연결이 잘못된 것은?

① 구충증 – 폐
② 폐흡충 – 폐
③ 요충증 – 직장
④ 간흡충증 – 간의 담도

해설
① 구충증(십이장충증)은 주로 공장(空腸 ; 빈 창자)에서 기생한다.

09 7 : 3 가르마를 할 때 가르마의 기준선으로 옳은 것은?

① 눈꼬리를 기준으로 한 기준선
② 눈 안 정가운데를 기준으로 한 기준선
③ 안쪽 눈매를 기준으로 한 기준선
④ 얼굴 정가운데를 기준으로 한 기준선

해설
가르마의 기준
• 긴 얼굴형(2 : 8 가르마) : 눈꼬리를 기준으로 나눈다.
• 둥근 얼굴형(3 : 7 가르마) : 안구의 중심을 기준으로 나눈다.
• 사각형 얼굴형(4 : 6 가르마) : 눈(눈썹) 안쪽을 기준으로 나눈다.
• 역삼각형 얼굴형(5 : 5 가르마) : 얼굴의 정중선(코끝)을 기준으로 나눈다.

10 기초화장품에 대한 설명으로 가장 거리가 먼 것은?

① 피부를 청결히 한다.
② 피부의 모이스처 밸런스를 유지시킨다.
③ 피부의 신진대사를 활발하게 한다.
④ 피부의 결점을 보완하고 개성을 표현한다.

해설
기초화장품은 피부를 가꾸어 주는 화장품으로, 피부를 청결하게 하고 수분과 유분을 적절히 공급해 주는 역할을 한다.

11 다음 중 두피 및 두발의 생리기능을 높여 주는 데 가장 적합한 샴푸는?

① 드라이 샴푸

② 토닉 샴푸

③ 리퀴드 샴푸

④ 오일 샴푸

해설
② 토닉 샴푸 : 헤어 토닉을 사용해 두발을 세정하며, 두피 및 두발의 생리기능을 높여 주는 리퀴드 드라이 샴푸의 일종이다.

12 비듬 질환이 있는 두피에 가장 적합한 스캘프 트리트먼트는?

① 플레인 스캘프 트리트먼트

② 드라이 스캘프 트리트먼트

③ 댄드러프 스캘프 트리트먼트

④ 오일리 스캘프 트리트먼트

해설
① 플레인 스캘프 트리트먼트 : 두피가 정상적일 때
② 드라이 스캘프 트리트먼트 : 두피에 피지가 부족하여 건조할 때
④ 오일리 스캘프 트리트먼트 : 두피에 피지 분비량이 많을 때

13 아이론을 시술하는 목적과 가장 거리가 먼 것은?

① 곱슬머리를 교정할 수 있다.

② 모발에 변화를 주어 원하는 형을 만들 수 있다.

③ 모발의 양이 많아 보이게 할 수 있다.

④ 약품을 이용하는 것보다 오랜 시간 세팅이 유지될 수 있다.

해설
아이론은 열을 이용하여 컬이나 웨이브를 형성시키므로 자연스럽게 머리 모양을 지속시킬 수 있다.

14 두부(頭部)의 부위 중 천정부의 가장 높은 곳은?

① 골든 포인트(G.P)

② 백 포인트(B.P)

③ 사이드 포인트(S.P)

④ 톱 포인트(T.P)

해설
① 골든 포인트(G.P) : 머리의 꼭짓점
② 백 포인트(B.P) : 머리의 뒷지점
③ 사이드 포인트(S.P) : 머리의 옆쪽 지점

15 이 · 미용업소에서 사용하는 수건의 소독방법으로 적합하지 않은 것은?

① 건열소독

② 자비소독

③ 역성비누소독

④ 증기소독

해설
건열소독은 주로 유리기구 등과 같이 고온에 안전한 물체를 멸균할 때 사용하는 방법이다.

16 랑게르한스(Langerhans)섬 세포의 주기능은?

① 팽 윤
② 수분 방어
③ 면 역
④ 새 세포 형성

해설
랑게르한스(Langerhans)섬 세포는 표피에 존재하며 면역과 가장 관계가 깊다.

17 아이론 선정 시 주의해야 할 사항으로 틀린 것은?

① 프롱, 그루브, 스크루 및 양쪽 핸들에 홈이나 갈라진 것이 없어야 한다.
② 프롱과 로드 및 그루브의 접촉면이 매끄러우며 들쑥날쑥하거나 비틀어지지 않아야 한다.
③ 비틀림이 없고 프롱과 그루브가 바르게 겹쳐져야 한다.
④ 가늘고 둥근 아이론의 경우에는 그루브의 홈이 얕고 핸들을 닫아 끝이 밀착되었을 때 틈새가 전혀 없어야 한다.

해설
그루브는 홈이 있는 부분으로 프롱과 그루브 사이에 모발을 끼워 형태를 만든다. 두발의 필요한 부분을 나눠 잡거나 사이에 끼워 고정시키는 역할을 한다.

18 다음 중 영구적 염모제에 속하는 것은?

① 합성 염모제
② 컬러 린스
③ 컬러 파우더
④ 컬러 스프레이

해설
염모제의 종류
• 일시적 염모제 : 컬러 파우더, 컬러 크레용(컬러 스틱), 컬러 크림, 컬러 스프레이
• 반영구 염모제 : 헤어 매니큐어, 컬러 린스
• 영구적 염모제 : 식물성 염모제, 금속성 염모제, 합성 염모제(산화염모제)

19 레이저 커트 시 가장 적합한 두발 상태는?

① 젖은 상태의 두발
② 건조한 두발
③ 헤어 크림을 바른 두발
④ 기름진 두발

해설
레이저 커트는 물에 젖은 두발 상태에서 한다. 젖은 두발은 두피에 당김을 덜 주며 모발을 정확한 길이로 자를 수 있기 때문이다.

20 다음 중 혐기성 세균인 것은?

① 파상풍균   ② 결핵균
③ 백일해균   ④ 디프테리아균

해설
혐기성 세균은 산소가 없는 곳에서만 생활할 수 있는 세균으로 파상풍균, 가스괴저균, 클로스트리듐균 등이 이에 속한다.

21 다음 중 레이저(Razor) 커트 시술 후 테이퍼링하고 자 하는 경우와 가장 거리가 먼 것은?

① 두발 끝부분의 단면을 1/3 상태로 만든다.
② 두발 끝부분의 단면을 1/2 상태로 만든다.
③ 두발 끝부분의 단면을 요철 상태로 만든다.
④ 두발 끝부분의 단면을 붓 끝처럼 만든다.

> **해설**
> 테이퍼링 : 두발 끝부분의 단면을 붓 끝처럼 만든다.
> • 엔드 테이퍼 : 두발 끝부분의 단면을 1/3 상태로 만든다.
> • 노멀 테이퍼 : 두발 끝부분의 단면을 1/2 상태로 만든다.
> • 딥 테이퍼 : 두발 끝부분의 단면을 2/3 상태로 만든다.

22 린스의 목적으로 옳지 않은 것은?

① 정전기를 방지한다.
② 머리카락의 엉킴을 방지하고 건조를 예방한다.
③ 윤기가 있게 한다.
④ 찌든 때를 제거한다.

> **해설**
> 린스의 목적
> 윤기의 보충, 촉감의 증진, 마무리감의 향상, 보습성과 유연효과, 자연적인 광택 부여, 손질의 용이성, 손상모의 회복, 대전방지 효과

23 가발 사용 시 주의사항으로 틀린 것은?

① 샴푸 시 강하게 빗질하거나 거칠게 비비지 않는다.
② 정전기를 발생시키거나 손으로 자주 만지지 않는다.
③ 자연스럽게 힘을 적게 주고 빗질한다.
④ 가발은 습기와 온도에 상관없이 보관한다.

> **해설**
> 가발은 습기가 없고 온도가 높지 않으며 통풍이 잘되는 곳에 보관하는 것이 좋다.

24 이용업 또는 미용업의 영업장 실내조명 기준은?

① 30럭스 이상
② 50럭스 이상
③ 75럭스 이상
④ 120럭스 이상

> **해설**
> 공중위생영업자가 준수하여야 하는 위생관리기준 등(공중위생관리법 시행규칙 [별표 4])
> 영업장 안의 조명도는 75럭스 이상이 되도록 유지하여야 한다.

25 피부의 부속기관에 대한 설명으로 옳은 것은?

① 유백색, 무취의 분비물인 독립 소한선은 모공을 통해 개구하여 체온을 조절한다.
② 전신에 분포하는 에크린선은 사춘기 이후 활발해진다.
③ 면역의 기능을 하는 모발은 성장, 퇴행, 휴지기의 주기를 갖는다.
④ 땀은 피지와 혼합되어 피부 표면에 보호막을 형성한다.

> **해설**
> ① 약산성인 무색, 무취의 액체를 분비하는 소한선(에크린선)은 피부에 직접 연결되어 개구하여 체온을 조절한다.
> ② 아포크린선은 사춘기 이후 활발해지고 귀 주변, 겨드랑이 등 특정 부위에만 존재한다.
> ③ 모발의 주기(모주기)는 성장기, 퇴행기, 휴지기, 발생기로 나누어진다.

26 클렌징 제품에 대한 설명 중 틀린 것은?

① 클렌징 워터는 포인트 메이크업의 클렌징 시 많이 사용되고 있다.

② 클렌징 오일은 건성피부에 적합하다.

③ 클렌징 크림은 지성피부에 적합하다.

④ 클렌징 폼은 클렌징 크림이나 클렌징 로션으로 1차 클렌징한 후에 사용하면 좋다.

해설
클렌징 크림은 건성피부나 예민성 피부, 노화피부에 적합하다.

27 향수의 구비 요건으로 가장 거리가 먼 것은?

① 향에 특징이 있어야 한다.

② 향은 적당히 강하고 지속성이 좋아야 한다.

③ 향은 확산성이 낮아야 한다.

④ 시대성에 부합되는 향이어야 한다.

해설
확산성이 좋아야 하고 향의 조화가 잘 이루어져야 한다.

28 이용사가 지켜야 할 사항으로 가장 거리가 먼 것은?

① 항상 친절하게 하고, 구강 위생을 철저히 유지한다.

② 손님의 의견과 상관없이 소신껏 시술한다.

③ 매일 샤워를 하며 깨끗한 복장을 착용한다.

④ 건강에 유의하면서 적당한 휴식을 취한다.

해설
우선적으로 고객의 의견과 심리를 존중한다.

29 피지, 각질세포, 박테리아가 서로 엉겨서 모공이 막힌 상태를 무엇이라 하는가?

① 구 진　　　　② 면 포

③ 반 점　　　　④ 결 절

해설
① 구진 : 속이 단단하고 피부가 볼록 솟아오른 병변으로 여드름, 사마귀 등이 있다.

③ 반점 : 돌출이나 침윤이 없는 피부색의 변화로 주근깨, 홍반, 기미, 백반, 몽고반점 등이 있다.

④ 결절 : 구진보다 크고 단단한 것으로 지름이 1cm 이상이다.

30 다음 중 기본 예방접종 시기가 가장 늦은 것은?

① 폴리오　　　　② 일본뇌염

③ 디프테리아　　　④ 백일해

해설
예방접종 시기
• 폴리오 : 생후 2개월
• 일본뇌염 : 생후 12개월
• 디프테리아 : 생후 2개월
• 백일해 : 생후 2개월

31 과산화수소에 대한 설명으로 옳지 않은 것은?

① 침투성과 지속성이 매우 우수하다.

② 표백, 탈취, 살균 등의 작용이 있다.

③ 발생기 산소가 강력한 산화력을 나타낸다.

④ 발포 작용에 의해 상처의 표면을 소독한다.

해설

과산화수소는 피부조직 내 생체촉매에 의해 분해되어 생성된 산소가 피부 소독작용을 한다. 강한 산화력이 있는 반면, 침투성과 지속성이 약하다.

32 화장품의 4대 요건으로 적합하지 않은 것은?

① 안전성   ② 사용성

③ 유효성   ④ 보호성

해설

화장품의 4대 요건 : 안전성, 안정성, 사용성, 유효성

33 두피 매뉴얼테크닉(마사지)의 방법이 아닌 것은?

① 경찰법(문지르기)

② 유연법(주무르기)

③ 진동법(떨기)

④ 회전법(돌리기)

해설

두피 매뉴얼테크닉(마사지)의 방법

경찰법, 유연법, 고타법, 강찰법, 압박법, 진동법 등

34 모발 화장품 중 양이온성 계면활성제를 주로 사용하는 것은?

① 헤어 샴푸

② 헤어 린스

③ 반영구 염모제

④ 퍼머넌트 웨이브제

해설

계면활성제의 종류

• 양이온성 계면활성제 : 린스, 헤어 트리트먼트(살균, 소독작용)

• 음이온성 계면활성제 : 비누, 샴푸, 클렌징 폼(세정, 기포형성 작용)

• 비이온성 계면활성제 : 화장수, 크림, 클렌징 크림(피부자극 적음)

• 양쪽성 계면활성제 : 저자극성 샴푸, 베이비 샴푸(피부자극 적음, 세정작용)

35 표피(Epidermis)에 존재하지 않는 세포는?

① 각질형성세포(Keratinocyte)

② 멜라닌형성세포(Melanocyte)

③ 랑게르한스 세포(Langerhans Cell)

④ 섬유아세포(Fibroblast)

해설

표피에 존재하는 세포 : 각질형성세포, 멜라닌 세포, 랑게르한스 세포, 메르켈 세포

31 ①   32 ④   33 ④   34 ②   35 ④   **정답**

36 자외선 차단제에 대한 설명으로 가장 적합한 것은?

① 일광에 노출된 후에 바르는 것이 효과적이다.
② 피부 병변이 있는 부위에 사용해 자외선을 막아준다.
③ 사용 후 시간이 경과하여 다시 덧바르면 효과가 떨어진다.
④ 민감한 피부는 SPF가 낮은 제품을 사용하는 것이 좋다.

해설
SPF는 자외선 B(UV-B)의 차단효과를 표시하는 단위이다.

37 다음 중 사인 보드(Sign Board)가 의미하는 것으로 옳은 것은?

① 정맥, 동맥, 피부
② 정맥, 동맥, 붕대
③ 정맥, 동맥, 머리
④ 적혈구, 백혈구, 동맥

해설
이발소 입구마다 설치되어 있는 청색·적색·백색의 둥근 기둥은 이발소를 표시하는 세계 공통의 기호이다. 청색은 '정맥', 적색은 '동맥', 백색은 '붕대'를 나타낸다.

38 다음 중 아이오딘화합물에 대한 설명으로 옳은 것은?

① 세균, 곰팡이에 대한 살균력을 가지나 바이러스나 포자에 대한 살균력은 없다.
② 알칼리성 용액에서는 살균력을 거의 잃어버린다.
③ 살균력은 pH가 높을수록 커진다.
④ 페놀에 비해 살균력과 독성이 훨씬 높다.

해설
아이오딘화합물
• 염소화합물보다 침투성과 살균력이 강하다.
• 포자, 결핵균, 바이러스도 신속하게 죽인다.
• 알칼리성 용액에서는 살균력을 거의 잃어버린다.

39 인체에서 칼슘(Ca)대사와 가장 밀접한 관계를 가지고 있는 비타민은?

① 비타민 A   ② 비타민 C
③ 비타민 D   ④ 비타민 E

해설
비타민 D의 주요 기능은 혈중 칼슘과 인의 수준을 정상 범위로 조절하고 평형을 유지하는 것이다.

40 화학적 구조가 피지와 유사하여 모공을 막지 않으므로 여드름 피부에도 안심하고 사용할 수 있는 캐리어 오일은?

① 호호바 오일
② 살구씨 오일
③ 아보카도 오일
④ 올리브 오일

해설
액상의 왁스인 호호바 오일은 피부친화성이 우수하고, 화학적 구조가 피부의 피지와 유사하며, 훌륭한 보습효과로 부드러운 피부와 피부탄력에 도움을 준다. 또한, 쉽게 산화되지 않고 온도에 우수한 안정성이 있어 보존기간이 길다.

41 드라이 샴푸(Dry Shampoo)에 관한 설명으로 가장 거리가 먼 것은?

① 주로 거동이 어려운 환자에게 사용되는 샴푸 방법이다.

② 가발에도 사용할 수 있는 샴푸 방법이다.

③ 건조한 타월과 브러시를 이용하여 닦아 낸다.

④ 일반적으로 이용업소에서 가장 많이 사용하고 있는 샴푸 방법이다.

해설
드라이 샴푸잉은 거동이 불편한 환자나 임산부에 가장 적당하다. 물을 사용하는 샴푸(플레인 샴푸)가 일반적 샴푸법이다.

42 금속제품을 자비소독할 경우 언제 물에 넣는 것이 가장 좋은가?

① 가열 시작 전

② 가열 시작 직후

③ 끓기 시작한 후

④ 수온이 미지근할 때

해설
자비소독법
가위 등 금속, 의류(수건), 도자기 등을 대상으로 물체를 20분 이상 100℃의 끓는 물속에 직접 담그는 방법이며, 끓는 물에 완전히 잠기게 하여 소독한다. 끓기 전에 넣으면 반점이 생기므로 주의한다.

43 다음 중 타이로시네이스(Tyrosinase)의 작용을 억제하여 피부의 미백효과를 나타내는 것은?

① 알부틴(Arbutin) ② 판테놀(Panthenol)

③ 비오틴(Biotin) ④ 멘톨(Menthol)

해설
미백제의 미백작용
• 1단계 : 멜라닌을 합성하기 전 멜라닌의 합성을 방해하는 것(타이로시네이스의 작용)
• 2단계 : 만들어지고 있는 멜라닌을 수송하는 멜라노좀을 파괴하는 것
• 3단계 : 멜라닌을 합성한 후 피부 위로 올라와 침착된 멜라닌을 파괴하는 것
※ 이 중에서 알부틴은 1단계에서 작용하여 미백에 영향을 미친다.

44 탈모증세 중 지루성 탈모증에 관한 설명으로 가장 적합한 것은?

① 동전처럼 무더기로 머리카락이 빠지는 증세

② 상처 또는 자극으로 머리카락이 빠지는 증세

③ 나이가 들어 이마 부분의 머리카락이 빠지는 증세

④ 두피 피지선의 분비물이 병적으로 많아 머리카락이 빠지는 증세

해설
①은 원형 탈모증, ②는 결발성 탈모증, ③은 남성형 탈모증을 말한다.

45 면도 작업 후 스킨(토너)을 사용하는 주목적은?

① 안면부를 부드럽게 하기 위하여

② 안면부의 소독과 피부 수렴을 위하여

③ 안면부를 건강하게 하기 위하여

④ 안면부에 화장을 하기 위하여

해설
면도 또는 세발 후 사용되는 화장수는 주로 안면에 수렴작용(피부수축)을 한다.

46 다음 중 이·미용업은 누구에게 신고하는가?

① 보건복지부장관

② 환경부장관

③ 시·도지사

④ 시장·군수·구청장

> **해설**
> 공중위생영업의 신고 및 폐업신고(공중위생관리법 제3조제1항)
> 공중위생영업을 하고자 하는 자는 공중위생영업의 종류별로 보건복지부령이 정하는 시설 및 설비를 갖추고 시장·군수·구청장(자치구의 구청장에 한한다)에게 신고하여야 한다. 보건복지부령이 정하는 중요사항을 변경하고자 하는 때에도 또한 같다.

47 가모 패턴 제작에서 고객에게 적합하도록 고객의 모발과 매치, 인모색상, 재질, 컬 등을 고려하는 과정은?

① 가모 피팅 　　② 가모 린싱

③ 테이핑 　　④ 가모 커트

48 소독약품 사용 시 주의사항이 아닌 것은?

① 소독약품의 사용 허용 농도를 정확히 확인한다.

② 소독약품의 유효기간을 확인한다.

③ 소독력을 상승시키기 위해 농도를 기준 이상 올린다.

④ 소독약품의 환경오염 문제를 확인한다.

> **해설**
> 소독액의 농도가 높다고 해서 유리한 것이 아니므로 반드시 제품의 사용설명서에 예시된 희석배수에 따라 적정한 농도로 사용하는 것이 바람직하다.

49 이·미용사 면허정지에 해당하는 사유가 아닌 것은?

① 공중위생관리법에 의한 명령에 위반한 때

② 공중위생관리법의 규정에 의한 명령에 위반한 때

③ 피성년후견인에 해당한 때

④ 면허증을 다른 사람에게 대여한 때

> **해설**
> 이용사 및 미용사의 면허취소 등(공중위생관리법 제7조제1항)
> 시장·군수·구청장은 이용사 또는 미용사가 다음의 하나에 해당하는 때에는 그 면허를 취소하거나 6월 이내의 기간을 정하여 그 면허의 정지를 명할 수 있다.
> • 피성년후견인, 정신질환자, 마약 기타 대통령령으로 정하는 약물중독자(반드시 취소)
> • 면허증을 다른 사람에게 대여한 때
> • 「국가기술자격법」에 따라 자격이 취소된 때(반드시 취소)
> • 「국가기술자격법」에 따라 자격정지처분을 받은 때(「국가기술자격법」에 따른 자격정지처분 기간에 한정한다)
> • 이중으로 면허를 취득한 때(나중에 발급받은 면허를 말한다. 반드시 취소)
> • 면허정지처분을 받고도 그 정지 기간 중에 업무를 한 때(반드시 취소)
> • 「성매매알선 등 행위의 처벌에 관한 법률」이나 「풍속영업의 규제에 관한 법률」을 위반하여 관계 행정기관의 장으로부터 그 사실을 통보받은 때

50 다음 중 모발 디자인용 화장품이 아닌 것은?

① 세트 로션 　　② 포마드

③ 헤어 린스 　　④ 헤어 스프레이

> **해설**
> 모발 화장품
> • 세발용 : 헤어 샴푸, 헤어 린스
> • 정발용
> 　– 유성타입 : 헤어 오일, 포마드
> 　– 유화타입 : 헤어 로션, 헤어 크림
> 　– 고분자피막타입 : 헤어 스프레이, 헤어 무스, 세트 로션, 헤어 젤
> 　– 액체타입 : 헤어 리퀴드
> • 트리트먼트용 : 헤어 트리트먼트 크림, 헤어 팩, 헤어 블로, 헤어 코트
> • 양모용 : 헤어 토닉
> • 염모용 : 영구 염모제, 반영구 염모제, 일시 염모제
> • 퍼머용 : 퍼머넌트 웨이브 로션
> • 탈모, 제모용 : 탈모제, 제모제

51 이 · 미용업 영업신고를 하지 않고 영업을 한 자에 해당하는 벌칙기준은?

① 6월 이하의 징역 또는 100만원 이하의 벌금

② 6월 이하의 징역 또는 300만원 이하의 벌금

③ 1년 이하의 징역 또는 500만원 이하의 벌금

④ 1년 이하의 징역 또는 1천만원 이하의 벌금

해설

벌칙(공중위생관리법 제20조제2항)

다음의 어느 하나에 해당하는 자는 1년 이하의 징역 또는 1천만원 이하의 벌금에 처한다.

• 공중위생영업의 신고를 하지 아니하고 공중위생영업(숙박업은 제외)을 한 자

• 영업정지명령 또는 일부 시설의 사용중지명령을 받고도 그 기간 중에 영업을 하거나 그 시설을 사용한 자 또는 영업소 폐쇄명령을 받고도 계속하여 영업을 한 자

52 머리숱이 유난히 많은 두발을 커트할 때 가장 적합하지 않은 커트 방법은?

① 딥 테이퍼   ② 스컬프처 커트

③ 레이저 커트   ④ 블런트 커트

해설

블런트 커트는 모발에서 기장은 제거되지만 부피는 유지된다.

53 매뉴얼테크닉 기법 중 피부를 강하게 문지르면서 가볍게 원운동을 하는 동작은?

① 에플라지(Effleurage)

② 프릭션(Friction)

③ 페트리사지(Petrissage)

④ 타포트먼트(Tapotement)

해설

① 에플라지(Effleurage) : 손바닥을 이용해 부드럽게 쓰다듬는 동작

③ 페트리사지(Petrissage) : 근육을 횡단하듯 반죽하는 동작

④ 타포트먼트(Tapotement) : 손가락을 이용하여 두드리는 동작

54 진피에 대한 설명으로 옳은 것은?

① 진피는 표피와 비슷한 두께를 가졌으며 두께는 약 2~3mm이다.

② 진피 조직은 비탄력적인 콜라겐 조직과 탄력적인 엘라스틴섬유 및 뮤코다당류로 구성되어 있다.

③ 진피 조직은 우리 신체의 체형을 결정짓는 역할을 한다.

④ 진피는 피부의 주체를 이루는 층으로 망상층과 유두층을 포함하여 5개의 층으로 나뉘어져 있다.

해설

① 진피층은 약 2~3mm의 두께를 가지며 피부 부피의 대부분을 차지하고 있다. 표피의 평균 두께는 약 0.04~1.5mm이다.

③ 피하 조직은 우리 신체의 체형을 결정짓는 역할을 한다.

④ 진피는 표피 바로 밑층에 위치하여 피부의 주체를 이루는 층으로 망상층과 유두층으로 구분된다.

55 공중위생영업소의 위생관리등급 구분으로 옳은 것은?

① 위험관리대상 업소 – 적색등급

② 일반관리대상 업소 – 황색등급

③ 우수업소 – 백색등급

④ 최우수업소 – 녹색등급

해설

위생관리등급의 구분 등(공중위생관리법 시행규칙 제21조)

• 최우수업소 : 녹색등급

• 우수업소 : 황색등급

• 일반관리대상 업소 : 백색등급

56 모피질(Cortex)에 대한 설명으로 틀린 것은?

① 전체 모발 면적의 50~60%를 차지하고 있다.

② 멜라닌 색소를 함유하고 있어 모발의 색상을 결정한다.

③ 피질 세포와 세포 간 결합물질(간충물질)로 구성되어 있다.

④ 실질적으로 퍼머넌트 웨이브나 염색 등 화학적 시술이 이루어지는 부분이다.

해설
① 전체 모발 면적의 75~90%를 차지하고 있다.

57 비누에 대한 설명으로 틀린 것은?

① 비누의 세정작용은 비누 수용액이 오염과 피부 사이에 침투하여 부착을 약화시켜 떨어지기 쉽게 하는 것이다.

② 비누는 거품이 풍성하고 잘 헹구어져야 한다.

③ pH가 중성인 비누는 세정작용뿐만 아니라 살균, 소독효과가 뛰어나다.

④ 메디케이티드(Medicated) 비누는 소염제를 배합한 제품으로 여드름, 면도 상처 및 피부 거칠음 방지 효과가 있다.

58 두피에 영양을 주는 트리트먼트제로서 모발에 좋은 효과를 주는 것은?

① 정발제 ② 양모제

③ 염모제 ④ 세정제

해설
양모제는 모근을 자극하여 털의 성장을 돕고, 그 탈락을 막을 목적으로 사용하는 의약품으로 털을 더 나게 하기보다는 털의 성장을 돕는 약이다.

59 이용기술 용어 중에서 알(R)의 두발상태를 가장 잘 설명한 것은?

① 두발이 웨이브 모양으로 된 상태

② 두발이 원형으로 구부러진 상태

③ 두발이 반달 모양으로 구부러진 상태

④ 두발이 직선으로 펴진 상태

해설
알(R ; Radian)은 하나의 각도를 나타내는 단위이다. 이것은 모발이 반달 모양으로 구부러진 상태의 머리 각도이다.

60 염료에 대한 설명으로 옳지 않은 것은?

① 광물에서 얻어지는 것으로 커버력에 우수한 색소이다.

② 유용성 염료는 헤어오일 등의 색 착색에 사용한다.

③ 물 또는 오일에 녹는 색소로 화장품 자체에 색을 부여하기 위해 사용한다.

④ 저렴하고 안정성 있는 합성색소인 타르를 주로 사용한다.

해설
염료
• 천연염료 : 식물성 염료, 동물성 염료 및 광물성 염료로 분류한다.
• 합성염료 : 천연염료에 비하여 가격도 저렴하고 색상이 다양하며 사용방법이 간단한 특징을 가지고 있다.

01 우리나라 최초의 이용사는?

① 안종호　　　② 김홍집
③ 유길준　　　④ 서재필

> **해설**
> • 고종황제의 어명으로 우리나라에서 최초로 이용시술을 한 사람은 안종호이다.
> • 한국인 최초 개업 이발소는 유양호가 개업한 '동흥이발소'이다.

02 중년 이후의 건성피부에 적당한 마스크 팩은?

① 미백팩　　　② 호르몬팩
③ 머드팩　　　④ 왁스팩

> **해설**
> • 미백팩 : 피부의 미백효과
> • 머드팩 : 지성피부에 적당
> • 왁스팩 : 피지와 불순물의 배출, 피부의 탄력성과 보습력 증대, 잔주름 제거에 효과적

03 면도기 자루를 쥐는 가장 기본적인 방법으로 형식에 구애 없이 면도기 자루를 잡고 시술하는 것은?

① 푸시 핸드　　　② 백 핸드
③ 펜슬 핸드　　　④ 프리 핸드

> **해설**
> 프리 핸드(Free Hand)
> • 면도기 자루를 쥐는 가장 기본적인 방법
> • 형식에 구애 없이 면도기 자루를 잡고 시술하는 방법으로 일반적으로 면도 순서에서 가장 처음 사용됨
> • 좌측 볼의 인중, 위턱, 구각, 아래턱 부위
> • 우측의 귀밑 턱 부분에서 볼 아래턱의 각 부위

04 다음 중 제3급 감염병이 아닌 것은?

① 두 창　　　② 발진열
③ B형간염　　　④ 발진티푸스

> **해설**
> ① 두창은 제1급 감염병에 해당한다.

05 이용이 의료업에서 분리 독립된 시기는?

① 로마 시대
② 르네상스 시대
③ 나폴레옹 시대
④ 미합중국 독립 시대

> **해설**
> 15~16세기 중세유럽에서는 이용사와 의사를 겸직하였으나, 1804년 나폴레옹 시대에 와서 급격한 인구증가, 사회구조의 다양화 등으로 외과와 이용업을 겸할 수 없게 되어 외과의사인 장 바버(귀족)가 외과와 이용업을 분리하였다.

1 ① 　2 ② 　3 ④ 　4 ① 　5 ③ 　**정답**

06 아이론 시술 시 주의사항으로 가장 적합한 것은?

① 1905년 영국 찰스 네슬러가 창안하여 발표하였다.
② 아이론의 핸들이 무겁고 녹슨 것을 사용한다.
③ 모발에 수분이 충분히 젖은 상태에서 시술해야 손상이 적다.
④ 아이론을 할 때 헤어크림 등을 바른 후에 사용하는 것이 좋다.

해설
아이론 시술 시에 열로 인한 모발의 손상을 최소화하기 위해 헤어크림을 도포한 후 사용하는 것이 좋다.

07 헤어 용어에서 귀 앞 지점(SCP : 사이드 코너 포인트)의 좌우를 연결한 선은?

① 측두선
② 정중선
③ 페이스 라인
④ 네이프 백 라인

해설
• 측두선(FSP) : 눈 끝을 수직으로 세운 머리 앞에서 측중선(EP–TP–EP)까지 그은 선
• 정중선(CP–TP–NP) : 코의 중심을 따라 머리 전체를 수직으로 2등분한 선
• 페이스 라인(SCP–CP–SCP) : 얼굴에서 머리카락이 나기 시작하는 귀 앞 지점의 선
• 네이프 백 라인 : 좌우 목 옆쪽 지점(NSP)의 연결선(목 뒷선)

08 건열멸균법에 대한 내용으로 적절하지 않은 것은?

① 고무제품은 사용이 불가하다.
② 유리기구, 주사침, 유지, 분말 등에 이용된다.
③ 젖은 손으로 조작하지 않는다.
④ 190℃ 이상의 건열멸균기에 2~3시간 넣어서 멸균하는 방법이다.

해설
④ 160~180℃의 건열멸균기 속에서 1~2시간(140℃에서 4시간) 넣어서 멸균하는 방법이다.

09 상피조직의 신진대사에 관여하며 각화정상화 및 피부 재생을 돕고 노화방지에 효과가 있는 비타민은?

① 비타민 A
② 비타민 C
③ 비타민 E
④ 비타민 K

해설
비타민 A는 피부건조와 노화를 방지하기 위한 필수적 요소이다.

10 라운드 브러시(Round Brush)를 이용하여 블로 드라이 스타일링 시 두발의 상태는?

① 두발에 윤이 난다.
② 두발이 탈색된다.
③ 두발이 부스스해진다.
④ 두발이 꺾어져 손상된다.

해설
라운드 브러시
롤 형태로 헤어스타일의 둥근 곡선 및 컬을 만들 때 사용한다. 모발 결의 방향성을 만드는 데 중요한 역할을 한다.

11 다음 중 스티머가 하는 역할은?

① 청정, 세안작용
② 보습, 노폐물 배출
③ 자외선 차단
④ 미백작용

해설
스티머는 클렌징 시에 보습으로 피부를 부드럽게 하고, 피부 온도를 상승시켜 모공을 열어주기 위해 사용한다.

12 신진대사 촉진과 세포 재생을 도와주며 민감성 피부나 튼살 등에 효과가 있는 컬러테라피 기기의 색은?

① 초록색   ② 파란색
③ 빨간색   ④ 주황색

해설
컬러테라피 기기에서 색상별 피부에 미치는 효과
• 초록색 : 신경안정, 비만, 스트레스성 여드름, 비만, 색소관리 등
• 주황색 : 신진대사 촉진, 신경 긴장 이완, 세포 재생 작용, 튼살, 예민한 피부 등
• 파란색 : 염증 · 진정 효과, 부종 완화, 모세혈관 확장증, 지성 및 염증성 여드름 관리 효과
• 빨간색 : 세포 재생, 혈액순환 개선 등

13 블루밍 효과에 대한 설명으로 가장 적합한 것은?

① 파운데이션의 색소침착을 방지하는 것
② 보송보송하고 화사하게 피부를 표현하는 것
③ 밀착성을 높여 화장의 지속성을 높게 하는 것
④ 피부색을 고르게 보이도록 하는 것

해설
블루밍(Blooming) 효과는 칙칙함 없이 밝고 화사한 피부결을 표현하기 위하여 화장에서 꼭 필요한 효과이다.

14 농도에 따른 향수의 구분이 바르게 연결된 것은?

① 오데퍼퓸 – 15~30%
② 오데코롱 – 6~8%
③ 샤워코롱 – 1~3%
④ 오데토일렛 – 3~5%

해설
농도에 따른 향수의 구분

구 분	농 도	지속 시간
퍼퓸(Perfume)	15~30%	6~7시간
오데퍼퓸(EDP)	9~12%	5~6시간
오데토일렛(EDT)	6~8%	3~5시간
오데코롱(EDC)	3~5%	1~2시간
샤워코롱	1~3%	1시간

15 두피가 상하여 두꺼운 비듬이 1mm 두께로 있을 때 가장 효과적인 세발방법은?

① 올리브유를 두피에 도포한 후 스팀을 주고 마사지한 후 샴푸한다.
② 샴푸 후 올리브유를 두피에 도포하여 마사지한다.
③ 빗으로 비듬이 떨어지게 제거한 후 샴푸한다.
④ 45℃의 물로 두피를 20분간 불린 후 마사지한다.

16 공중위생관리법상 이용업자가 영업 시 게시해야 하는 것이 아닌 것은?

① 이용사 면허증 ② 위생관리등급
③ 이용업 신고증 ④ 최종지급요금표

17 박하에 함유된 독특하고 시원한 느낌의 혈액순환 촉진 성분은?

① 자일리톨(Xylitol)
② 멘톨(Menthol)
③ 알코올(Alcohol)
④ 마조람 오일(Majoram Oil)

18 이용용으로 빗을 구입한다고 할 때 사용 목적으로 고려해야 하는 것과 가장 거리가 먼 것은?

① 빗의 재질과 색상
② 빗몸의 끝 모양
③ 빗살의 뿌리 모양
④ 빗의 두께와 날

19 스컬프처 커트(Sculpture Cut)에 대한 내용이 아닌 것은?

① 두발을 각각 세분하여 커트한다.
② 남성 클래식 커트(Classical Cut)에 해당한다.
③ 가위와 스컬프처 레이저로 커팅하고 브러시로 세팅한다.
④ 가위를 모발 끝에서부터 모근 쪽으로 향해 미끄러뜨려서 자르는 커트이다.

20 다음 중 이용이론의 의미를 가장 옳게 설명한 것은?

① 이용에 필요한 규범을 말한다.
② 단지 기술적 측면을 문헌적으로 정리해 놓은 것을 말한다.
③ 이용에서 요구되는 기술을 이치에 맞게 설명 또는 정리한 것을 말한다.
④ 이용기술의 역사를 시대별로 분류하여 나열한 것을 말한다.

21 착탈식 가모에 대한 내용이 아닌 것은?

① 제모에 대한 거부감이 강한 사람들이 착용한다.
② 탈모가 심한 사람들이 주로 착용한다.
③ 기존의 머리카락이 있는 부위에 클립을 이용해 가모를 부착시킨다.
④ 앞머리가 없을 경우 가모의 앞부분을 테이프를 이용해 부착한다.

해설
② 고정식 가발은 탈모가 심한 사람들이 주로 착용한다.

22 라틴어로 '씻다(Wash)'라는 뜻에서 유래된 아로마 오일은?

① 올리브 오일
② 밍크 오일
③ 라벤더 오일
④ 메도폼 오일

해설
라벤더(Lavender)의 속명 *Lavendula*는 라틴어로 '씻다'라는 뜻인 lavare에서 유래되었다.

23 두부(Head) 내 각부 명칭의 연결이 옳은 것은?

① 두정부 – 크라운(Crown)
② 전두부 – 네이프(Nape)
③ 후두부 – 톱(Top)
④ 측두부 – 프런트(Front)

해설
두부(Head) 내 각부 명칭
• 전두부 : 프런트(Front)
• 후두부 : 네이프(Nape)
• 두정부 : 크라운(Crown)
• 측두부 : 사이드(Side)

24 샴푸 후 마른 수건의 사용 순서로 바른 것은?

① 귀 → 눈 → 목 → 얼굴 → 머리
② 눈 → 귀 → 얼굴 → 목 → 머리
③ 눈 → 귀 → 머리 → 목 → 얼굴
④ 목 → 머리 → 얼굴 → 귀 → 눈

해설
샴푸 후 마른 수건의 사용 순서 : 눈 → 귀 → 얼굴 → 목 → 머리

25 염모제의 부작용 유무를 알기 위한 피부반응 검사 방법으로 가장 적합한 것은?

① 세면 후 얼굴에 시험을 실시한다.
② 세발 실시 후 두피에 시험을 실시한다.
③ 팔의 안쪽과 귀 뒤 피부에 소량 바른다.
④ 목욕을 한 후 몸 전체에 시험을 실시한다.

해설
염모제의 피부테스트
• 먼저 팔의 안쪽 또는 귀 뒤쪽 머리카락이 난 주변의 피부를 비눗물 등으로 잘 씻고 탈지면 등으로 닦는다.
• 테스트에 사용할 소량의 염모제를 정해진 용법·용량대로 혼합한다.
• 세척한 부위에 동전 크기 정도로 바르고 48시간 동안 자연 건조하면서 관찰한다.
• 피부테스트 관찰은 염모제를 바른 후 30분과 48시간 후에 2번 하고, 만약 바른 부위에 발진, 발적, 가려움, 수포, 자극 등이 나타나는 경우 손으로 만지지 말고 바로 씻어 내고 염모는 하지 말아야 한다.
• 과거에 이상이 없었던 경우에도 체질 변화에 따라 달라질 수 있으므로 매회 실시해야 한다.

26 4 : 6 가르마가 어울리는 얼굴형은?

① 긴 얼굴

② 둥근 얼굴

③ 사각형 얼굴

④ 역삼각형 얼굴

해설

가르마의 기준

• 긴 얼굴 – 2 : 8

• 둥근 얼굴 – 3 : 7

• 사각형 얼굴 – 4 : 6

• 역삼각형 얼굴 – 5 : 5

27 두발의 아이론 정발 시 사용되는 아이론의 온도로 가장 적합한 것은?

① 80~90℃   ② 90~100℃

③ 100~110℃   ④ 120~130℃

해설

아이론의 온도는 110~130℃(혹은 120~140℃) 정도가 적당하다.

28 다음 질병 중 면역 방법으로 사균백신을 이용하는 것은?

① 탄저병   ② 백일해

③ 폴리오   ④ 디프테리아

해설

인공능동면역 방법과 질병

• 생균백신(Live Vaccine) : 두창, 탄저, 광견병, 결핵, 폴리오, 홍역, 황열

• 사균백신(Killed Vaccine) : 장티푸스, 파라티푸스, 콜레라, 백일해, 일본뇌염, 폴리오

• 순화독소(Toxoid) : 디프테리아, 파상풍

29 진피에 대한 설명으로 옳은 것은?

① 진피 조직은 신체의 체형을 결정짓는 역할을 한다.

② 진피는 표피와 비슷한 두께를 가졌으며 두께는 약 2~3mm이다.

③ 진피 조직은 비탄력적인 콜라겐 조직과 탄력적인 엘라스틴섬유 및 뮤코다당류로 구성되어 있다.

④ 진피는 피부의 주체를 이루는 층으로 망상층과 유두층을 포함하여 5개의 층으로 나뉘어져 있다.

해설

① 피하 조직은 우리 신체의 체형을 결정짓는 역할을 한다.

② 진피층은 약 2~3mm의 두께를 가지며 피부 부피의 대부분을 차지하고 있다. 표피의 평균 두께는 약 0.04~1.5mm이다.

④ 진피는 표피 바로 밑층에 위치하여 피부의 주체를 이루는 층으로 망상층과 유두층으로 구분된다.

30 질병 발생의 3요소 중 하나로 사람이나 동물의 체내에서 질병을 일으키는 미생물은?

① 유 전   ② 병 인

③ 숙 주   ④ 환 경

해설

질병의 발생요인

• 병인(병원체) : 영양, 화학적·물리적·정신적 원인이 되는 질병의 모든 것

• 숙주(인간) : 개인 혹은 민족적·심리적·생물적 특성 등의 감수성 있는 인간 숙주

• 환경 : 물리적·생물학적·사회적·문화적·경제적인 환경조건

31 자신이 발명한 현미경으로 미생물을 발견한 최초의 미생물학자는?

① 스팔란차니
② 레벤후크
③ 파스퇴르
④ 메치니코프

해설
레벤후크(Leeuwenhoek)는 현미경을 직접 제작해 육안으로는 볼 수 없었던 미생물을 발견하였다. 그는 원생동물, 세균, 효모 등 단세포 미생물을 발견하였으며 처음으로 사람의 정자를 관찰하기도 하였다.

32 다음 중 감염형 식중독에 해당되는 것은?

```
ㄱ. 장염 비브리오균
ㄴ. 병원성 대장균
ㄷ. 황색포도상구균
ㄹ. 노로바이러스
```

① ㄱ, ㄴ
② ㄱ, ㄷ
③ ㄴ, ㄷ
④ ㄷ, ㄹ

해설
• 황색포도상구균 : 독소형 식중독
• 노로바이러스 : 바이러스성 식중독

33 물리적 소독법에 속하지 않는 것은?

① 여과살균법
② 방사선살균법
③ 에틸렌가스 멸균법
④ 간헐멸균법

해설
에틸렌가스 멸균법은 가스 소독법에 해당된다.

34 화장품의 피부흡수에 관한 설명으로 옳은 것은?

① 분자의 크기가 작을수록 피부흡수율이 높다.
② 수분이 많을수록 피부흡수율이 높다.
③ 동물성 오일 < 식물성 오일 < 광물성 오일 순으로 피부흡수력이 높다.
④ 크림류 < 로션류 < 화장수류 순으로 피부흡수력이 높다.

해설
피부 세포와 세포 사이를 통과시켜 화장품을 흡수하기 때문에 분자의 크기가 작을수록 피부흡수율이 높고, 광물성 오일보다 동물성 오일이 피부흡수력이 높다. 또한 피지에 잘 녹는 지용성 성분이 수용성 성분보다 피부에 흡수가 잘된다.

35 직업병과 직업종사자의 연결이 옳은 것은?

① 진폐증 – 인쇄공
② 잠함병 – 교량공
③ 레노병 – 비만자
④ 열중증 – 용접공

해설
• 진폐증 : 탄광 노동자 등
• 잠함병 : 교량공, 해저공, 잠수부 등
• 레노병 : 진동이 심한 작업장 노동자
• 열중증 : 비만자, 순환기 장애자 등

36 피부 피지막의 pH는?

① pH 3~4

② pH 4.5~5.5

③ pH 7~8.5

④ pH 8.5~9

37 다음 중 멜라닌 색소를 함유하고 있는 부분은?

① 모 표   ② 모피질

③ 모수질   ④ 모유두

38 다음 중 다이 케이프(Dye Cape)란?

① 퍼머넌트 시 쓰는 모자를 말한다.

② 세발 시 사용하는 어깨보(앞장)를 말한다.

③ 조발 시 사용하는 어깨보를 말한다.

④ 염색 시 사용하는 어깨보를 말한다.

39 자루면도기(일도)의 손질법 및 사용에 관한 설명이 아닌 것은?

① 정비는 예리한 날을 지니도록 한다.

② 날이 빨리 무뎌진다.

③ 녹이 슬면 새 날로 교체한다.

④ 일자형으로 칼자루가 칼날에 연결되어 있다.

40 커트 시 이미 형태가 이루어진 상태에서 다듬고 정돈하는 방법은?

① 트리밍   ② 페더링

③ 테이퍼링   ④ 슬라이싱

41 헤어토닉의 작용에 대한 설명이 아닌 것은?

① 모근이 약해진다.
② 두피를 청결하게 한다.
③ 비듬의 발생을 예방한다.
④ 두피의 혈액순환이 좋아진다.

해설
헤어토닉은 알코올을 주성분으로 한 양모제로 두피에 영양을 주고 모근을 튼튼하게 해 주는 효과를 가지고 있다.

42 진피의 유두 내의 모세혈관 가까이에 위치하며 염증 매개물질을 생성하거나 분비하는 작용을 하는 것은?

① 과립층
② 대식세포
③ 비만세포
④ 메르켈 세포

해설
비만세포는 과립을 함유하고 있으며 혈관 투과성 인자인 히스타민이나 단백질 분해효소를 저장하고 있다.

43 클렌징 제품의 설명으로 틀린 것은?

① 클렌징 젤의 종류로는 오일 타입과 워터 타입이 있다.
② 클렌징 크림은 주로 O/W 타입으로 두꺼운 화장을 지울 때 사용하면 좋다.
③ 클렌징 로션은 클렌징 크림에 비해 수분을 많이 함유하고 있어 사용 시 느낌이 가볍고 산뜻하다.
④ 클렌징 폼(Foam)의 경우 비누와 같이 거품이 형성되지만 약산성 상태로 비누와 달리 자극이 없으며 피부의 건조함을 방지한다.

해설
클렌징 크림은 W/O(친유성) 타입으로 두껍고 진한 화장 제거에 사용하면 좋다.

44 세균 중 공기의 건조에 견디는 힘이 가장 강한 것은?

① 결핵균
② 콜레라균
③ 페스트균
④ 장티푸스균

해설
결핵균은 지방성분이 많은 세포벽에 둘러싸여 있어 건조한 상태에서도 오랫동안 생존한다.

45 일반적으로 소독약품의 구비조건이 아닌 것은?

① 안정성이 높아야 한다.

② 용해성이 높은 것이 좋다.

③ 표백성이 강해야 한다.

④ 살균력이 강한 것이 좋다.

해설

소독제의 구비조건

• 살균력이 강하고, 세척력과 생물학적 작용이 충분하여야 한다.

• 독성이 적고(인체에 무해) 사용자에게 안전해야 한다.

• 표백성과 부식성이 없어야 한다.

• 원액 혹은 희석된 상태에서 화학적으로 안정된 것이어야 한다.

• 용해성이 높아야 한다.

• 냄새가 없으며 탈취력이 있고 환경오염이 발생하지 않아야 한다.

• 필요한 농도만큼 쉽게 수용액을 만들 수 있는 것이어야 한다.

46 머리숱이 유난히 많은 고객의 두발 커트 시 가장 적합하지 않은 방법은?

① 딥테이퍼

② 레이저 커트

③ 블런트 커트

④ 스컬프처 커트

해설

블런트(Blunt) 커트(클럽 커팅)

직선적으로 커트하는 방법으로 고객의 머리숱이 유난히 많은 두발을 커트할 때 가장 적합하지 않다.

47 이·미용실의 기구 및 소독으로 가장 적당한 것은?

① 승홍수

② 석탄산

③ 알코올

④ 역성비누

해설

알코올(농도 70~80%) : 손이나 피부 및 기구(가위, 칼, 면도기 등) 소독에 가장 적합하다.

48 쇠고기나 돼지고기 등의 생식으로 감염될 수 있는 기생충은?

① 촌 충

② 편 충

③ 회 충

④ 간흡충

해설

기생충 감염형태

• 선충류(회충, 요충, 십이지장충, 편충, 개회충) : 생활에서 비위생적인 음식물, 토양, 손, 가축과의 접촉 등을 통하여 감염된다.

• 간흡충(간디스토마) : 민물고기를 날로 먹음으로써 감염된다.

• 긴촌충 : 익히지 않은 민물고기를 먹었을 때 감염된다.

• 민촌충 : 익히지 않은 쇠고기를 먹었을 때 감염된다.

• 갈고리촌충 : 익히지 않은 돼지고기를 먹었을 때 감염된다.

49 정삼각형 얼굴에는 어떤 조발형이 가장 좋은가?

①

②

③

④

해설
양측 두부 하부 두발의 양은 줄이고 상부 양측 두부의 모량을 살린다.

50 호상 블리치제(Bleach Agent)에 관한 설명 중 틀린 것은?

① 두 번 칠할 필요가 없다.

② 탈색과정을 눈으로 볼 수 없다.

③ 두발에 대한 탈색작용이 빠르다.

④ 과산화수소수의 조제 상태가 풀과 같은 점액 상태이다.

해설
두발의 탈색작용이 빠른 것은 액상 블리치이다.

51 손마사지 방법 중 피부를 쓰다듬어 주면서 가볍게 왕복운동 등을 하는 방법은?

① 경찰법 ② 강찰법

③ 유연법 ④ 고타법

해설
• 경찰법(스트로킹) : 손 전체로 부드럽게 쓰다듬는 방법이다.
• 강찰법(프릭션) : 손으로 피부를 강하게 문지르는 방법이다.
• 유연법(니딩) : 손으로 주무르는 방법이다.
• 고타법(퍼커션) : 손으로 두드리는 방법으로 태핑, 슬래핑, 커핑, 해킹, 비팅 등이 있다.

52 공중위생영업신고를 하지 않고 영업을 한 자에 대한 벌칙기준은?

① 100만원 이하의 벌금

② 200만원 이하의 벌금

③ 1년 이하의 징역 또는 1천만원 이하의 벌금

④ 2년 이하의 징역 또는 3천만원 이하의 벌금

해설
벌칙(공중위생관리법 제20조제2항)
다음의 어느 하나에 해당하는 자는 1년 이하의 징역 또는 1천만원 이하의 벌금에 처한다.
• 공중위생영업의 신고를 하지 아니하고 공중위생영업(숙박업은 제외)을 한 자
• 영업정지명령 또는 일부 시설의 사용중지명령을 받고도 그 기간 중에 영업을 하거나 그 시설을 사용한 자 또는 영업소 폐쇄명령을 받고도 계속하여 영업을 한 자

53 공중위생영업자가 건전한 영업질서를 위하여 준수하여야 할 사항을 준수하지 아니했을 때 벌칙기준은?

① 6월 이하의 징역 또는 100만원 이하의 벌금
② 6월 이하의 징역 또는 500만원 이하의 벌금
③ 1년 이하의 징역 또는 500만원 이하의 벌금
④ 1년 이하의 징역 또는 1천만원 이하의 벌금

해설

벌칙(공중위생관리법 제20조제3항)

다음의 어느 하나에 해당하는 자는 6월 이하의 징역 또는 500만원 이하의 벌금에 처한다.
• 변경신고를 하지 아니한 자
• 공중위생영업자의 지위를 승계한 자로서 규정에 의한 신고를 하지 아니한 자
• 건전한 영업질서를 위하여 공중위생영업자가 준수하여야 할 사항을 준수하지 아니한 자

54 영업소 외의 장소에서 이·미용의 업무를 할 수 있는 경우가 아닌 것은?

① 농번기에 농민을 위해 동사무소에서 비용을 지불하여 요청한 경우
② 방송 촬영에 참여하는 사람에 대해 그 촬영 직전에 이용 또는 미용을 하는 경우
③ 특별한 사정이 있다고 인정하여 시장·군수·구청장이 정하는 경우
④ 혼례에 참여하는 자에 대하여 그 의식 직전에 이·미용을 하는 경우

해설

영업소 외에서의 이용 및 미용 업무(공중위생관리법 시행규칙 제13조)
• 질병·고령·장애나 그 밖의 사유로 영업소에 나올 수 없는 자에 대하여 이용 또는 미용을 하는 경우
• 혼례나 그 밖의 의식에 참여하는 자에 대하여 그 의식 직전에 이용 또는 미용을 하는 경우
• 「사회복지사업법」에 따른 사회복지시설에서 봉사활동으로 이용 또는 미용을 하는 경우
• 방송 등의 촬영에 참여하는 사람에 대하여 그 촬영 직전에 이용 또는 미용을 하는 경우
• 이 외에 특별한 사정이 있다고 시장·군수·구청장이 인정하는 경우

55 공중위생영업자가 의료법에 위반하여 관계 행정기관의 장의 요청이 있는 때 명할 수 있는 조치사항이 아닌 것은?

① 영업소 폐쇄
② 6월 이내의 영업정지
③ 일부 시설의 사용중지
④ 영업소의 간판 및 표지물 제거

해설

공중위생영업소의 폐쇄 등(공중위생관리법 제11조제1항제8호)

시장·군수·구청장은 공중위생영업자가 「성매매알선 등 행위의 처벌에 관한 법률」, 「풍속영업의 규제에 관한 법률」, 「청소년 보호법」, 「아동·청소년의 성보호에 관한 법률」, 「의료법」 또는 「마약류 관리에 관한 법률」을 위반하여 관계 행정기관의 장으로부터 그 사실을 통보받은 경우 6월 이내의 기간을 정하여 영업의 정지 또는 일부 시설의 사용중지를 명하거나 영업소 폐쇄 등을 명할 수 있다.

56 이용업을 하는 자에게 해당되는 보건복지부령이 정하는 시설 및 설비기준에 속하는 것은?

① 화장실
② 세면시설
③ 소독장비
④ 조명시설

해설

이용업의 종류별 시설 및 설비기준(공중위생관리법 시행규칙 [별표 1])
• 이용기구는 소독을 한 기구와 소독을 하지 아니한 기구를 구분하여 보관할 수 있는 용기를 비치하여야 한다.
• 소독기·자외선살균기 등 이용기구를 소독하는 장비를 갖추어야 한다.
• 영업소 안에는 별실 그 밖에 이와 유사한 시설을 설치하여서는 아니 된다.

57 공중위생관리법상 이용기구의 소독기준 및 방법으로 틀린 것은?

① 열탕소독 – 100℃ 이상의 물속에 10분 이상 끓여 준다.

② 증기소독 – 100℃ 이상의 습한 열에 10분 이상 쐬어 준다.

③ 건열멸균소독 – 100℃ 이상의 건조한 열에 20분 이상 쐬어 준다.

④ 자외선소독 – 1cm²당 85μW 이상의 자외선을 20분 이상 쐬어 준다.

해설
이용기구 및 이용기구의 소독기준 및 방법(공중위생관리법 시행규칙 [별표 3])
증기소독 : 100℃ 이상의 습한 열에 20분 이상 쐬어 준다.

58 다음 (   ) 안에 알맞은 것은?

> 공중위생영업을 하고자 하는 자는 공중위생영업의 종류별로 보건복지부령이 정하는 시설 및 설비를 갖추고 (   )에게 신고하여야 한다.

① 세무서장

② 보건복지부장관

③ 시장·군수·구청장

④ 고용노동부장관

해설
공중위생영업의 신고 및 폐업신고(공중위생관리법 제3조제1항)
공중위생영업을 하고자 하는 자는 공중위생영업의 종류별로 보건복지부령이 정하는 시설 및 설비를 갖추고 시장·군수·구청장(자치구의 구청장에 한한다)에게 신고하여야 한다. 보건복지부령이 정하는 중요사항을 변경하고자 하는 때에도 또한 같다.

59 공중위생영업소의 위생관리등급과 관련한 내용으로 틀린 것은?

① 통보받은 위생관리등급의 표지는 영업소의 명칭과 함께 영업소 내부에만 부착할 수 있다.

② 위생서비스 평가의 결과에 따른 위생관리등급을 해당 공중위생영업자에게 통보하고 이를 공표하여야 한다.

③ 위생서비스 평가의 결과 위생서비스의 수준이 우수하다고 인정되는 영업소에 대하여 포상을 실시할 수 있다.

④ 위생서비스 평가의 결과에 따른 위생관리 등급별로 영업소에 대한 위생 감시를 실시하여야 한다.

해설
위생관리등급 공표 등(공중위생관리법 제14조제2항)
공중위생영업자는 시장·군수·구청장으로부터 통보받은 위생관리등급의 표지를 영업소의 명칭과 함께 영업소의 출입구에 부착할 수 있다.
② 공중위생관리법 제14조제1항
③ 공중위생관리법 제14조제3항
④ 공중위생관리법 제14조제4항

60 다음 중 이·미용사의 면허를 받을 수 있는 자는?

① 피성년후견인

② 위생교육을 받지 아니한 자

③ 마약 및 대통령령이 정하는 약물중독자

④ 공중위생관리법 또는 이 법의 규정에 의한 명령에 위반하여 면허가 취소된 후 1년이 경과되지 않은 자

해설
이용사 및 미용사의 면허 등(공중위생관리법 제6조제2항)
다음의 어느 하나에 해당하는 자는 이용사 또는 미용사의 면허를 받을 수 없다.
• 피성년후견인
• 정신질환자. 다만, 전문의가 이용사 또는 미용사로서 적합하다고 인정하는 사람은 그러하지 아니하다.
• 공중의 위생에 영향을 미칠 수 있는 감염병환자로서 보건복지부령이 정하는 자(비감염성인 경우는 제외한 결핵)
• 마약 기타 대통령령으로 정하는 약물 중독자(대마 또는 향정신성의약품의 중독자)
• 면허가 취소된 후 1년이 경과되지 아니한 자

01 이발 전 두발에 물을 충분히 뿌리는 근본적인 이유는?

① 이발을 편하게 하기 위하여
② 두발 손상을 방지하기 위하여
③ 두발을 부드럽게 하기 위하여
④ 기구의 손상을 방지하기 위하여

02 비듬 질환이 있는 두피에 처치로서 주로 활용되는 것은?

① 플레인 스캘프 트리트먼트
② 드라이 스캘프 트리트먼트
③ 댄드러프 스캘프 트리트먼트
④ 오일리 스캘프 트리트먼트

해설
① 플레인 스캘프 트리트먼트 : 두피가 정상적일 때
② 드라이 스캘프 트리트먼트 : 두피에 피지가 부족하여 건조할 때
④ 오일리 스캘프 트리트먼트 : 두피에 피지 분비량이 많을 때

03 아이론의 관리 방법으로 적합하지 않은 것은?

① 샌드페이퍼로 잘 다듬는다.
② 기름으로 닦는다.
③ 녹슬지 않도록 한다.
④ 습도가 높은 곳에 보관한다.

해설
아이론은 정기적으로 샌드페이퍼로 표면을 닦아주고 기름을 칠하며 녹이 슬지 않도록 한다.

04 우리나라 최초의 이용사는?

① 안종호   ② 서재필
③ 김홍집   ④ 김옥균

해설
고종황제의 어명으로 우리나라에서 최초로 이용 시술을 한 사람은 안종호이다.

05 다음 중 남성의 수염이 가장 많이 나는 부위는?

① 상악골 부위
② 관골 부위
③ 정골 부위
④ 두정골 부위

06 일반적인 와식 세발 시 문지르기(Manipulation) 순서로 가장 적합한 것은?

① 두정부 → 전두부 → 측두부 → 후두부
② 전두부 → 두정부 → 측두부 → 후두부
③ 후두부 → 전두부 → 두정부 → 측두부
④ 두정부 → 측두부 → 후두부 → 전두부

07 덧돌에 대한 설명 중 가장 옳은 것은?

① 덧돌은 숫돌이 깨졌을 때 쓰는 비상용이다.
② 덧돌은 숫돌보다 약 2배 정도 크다.
③ 덧돌은 오래 사용한 숫돌의 평면을 유지하기 위해 사용한다.
④ 덧돌은 주로 가위를 연마할 때 사용한다.

해설
덧돌은 천연석과 인조석으로 된 가장 작은 돌로서 숫돌의 1/4 혹은 1/6 정도로 만든 것이다. 숫돌에 비하여 비교적 단단한 편이며, 숫돌을 오래 사용하면 평면이 유지되지 않으므로 이 덧돌로 골고루 문질러서 숫돌의 평면을 유지시켜야 한다.

08 콜드 웨이브에 있어 제2액의 작용이 아닌 것은?

① 산화작용　　　　② 환원작용
③ 중화작용　　　　④ 정착작용

해설
• 제1액(환원작용) : 제1액은 두발에 시스틴 결합을 환원시킨다.
• 제2액(산화작용) : 제2액은 제1액의 작용을 중지시켜 웨이브 형태를 고정시킨다.

09 남성 두발의 일반적인 수명으로 가장 적합한 것은?

① 1~2년　　　　　② 3~5년
③ 5~7년　　　　　④ 7~9년

해설
모발의 성장주기는 여성은 4~6년, 남성은 3~5년이다.

10 세발을 하려고 할 때 가장 먼저 사용해야 하는 것은?

① 헤어 린스
② 헤어 컨디셔너 크림
③ 헤어 샴푸
④ 헤어 블리치

해설
세발을 하려고 할 때 가장 먼저 사용해야 하는 것은 헤어 샴푸이다.

6 ② 7 ③ 8 ② 9 ② 10 ③ **정답**

11 두피 마사지를 할 때 헤어 스티머의 사용 시간으로 가장 적당한 것은?

① 5~10분   ② 15~20분

③ 10~15분   ④ 20~30분

해설

헤어 스티머(Hair Steamer)는 고온(180~190℃)의 스팀을 발생시키는 기기이다. 10~15분 정도 사용한다.

12 정발 시 두발을 아이론 하는 주된 목적은?

① 두발의 질을 좋게 하기 위하여

② 고객을 기분 좋게 하기 위하여

③ 두발의 머리형을 갖추기 위하여

④ 두피를 튼튼하게 단련시키기 위하여

해설

두발을 아이론 하면 짧고 뻣뻣한 모발의 방향성을 잡는 데 용이하고 모발에 변화를 주어 원하는 형을 만들 수 있다.

13 이발과 세발을 하고 난 후 정발을 하기 전 수건으로 머리를 말리면 머리카락이 많이 떨어지는 주된 이유는?

① 세발을 할 때 잘못해서 떨어진다.

② 모발이 자연적으로 빠진 것이다.

③ 이발을 할 때 숱치는 가위로 자를 때 잘렸던 것이 부러져서 떨어진다.

④ 모발이 떨어지는 것은 커트와 전혀 관계가 없다.

14 세안 시 세정력이 강한 비누를 사용하는 것이 가장 좋은 피부는?

① 건성피부

② 지성피부

③ 민감성 피부

④ 중성피부

해설

건성피부는 보습효과가 큰 것을, 지성피부는 탈지력이 강하면서 세정력이 뛰어난 것을, 복합성 피부는 자극 없이 피지를 제거하면서 수분 공급이 가능한 것을, 중성피부는 세정력과 보습효과가 있는 것을 사용하면 좋다.

15 이발기인 바리캉의 어원은 어느 나라에서 유래되었는가?

① 독 일

② 미 국

③ 일 본

④ 프랑스

해설

1871년 프랑스의 바리캉 마르(Bariquand et Marre)사에서 이용기구인 바리캉(Clipper)을 최초로 제작, 판매하였다.

16 분할선의 한 종류인 7 : 3 가르마 방법에 대한 설명으로 가장 적합한 것은?

① 눈 안쪽을 기준으로 나눈 가르마(Parting)를 일컫는다.
② 안구의 중심을 기준으로 나눈 가르마를 일컫는다.
③ 눈꼬리를 기준으로 나눈 가르마를 일컫는다.
④ 안면의 정중선을 기준으로 나눈 가르마를 일컫는다.

해설
①은 6 : 4, ③은 8 : 2, ④는 5 : 5 가르마 방법이다.

17 에그 샴푸잉에 대한 설명 중 잘못된 것은?

① 두피의 비듬 제거용으로 가장 알맞다.
② 두발이 지나치게 건조해져 있을 때 효과적이다.
③ 두발의 염색에 실패했을 때 효과적이다.
④ 노화된 두발에 적당하다.

해설
에그 샴푸잉은 두발이 지나치게 건조한 경우(영양 부족), 표백된 머리, 염색에 실패한 머리, 피부염이 생기기 쉬운 두피, 노화된 머리에 적당하다.

18 두발이 손상되는 원인이 아닌 것은?

① 헤어 드라이어기로 급속하게 건조시킨 경우
② 아이론 시술 시 지나치게 열을 준 경우
③ 스캘프 매니플레이션과 브러싱을 한 경우
④ 해수욕 후 염분이나 풀장의 소독용 표백분이 두발에 남아 있을 경우

해설
스캘프 매니플레이션은 두피 마사지를 말한다.

19 염색이나 블리치를 한 후 손상된 모발을 보호하기 위한 가장 올바른 방법은?

① 드라이 후 스프레이를 뿌려 손상된 모발을 고정시킨다.
② 샴푸 후 수분을 약 50%만 제거한 후 자연 건조시킨다.
③ 모발을 적당히 건조한 후 헤어 로션을 두피에 묻지 않도록 주의하여 모발에 도포한다.
④ 모발을 적당히 건조한 후 헤어 젤을 두피에 묻지 않도록 주의하여 모발에 도포한다.

해설
헤어 로션은 모발에 유분과 수분을 주어 광택과 유연성을 부여하며, 열로부터 모발을 보호하고 헤어스타일 지속성을 높인다.

20 스퀘어 스포츠형의 이발술로서 틀린 내용은?

① 천정부 커트 시에는 샴푸 후 젖은 상태에서 머리카락을 일으켜서 자른다.
② 스퀘어 스포츠는 천정부의 평평한 커트 면이 약간 넓은 듯하게 한다.
③ 먼저 거칠게 깎기로서 모델의 좌측 전방에서 45°로 서서 자른다.
④ 천정부 커트 시 가능하면 머리카락 끝에 약간의 포마드를 묻히면 운행이 매끄럽게 된다.

21 다음 감염병 중 제3급 감염병이 아닌 것은?

① 말라리아
② 파상풍
③ 일본뇌염
④ 유행성 이하선염

해설
④ 유행성 이하선염은 제2급 감염병이다.

22 생활습관과 관계될 수 있는 질병과의 연결이 틀린 것은?

① 담수어 생식 - 간디스토마
② 여름철 야숙 - 일본뇌염
③ 경조사 등 행사 음식 - 식중독
④ 가재 생식 - 무구조충

해설
무구조충은 쇠고기, 소 내장을 불충분하게 가열한 후 섭취함으로써 감염된다.

23 다음 중 하수의 오염지표로 주로 이용하는 것은?

① dB
② BOD
③ 총 인
④ 대장균

해설
BOD(Biochemical Oxygen Demand)
수중의 유기물이 호기성 세균에 의해 산화 분해될 때 소비되는 산소량을 말하며, 수질오염의 지표로 주로 이용된다.

24 눈의 보호를 위해서 가장 좋은 조명 방법은?

① 간접조명
② 반간접조명
③ 직접조명
④ 반직접조명

해설
눈의 보호를 위해서는 간접조명이 좋다.

25 한 나라의 건강수준을 다른 국가들과 비교할 수 있는 지표로 세계보건기구가 제시한 내용은?

① 인구증가율, 평균수명, 비례사망지수
② 비례사망지수, 조사망률, 평균수명
③ 평균수명, 조사망률, 국민소득
④ 의료시설, 평균수명, 주거상태

해설
WHO의 보건수준(건강지표) : 보통사망률(조사망률), 평균수명, 비례사망지수

26 연간 전체 사망자 수에 대한 50세 이상의 사망자 수를 나타낸 구성비율은?

① 평균수명
② 조사망률
③ 영아사망률
④ 비례사망지수

해설
① 평균수명 : 생명표상의 출생 시 평균수명
② 조사망률 : 인구 1,000명당 1년간의 사망자 수 비율
③ 영아사망률 : 보건수준의 대표적 지표로 1년간 출생아 1,000명에 대한 1세 미만의 사망한 영아 수

27 임신 초기에 감염되어 백내장아, 농아 출산에 원인이 되는 질환은?

① 심장질환
② 뇌질환
③ 풍 진
④ 당뇨병

28 세안 시 가장 적정한 물의 온도는?

① 18~22℃
② 24~28℃
③ 30~33℃
④ 36~40℃

해설
38℃ 전후의 미지근한 물이 좋다.

29 일반적인 미생물의 번식에 가장 중요한 요소로만 나열된 것은?

① 온도 − 적외선 − pH
② 온도 − 습도 − 자외선
③ 온도 − 습도 − 영양분
④ 온도 − 습도 − 시간

해설
미생물 생육에 필요한 환경 조건 : 영양, 수분(습도), 온도, pH, 산소

30 작업환경의 관리원칙은?

① 대치 − 격리 − 폐기 − 교육
② 대치 − 격리 − 환기 − 교육
③ 대치 − 격리 − 재생 − 교육
④ 대치 − 격리 − 연구 − 홍보

31 다음 중 소독의 정의를 가장 잘 표현한 것은?

① 미생물의 발육과 생활 작용을 제지 또는 정지시켜 부패 또는 발효를 방지할 수 있는 것

② 병원성 미생물의 생활력을 파괴 또는 멸살시켜 감염 또는 증식력을 없애는 것

③ 모든 미생물의 영양형이나 아포까지도 멸살 또는 파괴시키는 것

④ 오염된 미생물을 깨끗이 씻어내는 것

해설
소독 : 각종 약품을 사용하여 병원 미생물의 생활력을 파괴시켜 감염의 위험성을 없애거나 세균의 증식을 억제 또는 멸살시키는 것을 말한다.

32 구내염, 입안 세척 및 상처 소독에 발포작용으로 소독이 가능한 것은?

① 알코올   ② 과산화수소수
③ 승홍수   ④ 크레졸비누액

해설
과산화수소수는 발포작용에 의해 상처의 표면을 소독하며 구내염, 인두염, 상처, 입안 소독 등에 이용된다.

33 사람의 피부색과 관련이 없는 것은?

① 카로틴 색소
② 헤모글로빈 색소
③ 클로로필 색소
④ 멜라닌 색소

해설
클로로필 색소는 식물의 엽록체 속에 카로티노이드와 공존하는 색소이다.

34 소독제로서 석탄산에 관한 설명이 틀린 것은?

① 유기물에도 소독력은 약화되지 않는다.
② 고온일수록 소독력이 커진다.
③ 금속 부식성이 없다.
④ 세균 단백에 대한 살균작용이 있다.

해설
석탄산은 금속을 부식시킨다.

35 유리제품의 소독방법으로 가장 적합한 것은?

① 끓는 물에 넣고 10분간 가열한다.
② 건열멸균기에 넣고 소독한다.
③ 소독용액에 오랫동안 담가둔다.
④ 찬물에 넣고 75℃까지만 가열한다.

해설
건열멸균법은 유리제품이나 주사기 등의 소독에 적합하다.

36 소독약에 대한 설명 중 적합하지 않은 것은?

① 소독시간이 적당할 것
② 소독 대상물을 손상시키지 않을 것
③ 인체에 무해하며 취급이 간편할 것
④ 소독약은 항상 청결하고 밝은 장소에 보관할 것

해설
소독제는 각각 저온의 어두운 곳에서 차광용기 또는 밀봉 등의 방법으로 보관하여야 한다.

37 이·미용실 바닥 소독용으로 가장 알맞은 소독약품은?

① 알코올
② 크레졸
③ 생석회
④ 승홍수

해설
크레졸을 희석한 크레졸 비누액은 이·미용업소의 실내 바닥을 닦을 때 가장 적합한 소독제이다.

38 다음 중 건열에 의한 멸균법이 아닌 것은?

① 화염멸균법
② 자비소독법
③ 건열멸균법
④ 소각소독법

해설
물체를 100℃의 끓는 물속에 20분간 직접 담가 소독하는 자비소독법은 습열에 의한 소독법이다.

39 소독제의 구비조건이라고 할 수 없는 것은?

① 살균력이 강할 것
② 부식성이 없을 것
③ 표백성이 있을 것
④ 용해성이 높을 것

해설
소독제의 구비조건
• 살균력이 강하고, 세척력과 생물학적 작용이 충분하여야 한다.
• 독성이 적고 인체에 무해하여야 한다.
• 표백성과 부식성이 없어야 한다.
• 원액 혹은 희석된 상태에서 화학적으로 안정된 것이어야 한다.
• 용해성이 높아야 한다.
• 냄새가 없으며 탈취력이 있고 환경오염이 발생하지 않아야 한다.
• 필요한 농도만큼 쉽게 수용액을 만들 수 있는 것이어야 한다.

40 샴푸제의 성분이 아닌 것은?

① 산화제
② 점증제
③ 기포증진제
④ 계면활성제

해설
산화제는 퍼머넌트 웨이브 시 제2제로 사용된다.

36 ④ 37 ② 38 ② 39 ③ 40 ① **정답**

41 민감성 피부에 대한 설명으로 가장 적합한 것은?

① 피지의 분비가 적어서 거친 피부
② 어떤 물질에 큰 반응을 일으키는 피부
③ 땀이 많이 나는 피부
④ 멜라닌 색소가 많은 피부

해설
민감성 피부(Sensitive Skin)란 비누, 일광차단제, 화장품 등을 사용한 후에 과민하게 반응하는 피부를 말한다.

42 털의 색상에 대한 원인을 연결한 것 중 가장 거리가 먼 것은?

① 검은색 – 멜라닌 색소를 많이 함유하고 있다.
② 금색 – 멜라닌 색소의 양이 많고 크기가 크다.
③ 붉은색 – 멜라닌 색소에 철 성분이 함유되어 있다.
④ 흰색 – 유전, 노화, 영양결핍, 스트레스가 원인이다.

해설
② 금색은 멜라닌 색소의 양이 적고 크기가 작다.

43 표피로부터 가볍게 흩어지고 지속적이며 무의식적으로 생기는 죽은 각질 세포는?

① 비 듬　　　　② 농 포
③ 두드러기　　④ 종 양

해설
각질 세포가 미세한 형태로 피부로부터 떨어져 나간 것이 비듬이다.

44 손톱의 손상 요인으로 가장 거리가 먼 것은?

① 네일 에나멜
② 네일 리무버
③ 비누, 세제
④ 네일 트리트먼트

45 각질 세포 내 천연보습인자 중 가장 많이 함유된 인자는?

① 아미노산　　② 요 소
③ 젖산염　　　④ 요 산

해설
천연보습인자는 아미노산과 젖산 등으로 구성되며, 피부 수분을 일정 수준으로 유지할 수 있도록 한다. 그중 아미노산은 천연보습인자의 약 40%를 차지하여 피부의 pH와 수분 보유량을 일정 수준으로 맞추는 완충제 역할을 한다.

46 신체 부위 중 투명층이 가장 많이 존재하는 곳은?

① 이 마　　　② 두정부
③ 손바닥　　　④ 목

해설
투명층이 가장 많은 곳은 손바닥과 발바닥이다.

47 혈관과 림프관이 분포되어 있어 털에 영양을 공급하여 주로 발육에 관여하는 것은?

① 모유두   ② 모표피
③ 모피질   ④ 모수질

해설
모유두는 모발의 생성은 물론이고 발육에 있어 매우 중요한 역할을 담당하고 있어 모유두가 없으면 모발의 생성이 이루어지지 않는다.

48 다음 중 올바른 도구 사용법이 아닌 것은?

① 시술 도중 바닥에 떨어뜨린 빗을 다시 사용하지 않고 소독한다.
② 더러워진 빗과 브러시는 소독해서 사용해야 한다.
③ 사용한 기기는 이상이 없는지 점검한다.
④ 일회용 소모품은 경제성을 고려하여 재사용한다.

해설
일회용 소모품은 한 번 사용하고 버려야 하며 재사용해서는 안 된다.

49 물과 오일처럼 서로 녹지 않는 2개의 액체를 미세하게 분산시켜 놓은 상태는?

① 에멀션   ② 레이크
③ 아로마   ④ 왁 스

해설
에멀션 : 물에 오일 성분이 계면활성제에 의해 우윳빛으로 백탁화된 상태를 말하며, 수중에 오일이 작은 입자로 존재할 때 에멀션이라 한다.

50 알코올에 대한 설명으로 틀린 것은?

① 항바이러스제로 사용된다.
② 화장품에서 용매, 운반체, 수렴제로 쓰인다.
③ 알코올이 함유된 화장수는 오랫동안 사용하면 피부를 건성화시킬 수 있다.
④ 인체 소독용으로는 메탄올(Methanol)을 주로 사용한다.

해설
④ 메탄올(메틸알코올)은 인체에 유해하여 산업용으로 쓰인다.

51 위생교육을 실시하는 단체를 고시하는 자는?

① 영업소 대표
② 시·도지사
③ 시장·군수·구청장
④ 보건복지부장관

해설
위생교육(공중위생관리법 시행규칙 제23조제8항)
위생교육을 실시하는 단체는 보건복지부장관이 고시한다.

52 공중이용시설의 위생관리 기준이 아닌 것은?

① 소독을 한 기구와 소독을 하지 아니한 기구를 각각 다른 용기에 보관한다.

② 1회용 면도날은 손님 1인에 한하여 사용하여야 한다.

③ 업소 내에 요금표를 게시하여야 한다.

④ 업소 내에 화장실을 갖추어야 한다.

해설

④ 업소 내에 화장실을 갖추어야 할 의무는 없다.

이용업자의 위생관리기준(공중위생관리법 시행규칙 [별표 4])

• 이용기구 중 소독을 한 기구와 소독을 하지 아니한 기구는 각각 다른 용기에 넣어 보관하여야 한다.

• 1회용 면도날은 손님 1인에 한하여 사용하여야 한다.

• 영업소 내부에 부가가치세, 재료비 및 봉사료 등이 포함된 요금표를 게시 또는 부착하여야 한다.

53 다음 중 이·미용사의 면허를 받을 수 있는 사람은?

① 전과기록이 있는 자

② 피성년후견인

③ 마약, 기타 대통령령으로 정하는 약물중독자

④ 정신질환자

해설

이용사 및 미용사의 면허 등(공중위생관리법 제6조제2항)

다음의 어느 하나에 해당하는 자는 이용사 또는 미용사의 면허를 받을 수 없다.

• 피성년후견인

• 정신질환자(다만, 전문의가 이용사 또는 미용사로서 적합하다고 인정하는 사람은 그러하지 아니하다)

• 감염병환자(비감염성인 경우는 제외한 결핵)

• 마약 기타 대통령령으로 정하는 약물 중독자(대마 또는 향정신성 의약품의 중독자)

• 면허가 취소된 후 1년이 경과되지 아니한 자

54 음란한 물건을 손님에게 관람하게 하거나 진열 또는 보관한 때, 1차 위반 시 행정처분기준은?

① 경 고

② 업무정지 15일

③ 영업정지 20일

④ 업무정지 30일

해설

행정처분기준(공중위생관리법 시행규칙 [별표 7])

음란한 물건을 관람·열람하게 하거나 진열 또는 보관한 경우

• 1차 위반 : 경고

• 2차 위반 : 영업정지 15일

• 3차 위반 : 영업정지 1월

• 4차 이상 위반 : 영업장 폐쇄명령

55 위생교육에 대한 내용 중 틀린 것은?

① 위생교육을 받은 자가 위생교육을 받은 날부터 3년 이내에 위생교육을 받은 업종과 같은 업종의 영업을 하려는 경우에는 해당 영업에 대한 위생교육을 받은 것으로 본다.

② 위생교육의 내용은 「공중위생관리법」 및 관련 법규, 소양교육, 기술교육, 그 밖에 공중위생에 관하여 필요한 내용으로 한다.

③ 영업신고 전에 위생교육을 받아야 하는 자 중 천재지변·본인의 질병·사고, 업무상 국외출장 등의 사유로 교육을 받을 수 없는 경우에는 영업 신고를 한 후 6개월 이내에 위생교육을 받을 수 있다.

④ 위생교육 실시단체는 교육교재를 편찬하여 교육대상자에게 제공하여야 한다.

해설

위생교육(공중위생관리법 시행규칙 제23조제7항)

위생교육을 받은 자가 위생교육을 받은 날부터 2년 이내에 위생교육을 받은 업종과 같은 업종의 영업을 하려는 경우에는 해당 영업에 대한 위생교육을 받은 것으로 본다.

56 이·미용사가 면허정지 처분을 받고 업무정지 기간 중 업무를 행한 때 1차 위반 시 행정처분기준은?

① 면허정지 3월   ② 면허정지 6월

③ 면허취소   ④ 영업장 폐쇄

해설
행정처분기준(공중위생관리법 시행규칙 [별표 7])
면허정지 처분을 받고도 그 정지 기간 중 업무를 한 경우
• 1차 위반 : 면허취소

57 공중위생영업자의 지위를 승계한 후 누구에게 신고해야 하는가?

① 보건복지부장관

② 시·도지사

③ 시장·군수·구청장

④ 세무서장

해설
공중위생영업의 승계(공중위생관리법 제3조의2제4항)
공중위생영업자의 지위를 승계한 자는 1월 이내에 보건복지부령이 정하는 바에 따라 시장·군수 또는 구청장에게 신고하여야 한다.

58 공중위생관리법규상 위생관리등급의 구분이 아닌 것은?

① 녹색등급   ② 황색등급

③ 적색등급   ④ 백색등급

해설
위생관리등급의 구분 등(공중위생관리법 시행규칙 제21조)
• 최우수업소 : 녹색등급
• 우수업소 : 황색등급
• 일반관리대상 업소 : 백색등급

59 이용사 면허가 취소된 후 계속하여 업무를 행한 자에게 해당되는 벌칙은?

① 1년 이하의 징역 또는 1천만원 이하의 벌금

② 6월 이하의 징역 또는 500만원 이하의 벌금

③ 200만원 이하의 과태료

④ 300만원 이하의 벌금

해설
벌칙(공중위생관리법 제20조)
다음의 어느 하나에 해당하는 자는 300만원 이하의 벌금에 처한다.
• 면허의 취소 또는 정지 중에 이용업 또는 미용업을 한 사람
• 면허를 받지 아니하고 이용업 또는 미용업을 개설하거나 그 업무에 종사한 사람

60 다음 중 청문을 실시하여야 할 경우에 해당되는 것은?

① 영업소의 필수불가결한 기구의 봉인을 해제하려 할 때

② 폐쇄명령을 받은 후 폐쇄명령을 받은 영업과 같은 종류의 영업을 하려 할 때

③ 벌금을 부과 처분하려 할 때

④ 영업소 폐쇄명령을 처분하고자 할 때

해설
청문(공중위생관리법 제12조)
보건복지부장관 또는 시장·군수·구청장은 다음 어느 하나에 해당하는 처분을 하려면 청문을 하여야 한다.
• 이용사와 미용사의 면허취소 또는 면허정지
• 영업정지명령, 일부 시설의 사용중지명령 또는 영업소 폐쇄명령

01 이용실 간판의 사인볼 색으로 세계 공통적인 것은?

① 홍색, 백색　　　② 황색, 청색
③ 청색, 황색, 백색　④ 청색, 적색, 백색

해설
이발소 입구마다 설치되어 있는 청색·적색·백색의 둥근 기둥은 이발소를 표시하는 세계 공통의 기호이다. 청색은 '정맥', 적색은 '동맥', 백색은 '붕대'를 나타낸다.

02 다음 중 댄드러프 스캘프 트리트먼트를 시술해야 하는 경우는?

① 두피가 보통 상태일 때
② 두피의 지방이 부족할 때
③ 두피가 너무 건조할 때
④ 두피의 비듬을 제거할 때

해설
① 두피가 보통 상태일 때 : 플레인 스캘프 트리트먼트
③ 두피가 너무 건조할 때 : 드라이 스캘프 트리트먼트

03 모발을 시닝가위로 잘랐을 때 나타나는 현상은?

① 두발 끝의 단면이 뭉툭해진다.
② 두발 끝이 갖는 길이가 일정하다.
③ 두발의 양이 많아 보인다.
④ 두발 끝이 갖는 길이가 일정하지 않아 자연스럽다.

해설
시닝가위(틴닝가위)는 모발의 숱을 감소시키거나 모발 끝의 질감을 부드럽게 표현하고자 할 때 사용하는 커트 기구이다.

04 탈모를 방지하기 위한 올바른 세발 방법은?

① 손톱 끝을 이용하여 두피에 자극을 주며 샴푸를 헹군다.
② 먼지 제거 정도로만 머리를 헹군다.
③ 손끝을 사용하여 두피를 부드럽게 문지르며 헹군다.
④ 샴푸를 할 때 브러시로 빗질을 하며 헹군다.

해설
체내에서 배출하는 노폐물뿐만 아니라 미세먼지 등 외부에서의 노폐물도 깨끗이 제거해야 하기 때문에 샴푸 시 칫솔질하듯이 4~5분 정도 두개피와 모발을 전반적으로 꼼꼼히 세정해야 탈모를 예방할 수 있다.

05 두발의 주성분인 케라틴은 어느 것에 속하는가?

① 단백질　　　② 석회질
③ 지방질　　　④ 당 질

해설
모발의 주성분인 케라틴은 동물성 단백질이다.

06 긴 머리 이발의 일반적인 시술 순서에 대한 설명이 틀린 것은?

① 가장 먼저 두발에 물을 고루 칠한다.
② 5 : 5 가르마는 긴 머리를 자른 후 빗으로 가르마를 가른다.
③ 가르마를 탄 후 빗과 가위로 이발한다.
④ 윗긴머리를 자르기 전 후두부 이발을 먼저 한다.

해설
긴 두발의 일반적인 이발 시술 순서는 가르마 부분에서 시작하여 측두부, 천정부 순으로 한다.

07 가위 선택에 관한 설명으로 틀린 것은?

① 협신은 일반적으로 날 끝으로 갈수록 자연스럽게 약간 내곡선상으로 된 것이 좋다.
② 날이 두께는 얇고 피봇이 약한 것이 좋다.
③ 날의 견고성은 양날의 견고함이 동일한 것이 좋다.
④ 재질이 도금된 것은 일반적으로 강철의 질이 좋지 않은 것이 많으므로 피해야 한다.

해설
이용용 가위로는 날의 두께가 얇고 회전축(허리)이 강한 것이 좋다.

08 염색 시술 시 주의사항에 해당되지 않는 것은?

① 시술자는 반드시 장갑을 껴야 한다.
② 유기합성 염모제를 사용할 때는 패치 테스트가 필요 없다.
③ 퍼머넌트 웨이브와 두발 염색을 할 경우에는 퍼머넌트 웨이브를 먼저 한다.
④ 패치 테스트를 하는 인체 부위는 팔꿈치의 안쪽이나 귀 뒤쪽 부분이다.

해설
② 염색하기 전에는 반드시 패치 테스트를 해야 한다.

09 아이론 웨이브 시술에 대한 설명 중 틀린 것은?

① 머리카락이 부드러운 사람에게는 정상적인 두발보다 시술 온도를 높게 해야 한다.
② 아이론으로 종이를 집어서 타지 않을 정도의 온도가 되어야 한다.
③ 프랑스의 마샬이 창안했다.
④ 마샬 웨이브라고도 한다.

10 이용이 의료업에서 분리 독립된 때는?

① 미합중국 독립 시기
② 나폴레옹 시대
③ 로마 시대
④ 르네상스 시대

해설
이전에는 이용사와 의사를 겸직하던 것이 1804년 나폴레옹 시대에 인구 증가, 사회구조의 다양화 등으로 인해 구분되기 시작했다.

11 세안과 관련된 내용 중 가장 거리가 먼 것은?

① 물의 온도는 미지근하게 한다.
② 비누는 중성비누를 사용한다.
③ 세안수는 연수가 좋다.
④ 비누를 얼굴에 문질러 거품을 낸다.

해설
세안 시 비누나 세안제는 손에서 거품을 내어 사용한다.

12 두발의 성장에 대한 일반적인 설명 중 틀린 것은?

① 겨울보다는 여름에 더 빨리 자란다.
② 건강한 사람의 머리카락은 하루에 50~60개 정도 자연스럽게 빠진다.
③ 탈모증이 아닌 이상 모발은 모낭으로 빠져나가기 전에 새로운 모발이 그 모발을 대체할 준비가 되어 있다.
④ 성장기, 휴지기, 변화기 순의 단계를 거친다.

해설
모발의 주기는 성장기, 퇴행기, 휴지기, 발생기로 나누어진다.

13 샴푸 시 적정 온도는?

① 25℃ 내외   ② 38℃ 내외
③ 50℃ 내외   ④ 60℃ 내외

해설
세안 및 샴푸용 물의 온도는 38℃ 정도가 적당하다.

14 아이론 사용에 관한 설명 중 틀린 것은?

① 모질과 모량에 따라 아이론 도구 치수를 달리 한다.
② 아이론의 온도는 110~130℃(혹은 120~140℃) 정도가 적당하다.
③ 모발은 온도에 강하므로 아이론 시 모발에 손상을 주거나 변질 또는 태우는 경우가 생기지 않는다.
④ 아이론 시술 시 모발에서 웨이브의 고저를 다룰 수 있다.

해설
③ 지나친 열을 줄 경우 모발이 손상될 수 있으므로 강한 열은 주지 않는다.

15 드라이 샴푸에 관한 설명으로 틀린 것은?

① 환자에게 물로 세발할 수 없는 경우에 하는 방법이다.
② 빗으로 머리를 분발하면서 분말을 뿌리고 마사지하는 방법이다.
③ 건조한 타월과 브러시로 샴푸한 것을 닦아 낸다.
④ 일반 이용소에서 가장 많이 사용하고 있는 방법이다.

해설
드라이 샴푸잉은 거동이 불편한 환자나 임산부에 가장 적당하다. 물을 사용하는 샴푸(플레인 샴푸)가 일반적 샴푸법이다.

16 클리퍼와 관계가 없는 것은?

① 프랑스식과 독일식이 있다.

② 1926년에 국산이 나왔다.

③ 일본제의 클리퍼는 프랑스식이다.

④ 미국제의 클리퍼는 독일식이 발달된 것이다.

17 두발 탈색 시술상의 주의사항이 아닌 것은?

① 두발 탈색을 행한 손님에 대하여 필요한 사항은 기록해 둔다.

② 헤어 블리치제 사용 시에는 반드시 제조업체의 사용 지시를 따르는 것을 원칙으로 한다.

③ 시술 전 반드시 브러싱을 겸한 샴푸를 하여야 한다.

④ 시술 후 사후 손질로서 헤어 리컨디셔닝을 하는 것이 좋다.

> **해설**
> 퍼머넌트 웨이브 전, 염색 전, 탈색 전에 샴푸는 두피를 자극하므로 피한다.

18 현대적인 의미의 세계 최초 이용원 창설자는?

① 나폴레옹 1세　　② 바리캉

③ 장 바버　　　　④ 마 샬

> **해설**
> 세계 최초의 이용사(이발사)는 프랑스의 장 바버(Jean Barber) 이다.

19 면도 시 면도기를 사용하는 기본적인 방법에 해당되지 않는 것은?

① 프리 핸드　　　② 백 핸드

③ 래더링　　　　④ 스틱 핸드

> **해설**
> 면도기를 잡는 방법에는 프리 핸드, 백 핸드, 푸시 핸드, 펜슬 핸드, 스틱 핸드 등이 있다.

20 면도 시 잘려 나가는 수염은 다음 중 어느 부분에 해당하는가?

① 모 간　　　　② 모 근

③ 모 구　　　　④ 모 피

> **해설**
> ① 모간 : 피부 표면에서 외부로 나와 있는 부분
> ② 모근 : 피부 내부에 매몰되어 있는 부분
> ③ 모구 : 모근이 들어가 골을 이루고 있는 부분

21 질병 발생의 세 가지 요인으로 연결된 것은?

① 숙주, 병인, 환경
② 숙주, 병인, 유전
③ 숙주, 병인, 병소
④ 숙주, 병인, 저항력

해설

감염병 발생의 3대 요인 : 병인(병원체), 숙주(감수성), 환경

22 오염된 주사기나 면도날 등으로 인해 감염이 잘되는 만성 감염병은?

① 렙토스피라증　　② 트라코마
③ B형간염　　④ 파라티푸스

해설

B형간염은 혈액을 통해 감염되므로 면도기를 소독하지 않거나 비위생적으로 사용할 경우 감염의 위험성이 높아진다.

23 환경오염 방지대책과 거리가 가장 먼 것은?

① 환경오염의 실태 파악
② 환경오염의 원인 규명
③ 행정대책과 법적 규제
④ 경제개발 억제정책

24 다음 감염병 중 세균성인 것은?

① 말라리아
② 결 핵
③ 일본뇌염
④ 유행성 간염

해설

보기 중 병원체가 세균인 감염병은 결핵뿐이다. 말라리아는 말라리아 원충을 통해, 일본뇌염과 유행성 간염은 바이러스를 통해 감염된다.

25 조도 불량 현휘가 과도한 장소에서 장시간 작업하여 눈에 긴장을 강요함으로써 발생되는 불량 조명에 기인하는 직업병이 아닌 것은?

① 안정피로　　② 근 시
③ 원 시　　④ 안구진탕증

해설

① 안정피로 : 눈을 지속적으로 사용할 때 눈이 느끼는 증상을 말하며 압박감, 안구통증, 두통, 시력감퇴 등의 현상을 유발하는 상태를 말한다.
② 근시 : 불량 조명에서 눈에 가깝게 대고 하는 작업은 근시를 일으킨다.
④ 안구진탕증 : 눈이 본인 의지와 상관없이 상하·좌우로 떨리거나 도는 질환이다.

26 토양이 병원소가 될 수 있는 질환은?

① 디프테리아   ② 콜레라
③ 간 염   ④ 파상풍

해설
토양은 진균류인 히스토플라스마증(Histoplasmosis), 분아균증과 파상풍의 병원소로서 작용한다.

27 공중보건학의 목적으로 적절하지 않은 것은?

① 질병 예방
② 수명 연장
③ 육체적·정신적 건강·및 효율의 증진
④ 물질적 풍요

해설
공중보건학의 목적은 질병 예방, 수명 연장, 신체적·정신적 효율의 증진으로, 물질적 풍요와는 거리가 멀다.

28 공기의 자정작용과 관련이 가장 적은 것은?

① 이산화탄소와 일산화탄소의 교환작용
② 자외선의 살균작용
③ 강우, 강설에 의한 세정작용
④ 기온역전작용

해설
공기의 자정작용
- 강력한 희석력
- 강우에 의한 용해성 가스의 용해 흡수, 부유성 미립물의 세척
- 산소, 오존 등에 의한 산화작용
- 태양선에 의한 살균 정화작용
- 식물의 이산화탄소 흡수, 산소 배출에 의한 정화작용

29 인구 구성 중 14세 이하가 65세 이상 인구의 2배 정도이며 출생률과 사망률이 모두 낮은 형은?

① 피라미드형   ② 종 형
③ 항아리형   ④ 별 형

해설
① 피라미드형 : 출생률, 사망률 모두 높은 형(인구증가형, 후진국형)
③ 항아리형 : 출생률이 사망률보다 낮은 형(인구감소형, 선진국형)
④ 별형 : 청·장년층의 전입 인구가 많은 형(도시형, 유입형)

30 다음 중 피부 흡수가 가장 잘되는 것은?

① 분자량 800 이상 지용성 성분
② 분자량 800 이하 수용성 성분
③ 분자량 800 이하 지용성 성분
④ 분자량 800 이상 수용성 성분

해설
보통 성분의 분자량이 800 이하이고 지용성인 경우 피부에 흡수가 잘된다.

31 다음 중 습열멸균법에 속하는 것은?

① 자비소독법   ② 화염멸균법

③ 여과멸균법   ④ 소각소독법

해설
화염멸균법과 소각법은 건열에 의한 소독법이며, 여과멸균법은 열을 가하지 않는 소독법이다.

32 승홍수의 설명으로 틀린 것은?

① 금속을 부식시키는 성질이 있다.
② 피부 소독에는 0.1%의 수용액을 사용한다.
③ 염화칼륨을 첨가하면 자극성이 완화된다.
④ 살균력이 일반적으로 약한 편이다.

해설
승홍수는 냄새가 없는 살균력이 강한 독약의 일종으로 소량으로도 살균이 가능하다는 장점이 있다.

33 이용사가 지녀야 할 사명감에 대한 설명으로 가장 거리가 먼 것은?

① 용모를 미려하게 하는 데 최선을 다하는 미의 전도자로서의 사명감
② 공중위생에 만전을 기하는 공중위생 준수자로서의 사명감
③ 고객의 요구를 무엇이든지 다 들어주는 봉사자로서의 사명감
④ 건전한 사회풍속을 조장하는 풍속계도자로서의 사명감

해설
①은 미적 측면, ②는 공중위생적 측면, ④는 문화적 측면의 사명감이다.

34 수용성 비타민의 명칭이 잘못된 것은?

① Vitamin B_1 → 티아민(Thiamine)
② Vitamin B_6 → 피리독신(Pyridoxine)
③ Vitamin B_{12} → 나이아신(Niacin)
④ Vitamin B_2 → 리보플라빈(Riboflavin)

해설
• Vitamin B_{12} : 코발라민(Cobalamin)
• Vitamin B_3 : 나이아신(Niacin)

35 다음의 계면활성제 중 살균보다는 세정의 효과가 더 큰 것은?

① 양성 계면활성제
② 비이온 계면활성제
③ 양이온 계면활성제
④ 음이온 계면활성제

> **해설**
> 음이온성 계면활성제는 세정효과가 있어 비누, 클렌징폼, 치약, 샴푸에 주로 사용되는 계면활성제이다.

36 미생물의 발육과 그 작용을 제거하거나 정지시켜 음식물의 부패나 발효를 방지하는 것은?

① 방 부
② 소 독
③ 살 균
④ 멸 균

> **해설**
> ② 소독 : 각종 약품을 사용하여 병원 미생물의 생활력을 파괴시켜 감염의 위험성을 없애거나 세균의 증식을 억제 또는 멸살시키는 것
> ③ 살균 : 생활력을 가지고 있는 미생물을 여러 물리・화학적 작용에 의해 급속히 죽이는 것
> ④ 멸균 : 병원균이나 포자까지 완벽하게 제거하는 것

37 다음 중 배설물의 소독에 가장 적당한 것은?

① 크레졸
② 오 존
③ 염 소
④ 승 홍

> **해설**
> 크레졸은 손, 기구, 의류, 환자의 배설물, 화장실의 소독에 사용된다.

38 이용 시 사용되는 가위의 연마에 대한 설명으로 옳은 것은?

① 가위 연마 시 겉쪽 갈기와 안쪽 갈기는 무시해도 좋다.
② 가위 연마 시 손의 각도와 발의 위치는 중요하지 않다.
③ 숫돌 선정 및 손의 각도와 발의 위치는 관계가 없다.
④ 가위 연마 시 숫돌 선정이 날의 수명을 좌우한다.

39 음용수 소독에 사용할 수 있는 소독제는?

① 아이오딘
② 페 놀
③ 염 소
④ 승홍수

> **해설**
> **음용수 소독에 염소를 사용하는 이유**
> • 강한 소독력이 있기 때문
> • 강한 잔류효과가 있기 때문
> • 조작이 간편하기 때문
> • 경제적이기 때문

40 EO 가스의 폭발 위험성을 감소시키기 위하여 흔히 혼합하여 사용하게 되는 물질은?

① 질 소　　　　　② 산 소
③ 아르곤　　　　　④ 승홍수

41 다음 중 공기의 접촉 및 산화와 관계있는 것은?

① 흰 면포
② 검은 면포
③ 구 진
④ 팽 진

> **해설**
> **검은 면포** : 블랙헤드를 말하며, 피지가 공기와 접촉 후 산화되어 검게 변한 현상이다.

42 모발을 태우면 노린내가 나는데 이는 어떤 성분 때문인가?

① 나트륨　　　　　② 이산화탄소
③ 유 황　　　　　④ 탄 소

> **해설**
> 인모를 조금 잘라서 불에 태워보면 서서히 타면서 유황 냄새가 난다.

43 다음 중 2도 화상에 속하는 것은?

① 햇볕에 탄 피부
② 진피층까지 손상되어 수포가 발생한 피부
③ 피하 지방층까지 손상된 피부
④ 피하 지방층 아래의 근육까지 손상된 피부

> **해설**
> **화상의 증상에 따른 분류**
> • 1도 화상 : 표피층만 손상
> • 2도 화상 : 표피 전 층과 진피의 상당 부분이 손상
> • 3도 화상 : 진피 전 층과 피하조직까지 손상

44 포인트 메이크업 화장품에 속하지 않는 것은?

① 블러셔　　　　　② 아이섀도
③ 파운데이션　　　④ 립스틱

> **해설**
> ③ 파운데이션은 베이스 메이크업 화장품이다.

45 다음 중 태선화에 대한 설명으로 옳은 것은?

① 표피가 얇아지는 것으로 표피세포 수의 감소와 관련이 있으며 종종 진피의 변화와 동반된다.

② 둥글거나 불규칙한 모양의 굴착으로 점진적인 괴사에 의해서 표피와 함께 진피의 소실이 오는 것이다.

③ 질병이나 손상에 의해 진피와 심부에 생긴 결손을 메우는 새로운 결체조직의 생성으로 생기며 정상 치유 과정의 하나이다.

④ 표피 전체와 진피의 일부가 가죽처럼 두꺼워지는 현상이다.

해설
태선화는 피부를 지나치게 긁어 가죽처럼 두꺼워지는 것이다.

46 백반증에 관한 내용 중 틀린 것은?

① 멜라닌 세포의 과다한 증식으로 일어난다.

② 백색 반점이 피부에 나타난다.

③ 후천적 탈색소 질환이다.

④ 원형, 타원형 또는 부정형의 흰색 반점이 나타난다.

해설
백반증은 멜라닌의 합성이 안 된다.

47 진피의 4/5를 차지할 정도로 가장 두꺼운 부분이며 옆으로 길고 섬세한 섬유가 그물 모양으로 구성되어 있는 층은?

① 망상층   ② 유두층

③ 유두하층   ④ 과립층

해설
② 유두층 : 표피돌기 사이에서 피부의 표면을 향해 둥글게 돌출(유두)되어 있는 부분이다.
③ 유두하층 : 유두층의 밑바닥에 해당하는 곳이며 망상층과 이어지는 부분이다.
④ 과립층 : 각질화 과정이 실제로 일어나는 층이다.

48 액취증의 원인이 되는 아포크린선이 분포되어 있지 않은 곳은?

① 배꼽 주변

② 겨드랑이

③ 사타구니

④ 발바닥

해설
발바닥은 에크린선이 분포한다.

49 무기질의 설명으로 틀린 것은?

① 조절작용을 한다.

② 수분과 산 염기의 평형 조절을 한다.

③ 뼈와 치아를 구성한다.

④ 에너지 공급원으로 이용된다.

해설
무기질의 기능
• 체액의 pH 및 삼투압을 조절한다.
• 뼈와 치아의 중요한 성분으로 골격조직을 형성한다.
• 신경 자극의 전달과 근육의 탄력을 유지한다.
• 소화액 및 체내 분비액의 산과 알칼리를 조절한다.
• 효소작용의 촉매 작용을 한다.

50 피부 본래의 표면에 알칼리성의 용액을 pH 환원시키는 표피의 능력을 무엇이라 하는가?

① 환원작용

② 알칼리 중화능

③ 산화작용

④ 산성 중화능

해설
건강한 피부 표면은 약산성 pH 4.5∼6.5를 유지하며 일시적으로 알칼리화되어도 시간이 지나면 원래의 약산성 피부로 다시 돌아온다. 이를 피부의 알칼리 중화능력이라고 한다.

51 이·미용의 업무를 영업장소 외에서 행하였을 때 이에 대한 처벌 기준은?

① 3년 이하의 징역 또는 1천만원 이하의 벌금

② 500만원 이하의 과태료

③ 200만원 이하의 과태료

④ 100만원 이하의 벌금

해설
과태료(공중위생관리법 제22조제2항)
다음의 어느 하나에 해당하는 자는 200만원 이하의 과태료에 처한다.
• 이·미용업소의 위생관리 의무를 지키지 아니한 자
• 영업소 외의 장소에서 이용 또는 미용업무를 행한 자
• 위생교육을 받지 아니한 자

52 면허증을 다른 사람에게 대여한 때의 2차 위반 시 행정처분기준은?

① 면허정지 6월

② 면허정지 3월

③ 영업정지 3월

④ 영업정지 6월

해설
행정처분기준(공중위생관리법 시행규칙 [별표 7])
면허증을 다른 사람에게 대여한 경우
• 1차 위반 : 면허정지 3개월
• 2차 위반 : 면허정지 6개월
• 3차 위반 : 면허취소

53 위생서비스 평가의 결과에 따른 조치에 해당되지 않는 것은?

① 이·미용업자는 위생관리등급 표지를 영업소 출입구에 부착할 수 있다.

② 시·도지사는 위생서비스의 수준이 우수하다고 인정되는 영업소에 대한 포상을 실시할 수 있다.

③ 시장·군수는 위생관리등급별로 영업소에 대한 위생감시를 실시할 수 있다.

④ 구청장은 위생관리등급의 결과를 세무서장에게 통보할 수 있다.

해설
시장·군수·구청장은 보건복지부령이 정하는 바에 의하여 위생서비스 평가의 결과에 따른 위생관리등급을 해당 공중위생영업자에게 통보하고 이를 공표하여야 한다(공중위생관리법 제14조제1항).

54 공중위생영업에 해당하지 않는 것은?

① 세탁업　　　　② 위생관리업

③ 미용업　　　　④ 목욕장업

해설
"공중위생영업"이라 함은 다수인을 대상으로 위생관리서비스를 제공하는 영업으로서 숙박업·목욕장업·이용업·미용업·세탁업·건물위생관리업을 말한다(공중위생관리법 제2조제1항제1호).

55 영업소 외의 장소에서 이용 및 미용의 업무를 할 수 있는 경우가 아닌 것은?

① 질병으로 영업소에 나올 수 없는 경우

② 혼례 직전 이용 또는 미용을 하는 경우

③ 야외에서 단체로 이용 또는 미용을 하는 경우

④ 사회복지시설에서 봉사활동으로 이용 또는 미용을 하는 경우

해설
영업소 외에서의 이용 및 미용 업무(공중위생관리법 시행규칙 제13조)
• 질병·고령·장애나 그 밖의 사유로 영업소에 나올 수 없는 자에 대하여 이용 또는 미용을 하는 경우
• 혼례나 그 밖의 의식에 참여하는 자에 대하여 그 의식 직전에 이용 또는 미용을 하는 경우
• 사회복지시설에서 봉사활동으로 이용 또는 미용을 하는 경우
• 방송 등의 촬영에 참여하는 사람에 대하여 그 촬영 직전에 이용 또는 미용을 하는 경우
• 특별한 사정이 있다고 시장·군수·구청장이 인정하는 경우

56 이·미용업소에서 이·미용업 신고증을 게시하지 아니한 때의 1차 위반 행정처분기준은?

① 경고 또는 개선명령

② 영업정지 5일

③ 영업허가 취소

④ 영업장 폐쇄명령

해설
행정처분기준(공중위생관리법 시행규칙 [별표 7])
이·미용업 신고증 및 면허증 원본을 게시하지 않거나 업소 내 조명도를 준수하지 않은 경우
• 1차 위반 : 경고 또는 개선명령
• 2차 위반 : 영업정지 5일
• 3차 위반 : 영업정지 10일
• 4차 이상 위반 : 영업장 폐쇄명령

57 다음 중 이·미용업을 개설할 수 있는 경우는?

① 이·미용사 면허를 받은 자

② 이·미용사 감독을 받아 이·미용을 행하는 자

③ 이·미용사의 자문을 받아서 이·미용을 행하는 자

④ 위생관리용역업 허가를 받은 자로서 이·미용에 관심이 있는 자

해설

이용사 및 미용사의 업무범위 등(공중위생관리법 제8조제1항)
이용사 또는 미용사의 면허를 받은 자가 아니면 이용업 또는 미용업을 개설하거나 그 업무에 종사할 수 없다. 다만, 이용사 또는 미용사의 감독을 받아 이용 또는 미용 업무의 보조를 행하는 경우에는 그러하지 아니하다.

58 공중위생영업자가 풍속영업규제법 등 다른 법령을 위반하여 관계 행정기관장의 요청이 있을 때 당국이 취할 수 있는 조치사항은?

① 경 고

② 개선명령

③ 일정 기간 동안의 업무정지

④ 6월 이내 기간의 면허정지

해설

시장·군수·구청장은 이용사 또는 미용사가 「성매매알선 등 행위의 처벌에 관한 법률」이나 「풍속영업의 규제에 관한 법률」을 위반하여 관계 행정기관의 장으로부터 그 사실을 통보받은 때에는 그 면허를 취소하거나 6월 이내의 기간을 정하여 그 면허의 정지를 명할 수 있다(공중위생관리법 제7조제1항제8호).

59 면허의 정지명령을 받은 자는 그 면허증을 누구에게 제출해야 하는가?

① 보건복지부장관

② 시·도지사

③ 시장·군수·구청장

④ 이·미용사 중앙회장

해설

면허증의 반납 등(공중위생관리법 시행규칙 제12조제1항)
면허가 취소되거나 면허의 정지명령을 받은 자는 지체없이 관할 시장·군수·구청장에게 면허증을 반납하여야 한다.

60 이·미용영업소에서 손님이 보기 쉬운 곳에 게시하지 않아도 되는 것은?

① 개설자의 면허증 원본

② 이·미용업 신고증

③ 사업자등록증

④ 이·미용요금표

해설

공중위생영업자가 준수하여야 하는 위생관리기준 등(공중위생관리법 시행규칙 [별표 4])
• 영업소 내부에 이·미용업 신고증 및 개설자의 면허증 원본을 게시하여야 한다.
• 영업소 내부에 최종지급요금표를 게시 또는 부착하여야 한다.

01 세발의 물로 가장 적합한 것은?

① 수돗물　　　② 센 물
③ 경 수　　　④ 온천수

해설
샴푸(세발) 시 가능하면 연수를 사용하는 것이 좋다.

02 커트의 기본 자세에 대한 설명으로 옳은 것은?

① 좌경자세는 수직의 자세를 기본으로 하여 상체를
　좌측으로 15°, 30°, 44° 기울이는 것이다.
② 기본 자세로는 좌경자세, 우경자세, 수직자세,
　수평자세의 4가지가 있다.
③ 우경자세는 수직의 자세를 기본으로 하여 상체를
　좌측으로 15°, 30°, 44° 기울이는 것이다.
④ 좌경자세는 수직의 자세를 기본으로 하여 상체를
　우측으로 15°, 30°, 44° 기울이는 것이다.

해설
이발 시 기본 자세로는 수직자세, 우경자세(중심이 우측), 좌경자
세(중심이 좌측)가 있다.

03 세균의 편모는 무슨 역할을 하는가?

① 세균의 증식기관
② 세균의 유전기관
③ 세균의 운동기관
④ 세균의 영양흡수기관

해설
운동성 세포기관, 즉 세균 표면의 섬유상 구조를 갖는 운동기관을
편모라고 한다.

04 모발에 대한 설명 중 맞는 것은?

① 밤보다 낮에 잘 자란다.
② 봄과 여름보다 가을과 겨울에 잘 자란다.
③ 개인차가 있을 수 있지만 평균 한 달에 5cm 정도
　자란다.
④ 모발의 주기(모주기)는 성장기, 퇴행기, 휴지기,
　발생기로 나누어진다.

해설
① 하루 중에는 낮보다 밤에 잘 자란다.
② 1년 중에는 봄과 여름에 성장이 빠르다.
③ 한 달에 1~1.5cm 정도 자란다.

05 신체 골격 구조와 어울리는 헤어스타일을 설명한
것으로 가장 적절하지 않은 것은?

① 키가 크고 뚱뚱한 체형은 심플한 스타일이나 쇼
　트 커트로 보완한다.
② 키가 크고 마른 체형은 미디엄 길이의 웨이브
　스타일로 보완한다.
③ 키가 작고 뚱뚱한 체형은 윗머리에 볼륨이 있는
　스타일로 보완한다.
④ 키가 작고 마른 체형은 옆머리에 볼륨이 있는
　스타일로 보완한다.

해설
키가 작고 뚱뚱한 체형은 윗머리에 볼륨이 너무 많으면 자칫 얼굴
이 더 커 보일 수 있어 피하고, 쇼트 커트나 비대칭 스타일이 좋다.

1 ① 2 ① 3 ③ 4 ④ 5 ③ **정답**

06 페이스 브러시로 옳은 것은?

① ② ③ ③

07 여성 면도의 목적이 아닌 것은?

① 드레스업으로서 면도
② 메이크업으로서 면도
③ 눈썹 다듬기용
④ 왁싱으로 모든 부위의 털 제거

해설
④ 왁스를 이용해 팔, 다리, 겨드랑이 또는 서혜부 등의 불필요한
   털을 제거할 수 있다.
면도 또는 제모는 노출된 부위의 털을 제거하거나 깔끔하게 유지함
으로써 아름답게 보이려는 미적인 효과를 높이고자 행해진다.

08 인분을 비료로 사용한 채소를 생식할 경우 감염되
는 기생충 질환은?

① 선모충증   ② 회충증
③ 사상충증   ④ 무구조충증

해설
회충, 편충은 경구를 통해 감염되는데 특히 비위생적인 분변처리,
채소류의 생식 등으로 감염되므로, 손의 청결이 중요하다.

09 가위 개폐 시 동도와 연결되는 손가락은?

① 엄 지   ② 검 지
③ 엄지와 검지   ④ 다섯 손가락

해설
가위의 이동날을 동도(動刀)라고 한다. 엄지그립(엄지환)은 엄지
손가락을 끼우는 곳으로 이동날과 연결되어 있다.

10 고대 서양의 이용 발달사를 설명한 것으로 적절하
지 않은 것은?

① 그리스에서 이발사는 고정된 장소가 아닌 곳에서
   고객을 의자에 앉혀 놓고 모발을 잘랐다.
② 로마시대부터 이발사의 흔적을 찾아볼 수 있다.
③ 로마시대에는 모발을 자르기 위해 동으로 날카로
   운 도끼 모양의 면도칼을 만들어 사용하였다.
④ 이집트의 남자들과 여자들은 모발을 밀거나 짧게
   깎아 가발을 착용하였다.

해설
고대 이집트에서는 모발을 자르거나 숱을 치기 위해 금, 은, 동으로
날카로운 도끼 모양의 면도칼을 만들어 사용한 것으로 추정된다.
대부분의 남자들과 여자들은 모발을 밀거나 짧게 깎아 가발을
착용하였다.

11 염색모 관리를 위한 것으로 옳지 않은 것은?

① 유분이 많은 샴푸를 사용한다.

② 알칼리성 샴푸를 사용한다.

③ 샴푸 후 트리트먼트 흡수를 돕기 위해 타월 드라이를 한다.

④ 모발에 유분과 수분, 영양분을 공급하여 손상된 모발의 회복을 돕기 위하여 트리트먼트를 한다.

> **해설**
> 염색과 펌 후에는 약산성 샴푸와 산성 린스가 좋다.

12 피부 표피세포의 교체주기는 몇 주 간격인가?

① 2주 ② 4주

③ 5주 ④ 6주

> **해설**
> 표피세포는 약 4주의 교체주기를 가지고 있다.

13 ppm 단위에 대한 설명으로 옳은 것은?

① 100분의 1을 나타낸다.

② 10,000분의 1을 나타낸다.

③ 1,000,000분의 1을 나타낸다.

④ 1,000,000,000분의 1을 나타낸다.

> **해설**
> ppm(parts per million)은 100만분의 1의 단위를 나타낸다.

14 어떤 소독약의 석탄산계수가 3.0이라는 것은 무엇을 의미하는가?

① 살균력이 석탄산의 3배이다.

② 살균력이 석탄산의 3%이다.

③ 살균력이 석탄산의 30%이다.

④ 살균력이 석탄산의 30배이다.

> **해설**
> 석탄산계수가 3.0이라면 살균력이 석탄산의 3배라는 의미이다.

15 컬러 크레용(Color Crayon)에 대한 설명으로 옳은 것은?

① 부분적으로 염색하거나 염색된 모발을 수정하는 데 사용한다.

② 제1제는 염모제, 제2제는 산화제로 이루어져 있다.

③ 모발의 상태에 따라 4~6주간 지속된다.

④ 색상의 지속력이 길지만 모발을 손상시키는 단점이 있다.

> **해설**
> 컬러 크레용(컬러 스틱) : 일시적 염모제로, 부분적으로 염색하거나 염색된 모발을 수정할 때 주로 사용된다.

11 ② 12 ② 13 ③ 14 ① 15 ① **정답**

16 다음 중 2도 화상에 속하는 것은?

① 햇볕에 탄 피부

② 진피층까지 손상되어 수포가 발생한 피부

③ 피하 지방층까지 손상된 피부

④ 피하 지방층 아래의 근육까지 손상된 피부

해설

화상의 종류
- 1도 화상(표피화상) : 최외부 피부가 손상되어 그 부위가 빨간 색깔을 띠고, 통증을 느끼는 정도
- 2도 화상(부분층화상) : 화상의 부위가 분홍색으로 되고, 분비물이 많이 분비되며 수포 발생
- 3도 화상(전층화상) : 피하조직의 지방질까지 열이 침투하여 말초신경까지 손상
- 4도 화상 : 열이 뼛속까지 침투한 단계

17 현대적인 의미의 세계 최초 이용원 창설자는?

① 나폴레옹 1세   ② 바리캉

③ 장 바버   ④ 마 샬

해설

세계 최초의 이용사(이발사)는 프랑스의 외과의사였던 장 바버(Jean Barber)로, 그는 외과와 이용을 완전 분리시켜 세계 최초의 이용원을 창설하였다.

18 드라이 샴푸에 관한 설명으로 틀린 것은?

① 일반 이용소에서 가장 많이 사용하고 있는 방법이다.

② 건조한 타월과 브러시로 샴푸한 것을 닦아 낸다.

③ 빗으로 머리를 분발하면서 분말을 뿌리고 마사지하는 방법이다.

④ 환자에게 물로 세발할 수 없는 경우에 하는 방법이다.

해설

드라이 샴푸잉은 거동이 불편한 환자나 임산부에 가장 적당하다. 물을 사용하는 샴푸(플레인 샴푸)가 일반적 샴푸법이다.

19 스포츠형 조발술에 있어서 일반적인 조발 순서 체계로 가장 보편적인 것은?

① 전두부 – 정수리 – 좌측 두부 – 후두부 – 우측 두부

② 정수리 – 전두부 – 우측 두부 – 좌측 두부 – 후두부

③ 전두부 – 정수리 – 후두부 – 좌측 두부 – 우측 두부

④ 후두부 – 좌측 두부 – 우측 두부 – 전두부 – 정수리

해설

스포츠 커트(Sport Cut) : 예전 운동선수들은 운동을 할 때 편하도록 모발 길이를 전체적으로 짧게 잘랐는데, 이러한 이유로 스포츠 커트라는 이름이 불리게 되었으며 브로스 커트(Brosse Cut)라고도 한다.

20 코발트나 세슘 등을 이용한 방사선 멸균법의 단점이라 할 수 있는 것은?

① 시설설비에 소요되는 비용이 비싸다.

② 투과력이 약해 포장된 물품에 소독효과가 없다.

③ 소독에 소요되는 시간이 길다.

④ 고온에서 적용되기 때문에 열에 약한 기구 소독이 어렵다.

해설

방사선 멸균법은 감마선을 이용해 살균하는 것으로, 시설설비에 소요되는 비용이 많이 든다는 단점이 있다.

21 다음 중 물에 오일 성분이 혼합되어 있는 유화상태는?

① O/W 에멀션
② W/O 에멀션
③ W/S 에멀션
④ W/O/W 에멀션

해설
- 유중수적형(Water in Oil, W/O형) : 유분이 많아 흡수가 더디고 사용감이 무거우나 지속성이 높다.
- 수중유적형(Oil in Water, O/W형) : 흡수가 빠르고 사용감이 산뜻하나 지속성이 낮아 지성피부, 여드름 피부에 적당하다.

22 드라이어를 사용한 정발에서 올백 스타일을 하고자 할 때 시술 체계상 가장 먼저 시술할 곳은?

① 전두부에서 후두부 상단
② 후두부에서 전두부 하단
③ 우측 두부에서 후두부 상단
④ 좌측 두부에서 후두부 상단

23 이용사를 바버(Barber)라고 한다. 이용사의 어원은 어디에서 유래된 것인가?

① 사람 이름
② 병원 이름
③ 화장품 회사 이름
④ 가위 이름

해설
세계 최초의 이용사(이발사)는 프랑스의 장 바버(Jean Barber)이다.

24 다음 중 원형 탈모증을 가장 바르게 설명한 것은?

① 이마 위쪽 부분의 두발이 빠지는 증세
② 동전처럼 집중적으로 두발이 빠지는 증세
③ 뒷머리 부분의 두발이 빠지는 증세
④ 머리 부분 전체의 두발이 빠지는 증세

해설
탈모증
- 결발성 탈모증 : 머리를 세게 묶어 모유두부가 자극을 받아 머리카락이 빠지는 증세
- 원형 탈모증 : 탈모된 부위의 경계가 정확하고 동전 크기 정도의 둥근 모양으로 털이 빠지는 증세
- 지루성 탈모증 : 두피 피지선의 분비물이 병적으로 많아 머리카락이 빠지는 증세

25 손가락이나 손바닥으로 피부를 비비거나 문지르는 마사지 방법은?

① 진동법
② 압박법
③ 고타법
④ 경찰법

해설
- 경찰법(스트로킹) : 손 전체로 부드럽게 쓰다듬는 방법이다.
- 강찰법(프릭션) : 손으로 피부를 강하게 문지르는 방법이다.
- 유연법(니딩) : 손으로 주무르는 방법이다.
- 고타법(퍼커션) : 손으로 두드리는 방법으로 태핑, 슬래핑, 커핑, 해킹, 비팅 등이 있다.

26 과다한 헤어 드라이로 건조가 심할 때 나타나는 현상은?

① 두피와 모발에 수분이 증발했기 때문에 비듬이 없어진다.
② 두발에 윤기가 없어지고 결모현상이 나타난다.
③ 두발이 탈수현상이 되기 때문에 백발이 된다.
④ 두발에 신진대사가 활발해진다.

해설
드라이어의 건조가 과도한 경우
• 두발에 수분이 부족해진다(두발은 10% 내외의 수분을 함유).
• 윤기가 없어지고, 머리끝이 갈라진다.
• 피지의 분비를 방해하여 비듬이 생긴다.

27 시닝가위를 사용하는 목적은?

① 이발의 편리함
② 정발의 편리함
③ 두발 숱의 정비
④ 간편한 기구의 사용

해설
시닝가위(틴닝가위)는 모발의 숱을 감소시키거나 모발 끝의 질감을 부드럽게 표현하고자 할 때 사용하는 커트 기구이다.

28 다음 중 피부 흡수가 가장 잘되는 것은?

① 분자량 800 이하 수용성 성분
② 분자량 800 이상 지용성 성분
③ 분자량 800 이하 지용성 성분
④ 분자량 800 이상 수용성 성분

해설
보통 성분의 분자량이 800 이하이고 지용성인 경우 피부에 흡수가 잘된다.

29 얼굴 마사지용 크림으로 가장 적합한 것은?

① 콜드 크림
② 영양 크림
③ 밀크 크림
④ 바니싱 크림

30 다음 중 레이저의 선택방법이 틀린 것은?

① 칼등과 날머리가 평행하며 비틀림이 없어야 한다.
② 칼날을 닫았을 때 핸들의 중심에 똑바로 들어가야 한다.
③ 회전축이 자유롭게 휘어져야 한다.
④ 칼어깨의 두께가 일정하고 날의 마멸이 균등해야 한다.

해설
레이저의 구조
• 날 등과 날 끝 : 평행하며 비틀림이 없어야 한다.
• 어깨 : 두께가 일정하고 사용 시 날의 마멸이 균등하게 적용되어야 한다.
• 선회축 : 적당하게 견고해야 한다.
• 홀더 : 몸체에 날이 홀더의 중심으로 바르게 들어가야 한다.
• 날의 몸체/날선 : 내·외곡선상, 직선상 등의 형태가 있다. 날의 몸체를 닫았을 때 핸들의 중심으로 똑바로 들어가야 한다.

31 블로 드라이 스타일링 후 스프레이를 살포하는 주된 이유는?

① 두발의 질을 부드럽게 하기 위하여
② 두발형의 유지시간을 연장시키기 위하여
③ 두발의 질을 강화시키기 위하여
④ 향수의 효과를 오래 지속시키기 위하여

해설
블로 드라이 스타일링 후 스프레이를 도포하는 주된 이유는 스타일을 고정시키고 유지시간을 연장시키기 위해서이다.

32 화학약품만의 작용에 의한 콜드 웨이브를 처음으로 성공시킨 사람은?

① 마샬 그라또
② 조셉 메이어
③ J. B. 스피크먼
④ 찰스 네슬러

해설
콜드 웨이브를 처음으로 성공시킨 사람은 J. B. 스피크먼(1936년)이다.

33 계면활성제의 종류로 틀린 것은?

① 양쪽성 - 저자극성 샴푸, 베이비 샴푸
② 양이온성 - 헤어트리트먼트, 헤어린스
③ 음이온성 - 아토피 제품, 예민성 화장품
④ 비이온성 - 스킨, 클렌징 크림

해설
계면활성제의 종류
• 양이온성 계면활성제 : 헤어린스, 헤어트리트먼트(살균, 소독 작용)
• 음이온성 계면활성제 : 비누, 샴푸, 클렌징 폼(세정, 기포형성 작용)
• 비이온성 계면활성제 : 화장수, 크림, 클렌징 크림(피부자극 적음)
• 양쪽성 계면활성제 : 저자극성 샴푸, 베이비 샴푸(피부자극 적음, 세정작용)

34 다음 중 가발을 세발하는 방법으로 가장 적합한 것은?

① 일반 샴푸로 세척한다.
② 비누로만 세척한다.
③ 뜨거운 바람으로 단시간 내에 드라이한다.
④ 벤젠 등의 휘발성 용제로 드라이 샴푸한다.

35 몸을 가누지 못하는 환자 또는 어린아이의 이발 순서로 가장 적절한 것은?

① 뒷면 목선에서 시작하여 우측 사이드로 커트한다.
② 뒷면 목선에서 시작하여 좌측 사이드로 커트한다.
③ 의사나 부모의 지시에 따라 커트한다.
④ 순서 없이 상황에 맞게 커트한다.

해설
환자 또는 어린아이는 순서 없이 상황에 맞게 빠른 시간 안에 커트하여 불편함을 줄인다.

36 결핵환자의 객담 처리방법 중 가장 효과적인 것은?

① 매몰법　　　　② 알코올소독

③ 크레졸소독　　④ 소각법

해설
병원체의 배설물, 토사물 등은 불에 태워 멸균하는 것이 가장 효과적이다.

37 다음 중 빗의 사용과 취급방법에 대한 설명으로 틀린 것은?

① 엉킨 두발을 빗을 때는 빗살이 얼레살로 된 얼레빗을 사용한다.

② 두발의 흐름을 아름답게 매만질 때는 빗살이 고운살로 된 세트빗을 사용한다.

③ 빗은 사용 후 엉켜 있는 머리카락과 이물질을 제거하고 재질에 따라 소독한다.

④ 빗의 소독은 손님 약 3인에게 사용했을 때 1회씩 하는 것이 적합하다.

해설
한 번 사용한 빗은 반드시 소독해서 사용하여야 한다.

38 다음 중 일회용 면도기를 사용함으로써 예방 가능한 질병은?(단, 정상적인 사용의 경우를 말한다)

① 무 좀　　　　② 매 독

③ 일본뇌염　　④ B형간염

해설
B형간염은 혈액을 통해 감염되므로 면도기를 소독하지 않거나 비위생적으로 사용할 경우 감염의 위험성이 높아진다.

39 다음 샴푸 시술 시의 주의사항으로 틀린 것은?

① 손님의 의상이 젖지 않게 신경을 쓴다.

② 두발을 적시기 전에 물의 온도를 체크한다.

③ 손톱으로 두피를 문지르며 비빈다.

④ 다른 손님에게 사용한 타월은 쓰지 않는다.

해설
샴푸 시 손톱을 세워 두피를 긁지 않도록 하며 손가락 끝의 바닥면으로 마사지를 하듯 문질러 준다.

40 피부의 구조 중 진피에 속하는 것은?

① 과립층　　　　② 유극층

③ 유두층　　　　④ 기저층

해설
진피층은 상층의 유두층과 하층의 망상층으로 구분되어 있고, 진피 내에는 혈관, 림프관, 신경, 한선, 모발선, 감각선, 입모근 등을 포함하고 있다.

41 다음 중 이·미용실에서 사용하는 수건을 철저하게 소독하지 않았을 때 주로 발생할 수 있는 감염병은?

① 페스트　　　　② 장티푸스
③ 일본뇌염　　　④ 트라코마

해설
트라코마로 인하여 각막, 결막 등에 영구적인 흉터성 합병증을 남겨 심한 시력장애가 올 수 있으므로, 이·미용업소 내에서는 수건을 철저하게 소독하여 트라코마 감염을 예방해야 한다.

42 두발이 있는 후두부 하단부 중앙에 직경 1cm의 둥근 흉터가 있으면 어떻게 이발을 하여야 하는가? (단, 목의 둘레는 13인치이고 목은 긴 형이다)

① 흉터가 있는 곳까지 바리캉으로 조발하고 흉터 하단은 면도로 처리한다.
② 흉터가 보이지 않도록 길게 조발하여 흉부를 가려준다.
③ 흉부 양옆의 머리를 3mm로 조발하며 흉터는 염색약으로 처리한다.
④ 흉터의 유무는 상관하지 않는다.

43 건강한 모발의 pH 범위로 적당한 것은?

① pH 3~4
② pH 4.5~5.5
③ pH 6.5~7.5
④ pH 8.5~9.5

해설
건강한 모발은 pH 4.5~5.5로 약산성이다.

44 면도 시술 시 손님의 턱수염을 깎을 때 가장 적합한 형태의 면도날 선은?

① 직선상　　　　② 내곡선상
③ 요면상　　　　④ 외곡선상

해설
레이저의 날은 외곡선의 것을 사용한다.

45 다음 모발 화장품 중 양모제로 분류되는 것은?

① 샴 푸
② 헤어토닉
③ 헤어블리치
④ 헤어트리트먼트

해설
헤어토닉은 알코올을 주성분으로 한 양모제로, 두피에 영양을 주고 모근을 튼튼하게 한다.

46 다음 중 습열멸균법이 아닌 것은?

① 소각법

② 자비소독법

③ 저온살균법

④ 고압증기멸균법

해설
① 소각법은 건열에 의한 소독법이다.

47 홍역을 앓고 난 후 형성된 면역을 무엇이라 하는가?

① 자연수동면역

② 인공수동면역

③ 자연능동면역

④ 인공능동면역

해설
자연능동면역은 질병을 앓고 난 후 형성된 면역이다.

48 공중보건 사업을 하기 위한 최소 단위가 되는 것은?

① 가 정 ② 개 인

③ 시·군·구 ④ 국 가

해설
공중보건의 최소 단위는 지역사회로 시·군·구가 해당된다.

49 실내 공기의 오염지표인 CO_2(이산화탄소)의 실내 (8시간 기준) 서한량은?

① 0.001% ② 0.01%

③ 0.1% ④ 1%

해설
실내 공기 오염의 지표로 이산화탄소를 활용하며, 실내 허용치는 0.1%로 1,000ppm이다.

50 화장품의 정의로 옳지 않은 것은?

① 효과는 무제한이다.

② 대상은 정상인이다.

③ 기간은 장기간, 지속적이다.

④ 목적은 세정, 청결, 건강 유지이다.

해설
① 화장품의 효과는 제한적이다.

51 다음 중 제1급 감염병에 속하는 것은?

① 인플루엔자   ② 페스트

③ 백일해   ④ 장티푸스

해설
①은 제4급 감염병, ③·④는 제2급 감염병이다.

52 미생물을 대상으로 한 작용이 강한 것부터 순서대로 옳게 배열된 것은?

① 멸균 > 소독 > 살균 > 청결 > 방부

② 멸균 > 살균 > 소독 > 방부 > 청결

③ 살균 > 멸균 > 소독 > 방부 > 청결

④ 소독 > 살균 > 멸균 > 청결 > 방부

해설
소독력이 강한 것은 멸균 > 살균 > 소독 > 방부 > 청결 순이다.

53 공중위생관리법상 위생교육에 포함되지 않는 것은?

① 기술교육

② 시사상식 교육

③ 소양교육

④ 공중위생에 관하여 필요한 내용

해설
위생교육(공중위생관리법 시행규칙 제23조제2항)
위생교육의 내용은 공중위생관리법 및 관련 법규, 소양교육(친절 및 청결에 관한 사항을 포함한다), 기술교육, 그 밖에 공중위생에 관하여 필요한 내용으로 한다.

54 이·미용사 면허증을 분실하였을 때 누구에게 재발급 신청을 하여야 하는가?

① 시장·군수·구청장

② 시·도지사

③ 보건복지부장관

④ 협회장

해설
면허증의 재발급 등(공중위생관리법 시행규칙 제10조제2항)
면허증의 재발급 신청을 하려는 자는 신청서(전자문서로 된 신청서를 포함한다)에 규정에 따른 서류(전자문서를 포함한다)를 첨부하여 시장·군수·구청장에게 제출해야 한다.

55 공중위생영업자는 공중위생영업을 폐업한 날부터 며칠 이내에 시장·군수·구청장에게 신고해야 하는가?

① 7일   ② 10일

③ 20일   ④ 30일

해설
공중위생영업의 신고 및 폐업신고(공중위생관리법 제3조제2항)
공중위생영업의 신고를 한 자(공중위생영업자)는 공중위생영업을 폐업한 날부터 20일 이내에 시장·군수·구청장에게 신고하여야 한다. 다만, 영업정지 등의 기간 중에는 폐업신고를 할 수 없다.

56 청문을 실시하여야 하는 사항과 거리가 먼 것은?

① 과태료 징수
② 공중위생영업의 정지명령
③ 영업소의 폐쇄명령
④ 이 · 미용사의 면허취소

해설
청문(공중위생관리법 제12조)
보건복지부장관 또는 시장 · 군수 · 구청장은 다음의 어느 하나에 해당하는 처분을 하려면 청문을 하여야 한다.
• 이 · 미용사의 면허취소 또는 면허정지
• 영업정지명령, 일부 시설의 사용중지명령 또는 영업소 폐쇄명령

57 변경신고를 하지 아니하고 영업소의 소재지를 변경한 때의 1차 위반 시 행정처분기준은?

① 영업정지 1월　　② 영업정지 2월
③ 영업허가 취소　　④ 영업장 폐쇄명령

해설
행정처분기준(공중위생관리법 시행규칙 [별표 7])
신고를 하지 않고 영업소의 소재지를 변경한 경우
• 1차 위반 : 영업정지 1월
• 2차 위반 : 영업정지 2월
• 3차 위반 : 영업장 폐쇄명령

58 위생서비스평가의 결과에 따른 위생관리등급별로 영업소에 대한 위생감시를 실시할 때의 기준이 아닌 것은?

① 위생감시의 실시주기
② 위생감시의 실시횟수
③ 위생교육의 실시횟수
④ 영업소에 대한 출입 · 검사

해설
위생관리등급 공표 등(공중위생관리법 제14조제4항)
시 · 도지사 또는 시장 · 군수 · 구청장은 위생서비스평가의 결과에 따른 위생관리등급별로 영업소에 대한 위생감시를 실시해야 한다. 이 경우 영업소에 대한 출입 · 검사와 위생감시의 실시주기 및 횟수 등 위생관리등급별 위생감시기준은 보건복지부령으로 정한다.

59 공중위생관리법에 따른 과징금의 부과 및 납부에 대한 설명 중 틀린 것은?

① 통지를 받은 자는 통지를 받은 날부터 20일 이내에 과징금을 시장 · 군수 · 구청장이 정하는 수납기관에 납부하여야 한다.
② 과징금의 납부를 받은 수납기관은 영수증을 납부자에게 교부하여야 한다.
③ 과징금의 수납기관은 과징금을 수납한 때에는 지체없이 그 사실을 시장 · 군수 · 구청장에게 통보하여야 한다.
④ 과징금의 징수절차는 대통령령으로 정한다.

해설
과징금의 부과 및 납부(공중위생관리법 시행령 제7조의3제8항)
과징금의 징수절차는 보건복지부령으로 정한다.

60 다음 중 신고된 영업소 이외의 장소에서 이 · 미용 영업을 할 수 있는 곳은?

① 생산 공장
② 일반 가정
③ 일반 사무실
④ 거동이 불가한 환자 처소

해설
영업소 외에서의 이용 및 미용 업무(공중위생관리법 시행규칙 제13조)
• 질병 · 고령 · 장애나 그 밖의 사유로 영업소에 나올 수 없는 자에 대하여 이용 또는 미용을 하는 경우
• 혼례나 그 밖의 의식에 참여하는 자에 대하여 그 의식 직전에 이용 또는 미용을 하는 경우
• 사회복지시설에서 봉사활동으로 이용 또는 미용을 하는 경우
• 방송 등의 촬영에 참여하는 사람에 대하여 그 촬영 직전에 이용 또는 미용을 하는 경우
• 이외에 특별한 사정이 있다고 시장 · 군수 · 구청장이 인정하는 경우

01 모난 얼굴형 정발 시 적합한 가르마는?

① 8 : 2 가르마
② 7 : 3 가르마
③ 5 : 5 가르마
④ 6 : 4 가르마

해설
얼굴형에 따라 모난 얼굴은 6 : 4 가르마, 둥근 얼굴은 7 : 3 가르마, 긴 얼굴은 8 : 2 가르마가 어울린다.

02 고종황제의 어명으로 우리나라에서 최초로 이용시술을 한 사람은?

① 서재필
② 김옥균
③ 안종호
④ 박영효

해설
안종호는 조선 말 정삼품의 벼슬로 대강원에 봉직하다 고종황제의 어명으로 우리나라에서 최초로 이용시술을 하였다.

03 이용업소의 안전관리에 대한 설명 중 옳지 않은 것은?

① 이용업소 내에 소화기를 배치한다.
② 모든 전기제품은 정기적으로 점검한다.
③ 자주 사용하지 않는 제품은 점검하지 않아도 괜찮다.
④ 알레르기 반응을 일으킨 고객은 즉시 시술을 중단한다.

해설
③ 자주 사용하지 않는 제품도 정기적으로 점검하는 것이 좋다.

04 공중보건학의 목적이 아닌 것은?

① 질병 예방
② 수명 연장
③ 신체적 · 정신적 건강 증진
④ 질병 치료

해설
공중보건의 3대 요소(목적)
• 질병의 예방
• 수명의 연장
• 신체적 · 정신적 효율의 증진

05 비타민 결핍증인 불임증 및 생식불능과 피부의 노화 방지 작용 등과 가장 관계가 깊은 것은?

① 비타민 A
② 비타민 B 복합체
③ 비타민 E
④ 비타민 D

해설
비타민 E의 주요 기능
• 항산화제
• 체내 지방의 산화 방지(노화 방지)
• 동맥경화, 성인병 예방

정답 1 ④ 2 ③ 3 ③ 4 ④ 5 ③

06 화장수 제조 공정이 아닌 것은?

① 가열 공정
② 보온에서 제조
③ 정제수에 보습제 첨가
④ 수용성 성분을 용해

해설
① 화장수 제조 시 가열 공정은 없다.
화장수는 정제수, 에탄올, 보습제를 기본 성분으로 한다. 70~80%의 물에 에탄올과 글리세린 등의 보습제를 첨가하는 점은 공통이지만 여기에 유연 및 수렴 등의 사용 목적에 따라 산이나 알칼리 혹은 수렴제 등 기타 성분이 배합된다.

07 조발 시 쓰는 이용가위에 관한 설명으로 적절하지 않은 것은?

① 단발가위 – 길고 강한 모발이나 솔리드형에 주로 사용한다.
② 조발가위 – 가위 중심부에서 앞날 쪽은 짧고 뒤쪽 날은 길다.
③ 전강가위 – 가윗날과 몸체 전체가 특수강철로 이루어졌다.
④ 시닝(틴닝)가위 – 결 치기 또는 숱 치기 가위로, 모량을 제거시켜 준다.

해설
조발가위 : 가위 중심부에서 앞날 쪽은 길고 뒤쪽 날은 짧다.

08 다음 질병에 관한 설명으로 적절한 것은?

콜레라, 세균성 이질, 장티푸스, 파라티푸스

① 장티푸스가 파라티푸스보다 잠복기가 짧다.
② 잠복기가 긴 순은 세균성 이질, 콜레라, 장티푸스, 파라티푸스이다.
③ 콜레라의 잠복기는 수 시간~5일 정도이다.
④ 세균성 이질이 장티푸스보다 잠복기가 더 길다.

해설
주요 경구감염병의 잠복기
• 장티푸스 : 1~3주
• 콜레라 : 수 시간~5일
• 세균성 이질 : 2~7일
• 파라티푸스 : 5일 정도

09 일반적으로 병원성 미생물의 증식이 가장 잘되는 pH의 범위는?

① 3.5~4.5   ② 4.5~5.5
③ 5.5~6.5   ④ 6.5~7.5

해설
세균이 가장 잘 번식할 수 있는 수소이온농도 범위는 pH 7.0~7.5(중성 및 약알칼리성)이다.

10 수돗물 소독 시 이용하는 것은?

① 염 소   ② 크레졸
③ 알코올   ④ 석탄산

해설
염소는 상수도(수돗물) 소독에 가장 많이 쓰이며, 살균력이 좋고 잔류효과도 좋으나 냄새가 강하며 독성이 있다.

11 다음 내용과 관련이 있는 계절과 팩을 나열한 것으로 적절한 것은?

> ( )에는 건조하기 때문에 보습 영양이 있는 팩을 사용한다.

① 봄 – 수박팩
② 여름 – 살구팩
③ 가을 – 감자팩
④ 겨울 – 달걀노른자팩

해설
④ 겨울철 보습을 위한 팩으로 달걀노른자팩, 오이팩 등이 있다.
①, ②, ③ 수박팩, 살구팩, 감자팩은 소염 · 진정팩이다.

12 모발의 색은 흑색, 적색, 갈색, 금발색, 백색 등 여러 가지 색이 있다. 다음 중 주로 검은 모발의 색을 나타나게 하는 멜라닌은 무엇인가?

① 타이로신(Tyrosine)
② 멜라노사이트(Melanocyte)
③ 유멜라닌(Eumelanin)
④ 페오멜라닌(Pheomelanin)

해설
유멜라닌은 모발의 적갈색에서 검은색을 나타내는 입자형 색소이다.

13 다음 중 일정 기간 염모를 피해야 할 때는?

① 면체 직후
② 세발 직후
③ 조발 직후
④ 펌 직후

해설
염색 후 파마를 하면 색상이 퇴색되고 파마 후 염색을 하면 컬 늘어짐이 생길 수 있다.

14 미용의 특수성과 가장 거리가 먼 것은?

① 손님의 요구가 반영된다.
② 손님의 머리 모양을 낼 때 시간적 제한을 받는다.
③ 정적 예술로서 미적 효과를 나타낸다.
④ 유행을 강조하는 자유예술로, 미용사 자신의 독특한 구상을 표현해야만 한다.

해설
미용은 정적인 예술이며 부용예술(상대가 원하는 대로 맞추어 주는 예술)이다.

15 다음 중 이 · 미용업 영업자가 변경신고를 해야 하는 사항이 아닌 것은?

① 영업소 바닥 면적의 1/3 이상의 증감
② 영업소의 주소
③ 영업자의 재산 변동사항
④ 영업소의 명칭 또는 상호 변경

해설
변경신고(공중위생관리법 시행규칙 제3조의2제1항)
다음의 보건복지부령이 정하는 중요사항은 변경신고를 하여야 한다.
• 영업소의 명칭 또는 상호
• 영업소의 주소
• 신고한 영업장 면적의 1/3 이상의 증감
• 대표자의 성명 또는 생년월일
• 미용업 업종 간 변경 또는 업종의 추가

16 다음 식품첨가물에 관한 정의에서 빈칸에 들어갈 알맞은 말은?

> 식품첨가물이란 식품을 제조·가공·조리 또는 보존하는 과정에서 감미, 착색, 표백 또는 산화방지 등을 목적으로 식품에 사용되는 물질을 말한다. 이 경우 (   ), (   ), (   )을 살균·소독하는 데에 사용되어 간접적으로 식품으로 옮아갈 수 있는 물질을 포함한다.

① 기구, 용기, 포장
② 기구, 식기, 용기
③ 포장, 용기, 기기
④ 기구, 용기, 도구

해설
정의(식품위생법 제2조제2호)
식품첨가물이란 식품을 제조·가공·조리 또는 보존하는 과정에서 감미, 착색, 표백 또는 산화방지 등을 목적으로 식품에 사용되는 물질을 말한다. 이 경우 기구·용기·포장을 살균·소독하는 데에 사용되어 간접적으로 식품으로 옮아갈 수 있는 물질을 포함한다.

17 이·미용업 영업자의 지위를 승계받을 수 있는 자의 자격은?

① 자격증이 있는 자
② 면허를 소지한 자
③ 보조원으로 있는 자
④ 상속권이 있는 자

해설
공중위생영업의 승계(공중위생관리법 제3조의2제3항)
이용업 또는 미용업의 경우에는 면허를 소지한 자에 한하여 공중위생영업자의 지위를 승계할 수 있다.

18 공중위생영업소의 위생관리 수준을 향상시키기 위하여 위생서비스 평가계획을 수립하는 자는?

① 대통령
② 보건복지부장관
③ 시·도지사
④ 공중위생관련협회 또는 단체

해설
위생서비스 수준의 평가(공중위생관리법 제13조제1항)
시·도지사는 공중위생영업소(관광숙박업 제외)의 위생관리 수준을 향상시키기 위하여 위생서비스 평가계획을 수립하여 시장·군수·구청장에게 통보하여야 한다.

19 영업소 폐쇄명령을 받고도 계속하여 영업을 한 자에 대한 벌칙은 무엇인가?

① 1년 이하의 징역 또는 1천만원 이하의 벌금
② 6월 이하의 징역 또는 500만원 이하의 벌금
③ 300만원 이하의 벌금
④ 100만원 이하의 벌금

해설
벌칙(공중위생관리법 제20조제2항)
다음에 해당하는 자는 1년 이하의 징역 또는 1천만원 이하의 벌금에 처한다.
• 공중위생영업의 신고를 하지 아니하고 공중위생영업(숙박업은 제외)을 한 자
• 영업정지명령 또는 일부 시설의 사용중지명령을 받고도 그 기간 중에 영업을 하거나 그 시설을 사용한 자 또는 영업소 폐쇄명령을 받고도 계속하여 영업을 한 자

20 이·미용업무의 보조를 할 수 있는 자는?

① 이·미용사의 감독을 받는 자

② 이·미용사 응시자

③ 이·미용학원 수강자

④ 시·도지사가 인정한 자

해설

이용사 및 미용사의 업무범위 등(공중위생관리법 제8조제1항)
이용사 또는 미용사의 면허를 받은 자가 아니면 이용업 또는 미용
업을 개설하거나 그 업무에 종사할 수 없다. 다만, 이용사 또는
미용사의 감독을 받아 이용 또는 미용업무의 보조를 행하는 경우에
는 그러하지 아니하다.

21 다음 중 기초 화장품의 주된 사용 목적에 속하지
않는 것은?

① 세 안   ② 피부 정돈

③ 피부 보호   ④ 피부 채색

해설

④ 피부 채색은 색조 화장품의 사용 목적이다.

22 다음 중 2도 화상에 속하는 것은?

① 햇볕에 탄 피부

② 진피층까지 손상되어 수포가 발생한 피부

③ 피하 지방층까지 손상된 피부

④ 피하 지방층 아래의 근육까지 손상된 피부

해설

화상의 증상에 따른 분류
• 1도 화상 : 표피층만 손상
• 2도 화상 : 표피 전 층과 진피의 상당 부분이 손상
• 3도 화상 : 진피 전 층과 피하조직까지 손상

23 석탄산계수가 2인 소독약 A를 석탄산계수 4인 소
독약 B와 같은 효과를 내려면 그 농도를 어떻게
조정하면 되는가?(단, A, B의 용도는 같다)

① A를 B보다 2배 묽게 조정한다.

② A를 B보다 4배 묽게 조정한다.

③ A를 B보다 2배 짙게 조정한다.

④ A를 B보다 4배 짙게 조정한다.

해설

소독약 A를 소독약 B와 같은 효과를 내려면 그 농도를 2배 짙게
조정한다.

24 고대 미용의 발상지로 가발을 이용하고 진흙으로
두발에 컬을 만들었던 국가는?

① 이집트

② 프랑스

③ 그리스

④ 로 마

해설

가발은 B.C. 4500년경 이집트에서 처음 사용되었다. 고대 이집트
에서는 막대기로 모발을 말아 진흙을 바르고 태양열로 컬을 만들
었다.

25 다음 중 식물성 오일이 아닌 것은?

① 올리브 오일
② 코코넛 오일
③ 아보카도 오일
④ 실리콘 오일

해설
실리콘 오일은 광물성 오일이다.

26 감염병예방법에 따른 제2급 감염병은?

① 콜레라
② 말라리아
③ 후천성면역결핍증(AIDS)
④ 페스트

해설
②, ③은 제3급 감염병이고, ④는 제1급 감염병이다.

27 이용 서비스와 관련한 내용으로 적절하지 않은 것은?

① 고객이 어떠한 서비스를 원하는지 사전 상담을 통해 정확하게 파악한다.
② 언어 사용에 각별히 주의하여 고객에게 불쾌감을 주지 않아야 한다.
③ 상담 시 고객의 상태를 살펴본 후 무조건 고객의 요구를 들어주어야 한다.
④ 시술을 받은 고객의 모발 상태를 파악하고 적합한 제품을 추천해 준다.

해설
고객 상담의 목적은 고객의 상태와 특징을 살펴보고 고객의 필요와 요구를 파악하여 올바른 작업 유형을 결정하는 데 있다.

28 모발을 관리하는 데 튼튼하고 건강하게 유지하기 위한 영양 공급원으로 가장 중요한 것은?

① 고급당질의 공급
② 단백질의 공급
③ 섬유질의 공급
④ 지질의 공급

해설
모발의 구성 성분으로는 단백질(80~90%), 멜라닌 색소(3% 이하), 지질(1~8%), 수분(10~15%), 미량원소(0.6~1%) 등이 있다.

29 피부 유형에 맞는 화장품 선택이 아닌 것은?

① 건성피부 – 유분과 수분이 많이 함유된 화장품
② 민감성 피부 – 향, 색소, 방부제를 함유하지 않거나 적게 함유된 화장품
③ 지성피부 – 피지조절제가 함유된 화장품
④ 정상피부 – 오일이 함유되지 않은 오일 프리(Oil Free) 화장품

해설
④ 오일 프리 제품은 지성피부에 좋다.
정상피부는 매끄럽고 촉촉하며 섬세한 질감을 갖춘 피부이다. 땀과 피지가 적절히 분비되며 혈액순환이 원활하게 잘 이루어진다.

30 얼굴형의 종류와 그에 따른 특징을 설명한 것으로 적절하지 않은 것은?

① 타원형 – 계란형이라고도 불리며 이상적인 얼굴형으로 모든 스타일이 어울린다.

② 직사각형 – 얼굴 길이가 길며, 볼이 꺼져 있고 좁은 얼굴형이다.

③ 마름모형 – 스타일 연출 시 각진 형을 부드럽게 보이게 하며, 넓은 얼굴이 길어 보일 수 있도록 연출한다.

④ 역삼각형 – 이마가 넓고 볼과 턱선 부분이 좁은 얼굴형으로, 톱 부분은 낮추어 코의 윗부분이 넓어 보일 수 있도록 스타일을 연출한다.

해설
역삼각형은 이마가 넓고 볼과 턱선 부분이 좁은 얼굴형이다. 스타일 연출 시 턱선이 부드럽게 보이고, 이마가 좁아 보이도록 한다.

31 다음 감염병 중 점막피부 경로의 병원체 침입이 아닌 것은?

① 트라코마   ② 파상풍
③ 일본뇌염   ④ 천연두

해설
천연두는 호흡기를 통해 감염되는 질병으로 감염성이 높고 치사율이 높다.

32 세발 시 가장 적당한 물의 온도는?

① 18~22℃ 정도
② 24~28℃ 정도
③ 30~33℃ 정도
④ 36~40℃ 정도

해설
샴푸(세발) 시술 시 물의 온도는 사람의 체온과 비슷하게 37~40℃ 가 적당하다.

33 염색한 후에 새로 자란 두발을 부분 염색하는 것은?

① 블루린스(Blue Rinse)
② 블리치(Bleach)
③ 틴트(Tint)
④ 리터치(Re-touch)

해설
① 블루린스(Blue Rinse) : 백발을 엷은 청색으로 염색하는 컬러 린스
② 블리치(Bleach) : 모발 색을 빼는 것
③ 틴트(Tint) : 원하는 모발 색으로 염색하는 것

34 연마도구인 숫돌 중 천연 숫돌에 해당되는 것은?

① 금강사 숫돌   ② 막 숫돌
③ 금반 숫돌   ④ 자도사 숫돌

해설
숫돌의 종류
• 천연 숫돌 : 막 숫돌, 중 숫돌, 고운 숫돌
• 인조 숫돌 : 금강사, 자도사, 금속사

35 자비소독의 방법으로 옳은 것은?

① 20분 이상 100℃의 끓는 물속에 직접 담그는 방법

② 100℃ 끓는 물에 3% 승홍수를 첨가하여 소독하는 방법

③ 끓는 물에 10분 이상 담그는 방법

④ 10분 이하 120℃의 건조한 열에 접촉하는 방법

해설

자비소독법 : 물체를 100℃ 끓는 물에 담가 15~20분간 소독하는 것이다. 도자기, 유리 소독 등에 사용된다.

36 일반적으로 모발 1개의 장력(견디는 힘)이 감당할 수 있는 무게는?

① 약 10~50g

② 약 60~100g

③ 약 100~150g

④ 약 160~200g

해설

모발 1개의 장력(감당할 수 있는 무게) : 약 100~150g

37 세계보건기구에서 정의한 건강의 정의 영역에 포함되지 않는 것은?

① 육체적 안녕

② 정신적 안녕

③ 사회적 안녕

④ 종교적 안녕

해설

세계보건기구에서는 건강을 단순히 질병이 없고 허약하지 않은 상태만이 아닌 육체적·정신적 및 사회적으로 건전한 상태로 정의하였다.

38 다음 그림은 창작 대상의 모델로서 선과 화살표로 조형(발형)을 구상한 것이다. 정삼각형 얼굴에는 어떠한 발형이 가장 좋은가?

해설

삼각형 얼굴은 이마 부분은 좁고 턱이 넓어 보이는 형으로 상부의 폭을 넓혀서 하부가 좁게 느껴지도록 보완한다.

39 환자에게 행하며 지방을 잘 흡수하는 분말 형태로 시술하는 샴푸잉은?

① 플레인 샴푸잉

② 핫 오일 샴푸잉

③ 에그 샴푸잉

④ 드라이 샴푸잉

해설

드라이 샴푸는 물을 사용하지 않는 샴푸제로 거동이 불편한 환자나 임산부에 가장 적당하고, 종류에는 리퀴드 드라이 샴푸, 파우더 드라이 샴푸, 에그 파우더 드라이 샴푸 등이 있다.

40 헤어 세팅 중 오리지널 세트의 종류가 아닌 것은?

① 헤어 파팅

② 헤어 셰이핑

③ 헤어 컬링

④ 헤어 컬러링

> **해설**
> 오리지널 세트 기술의 기초적인 주요 요소로 헤어 파팅, 헤어 셰이핑, 헤어 컬링, 롤러 컬링, 헤어 웨이빙 등이 있다.

42 두부에서 네이프(Nape)의 위치는?

① 전두부 상단

② 두정부 하단

③ 후두부 하단

④ 측두부 상단

> **해설**
> **두부(Head) 내 각부 명칭**
> • 전두부 : 프런트(Front)
> • 후두부 : 네이프(Nape)
> • 두정부 : 크라운(Crown)
> • 측두부 : 사이드(Side)

41 모모(毛母)세포가 쇠약해지고 모유두가 위축되면 두발은 어떻게 되는가?

① 두발에 영양 공급이 촉진된다.

② 탈모가 된다.

③ 두발의 생육이 촉진된다.

④ 두발의 수명이 길어진다.

> **해설**
> 모모세포가 활발히 분열하면 그만큼 새로운 머리털이 많이 만들어진다는 의미이다.

43 소독의 지표가 되는 소독제는?

① 석탄산

② 크레졸

③ 포르말린

④ 과산화수소

> **해설**
> 석탄산은 기구, 용기, 의류 및 오물을 소독하는 데 3%의 수용액을 사용하며, 각종 소독약의 소독력을 나타내는 기준이 된다.

44 작업환경 관리의 일차적인 목적과 관련이 가장 먼 것은?

① 직업병 예방

② 산업재해 예방

③ 산업피로 억제

④ 생산성 증대

> **해설**
> 작업환경 관리란 근로자들이 작업을 수행하고 근무하는 장소에 대한 관리를 말하는 것이다. 목적은 직업병 예방, 산업재해 예방, 산업피로의 억제, 근로자의 건강보호 등이다.

45 소독에 필요한 인자와 가장 거리가 먼 것은?

① 물   ② 온 도

③ 시 간   ④ 산 소

> **해설**
> 소독에 필요한 인자
> • 물리적 인자 : 열, 수분, 자외선
> • 화학적 인자 : 물, 온도, 농도, 시간

46 영양이 좋지 못해 모발이 길이(세로)로 갈라지는 모발의 질환은?

① 결절 열모증

② 지루성 탈모증

③ 원형 탈모증

④ 비강성 탈모증

> **해설**
> 결절 열모증은 머리카락의 끝부분이 많은 가닥으로 갈라지는 증세이다.

47 두발을 구성하는 주성분은?

① 케라틴

② 지방산

③ 아이오딘

④ 비타민류

> **해설**
> 두발은 동물성 단백질인 케라틴으로 구성되어 있다.

48 면체 시 스팀타월로 습포하는 이유로 가장 적합한 것은?

① 손님의 느낌을 좋도록 하기 위해서

② 손님의 피부감각을 둔하게 하기 위해서

③ 손님의 피부를 경직시키기 위해서

④ 손님의 수염을 부드럽게 하기 위해서

> **해설**
> 습포의 종류별 효과
> • 온습포 : 피부 표면의 노폐물과 노화된 각질을 제거하는 데 용이하며, 모공을 열어주어 혈액순환을 촉진시키는 효과가 있다.
> • 냉습포 : 피부를 진정시켜 주는 효과가 있어 주로 피부 관리 마무리 단계에 사용된다.

49 모체로부터 태반을 통해 얻어지는 면역은?

① 자연능동면역
② 자연수동면역
③ 인공능동면역
④ 인공수동면역

해설
자연수동면역 : 태반 또는 모유에 의하여 어머니로부터 면역항체를 받는 상태이다.

50 이용사를 바버(Barber)라고 한다. 이용사 어원은 어디에서 유래된 것인가?

① 사람 이름
② 병원 이름
③ 화장품 회사 이름
④ 가위 이름

해설
프랑스의 장 바버(Jean Barber)는 외과와 이용을 완전 분리시켜 세계 최초로 이용원을 창설한 인물이다.

51 다음 중 피부 흡수가 가장 잘되는 것은?

① 분자량 800 이하 수용성 성분
② 분자량 800 이상 지용성 성분
③ 분자량 800 이하 지용성 성분
④ 분자량 800 이상 수용성 성분

해설
보통 성분의 분자량이 800 이하이고 지용성인 경우 피부에 흡수가 잘된다.

52 얼굴 마사지용 크림으로 가장 적합한 것은?

① 콜드 크림
② 영양 크림
③ 밀크 크림
④ 바니싱 크림

해설
면도 후 콜드 크림을 좌측 볼, 우측 볼과 턱, 이마에 적당히 찍어 매니플레이션을 해 준다.

53 이용에서 리셋(Reset)이란?

① 오리지널 세팅 후 콤 아웃(Comb Out)

② 모양을 만드는 과정

③ 세트 시 요구되는 진행과정

④ 커트의 진행기술 과정

해설

이용에서 리셋(Reset)이란 몰딩된 오리지널 세트를 마무리 빗질하는 절차를 말한다. 리셋에는 콤·브러시 아웃, 백코밍 등이 있다.

54 표피에 습윤효과를 목적으로 널리 사용되는 화장품 원료는?

① 라놀린

② 글리세린

③ 과붕산나트륨

④ 과산화수소

해설

글리세린은 수분 유지와 보습작용을 한다.

55 남성용 가발을 결 처리하거나 자를 때 주로 사용되는 도구는?

① 헤어 블로 드라이어(Hair Blow Dryer)

② 큐티클 시저스(Cuticle Scissors)

③ 레이저(Razor)

④ 클리퍼(Clipper)

해설

인모 가발은 틴닝 가위, 블런트 가위, 레이저 등을 이용하여 모발 길이와 모량을 조절한다. 그중 레이저 기법을 사용하면 본발과 가발의 혼합이 자연스럽게 테이퍼링된다.

56 인모 가발 세척방법으로 맞는 것은?

① 알칼리성이 낮은 양질의 샴푸를 사용한다.

② 깨끗하게 비벼서 세척한다.

③ 물의 온도는 고온으로 한다.

④ 린스는 절대 사용하면 안 된다.

해설

인조 가발일 경우 차가운 물을, 인모 가발일 경우 샴푸제를 미지근한 물에 적당량 풀어 담그고 가볍게 손으로 눌러 세척을 충분히 한다.

57 드라이어 정발술(Hair Blow Dryer Styling)의 순서를 열거한 것으로 가장 적합한 것은?

① 가르마 → 측두부 → 천정부
② 가르마 → 천정부 → 측두부
③ 가르마 → 후두부 → 천정부
④ 가르마 → 전두부 → 천정부

해설
가르마 부분에서 시작하여 측두부, 천정부 순으로 시술한다.

58 면체 시 가장 기본적인 면도 자루를 쥐는 방법은?

① 펜슬 핸드(Pencil Hand)
② 백 핸드(Back Hand)
③ 스틱 핸드(Stick Hand)
④ 프리 핸드(Free Hand)

해설
프리 핸드는 모발을 빗 또는 손가락에 고정하지 않고 깎는 도구만을 사용하여 깎는 기법으로, 가위 또는 클리퍼를 이용하여 프리핸드 기법으로 점, 선, 면을 표현한다. 면도 자루를 쥐는 가장 기본적인 방법이다.

59 작업장의 조명이 불량해서 발생될 수 있는 직업병과 가장 거리가 먼 것은?

① 안구 피로증
② 근 시
③ 결막염
④ 안구진탕증

해설
결막염은 세균이나 바이러스 감염에 의한 질환이다.

60 면도 시술 시 손님의 턱수염을 깎을 때 가장 적합한 형태의 면도날 선은?

① 직선상
② 내곡선상
③ 외곡선상
④ 요면상

해설
레이저의 날은 외곡선의 것을 사용한다.

01 두피 내 탈모를 방지하기 위한 세발방법으로 가장 적합한 것은?

① 두발의 먼지와 지방을 제거할 정도로 손바닥으로 강하게 마사지하여 샴푸한다.

② 모근을 튼튼하게 해주기 위해 손톱으로 적당히 자극을 주면서 샴푸한다.

③ 손끝을 사용하여 두피를 부드럽게 문지르며 헹군다.

④ 모근에 자극을 주어 혈액순환에 도움이 되도록 브러시로 샴푸한다.

> **해설**
> 샴푸 매니플레이션 기법을 순서화하여 두상 전체를 마사지한다. 샴푸 매니플레이션을 통해 두개피의 혈액순환을 촉진하고 노폐물도 제거할 수 있다. 또한 산소와 영양 공급을 빠르게 하고, 두개피의 분비샘의 기능을 왕성하게 하여 건강한 상태가 된다.

02 두발의 주성분인 케라틴은 다음 중 어느 것에 속하는가?

① 단백질   ② 석회질
③ 지방질   ④ 당 질

> **해설**
> 모(毛)는 동물성 단백질인 케라틴으로 구성되어 있다.

03 스캘프 트리트먼트의 목적이 아닌 것은?

① 원형 탈모증 치료
② 두피 및 모발을 건강하고 아름답게 유지
③ 혈액순환 촉진
④ 비듬 방지

> **해설**
> 스캘프 트리트먼트의 목적은 두피의 청결 및 두피의 생육을 건강하게 유지하는 것이며, 탈모증을 치료하는 것은 아니다.

04 올바른 미용인으로서의 인간관계와 전문가적인 태도에 관한 내용으로 가장 거리가 먼 것은?

① 예의 바르고 친절한 서비스를 모든 고객에게 제공한다.

② 고객의 기분에 주의를 기울여야 한다.

③ 효과적인 의사소통 방법을 익혀 두어야 한다.

④ 대화의 주제는 종교나 정치 같은 논쟁의 대상이 되거나 개인적인 문제에 관련된 것이 좋다.

> **해설**
> 종교나 정치 등의 주제는 논쟁의 대상이 될 수 있으므로 피해야 한다.

05 가위 선택에 관한 설명으로 틀린 것은?

① 협신은 일반적으로 날 끝으로 갈수록 자연스럽게 약간 내곡선상으로 된 것이 좋다.

② 날의 두께는 얇고 피봇이 약한 것이 좋다.

③ 양날의 견고함이 동일한 것이 좋다.

④ 재질이 도금된 것은 일반적으로 강철의 질이 좋지 않은 것이 많으므로 피해야 한다.

해설
이용용 가위로는 날의 두께가 얇고 회전축(허리)이 강한 것이 좋다.

06 현대적인 의미의 세계 최초 이용원 창설자는?

① 나폴레옹 1세   ② 바리캉

③ 장 바버   ④ 마 샬

해설
세계 최초의 이용사(이발사)는 프랑스의 외과의사였던 장 바버 (Jean Barber)로, 그는 외과와 이용을 완전 분리시켜 세계 최초의 이용원을 창설하였다.

07 탈모증 종류 중 유전성 탈모로, 안드로겐의 과잉 분비가 원인이 되는 것은?

① 원형 탈모

② 남성형 탈모

③ 반흔성 탈모

④ 휴지기성 탈모

해설
남성형 탈모증의 주원인이 되는 호르몬은 안드로겐(Androgen) 이다.

08 모발을 시닝가위로 잘랐을 때 나타나는 현상은?

① 두발 끝의 단면이 뭉툭해진다.

② 두발 끝이 갖는 길이가 일정하다.

③ 두발의 양이 많아 보인다.

④ 두발 끝이 갖는 길이가 일정하지 않아 자연스럽다.

해설
시닝가위(틴닝가위, 숱치는 가위) : 커트 시 커트된 부위가 뭉쳐 있거나 숱이 많은 부분을 자연스럽게 커트할 때 사용한다.

09 다음 중 클리퍼와 관계가 없는 설명은?

① 프랑스식과 독일식이 있다.

② 1926년에 국산이 나왔다.

③ 일본제의 클리퍼는 프랑스식이다.

④ 미국제의 클리퍼는 독일식이 발달된 것이다.

해설
이발기는 1871년에 프랑스의 기계 제작 회사인 'Bariquand et Marre' 제작소에서 발명하였다. 우리나라는 1910년경 일본에서 수입되어 사용되었으며 창시자의 이름에서 유래되어 오늘날까지도 바리캉이란 명칭을 많이 사용하고 있다.

10 동물의 부드럽고 긴 털을 사용한 것이 많고 얼굴이나 턱에 붙은 털이나 비듬을 털어내는 데 사용하는 브러시는?

① 포마드 브러시   ② 쿠션 브러시

③ 페이스 브러시   ④ 롤 브러시

해설
페이스 브러시 : 부드러운 브러시로 얼굴, 목 등에 붙은 머리카락을 털어내는 데 사용된다.

11 면체 시 면도기를 잡는 기본적인 방법에 해당되지 않는 것은?

① 프리 핸드   ② 백 핸드

③ 노멀 핸드   ④ 스틱 핸드

해설
면도기를 잡는 방법(파지법) : 프리 핸드, 백 핸드, 푸시 핸드, 펜슬 핸드, 스틱 핸드

12 비듬이 없고 두피가 정상적인 상태일 때 실시하는 것은?

① 댄드러프 스캘프 트리트먼트

② 오일리 스캘프 트리트먼트

③ 플레인 스캘프 트리트먼트

④ 드라이 스캘프 트리트먼트

해설
① 댄드러프 스캘프 트리트먼트 : 비듬 제거를 목적으로 할 때
② 오일리 스캘프 트리트먼트 : 두피에 피지 분비량이 많을 때
④ 드라이 스캘프 트리트먼트 : 두피에 피지가 부족하여 건조할 때

13 건강 모발의 pH 범위는?

① pH 3~4

② pH 4.5~5.5

③ pH 6.5~7.5

④ pH 8.5~9.5

해설
건강 모발의 pH는 4.5~5.50이다.

14 정발 시 두발에 포마드를 바르는 방법으로 가장 옳은 것은?

① 손가락 끝으로만 발라야 한다.

② 두발의 표면만을 바르도록 하여야 한다.

③ 시술은 우측 두부 → 좌측 두부 → 후두부 순으로 바른다.

④ 포마드를 바를 때는 머리(두부)가 흔들리지 않도록 해야 한다.

해설
포마드 바르는 법
• 포마드를 바를 때는 두발의 뿌리부터 바른다.
• 손가락에 남아 있는 포마드를 모발 끝 쪽에 바른다.
• 나머지 손바닥에 남아 있는 것은 양옆 짧은 머리에 바른다.
• 머리(두부)가 흔들리지 않도록 발라야 한다.
• 정발 시 모발 숱이 적거나 가는 모발(Fine Hair)인 경우에는 가르마 반대쪽에서 두발을 세워가며 바른다.

15 인류 최초의 이발사는 어느 계층에서 나왔는가?

① 농 민

② 평 민

③ 천 민

④ 귀 족

해설
세계 최초의 이용사(이발사)는 프랑스의 장 바버(Jean Barber)로 귀족 계층이었다.

16 매뉴얼테크닉 시 주의사항이 아닌 것은?

① 동작은 피부결 방향으로 한다.

② 청결하게 하기 위해서 찬물에 손을 깨끗이 씻은 후 바로 마사지한다.

③ 시술자의 손톱은 짧아야 한다.

④ 일광으로 붉어진 피부나 상처가 난 피부는 매뉴얼테크닉을 피한다.

해설
② 매뉴얼테크닉 전 손을 따뜻하게 한다.

17 면체 시 잘려 나가는 수염은 다음 중 어느 부분에 해당하는가?

① 모 간

② 모 근

③ 모 구

④ 모 피

해설
모간은 피부 표면에서 외부로 나와 있는 부분이다.

18 미안용 적외선등의 효과에 대한 설명 중 틀린 것은?

① 피부에 온열 자극을 준다.

② 혈액순환이 촉진된다.

③ 피부가 확장되어 땀구멍을 닫게 한다.

④ 팩 재료의 건조를 촉진한다.

19 두발에 영양분이 부족하면 나타나는 현상 중 잘못된 것은?

① 두발 끝이 갈라진다.

② 두발이 부스러진다.

③ 두발이 굵고 억세진다.

④ 두발에 탈지현상이 나타난다.

해설
③ 두발이 가늘어지고 약해진다.

20 화장품의 사용 목적과 거리가 먼 것은?

① 인체를 청결, 미화하기 위해 사용한다.

② 용모를 변화시키기 위하여 사용한다.

③ 피부, 모발의 건강을 유지하기 위하여 사용한다.

④ 인체에 대한 약리적인 효과를 주기 위해 사용한다.

해설
화장품 : 정상인이 청결·미화를 목적으로 장기간 사용하는 것이며 부작용이 발생하지 않아야 한다.

21 고객 불만 처리 시 응대요령으로 가장 적절하지 않은 것은?

① 고객과 논쟁하지 않는다.
② 고객의 의견을 긍정적으로 경청한다.
③ 고객에 대한 선입견을 가지고 자기 통제력을 유지한다.
④ 고객의 입장에 공감하며 성의 있는 자세로 임한다.

해설
고객의 불만사항을 끝까지 경청한 후 고객의 불편한 감정에 공감하며, 처리방법을 안내하고 사과한다.

22 다음 중 적외선에 관한 설명으로 옳지 않은 것은?

① 노화를 촉진시킨다.
② 피부에 생성물이 흡수되도록 돕는 역할을 한다.
③ 혈류의 증가를 촉진시킨다.
④ 피부에 열을 가하여 피부를 이완시킨다.

해설
① 강한 자외선은 노화를 촉진시킨다.

23 다음 중 피부의 기능이 아닌 것은?

① 보호작용
② 체온 조절작용
③ 감각작용
④ 순환작용

해설
피부의 생리기능
• 보호기능　　• 체온 조절기능
• 분비기능　　• 배설기능
• 호흡기능　　• 흡수기능
• 면역기능　　• 감각 · 지각기능

24 다음 중 감각온도의 3요소가 아닌 것은?

① 기 온　　　　② 기 압
③ 기 습　　　　④ 기 류

해설
감각온도의 3대 요소 : 기온, 기습, 기류

25 우리나라에서 의료보험이 전 국민에게 적용하게 된 시기는 언제부터인가?

① 1964년　　　　② 1977년
③ 1988년　　　　④ 1989년

해설
우리나라에서 의료보험이 전 국민에게 적용하게 된 시기는 1989년이다.

26 이·미용실에서 사용하는 쓰레기통의 소독으로 적절한 약제는?

① 생석회

② 에탄올

③ 포르말린수

④ 역성비누액

해설
생석회 소독 대상 : 분뇨, 쓰레기, 개천, 물탱크, 습한 장소 등

27 피부관리 후 마무리 동작에서 수렴작용을 할 수 있는 가장 적합한 방법은?

① 건타월을 이용한 마무리 관리

② 미지근한 타월을 이용한 마무리 관리

③ 냉타월을 이용한 마무리 관리

④ 스팀타월을 이용한 마무리 관리

해설
마무리 동작에서 냉타월은 모공을 수축시키는 수렴작용을 한다.

28 다음 중 노화피부의 전형적인 증세는?

① 지방이 과다 분비하여 번들거린다.

② 항상 촉촉하고 매끈하다.

③ 수분이 80% 이상이다.

④ 유분과 수분이 부족하다.

해설
노화피부는 표피가 건조하고 얼굴 전체가 늘어져 있으며 크고 작은 잔주름이 보인다.

29 자비소독 시 살균력을 강하게 하고 금속 기자재가 녹스는 것을 방지하기 위하여 첨가하는 물질이 아닌 것은?

① 2% 탄산나트륨

② 2% 크레졸 비누액

③ 5% 승홍수

④ 5% 석탄산

해설
자비소독 시 끓는 물에 1~2% 탄산나트륨, 5% 석탄산, 2% 붕소, 2~3% 크레졸을 넣으면 살균력이 강해진다.

30 소독약의 구비조건으로 틀린 것은?

① 인체에는 독성이 없어야 한다.

② 소독 물품에 손상이 없어야 한다.

③ 사용방법이 간단하고 경제적이어야 한다.

④ 소독 실시 후 서서히 소독 효력이 증대되어야 한다.

해설
소독약은 빨리 효과를 내고 살균 소요시간이 짧을수록 좋다.

31 이·미용업소에서 수건 소독에 가장 많이 사용되는 물리적 소독법은?

① 석탄산 소독

② 알코올 소독

③ 자비소독

④ 과산화수소 소독

해설

자비소독은 가위 등 금속, 의류(수건), 도자기 등을 대상으로 한다 (가죽, 고무제품에는 부적합).

32 두피관리 중 헤어 토닉을 두피에 바르면 시원한 감을 느끼는데 이것은 주로 어느 성분 때문인가?

① 붕 산

② 알코올

③ 캠 퍼

④ 글리세린

해설

헤어 토닉은 알코올을 주성분으로 한 양모제로 두피에 영양을 주고 모근을 튼튼하게 해 주는 효과를 가지고 있다.

33 폐흡충증(폐디스토마)의 제1중간숙주는?

① 다슬기

② 왜우렁이

③ 게

④ 가 재

해설

폐흡충(폐디스토마)

• 제1중간숙주 : 다슬기

• 제2중간숙주 : 게, 가재

34 미나마타병과 관계가 가장 깊은 것은?

① 규 소

② 납

③ 수 은

④ 카드뮴

해설

수은은 미나마타병의 원인 물질로 언어장애, 지각이상, 보행곤란 등을 일으킨다.

35 세안과 관련된 내용 중 가장 거리가 먼 것은?

① 물의 온도는 미지근하게 한다.

② 비누는 중성비누를 사용한다.

③ 세안수는 연수가 좋다.

④ 비누를 얼굴에 문질러 거품을 낸다.

해설

세안 시 비누나 세안제는 손에서 거품을 내어 사용한다.

36 다음 중 공기의 접촉 및 산화와 관계있는 것은?

① 흰 면포   ② 검은 면포
③ 소수포   ④ 결 절

> **해설**
> 검은 면포 : 블랙헤드를 말하며, 피지가 공기와 접촉 후 산화되어 검게 변한 현상이다.

37 모발을 태우면 노린내가 나는데 이는 어떤 성분 때문인가?

① 나트륨   ② 이산화탄소
③ 유 황   ④ 탄 소

> **해설**
> **인모와 인조모의 구별법**
> 머리카락을 조금 잘라서 불에 태워본다. 태워진 머리카락의 재 속에 조그맣고 딱딱한 덩어리가 남으면 인조모가 섞인 것이고, 서서히 타면서 유황냄새가 나는 것은 인모이다.

38 다음 중 자외선이 피부에 미치는 영향이 아닌 것은?

① 색소침착
② 살균효과
③ 홍반 형성
④ 비타민 A 합성

> **해설**
> 자외선에 의해 표피 과립층에서 비타민 D 전구물질을 활성화시킨다.

39 다음 중 하수에서 용존산소(DO)가 아주 낮다는 의미는?

① 수생식물이 잘 자랄 수 있는 물의 환경이다.
② 물고기가 잘 살 수 있는 물의 환경이다.
③ 물의 오염도가 높다는 의미이다.
④ 하수의 BOD가 낮은 것과 동일한 의미이다.

> **해설**
> **용존산소량(DO ; Dissolved Oxygen)**
> 수질오염을 측정하는 지표로서 물에 녹아 있는 유리산소량을 말한다. DO가 높을수록 산소농도가 높음을 의미하며, BOD가 높을수록 오염이 많이 되었다는 것을 나타낸다.

40 피부에 있어 색소세포가 가장 많이 존재하고 있는 곳은?

① 표피의 각질층
② 표피의 기저층
③ 진피의 유두층
④ 진피의 망상층

> **해설**
> **기저층의 세포**
> • 각질형성세포 : 케라틴화되어 피부 겉면에서 떨어져 나가는 각질층을 형성한다.
> • 색소형성세포 : 피부 색상을 결정짓는 멜라닌 색소를 형성한다.

41 토양이 병원소가 될 수 있는 질환은?

① 디프테리아   ② 콜레라
③ 간 염   ④ 파상풍

해설
토양은 진균류인 히스토플라스마증(Histoplasmosis), 분아균증과 파상풍의 병원소로서 작용한다.

42 사마귀(wart, verruca)의 원인은?

① 바이러스
② 진 균
③ 내분비 이상
④ 당뇨병

해설
사마귀는 바이러스성 감염성 피부질환이다.

43 다음 중 필수 아미노산에 속하지 않는 것은?

① 트립토판
② 트레오닌
③ 발 린
④ 알라닌

해설
필수 아미노산 : 발린(Valine), 류신(Leucine), 아이소류신(Isoleucine), 메티오닌(Methionine), 트레오닌(Threonine), 라이신(Lysine), 페닐알라닌(Phenylalanine), 트립토판(Tryptophan), 히스티딘(Histidine)
※ 8가지로 보는 경우 히스티딘은 제외된다.

44 콜레라 예방접종은 어떤 면역방법인가?

① 인공수동면역
② 인공능동면역
③ 자연수동면역
④ 자연능동면역

해설
면 역
• 자연수동면역 : 모체로부터 태반을 통해 얻어지는 면역
• 자연능동면역 : 과거에의 현성 또는 불현성 감염에 의하여 획득한 면역
• 인공능동면역 : 장티푸스, 결핵, 콜레라, 파상풍 등의 예방접종에 의하여 획득한 면역
• 인공수동면역 : 성인 또는 회복기 환자의 혈청, γ-globulin 양친의 혈청, 태반추출물의 주사에 의해서 면역체를 받는 상태

45 실내에 다수인이 밀집한 상태에서 실내 공기의 변화를 나타낸 것으로 적절한 것은?

① 기온 상승 – 습도 증가 – 이산화탄소 감소
② 기온 하강 – 습도 증가 – 이산화탄소 감소
③ 기온 상승 – 습도 증가 – 이산화탄소 증가
④ 기온 상승 – 습도 감소 – 이산화탄소 증가

해설
군집독은 실내의 환기가 불량하여 공기의 화학적 조성이 달라지고 기온, 습도, 냄새, 먼지 등 물리적 성상이 변화되므로 구토, 권태, 현기증, 불쾌감 등의 증상을 일으키는 생리적 현상이다.

46 사각 얼굴형(Square Form)에 가장 적당한 가르마는?

① 5 : 5   ② 4 : 6

③ 3 : 7   ④ 2 : 8

해설
가르마의 기준
• 긴 얼굴 – 2 : 8
• 둥근 얼굴 – 3 : 7
• 사각형 얼굴 – 4 : 6
• 역삼각형 얼굴 – 5 : 5

47 다음 설명 중 틀린 것은?

① 센터 파트 스타일은 앞머리 중심을 자연스럽게 갈라지는 듯이 처리한다.

② 아이론 이용 시 두발이 상하지 않도록 주의하여야 한다.

③ 조발을 할 때는 조발 순서에 따라 체계적으로 한다.

④ 블로 드라이 시 드라이어의 열 없이도 정발이 가능하다.

해설
정발(整髮)이란 '머리형을 만들어 마무리하는 것'이다. 기본 정발에 필요한 기구로 블로 드라이어, 빗, 브러시, 정발제 등이 있으며, 블로 드라이란 드라이어의 열을 이용하여 스타일링하는 것을 말한다.

48 여성 두발의 일반적인 수명은?

① 1~2년   ② 9~12개월

③ 4~6년   ④ 7~9년

해설
모발의 성장주기(수명)는 여성은 4~6년, 남성은 3~5년이다.

49 염색할 때 주의사항 중 가장 거리가 먼 것은?

① 염색 후 반드시 패치 테스트를 한다.

② 건조한 모발에 염색한다.

③ 금속용기나 금속빗을 사용해서는 안 된다.

④ 파마와 염색을 시술할 경우는 파마를 먼저 행한다.

해설
① 염색하기 전에 반드시 패치 테스트를 한다.

50 완성된 두발선 위를 가볍게 다듬어 커트하는 방법은?

① 테이퍼링(Tapering)

② 시닝(Thinning)

③ 트리밍(Trimming)

④ 싱글링(Shingling)

해설
트리밍(Trimming) : 커트 시 이미 형태가 이루어진 상태에서 다듬고 정돈하는 방법이다.

51 다음에서 설명하는 이발의 형태는?

> 높게 치켜 깎은 상고(上高) 스타일로, 무게선의 위치에 따라 상상고형, 중상고형, 하상고형으로 분류한다.

① 삼각형 이발
② 둥근형 이발
③ 단발형 이발
④ 중발형 이발

해설
단발형 이발 : 그러데이션 커트의 마지막 지점(모발 길이가 가장 긴 곳)에서 모발이 싸이게 되며, 이때 무게선이 형성된다.

52 가발 손질법 중 틀린 것은?

① 스프레이가 없으면 얼레빗을 사용하여 컨디셔너를 골고루 바른다.
② 두발이 빠지지 않도록 차분하게 모근 쪽에서 두발 끝 쪽으로 서서히 빗질을 해 나간다.
③ 두발에만 컨디셔너를 바르고 파운데이션에는 바르지 않는다.
④ 열을 가하면 두발의 결이 변형되거나 윤기가 없어지기 쉽다.

해설
② 가발은 네이프 쪽의 모발 끝부터 모근 쪽으로 빗질해 준다.

53 5cm 이하의 두발인 경우 빗과 가위가 커트된 형태 면에 따라 연속적으로 깎는 이발 기법은?

① 지간 깎기   ② 연속 깎기
③ 밀어 깎기   ④ 떠내려 깎기

해설
연속 깎기 : 5cm 이하의 두발인 경우 빗과 가위가 커트된 형태 면에 따라 연속적으로 깎는다.

54 행정처분 사항 중 1차 위반 시 영업장 폐쇄명령에 해당하는 것은?

① 영업정지처분을 받고도 영업정지 기간 중 영업을 한 때
② 손님에게 성매매알선 등의 행위를 한 때
③ 소독한 기구와 소독하지 아니한 기구를 각각 다른 용기에 넣어 보관하지 아니한 때
④ 1회용 면도날을 손님 1인에 한하여 사용하지 아니한 때

해설
행정처분기준(공중위생관리법 시행규칙 [별표 7])
1차 위반 시 영업장 폐쇄명령에 해당하는 경우
• 영업신고를 하지 않은 경우
• 영업정지처분을 받고도 그 영업정지 기간에 영업을 한 경우
• 공중위생영업자가 정당한 사유 없이 6개월 이상 계속 휴업하는 경우
• 공중위생영업자가 관할 세무서장에게 폐업신고를 하거나 관할 세무서장이 사업자 등록을 말소한 경우
• 공중위생영업자가 영업을 하지 않기 위하여 영업시설의 전부를 철거한 경우

55 이·미용업소에서 1회용 면도날을 손님 몇 명까지 사용할 수 있는가?

① 1명   ② 2명
③ 3명   ④ 4명

해설
1회용 면도날은 손님 1인에 한하여 사용하여야 한다(공중위생관리법 시행규칙 [별표 4]).

56 공중위생의 관리를 위한 지도, 계몽 등을 행하게 하기 위하여 둘 수 있는 것은?

① 명예공중위생감시원
② 공중위생조사원
③ 공중위생평가단체
④ 공중위생전문교육원

해설
시·도지사는 공중위생의 관리를 위한 지도·계몽 등을 행하게 하기 위하여 명예공중위생감시원을 둘 수 있다(공중위생관리법 제15조의2).

57 공중위생업소의 위생서비스수준 평가는 몇 년마다 실시해야 하는가?

① 매 년
② 2년
③ 3년
④ 4년

해설
공중위생영업소의 위생서비스수준 평가는 2년마다 실시하되, 공중위생영업소의 보건·위생관리를 위하여 특히 필요한 경우에는 보건복지부장관이 정하여 고시하는 바에 따라 공중위생영업의 종류 또는 위생관리등급별로 평가주기를 달리할 수 있다(공중위생관리법 시행규칙 제20조).

58 신고를 하지 아니하고 영업소의 소재지를 변경한 때 1차 위반 시의 행정처분기준은?

① 영업정지 1월
② 영업정지 2월
③ 영업정지 3월
④ 영업장 폐쇄명령

해설
행정처분기준(공중위생관리법 시행규칙 [별표 7])
신고를 하지 않고 영업소의 소재지를 변경한 경우
• 1차 위반 : 영업정지 1월
• 2차 위반 : 영업정지 2월
• 3차 위반 : 영업장 폐쇄명령

59 공중위생관리법상 이·미용업소의 조명 기준은?

① 50lx 이상
② 75lx 이상
③ 100lx 이상
④ 125lx 이상

해설
이·미용업 영업장 안의 조명도는 75lx 이상이 되도록 유지하여야 한다(규칙 [별표 4]).

60 이·미용업의 영업신고를 하지 아니하고 영업을 한 자에 대한 법적 조치는?

① 200만원 이하의 과태료
② 300만원 이하의 벌금
③ 6월 이하의 징역 또는 500만원 이하의 벌금
④ 1년 이하의 징역 또는 1천만원 이하의 벌금

해설
벌칙(공중위생관리법 제20조제2항)
다음의 어느 하나에 해당하는 자는 1년 이하의 징역 또는 1천만원 이하의 벌금에 처한다.
• 공중위생영업의 신고를 하지 아니하고 공중위생영업(숙박업은 제외)을 한 자
• 영업정지명령 또는 일부 시설의 사용중지명령을 받고도 그 기간 중에 영업을 하거나 그 시설을 사용한 자 또는 영업소 폐쇄명령을 받고도 계속하여 영업을 한 자

56 ① 57 ② 58 ① 59 ② 60 ④ **정답**

교육은 우리 자신의 무지를 점차 발견해 가는 과정이다.

– 윌 듀란트 –

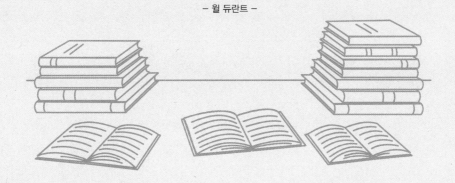

참 / 고 / 문 / 헌

- 교육부(2019). **NCS 학습모듈(헤어미용)**. 한국직업능력개발원.

- 교육부(2020). **NCS 학습모듈(이용)**. 한국직업능력개발원.

- 이진영, 정홍자(2024). **답만 외우는 미용사 네일 필기 기출문제+모의고사 14회**. 시대고시기획.

- 전유진, 이진영(2023). **미용사 일반 필기 한권으로 끝내기**. 시대고시기획.

Win-Q 이용사 필기

개정10판1쇄 발행	2025년 01월 10일 (인쇄 2024년 08월 20일)
초 판 발 행	2016년 06월 10일 (인쇄 2016년 05월 31일)
발 행 인	박영일
책 임 편 집	이해욱
편 저	최평훈
편 집 진 행	윤진영 · 김미애
표지디자인	권은경 · 길전홍선
편집디자인	정경일 · 박동진
발 행 처	(주)시대고시기획
출 판 등 록	제10-1521호
주 소	서울시 마포구 큰우물로 75 [도화동 538 성지 B/D] 9F
전 화	1600-3600
팩 스	02-701-8823
홈 페 이 지	www.sdedu.co.kr

I S B N	979-11-383-7516-0(13590)
정 가	26,000원